国家卫生健康委员会"十三五"规划教材

全国高等职业教育教材

供医学检验技术专业用

U0292791

分析化学

第 2 版

主　编　闫冬良　周建庆

副主编　朱爱军　范红艳　杜庆波

编　者（以姓氏笔画为序）

牛　颖（大庆医学高等专科学校）

朱自仙（昆明卫生职业学院）

朱爱军（甘肃中医药大学）

闫冬良（南阳医学高等专科学校）

杜庆波（皖北卫生职业学院）

杜兵兵（漯河医学高等专科学校）

何文涛（河西学院）

张学东（首都医科大学燕京医学院）

张彧璇（廊坊卫生职业学院）

陈建平（内蒙古医科大学）

范红艳（运城护理职业学院）

周建庆（安徽医学高等专科学校）

袁　勇（新疆昌吉职业技术学院）

廖献就（右江民族医学院）

人民卫生出版社

·北　京·

图书在版编目（CIP）数据

分析化学/闫冬良,周建庆主编. —2 版. —北京：
人民卫生出版社,2021.8（2023.10重印）

ISBN 978-7-117-31935-5

Ⅰ.①分…　Ⅱ.①闫…②周…　Ⅲ.①分析化学-高
等职业教育-教材　Ⅳ.①O65

中国版本图书馆 CIP 数据核字（2021）第 164047 号

| 人卫智网 | www.ipmph.com | 医学教育、学术、考试、健康，
购书智慧智能综合服务平台 |
| 人卫官网 | www.pmph.com | 人卫官方资讯发布平台 |

分 析 化 学
Fenxi Huaxue
第 2 版

主　　编：闫冬良　周建庆

出版发行：人民卫生出版社（中继线 010-59780011）

地　　址：北京市朝阳区潘家园南里 19 号

邮　　编：100021

E - mail：pmph @ pmph. com

购书热线：010-59787592　010-59787584　010-65264830

印　　刷：人卫印务（北京）有限公司

经　　销：新华书店

开　　本：850×1168　1/16　　印张：18　　插页：8

字　　数：570 千字

版　　次：2015 年 5 月第 1 版　　2021 年 8 月第 2 版

印　　次：2023 年 10 月第 5 次印刷

标准书号：ISBN 978-7-117-31935-5

定　　价：56.00 元

打击盗版举报电话：**010-59787491**　E-mail：**WQ @ pmph. com**

质量问题联系电话：**010-59787234**　E-mail：**zhiliang @ pmph. com**

为了深入贯彻十九大"完善职业教育和培训体系,深化产教融合、校企合作"精神,落实全国教育大会和《国家职业教育改革实施方案》新要求,更好地服务医学检验人才培养,人民卫生出版社在教育部、国家卫生健康委员会的领导和全国卫生职业教育教学指导委员会的支持下,成立了第二届全国高等职业教育医学检验技术专业教育教材建设评审委员会,并于2018年启动了第五轮全国高等职业教育医学检验技术专业规划教材的修订工作。

全国高等职业教育医学检验技术专业规划教材自1997年第一轮出版以来,已历经多次修订,在使用中不断提升和完善,已经发展成为职业教育医学检验技术专业影响最大、使用最广、广为认可的经典教材。本次修订是在2015年出版的第四轮25种教材(含配套教材6种)基础上,经过认真细致的调研与论证,坚持传承与创新,全面贯彻专业教学标准,加强立体化建设,以求突出职业教育教材实用性,体现医学检验专业特色:

1. **坚持编写精品教材**　本轮修订得到了全国上百所学校、医院的响应和支持,300多位教学和临床专家参与了编写工作,保证了教材编写的权威性和代表性,坚持"三基、五性、三特定"编写原则,内容紧贴临床检验岗位实际、精益求精,力争打造职业教育精品教材。

2. **紧密对接教学标准**　修订工作紧密对接高等职业教育医学检验技术专业教学标准,明确培养需求,以岗位为导向,以就业为目标,以技能为核心,以服务为宗旨,注重整体优化,增加了《医学检验技术导论》,着力打造完善的医学检验教材体系。

3. **全面反映知识更新**　新版教材增加了医学检验技术专业新知识、新技术,强化检验操作技能的培养,体现医学检验发展和临床检验工作岗位需求,适应职业教育需求,推进教材的升级和创新。

4. **积极推进融合创新**　版式设计体现教材内容与线上数字教学内容融合对接,为学习理解、巩固知识提供了全新的途径与独特的体验,让学习方式多样化、学习内容形象化、学习过程人性化、学习体验真实化。

本轮规划教材共25种(含配套教材5种),均为国家卫生健康委员会"十三五"规划教材。

教材目录

序号	教材名称	版次	主编	配套教材
1	临床检验基础	第5版	张纪云　龚道元	✓
2	微生物学检验	第5版	李剑平　吴正吉	✓
3	免疫学检验	第5版	林逢春　孙中文	✓
4	寄生虫学检验	第5版	汪晓静	
5	生物化学检验	第5版	刘观昌　侯振江	✓
6	血液学检验	第5版	黄斌伦　杨晓斌	✓
7	输血检验技术	第2版	张家忠　陶　玲	
8	临床检验仪器	第3版	吴佳学　彭裕红	
9	临床实验室管理	第2版	李　艳　廖　璞	
10	医学检验技术导论	第1版	李敏霞　胡　野	
11	正常人体结构与机能	第2版	苏莉芬　刘伏祥	
12	临床医学概论	第3版	薛宏伟　高健群	
13	病理学与检验技术	第2版	徐云生　张　忠	
14	分子生物学检验技术	第2版	王志刚	
15	无机化学	第2版	王美玲　赵桂欣	
16	分析化学	第2版	闫冬良　周建庆	
17	有机化学	第2版	曹晓群　张　威	
18	生物化学	第2版	范　明　徐　敏	
19	医学统计学	第2版	李新林	
20	医学检验技术英语	第2版	张　刚	

第二届全国高等职业教育医学检验技术专业教育教材建设评审委员会名单

主任委员

胡 野 张纪云 杨 晋

秘 书 长

金月玲 黄斌伦 窦天舒

委 员（按姓氏笔画排序）

王海河 王翠玲 刘观昌 刘家秀 孙中文 李 晖
李妤蓉 李剑平 李敏霞 杨 拓 杨大干 吴 茅
张家忠 陈 菁 陈芳梅 林逢春 郑文芝 赵红霞
胡雪琴 侯振江 夏金华 高 义 曹德明 龚道元

秘 书

许贵强

数字内容编者名单

主　编　闫冬良

副主编　牛　颖　张彧璇　张学东

编　者（以姓氏笔画为序）

牛　颖（大庆医学高等专科学校）

朱自仙（昆明卫生职业学院）

朱爱军（甘肃中医药大学）

闫冬良（南阳医学高等专科学校）

杜庆波（皖北卫生职业学院）

杜兵兵（漯河医学高等专科学校）

何文涛（河西学院）

张学东（首都医科大学燕京医学院）

张彧璇（廊坊卫生职业学院）

陈建平（内蒙古医科大学）

范红艳（运城护理职业学院）

周建庆（安徽医学高等专科学校）

袁　勇（新疆昌吉职业技术学院）

廖献就（右江民族医学院）

主编简介与寄语

闫冬良 理学硕士,三级教授,南阳医学高等专科学校高等医学教育研究室副主任。

在中文核心期刊和 CN 期刊发表教学、科研论文 40 篇。主编规划教材 8 部、参编规划教材 12 部,参编专著 1 部。获发明专利 1 项。主持省级科研项目 3 项(2 项获河南省科技进步奖三等奖、1 项获南阳市科技进步奖二等奖),主持完成河南省教育科学规划重点课题 1 项。

寄语:

分析化学是医学检验技术专业的专业基础课,对于学习专业课、胜任职业岗位职责具有重要意义。鸟贵有翼,人贵有志。树立远大理想,奋发学习,不断充实自己,争取早日成才,为人类健康作贡献。

主编简介与寄语

周建庆 教授,安徽医学高等专科学校基础部主任,安徽省卫生职工培训中心办公室主任,教育部继续教育专业建设专家库成员,安徽省专业带头人,省级教学名师,省高级双师型教师,国家职业资格高级技师等级。

曾主持并完成省级自然课题 2 项、省级质量工程项目 9 项、省级精品课程 1 门、省级大规模在线开放课程 1 门;主编安徽省高等学校教材 3 部;曾获得省级教学成果奖一等奖 2 项,二、三等奖各 3 项;在省级以上学术刊物发表专业论文 15 篇。

寄语:

高尚的医德情操是医学生勤奋学习、追求真理、发展科学的积极促进力量,与疾病的斗争是人类社会的永恒主题,能激励立志从医者为解除病人疾患而刻苦钻研和忘我学习,做一名医术精湛、技术准确的医疗卫生工作者,更好地服务于基层卫生事业。

　　为了认真贯彻落实《国家职业教育改革实施方案》《职业教育提质培优行动计划(2020—2023年)》《教育部关于推进高等职业教育改革创新引领职业教育科学发展的若干意见》等文件精神,积极推进高等职业教育改革创新、引领职业教育科学发展,着力培养具有一定专业知识和较高专业实践技能的检验技术专门人才,我们组织有关学校教师,在吸收各校教学经验的基础上编写了医学检验技术专业规划教材《分析化学》。

　　在编写过程中,参编人员坚持遵循"三基"(基本理论、基本知识、基本技能)、"五性"(思想性、科学性、启发性、先进性、适用性)和"三特定"(特定对象为将要从事临床检验技术工作或进入本科学习的医学高职学生;特定要求为贯彻预防为主的卫生工作方针及全心全意为病人服务;特定限制为教材总字数与教学时数相适应)的原则。重点介绍分析化学的基本理论、基本知识、基本方法和基本技能,以及各种分析方法在检验技术中的应用。突出专业特色,注重整体优化,力求实用为先、够用为度,兼顾知识的先进性和技术的实用性。培养和提高学生的专业知识、实践技能和思维能力,引导学生养成严谨的科学态度和作风。力争使本教材贴近工作岗位、贴近社会实际,体现职业教育特色,最大限度地符合高职医学检验技术专业的教学实际,为学生学好专业课程,如检验技术、检验仪器学等,奠定坚实基础。同时也为学生适应检验技术工作需要或进一步学习深造打下坚实的基础。

　　全书共分十六章,包括绪论、滴定分析法概论、滴定分析仪器、误差与定量分析数据处理、酸碱滴定法、沉淀滴定法、配位滴定法、氧化还原滴定法、电位法和永停滴定法、紫外-可见分光光度法、荧光分析法、原子吸收分光光度法、经典液相色谱法、气相色谱法、高效液相色谱法等主要内容,还包括磁共振波谱法、质谱法、红外分光光度法和电泳法等基本分析方法简介,以及二十个紧密配合主要教学内容的实验项目。本教材供高职医学检验技术专业学生使用,也可供药学等相关专业学生参考。

　　本教材编写得到了参编老师所在院校领导和老师的大力支持,在此表示衷心感谢! 由于分析化学是一门发展较快的基础学科,而参编者的学识水平有限、实践经验不足,书中难免存在缺陷和谬误,恳请各位专家和读者批评指正,以便再版时修订完善。

闫冬良　周建庆

2021年1月

教学大纲

目 录

第一章 绪论 ……………………………………………………………………… 1
  第一节 分析化学的分类 ……………………………………………………… 1
    一、按分析任务分类 ………………………………………………………… 1
    二、按分析对象分类 ………………………………………………………… 2
    三、按分析的方法原理分类 ………………………………………………… 2
    四、按量的概念分类 ………………………………………………………… 2
    五、其他分类 ………………………………………………………………… 3
  第二节 分析化学的作用 ……………………………………………………… 3
  第三节 完成分析任务的一般程序 …………………………………………… 4
    一、采集试样 ………………………………………………………………… 4
    二、制备试样 ………………………………………………………………… 4
    三、测定含量 ………………………………………………………………… 5
    四、表示分析结果 …………………………………………………………… 5
  第四节 分析化学的发展趋势 ………………………………………………… 5
  第五节 分析化学的学习方法 ………………………………………………… 6

第二章 滴定分析法概论 ………………………………………………………… 9
  第一节 滴定分析法的基本知识 ……………………………………………… 9
    一、滴定分析法的基本术语 ………………………………………………… 9
    二、滴定反应条件 …………………………………………………………… 10
    三、滴定分析法的分类 ……………………………………………………… 10
    四、滴定分析法的滴定方式 ………………………………………………… 11
    五、指示剂 …………………………………………………………………… 12
  第二节 标准溶液 ……………………………………………………………… 12
    一、标准溶液浓度的表示方法 ……………………………………………… 12
    二、基准物质 ………………………………………………………………… 13
    三、标准溶液的配制 ………………………………………………………… 13
  第三节 滴定分析法的计算 …………………………………………………… 15
    一、滴定分析计算的依据 …………………………………………………… 16
    二、基本单元的确定 ………………………………………………………… 16
    三、滴定分析法的有关计算 ………………………………………………… 16

第三章 滴定分析仪器 …………………………………………………………… 22

第一节 电子天平 …………………………………………………………… 22
　一、电子天平的称量原理 ………………………………………………… 23
　二、电子天平的构造 ……………………………………………………… 23
　三、电子天平的使用及称量方法 ………………………………………… 23
　四、电子天平的保管与养护 ……………………………………………… 25
第二节 容量仪器 …………………………………………………………… 26
　一、滴定管 ………………………………………………………………… 26
　二、容量瓶 ………………………………………………………………… 27
　三、移液管 ………………………………………………………………… 28

第四章 误差与定量分析数据处理 ………………………………………… 31
第一节 定量分析的误差 …………………………………………………… 31
　一、准确度与误差 ………………………………………………………… 31
　二、精密度与偏差 ………………………………………………………… 32
　三、误差的来源 …………………………………………………………… 34
　四、提高定量分析结果准确度的方法 …………………………………… 35
第二节 有效数字及其应用 ………………………………………………… 36
　一、有效数字的意义 ……………………………………………………… 36
　二、有效数字的运算规则 ………………………………………………… 37
　三、有效数字在定量分析中的应用 ……………………………………… 37
第三节 定量分析结果的表示方法与数据处理 …………………………… 38
　一、定量分析结果的表示方法 …………………………………………… 38
　二、可疑值的取舍 ………………………………………………………… 38

第五章 酸碱滴定法 ………………………………………………………… 43
第一节 酸碱指示剂 ………………………………………………………… 43
　一、酸碱指示剂的变色原理 ……………………………………………… 43
　二、酸碱指示剂的变色范围及影响因素 ………………………………… 44
　三、混合指示剂 …………………………………………………………… 45
第二节 酸碱滴定曲线及指示剂的选择 …………………………………… 46
　一、强酸(碱)的滴定 ……………………………………………………… 46
　二、一元弱酸(碱)的滴定 ………………………………………………… 49
　三、多元酸(碱)的滴定 …………………………………………………… 52
第三节 酸碱标准溶液的配制 ……………………………………………… 54
　一、盐酸标准溶液的配制 ………………………………………………… 54
　二、氢氧化钠标准溶液的配制 …………………………………………… 54
第四节 酸碱滴定法的应用 ………………………………………………… 55
　一、直接滴定酸或碱 ……………………………………………………… 55
　二、间接滴定酸或碱 ……………………………………………………… 56

第六章 沉淀滴定法 ………………………………………………………… 60
第一节 概述 ………………………………………………………………… 60
第二节 铬酸钾指示剂法 …………………………………………………… 60
　一、铬酸钾指示剂法的基本原理 ………………………………………… 60
　二、铬酸钾指示剂法的滴定条件 ………………………………………… 61

　　三、硝酸银标准溶液的配制 ………………………………………………………… 62
　　四、铬酸钾指示剂法的应用 ………………………………………………………… 63
　第三节　铁铵矾指示剂法 …………………………………………………………… 63
　　一、直接滴定法测定银离子 ………………………………………………………… 63
　　二、返滴定法测定卤离子 …………………………………………………………… 64
　　三、硫氰酸铵标准溶液的配制 ……………………………………………………… 64
　　四、铁铵矾指示剂法的应用 ………………………………………………………… 65
　第四节　吸附指示剂法 ……………………………………………………………… 65
　　一、吸附指示剂法的基本原理 ……………………………………………………… 66
　　二、吸附指示剂法的滴定条件 ……………………………………………………… 66
　　三、吸附指示剂法的应用 …………………………………………………………… 67

第七章　配位滴定法 ………………………………………………………………… 70
　第一节　EDTA 及其配合物 ………………………………………………………… 70
　　一、EDTA 的结构与性质 …………………………………………………………… 70
　　二、EDTA 在水中的解离 …………………………………………………………… 71
　　三、EDTA 与金属离子配位反应的特点 …………………………………………… 71
　第二节　配位平衡 …………………………………………………………………… 71
　　一、配合物的稳定常数 ……………………………………………………………… 71
　　二、副反应与副反应系数 …………………………………………………………… 72
　　三、配合物的条件稳定常数 ………………………………………………………… 73
　　四、配位滴定条件的选择 …………………………………………………………… 74
　第三节　金属指示剂 ………………………………………………………………… 75
　　一、金属指示剂的作用原理 ………………………………………………………… 75
　　二、常用的金属指示剂 ……………………………………………………………… 77
　第四节　标准溶液的配制 …………………………………………………………… 78
　　一、EDTA 标准溶液的配制 ………………………………………………………… 78
　　二、锌标准溶液的配制 ……………………………………………………………… 78
　第五节　配位滴定法的应用 ………………………………………………………… 78
　　一、直接滴定法 ……………………………………………………………………… 79
　　二、间接滴定法 ……………………………………………………………………… 79

第八章　氧化还原滴定法 …………………………………………………………… 82
　第一节　概述 ………………………………………………………………………… 82
　　一、氧化还原滴定法对滴定反应的要求 …………………………………………… 82
　　二、氧化还原滴定法的分类 ………………………………………………………… 83
　　三、滴定前的试样预处理 …………………………………………………………… 83
　第二节　高锰酸钾法 ………………………………………………………………… 83
　　一、高锰酸钾法的基本原理 ………………………………………………………… 83
　　二、高锰酸钾标准溶液的配制 ……………………………………………………… 84
　　三、高锰酸钾法的应用 ……………………………………………………………… 84
　第三节　碘量法 ……………………………………………………………………… 85
　　一、碘量法的基本原理 ……………………………………………………………… 85
　　二、碘量法的滴定条件 ……………………………………………………………… 87
　　三、减小碘量法误差的措施 ………………………………………………………… 87

四、碘量法标准溶液的配制 ……………………………………………………………… 88

五、碘量法的应用 ………………………………………………………………………… 89

第四节　其他氧化还原滴定法 ………………………………………………………………… 90

一、亚硝酸钠法 …………………………………………………………………………… 90

二、重铬酸钾法 …………………………………………………………………………… 91

三、溴酸钾法 ……………………………………………………………………………… 91

四、高碘酸钾法 …………………………………………………………………………… 91

第九章　电位法和永停滴定法 ……………………………………………………………… 94

第一节　电化学分析法概述 …………………………………………………………………… 94

第二节　电化学分析法基础知识 ……………………………………………………………… 95

一、原电池 ………………………………………………………………………………… 95

二、能斯特方程 …………………………………………………………………………… 97

第三节　直接电位法 …………………………………………………………………………… 98

一、参比电极 ……………………………………………………………………………… 98

二、指示电极 ……………………………………………………………………………… 99

三、直接电位法测定溶液的 pH …………………………………………………………… 101

四、直接电位法测定其他离子浓度 ……………………………………………………… 103

第四节　电位滴定法 …………………………………………………………………………… 104

一、电位滴定法的基本原理 ……………………………………………………………… 104

二、电位滴定法滴定终点的确定 ………………………………………………………… 104

第五节　永停滴定法 …………………………………………………………………………… 106

一、永停滴定法的基本原理 ……………………………………………………………… 106

二、永停滴定法滴定终点的确定 ………………………………………………………… 107

第十章　紫外-可见分光光度法 …………………………………………………………… 111

第一节　光谱分析法概述 ……………………………………………………………………… 111

一、电磁辐射与电磁波谱 ………………………………………………………………… 111

二、光谱分析法的分类 …………………………………………………………………… 112

三、紫外-可见分光光度法的特点 ………………………………………………………… 113

第二节　紫外-可见分光光度法的基本原理 ………………………………………………… 114

一、紫外-可见吸收光谱的有关概念 ……………………………………………………… 114

二、朗伯-比尔定律 ………………………………………………………………………… 114

三、偏离朗伯-比尔定律的因素 …………………………………………………………… 116

四、分析条件的选择 ……………………………………………………………………… 117

第三节　紫外-可见分光光度计 ……………………………………………………………… 119

一、紫外-可见分光光度计的主要部件 …………………………………………………… 119

二、紫外-可见分光光度计的类型 ………………………………………………………… 122

三、分光光度计的光学性能 ……………………………………………………………… 123

四、分光光度计的校正 …………………………………………………………………… 124

第四节　紫外-可见分光光度法的分析方法 ………………………………………………… 125

一、定性分析 ……………………………………………………………………………… 125

二、纯度检查 ……………………………………………………………………………… 125

三、定量分析 ……………………………………………………………………………… 126

第五节　紫外-可见吸收光谱与分子结构的关系 …………………………………………… 129

一、电子跃迁的类型 ………………………………………………………………… 129
二、吸收带与分子结构的关系 …………………………………………………… 129
三、影响紫外-可见光谱的因素 ………………………………………………… 131
四、有机化合物的结构分析 ……………………………………………………… 132

第十一章　荧光分析法 …………………………………………………………… 136
第一节　荧光分析法的基本原理 ………………………………………………… 136
一、荧光的产生 …………………………………………………………………… 136
二、激发光谱与发射光谱 ………………………………………………………… 138
三、荧光与分子结构 ……………………………………………………………… 139
四、影响荧光强度的外部因素 …………………………………………………… 140
五、荧光强度与物质浓度的关系 ………………………………………………… 142
第二节　荧光分光光度计 ………………………………………………………… 143
一、光源 …………………………………………………………………………… 143
二、单色器 ………………………………………………………………………… 144
三、样品池 ………………………………………………………………………… 144
四、检测器 ………………………………………………………………………… 144
五、记录显示装置 ………………………………………………………………… 144
第三节　荧光定量分析方法 ……………………………………………………… 144
一、单组分溶液的定量方法 ……………………………………………………… 144
二、多组分溶液的定量方法 ……………………………………………………… 145
第四节　荧光分析法的应用 ……………………………………………………… 145
一、无机化合物的荧光分析 ……………………………………………………… 145
二、有机化合物的荧光分析 ……………………………………………………… 145
三、细胞和基因的研究与检测 …………………………………………………… 145

第十二章　原子吸收分光光度法 ……………………………………………… 148
第一节　概述 ……………………………………………………………………… 148
一、原子吸收分光光度法的流程 ………………………………………………… 148
二、原子吸收分光光度法的优缺点 ……………………………………………… 149
第二节　原子吸收分光光度法的基本原理 ……………………………………… 150
一、共振线与吸收线 ……………………………………………………………… 150
二、谱线轮廓与谱线变宽 ………………………………………………………… 150
三、原子吸收分光光度法的定量基础 …………………………………………… 151
第三节　原子吸收分光光度计 …………………………………………………… 154
一、原子吸收分光光度计的结构 ………………………………………………… 154
二、原子吸收分光光度计的分类 ………………………………………………… 157
第四节　原子吸收分光光度法的干扰及其消除方法 …………………………… 158
一、电离干扰与消除方法 ………………………………………………………… 158
二、物理干扰与消除方法 ………………………………………………………… 159
三、化学干扰与消除方法 ………………………………………………………… 159
四、光谱干扰与消除方法 ………………………………………………………… 159
第五节　测量条件与技术评价 …………………………………………………… 160
一、测量条件的选择 ……………………………………………………………… 160
二、灵敏度和检测限 ……………………………………………………………… 161

第六节　原子吸收分光光度法的定量分析方法 ··· 162
　　一、标准曲线法 ··· 162
　　二、标准加入法 ··· 162
第七节　原子吸收分光光度法的应用 ·· 163

第十三章　经典色谱法 ·· 165
第一节　色谱法的产生与分类 ·· 165
　　一、色谱法的产生 ··· 165
　　二、色谱法的分类 ··· 166
第二节　柱色谱法 ··· 167
　　一、吸附柱色谱法 ··· 167
　　二、分配柱色谱法 ··· 170
　　三、离子交换柱色谱法 ··· 171
　　四、空间排阻柱色谱法 ··· 172
第三节　纸色谱法 ··· 173
　　一、纸色谱法的分离机制 ··· 173
　　二、纸色谱法的固定相和流动相 ··· 173
　　三、纸色谱法的操作步骤 ··· 173
第四节　薄层色谱法 ·· 175
　　一、薄层色谱法的分离机制 ··· 175
　　二、固定相的选择 ··· 175
　　三、流动相的选择 ··· 175
　　四、薄层色谱法的操作步骤 ··· 175

第十四章　气相色谱法 ·· 180
第一节　概述 ··· 180
　　一、气相色谱法的特点 ··· 180
　　二、气相色谱法的分类 ··· 181
第二节　气相色谱仪及其工作流程 ··· 181
　　一、载气系统 ··· 181
　　二、进样系统 ··· 182
　　三、分离系统 ··· 182
　　四、检测系统 ··· 184
　　五、信号处理及显示系统 ··· 186
第三节　气相色谱图及相关术语 ··· 186
　　一、气相色谱图 ··· 186
　　二、保留值 ··· 187
　　三、容量因子 ··· 188
　　四、分配系数比 ··· 188
　　五、分离度 ··· 188
第四节　气相色谱法的基本理论 ··· 189
　　一、塔板理论 ··· 189
　　二、速率理论 ··· 189
第五节　分离条件的选择 ·· 190
　　一、色谱柱及柱温的选择 ··· 190

二、载气及流速的选择 ………………………………………………………………………… 191
三、其他条件的选择 …………………………………………………………………………… 191
第六节　气相色谱法的定性与定量方法 ………………………………………………………… 191
一、定性分析方法 ……………………………………………………………………………… 191
二、定量分析方法 ……………………………………………………………………………… 192
第七节　气相色谱法的应用 ……………………………………………………………………… 194

第十五章　高效液相色谱法 …………………………………………………………………… 197
第一节　高效液相色谱法与其他色谱法的对比 ………………………………………………… 197
一、高效液相色谱法与经典色谱法的对比 …………………………………………………… 197
二、高效液相色谱法与气相色谱法的对比 …………………………………………………… 198
第二节　高效液相色谱仪 ………………………………………………………………………… 198
一、高压输液泵 ………………………………………………………………………………… 199
二、进样器 ……………………………………………………………………………………… 199
三、色谱柱 ……………………………………………………………………………………… 200
四、检测器 ……………………………………………………………………………………… 200
五、信号处理及显示器 ………………………………………………………………………… 202
第三节　高效液相色谱法的速率理论 …………………………………………………………… 202
一、柱内因素 …………………………………………………………………………………… 202
二、柱外因素 …………………………………………………………………………………… 203
第四节　高效液相色谱法的定性和定量方法 …………………………………………………… 203
一、定性方法 …………………………………………………………………………………… 203
二、定量方法 …………………………………………………………………………………… 203
第五节　高效液相色谱法的应用 ………………………………………………………………… 204

第十六章　其他仪器分析方法 ………………………………………………………………… 207
第一节　磁共振波谱法 …………………………………………………………………………… 207
一、磁共振波谱的基本原理 …………………………………………………………………… 207
二、核磁波谱仪及工作原理 …………………………………………………………………… 209
三、试样的制备 ………………………………………………………………………………… 210
第二节　质谱法 …………………………………………………………………………………… 210
一、质谱法的有关概念 ………………………………………………………………………… 211
二、质谱法的基本原理 ………………………………………………………………………… 211
三、质谱仪 ……………………………………………………………………………………… 212
四、质谱法的特点 ……………………………………………………………………………… 213
五、质谱法的重要用途 ………………………………………………………………………… 213
第三节　红外分光光度法 ………………………………………………………………………… 214
一、概述 ………………………………………………………………………………………… 214
二、红外分光光度法的基本原理 ……………………………………………………………… 215
三、红外分光光度计及工作原理 ……………………………………………………………… 217
第四节　电泳法 …………………………………………………………………………………… 218
一、电泳法的基本原理 ………………………………………………………………………… 218
二、电泳法的分类 ……………………………………………………………………………… 219
三、毛细管电泳法 ……………………………………………………………………………… 219
四、电泳法与色谱法的比较 …………………………………………………………………… 219

实验指导 ·· 222

　实验一　电子天平的基本操作及称量练习 ······························· 222

　实验二　滴定分析仪器的洗涤及使用练习 ······························· 223

　实验三　盐酸标准溶液的配制 ·· 224

　实验四　氢氧化钠标准溶液的配制 ··· 226

　实训五　氯化钠含量的测定 ··· 227

　实训六　水的总硬度的测定 ··· 228

　实验七　碘标准溶液的配制 ··· 229

　实验八　直接碘量法测定维生素 C 的含量 ······························ 230

　实验九　直接电位法测定溶液的 pH ·· 231

　实验十　永停滴定法测定对氨基苯磺酸钠的含量 ····················· 233

　实验十一　维生素 B_{12} 吸收曲线的测绘及含量测定 ··················· 234

　实验十二　水中微量铁的含量测定 ·· 235

　实验十三　安痛定注射液中安替比林的含量测定 ······················ 236

　实验十四　荧光分析法测定硫酸奎尼丁的含量 ·························· 237

　实验十五　原子吸收法测定血清铜的含量 ································· 239

　实验十六　几种阳离子的柱色谱 ··· 240

　实验十七　几种氨基酸的纸色谱 ··· 241

　实验十八　几种磺胺类药物的薄层色谱 ···································· 242

　实验十九　气相色谱法测定藿香正气水中乙醇的含量 ················ 243

　实验二十　高效液相色谱法测定血清阿司匹林的含量 ················ 244

达标练习参考答案 ··· 247

附录 ·· 267

　附录一　常用化合物的相对分子质量 ······································· 267

　附录二　常用弱酸、弱碱的解离常数 ·· 268

　附录三　难溶化合物的溶度积(K_{sp}) ······································· 270

　附录四　标准电极电位表(25℃) ·· 271

　附录五　氧化还原电对的条件电位表 ······································· 276

中英文名词对照索引 ··· 278

参考文献 ··· 281

学习目标

1. 掌握分析化学的概念和任务。
2. 熟悉分析方法的分类。
3. 了解分析化学的作用和发展趋势;完成分析任务的一般程序。

分析化学(analytical chemistry)是研究物质组成、含量、结构和形态等化学信息的分析方法、有关理论及实验技术的一门自然科学。分析化学与无机化学、有机化学、物理化学一样,都是化学学科的一个重要分支。分析化学的内容十分丰富,应用非常广泛。

第一节　分析化学的分类

从不同角度对分析化学进行分类,会有下列几种情况。

一、按分析任务分类

(一)定性分析

定性分析(qualitative analysis)的任务是鉴定物质的化学组成,即确定物质由哪些元素、离子、原子团、官能团或化合物所组成,解决"是什么"的问题。例如,在临床检验中,确定某指标是阴性或阳性即可。

(二)定量分析

定量分析(quantitative analysis)的任务是测定试样中有关组分的相对含量,即解决"量"的问题。有关组分相对含量的大小,往往决定相应工作的兴废。例如,在正常体检工作中,如果发现某受检人的空腹血糖浓度不在 $3.9\sim6.1mmol/L$ 范围,就会引起医务人员重视。再如,在检验某药品时,若含量低于国家标准,该药品则被判定不合格。

(三)结构分析

结构分析(structural analysis)的任务是确定有关物质的化学结构和存在形态,即确定物质的化学结构、晶体结构或空间分布,以及价态、配位态、结晶态等。物质的结构决定其性质,物质的性质决定其用途。

简而言之,分析化学的主要任务是利用各种方法和手段,获取必要的分析数据,鉴定物质的化学组成、测定有关组分的相对含量、确定物质的化学结构和存在形态。

笔记

1

二、按分析对象分类

（一）无机分析

无机分析（inorganic analysis）对象为无机化合物，即确定无机化合物的化学组成、组分的相对含量、存在形态等。

（二）有机分析

有机分析（organic analysis）对象为有机化合物，即确定有机化合物的化学组成、组分的相对含量、官能团或结构形态等。

三、按分析的方法原理分类

（一）化学分析

化学分析（chemical analysis）是以物质的化学性质为基础而建立的分析方法。就化学分析而言，既有定性分析和定量分析之分，又有无机分析和有机分析之分。对医学检验和药学专业来说，通常介绍无机定量分析，包括重量分析与滴定分析两部分。

重量分析法

1. **重量分析**　以质量为测量值的分析方法。又可细分为沉淀法、挥发法和萃取法等。本教材仅此简单介绍而已。

2. **滴定分析**　是将已知准确浓度的溶液滴加到被测物质溶液中，直至所加溶液的物质的量按化学计量关系恰好反应完全，然后根据所加溶液的浓度和消耗体积，计算出被测物质含量的分析方法。由于这种测定方法是以测量溶液体积为基础，故又称为容量分析。根据反应类型不同，滴定分析又可细分为酸碱滴定法、沉淀滴定法、配位滴定法和氧化还原滴定法等。

化学分析的特点是：仪器设备简单、价格低廉、测定结果准确，但测定费力耗时、无法测定微量组分。

（二）仪器分析

仪器分析（instrumental analysis）是以待测组分的物理性质或物理化学性质为基础而建立的分析方法。根据测定参数不同，仪器分析又可细分为电化学分析、光学分析、色谱分析及质谱分析等。

1. **电化学分析**　是以电信号（电位、电导、电量、电流）为测量参数而建立的分析方法。可以细分为电位法、伏安法、电解法和电导法等。

2. **光学分析**　是以光信号为测量参数而建立的分析方法。光学分析可以细分为很多分析方法，光通过待测物质之后，以测量光传播方向的变化而建立的方法，称为非光谱法，如以前学习过的折光法、旋光法等。光与待测物质发生作用后，以测量光强度的变化（吸收或发射）而建立的方法，称为光谱法，如本教材介绍的紫外-可见分光光度法、荧光分光光度法、原子吸收分光光度法等。

3. **色谱分析**　是一类分离分析方法。主要有柱色谱、纸色谱、薄层色谱、气相色谱和高效液相色谱等。

仪器分析的特点是：灵敏、快速、准确、操作自动化程度高，特别适合于微量组分或复杂体系的分析，但仪器复杂、价格昂贵。

化学分析和仪器分析各有所长，相辅相成。一般来说，化学分析适于常量成分分析，仪器分析适于微量和痕量成分分析。就每种分析方法来讲，各有其适宜的测定对象，因此，在实际工作中应根据具体情况选择相应的分析方法。

四、按量的概念分类

分析化学的灵魂是"量"的概念，我们应该从两个方面来认识，一是分析测定时的"取样量"或"取样体积"，固体试样的取样量常用质量来衡量，液体试样的取样量常用体积来衡量；二是待测组分在试样中的含量。

（一）按取样量来分类

分析化学可以分为常量分析、半微量分析、微量分析和超微量分析等，具体见表 1-1。

笔记

表 1-1　按取样量分类的分析方法

分类名称	取样量/mg	取样体积/ml
常量分析	>100	>10
半微量分析	10～100	10～1
微量分析	0.1～10	1～0.01
超微量分析	<0.1	<0.01

 **知识链接**

如何确定取样量

实际工作中,化学定性分析多采用半微量或微量分析法,化学定量分析一般采用常量分析或半微量分析法;仪器分析常常选用微量和超微量分析法。

（二）按待测组分在试样中的含量来分类

分析化学可以分为常量组分分析（含量>1%）、微量组分分析（含量在 0.01%～1%）、痕量组分分析（含量<0.01%）等。

五、其他分类

（一）按分析的目的分类

1. 例行分析　是指一般实验室在日常生产或工作中的分析,又称常规分析。例如,药厂质检科的日常分析工作即为例行分析;再如,普查某人群的健康状况时,常常需要检测每个人血液的生化指标,这也属于例行分析。

2. 仲裁分析　是指不同单位对分析结果有争执时,要求某仲裁单位（如一定级别的药检所、法定检验单位）用法定方法进行裁判分析,以仲裁原分析结果的准确性。

（二）按分析的领域分类

分析化学的应用十分广泛,根据其应用的领域不同,可以分为卫生分析、药物分析、工业分析、农业分析等等。顾名思义,它们分别是针对卫生部门、药学研究、工业企业、农业研究机构的相关试样所进行的分析检测工作。

从分析方法的分类可以看出,分析化学的内容丰富,作用极大。甚至可以讲,在人类生活、科技发展、社会进步的方方面面都发挥着不可替代的作用。

第二节　分析化学的作用

分析化学在科学研究、国民经济建设、医药卫生、国防建设和航空航天等各个领域发挥着十分重要的作用,具有极其重要的实际意义。

在科学研究中,分析化学自始至终都占据着重要的地位,如原子、分子学说的创立,相对原子质量的测定,化学基本定律的提出和验证等,都离不开分析化学。再如,生命科学、材料科学、环境科学、基因工程、纳米技术等科学领域所取得的瞩目成就,很多都与分析化学密切相关。

在国民经济建设中,很多领域的生产和研究都离不开分析化学。例如,自然资源的开发和利用,工业生产原料的选择、半成品和成品的检测及新产品的研制,农业生产对土壤成分、化肥、农药及农作物生长的研究等,都需要用分析化学的理论和技术来解决实际问题。

在国防建设和航空航天领域,对新材料、新能源的研究利用等,都需要有物质化学组成和结构信息的支持。因此,分析化学被称为工农业生产的"眼睛"、国民经济和科学技术发展的"参谋"、产品质量的"保护神"。可以说,分析化学检测技术的发展水平是衡量国家科学技术发展水平的重要标志之一。

在医药卫生领域中,分析化学同样发挥着非常重要的作用。如临床检验、药品检验、食品检验、卫生检验、新药研发、中药研究、病因调查等,都需要应用分析化学的知识和实践技能。特别是临床检验,将病人的血液、体液、分泌物、排泄物和脱落物等标本,通过观察、物理、化学、仪器或分子生物学方法检测,确定其化学组成和结构信息,从而为临床、为病人提供有价值的实验资料。有些检测方法和仪器直接来自分析化学,如荧光光谱法测定氨基酸、蛋白质、核酸、卟啉、维生素(A、B、C、D、E、K)等;再如,原子吸收光谱法测定血浆中的钾、钠、锌等。

在医学检验教育中,分析化学是一门重要的专业基础课。许多医学检验专业课程都要涉及分析化学的理论、方法及技术。例如,血液学检验中对人体血液中各种电解质的成分分析;临床生物化学检验中对人体尿糖含量的检测分析;检验仪器学中的光谱分析仪器、分离分析仪器、现代波谱分析仪器、自动生化分析仪、电解质分析仪、化学发光免疫分析仪、酶标仪等,都是以分析化学的理论、方法和实验技术为基础发展起来的。因此,学习分析化学,不仅能帮助学生掌握有关分析方法的理论及操作技能,而且还能帮助学生掌握科学研究的方法,关键在于培养和提高学生分析问题、解决问题的能力,牢固树立"量"的概念,尽早形成严谨、科学的工作作风,为学好专业课、胜任医学检验工作打下坚实的基础,对学生素质的全面发展起到较好的促进作用。

第三节　完成分析任务的一般程序

完成分析工作任务的一般程序是:第一步采集试样(临床检验工作中称为标本),第二步制备试样,第三步确定待测组分的化学组成和结构形态,第四步测定待测组分的相对含量,第五步处理分析数据、表示分析结果。在一般的临床检验工作中,待测组分的化学组成和结构都是已知的,不需要做定性分析和结构分析,可直接选择恰当的分析方法进行定量分析。因此,完成分析任务的一般程序如下。

一、采集试样

为了得到有意义的化学信息,分析测定的实际试样必须具有一定的代表性。例如,对某批10t(1t=1 000kg)的生产原料进行检验,但实际分析的试样往往只有1g或更少,如果所取试样不能代表整批原料的状况,即使分析测定做得再准确,都毫无实际意义。因此,采集试样的原则是"试样具有代表性",必须采用科学取样法,从大批原料的不同部分、不同深度选取多个取样点采样,然后混合均匀,利用缩分法,从中取出少量原料作为试样进行分析测定,这样分析结果才能够代表整批原料的平均组成和含量。再如,临床上的许多生化指标,都是在正常生活和饮食条件下对正常人体试样(如血清、血浆、痰液、尿液或其他体液等)进行测定的结果,所以,常常在早餐前抽取病人的血液或留取病人的尿液进行化验。

二、制备试样

试样制备,是对试样进行必要的处理或预处理,使之适合于选定的分析方法,获得可靠的测定结果。整个操作过程要执行试样制备规范,严防试样丢失和污染,确保制备的试样具有代表性。制备试样主要包括分解试样和分离干扰物质。

(一)分解试样

在一般的定量分析中,常常先对固体试样进行分解,制成溶液(干法分析除外),再进行分析。分解试样的方法很多,主要有溶解法和熔融法。

1. **溶解法**　此法采用适当溶剂将试样溶解后制成溶液。由于试样的组成不同,溶解所用的溶剂也不同。常用的溶剂有:水、酸、碱、有机溶剂等四类。溶解时一般先选用水为溶剂;不溶于水的试样根据其性质可用酸作溶剂,也可以用碱作溶剂。常用作溶剂的酸有:盐酸、硝酸、硫酸、磷酸、高氯酸、氢氟酸以及它们的混合酸;常用作溶剂的碱有:氢氧化钾、氢氧化钠、氨水等。对于有机化合物试样,一般采用有机试剂作溶剂,常用的有机溶剂有:甲醇、乙醇、三氯甲烷、苯、甲苯等。

2. **熔融法**　有些试样难溶于溶剂,可根据其性质,采用熔融法对试样进行预处理。在高温条件下,利用酸性或碱性熔剂与试样进行复分解反应,使试样中的待测成分转变为可溶于酸或水的化合物。常用的酸性熔剂有 $K_2S_2O_7$;碱性熔剂有 Na_2CO_3、K_2CO_3、Na_2O_2、$NaOH$ 和 KOH 等。

（二）干扰物质的分离

对于成分比较复杂的试样,待测组分的含量测定常常受到试样中其他组分的干扰,特别是人体的体液,测定前应先对干扰组分进行分离。常用的分离方法有:离心分离法、沉淀法、挥发法、萃取法、色谱法等。

三、测定含量

对试样进行含量测定时,应根据试样的组成、待测组分的性质及大致含量、测定目的要求和干扰物质的存在等几方面情况,合理选择恰当的分析方法进行含量测定。一般来说,测定常量组分时,常选用重量分析法和滴定分析法;测定微量组分时,常选用仪器分析法。例如,自来水中钙、镁离子的含量测定常选用滴定分析法,而矿泉水中微量锌的含量测定常选用仪器分析法。由于人体体液的组成复杂且有关物质的含量不高,所以,医学检验中常选用仪器分析法。

四、表示分析结果

在测定试样的过程中,获得了一些分析数据,需要根据相关的计量关系和计算公式进行运算,从而得出待测组分的相对含量,还需要以适当的形式表示分析结果。

（一）待测组分的形式

分析结果通常以待测组分实际存在形式的含量表示。例如,测定试样中磷的含量时,可以根据实际情况转换为 P、P_2O_5、PO_4^{3-}、HPO_4^{2-} 或 $H_2PO_4^-$ 等形式的含量来表示分析结果。如果待测组分的实际存在形式不清楚,则最好是以元素形式的含量或物质的量浓度形式表示分析结果。例如,在矿石分析中,各种元素的含量常以其氧化物形式（如 CaO、MgO、Al_2O_3、Fe_2O_3 等）的含量来表示分析结果。在金属材料和有机分析中,常以元素形式（Ca、Mg、Al、Fe 等）的含量来表示分析结果。在检查人体血液电解质时,常以实际存在的离子浓度来表示分析结果。

（二）待测组分含量的表示方法

1. **固体试样含量** 通常以质量分数表示,有时也可用百分含量表示。

2. **液体试样含量** 通常以物质的量浓度、质量浓度及体积分数等表示。例如在医学检验中,人体体液中的待测组分常以 mmol/L、mg/L 或 mg/24h 来表示分析结果。

3. **气体试样含量** 常用体积分数表示。

表示一个完整的定量分析结果,仅仅计算出测定结果是不够全面的,而是要同时报告出测量次数,计算出测定结果的平均值、准确度、精密度以及置信度等。因此,完整的定量分析数据处理过程,应先按测量步骤记录原始测量数据,再根据测量数据计算分析结果,最后对分析结果作出科学合理的判断,写出书面报告。

现代的分析仪器,大多数都带有微电脑处理系统,具有自动处理分析数据、自动储存分析结果、屏幕显示和输出打印功能,为分析工作提供了极大方便。

在临床检验工作中,分析测定之后的试样、超过保存期的试样和受到污染的试样等废弃物,应按照有关规定进行处理。

第四节 分析化学的发展趋势

分析化学是化学分支学科发展最早并一直处于前沿地位的自然科学,被称为"现代化学之母"。分析化学存在的基础是解决更多、更新、更复杂的学科问题和社会问题。

分析化学的发展经历了三次巨大的变革。第一次在20世纪初由于物理化学溶液理论的发展,为分析化学提供了理论基础,使分析化学由一门技术发展为一门科学。第二次是在20世纪中叶,物理学和电子学的发展,促进了各种仪器方法的发展,改变了经典分析化学以分析为主的局面。20世纪70年代以来,分析化学正处在第三次变革时期,由于计算机科学、生命科学、环境科学、宇宙科学、新材料科学、新能源科学、化学计量学的发展，以及基础理论、测试手段的不断完善，分析化学的第三次变革更加深刻，其发展趋势主要表现在以下八个方面。

一是提高灵敏度。这是各种分析方法长期以来所追求的目标。众所周知，当代许多新技术引入分析化学，都与提高分析方法的灵敏度有关。

二是解决复杂体系的分离问题、提高分析方法的选择性。到目前为止，人们认识的化合物已超过1 000万种，而且新的化合物仍在快速出现。复杂体系的分离和测定已成为分析化学家所面临的艰巨任务。

三是扩展时空多维信息。现代分析化学的发展已不再局限于将待测组分分离出来进行测量和表征，而是成为一门为物质提供尽可能多的化学信息的科学。化学计量学的发展，能够为处理和解析各种化学信息提供重要基础。

四是微型化及微环境的测定与表征。微型化及微环境分析是现代分析化学认识自然从宏观到微观的延伸。电子学、光学和工程学向微型化发展，人们对生物功能的了解，促进了分析化学深入微观世界的进程。此外，对于电极表面修饰行为和表征过程的研究，各种分离科学理论、联用技术、超微电极和光谱电化学等的应用，为揭示反应机制，开发新体系，进行分子设计等开辟了新的途径。

五是对形态、状态的分析及表征。同一元素的形态、价态不同，所形成的有机化合物分子不同，其功能或毒性可能存在极大差异。分析化学必须解决物质存在的形态和状态问题，为临床工作提供必要的信息。

六是对生物大分子及生物活性物质的测定与表征。近年来，以色谱、质谱、磁共振、荧光、磷光、化学发光和免疫分析以及化学传感器、生物传感器、化学修饰电极和生物电分析化学等为主体的各种分析手段，不但在生命体和有机组织的整体水平上，而且在分子和细胞水平上来认识和研究生命过程中某些大分子及生物活性物质的化学和生物本质方面，已显示出十分重要的作用。

七是非破坏性检测及遥测。当今的许多物理和物理化学分析方法都已发展为非破坏性检测。这对于生产流程控制，自动分析及难以取样的，诸如生命过程等的分析极端重要。遥测技术已成功地用于测定几十千米距离内的气体、某些金属的原子和分子、飞机尾气组成，炼油厂周围大气组成等，并为红外制导和反制导系统的设计提供理论和实验根据。

八是自动化及智能化。微电子工业、大规模集成电路、微处理器和微型计算机的发展，使分析化学和其他科学与技术一样进入了自动化和智能化的阶段。机器人是实现基本化学操作自动化的重要工具。专家系统是人工智能的最前沿。在分析化学中，专家系统主要用作设计实验和开发分析方法，进行谱图说明和结构解释。分析化学机器人和现代分析仪器作为"硬件"，化学计量学和各种计算机程序作为"软件"，必将对分析化学带来十分深远的影响，必将为医学检验工作提供强大的技术支持！

化学计量学

化学计量学是用统计学或数学方法对化学体系的测量值与体系状态之间建立联系的学科。它应用数学、统计学和其他方法和手段（包括计算机）选择最优试验设计和测量方法，并通过对测量数据的处理和解析，最大限度地获取有关物质系统的成分、结构及其他相关信息，是有关化学量测的基础理论和方法学。

第五节　分析化学的学习方法

分析化学主要介绍滴定分析法、直接电位法、紫外-可见分光光度法、原子吸收分光光度法、荧光分析法、经典液相色谱法、气相色谱法和高效液相色谱法等，重点介绍这些分析方法的基本原理、实验技术和定量方法。这些分析方法主要用于定量分析，其理论性和实践性都很强，在学习过程中一定要牢固树立"量"的概念，注重理论联系实际，强化实验技能训练，勤动脑动手，多思考提问，培养严谨的科学态度和实事求是的工作作风,提高发现问题、分析问题和解决问题的能力。

学习滴定分析法时,要以各种滴定分析法指示剂的变色原理和有关计算为主线,注意区分不同滴定分析法的应用范围。

学习电化学时,要在理解原电池的基础上,认真体会直接电位法、电位滴定法和永停滴定法在测定过程中电位电流的变化。

学习光学分析法时,要把握透光率、吸光度的概念,牢记光的吸收定律、光学仪器的基本结构和定量分析方法。

学习色谱分析法时,要在学好经典液相色谱法分离机制的基础上,把握气相色谱仪、高效液相色谱仪的基本结构和定量分析方法。

与此同时,注重培养自学能力和创新意识,运用所学的知识和技术,针对具体的检测对象,选择合适的检测方法进行分析,在实践中巩固和加深所学的知识和技术。

学习小结

本章介绍了分析化学的分类、作用、发展趋势和分析过程的一般步骤,为深入学习分析化学各章内容打下了基础。

分析化学是研究物质组成、含量、结构和形态等化学信息的自然科学。它是化学领域的一个重要分支,按分析任务、对象、原理、取样量等方式可分为:定性分析、定量分析和结构分析;无机分析和有机分析;化学分析与仪器分析;常量、半微量、微量和超微量分析等。分析过程的一般步骤有试样的采取、试样的制备、含量测定、分析结果的数据处理和表示等。

扫一扫,测一测

达标练习

一、多项选择题

1. 分析化学是研究(　　)
   A. 物质性质和应用的科学
   B. 定性、定量、结构分析方法的科学
   C. 物质组成和制备的科学
   D. 分析方法及其理论、实验技术的科学
   E. 以上都正确

2. 人体体液中待测组分含量常用的表示方法是(　　)
   A. mmol/L　　　B. mg/L　　　C. 百分浓度　　　D. mg/24h　　　E. 体积分数

3. 完成分析工作任务的一般程序是(　　)
   A. 采集试样
   B. 制备试样
   C. 确定待测组分的化学组成和结构形态
   D. 测定待测组分的相对含量
   E. 处理分析数据、表示分析结果

4. 化学分析法的特点是(　　)
   A. 仪器设备简单、价格低廉
   B. 测定结果准确、适于测定微量组分
   C. 但费力耗时,无法测定微量组分
   D. 仪器设备简单、测定时省时省力
   E. 测定误差大、应该废弃

5. 仪器分析的特点是( )

  A. 仪器昂贵、一般不用   B. 灵敏、快速、准确

  C. 仪器简单、操作方便   D. 适于测定微量组分

  E. 操作自动化程度高

二、辨是非题

1. 化学分析是以待测物质的化学性质为基础而建立的分析方法。( )

2. 仪器分析是以待测物质的物理或物理化学性质为基础而建立的分析方法。( )

3. 定性分析的任务是确定待测组分的化学性质。( )

4. 滴定分析的任务是确定试样的组成、存在状态及化学性质等。( )

5. 光学分析是以光信号为测量参数而建立的分析方法。( )

三、填空题

1. 分析化学是研究物质组成、含量、结构和形态等化学信息的_____、有关理论及_____的一门自然科学。

2. 分析化学的主要任务是_____、_____、_____。

3. 滴定分析包括_____、_____、_____、_____四类。

4. 根据待测组分含量分类,分析化学可以分为_____、_____、_____三类。

四、简答题

1. 什么是分析化学? 它的主要任务是什么?

2. 请谈谈完成定量分析工作任务的一般程序。

(闫冬良)

学习目标

1. 掌握滴定分析法的类型;滴定反应必须具备的条件;标准溶液及其浓度表示方法;滴定分析的有关计算(包括标准溶液浓度的计算及换算、待测物质质量和含量的计算)。

2. 熟悉滴定分析、标准溶液、滴定、化学计量点、滴定终点、滴定误差、指示剂、基准物质等基本概念。

3. 了解常用滴定方式。

4. 学会配制标准溶液的一般步骤。

滴定分析法(titrimetric analysis)是将一种已知准确浓度的试剂溶液滴加到一定体积的被测物质溶液中,直到标准溶液与被测物质按化学计量关系定量反应完全为止,然后根据标准溶液的浓度和用量,求算被测物质含量的分析方法。由于这种测定方法是以测量溶液体积为基础,故又称为容量分析。

滴定分析法适用于待测组分含量在1%以上、取样量在0.1g以上的分析测定,准确度高,相对误差在0.2%以下,测定快速,仪器设备简单廉价。

滴定分析法是重要的化学分析法,主要包括酸碱滴定法、氧化还原滴定法、配位滴定法和沉淀滴定法等四种类型。

第一节　滴定分析法的基本知识

一、滴定分析法的基本术语

在滴定分析中,已知准确浓度的试剂溶液称为标准溶液(standard solution)。进行滴定分析时,将待测物质溶液置于锥形瓶中,然后将标准溶液通过滴定管逐滴加到待测物质溶液中,这种操作过程称为滴定(titration),滴定分析因此得名。滴定过程中发生的化学反应称为滴定反应(titration reaction)。当滴入的标准溶液与待测组分按滴定反应的化学计量关系恰好反应完全时,称反应到达了化学计量点(stoichiometric point),简称计量点,以 sp 表示。化学计量点是依据化学反应的计量关系求得的理论值。事实上,当滴定反应到达化学计量点时,溶液的外部特征通常没有任何变化,因此,需要加入一种辅助试剂,借助它的颜色变化来指示化学计量点的到达,这种用于指示计量点到达的辅助试剂称为指示剂(indicator)。在滴定时,滴定至指示剂颜色变化而停止滴定的那一点称为滴定终点(titration end point),以 ep 表示。滴定终点是滴定时的实际测量值。滴定终点与化学计量点不完全一致,二者之间存在很小的差别,由此造成的误差称为滴定误差(titration end point error),或称终点误差,以 TE% 表示。滴定误差是滴定分析误差的主要来源之一,滴定误差的大小与滴定反应的完全程度和指示剂是否合适密切相关。

二、滴定反应条件

滴定分析法以化学反应为基础,因此,适用于滴定分析的化学反应必须具备下列条件。

(一)反应必须定量完成

标准溶液与待测组分之间的反应要严格按照一定的化学反应方程式定量进行,并且反应完全程度要达到99.9%以上。这是进行滴定分析定量计算的基础。

(二)反应必须迅速

滴定反应要求在瞬间完成,即加入标准溶液的瞬间,标准溶液与待测组分能够完成化学反应。对于某些速度较慢的反应,要通过适当的方法(如加热或加催化剂等)加快其反应速率。

(三)无副反应发生

标准溶液只能与待测组分发生化学反应。若被测物质中含有杂质,则杂质不能干扰主反应的进行,否则应预先将杂质除去。

(四)有合适的指示剂

必须有合适的指示剂来指示化学计量点的到达,从而确定滴定终点。也就是说,选择的指示剂应该尽可能在化学计量点发生颜色变化,从而使滴定终点尽可能接近计量点。

知识拓展

非水滴定分析法

滴定分析法通常在水溶液中进行。采用水作溶剂,具有溶剂易制得,易纯化,价格低廉并且安全等优点。如果滴定反应不能完全满足滴定反应条件,就需要在合适的有机溶剂中进行滴定分析,称为非水滴定分析法(nonaqueous titration)。

三、滴定分析法的分类

根据滴定反应的类型不同,滴定分析法可分为以下四种类型。

(一)酸碱滴定法

以酸碱中和反应为基础的滴定分析法称为酸碱滴定法(acid-base titration),又称中和法。该法可用强酸作标准溶液测定碱或碱性物质,也可用强碱作标准溶液测定酸或酸性物质。

(二)沉淀滴定法

以沉淀反应为基础的滴定分析法称为沉淀滴定法(precipitation titration),又称容量沉淀法。最常用的沉淀滴定法为银量法,该法可用硝酸银作标准溶液测定 X^-(卤离及子)、CN^-、SCN^-等的含量,也可以用硫氰酸钾或硫氰酸铵作标准溶液测定 Ag^+等的含量。

(三)配位滴定法

以配位反应为基础的滴定分析法称为配位滴定法(coordination titration),又称络合滴定法。该法一般用 EDTA(一种氨羧络合剂)作标准溶液,测定金属离子的含量。

(四)氧化还原滴定法

以氧化还原反应为基础的滴定分析法称为氧化还原滴定法(redox titration)。该法可用氧化剂作标准溶液测定还原性物质的含量,也可用还原剂作标准溶液测定氧化性物质的含量。其常用方法有高锰酸钾法、碘量法等。

课堂互动

什么是酸碱中和反应、沉淀反应、配位反应、氧化还原反应?试举例说明。

四、滴定分析法的滴定方式

滴定分析常用的滴定方式有直接滴定法（direct titration）和间接滴定法（indirect titration）。

（一）直接滴定法

直接滴定法是用标准溶液直接滴定待测组分的滴定方式。该法是滴定分析中最常用和最基本的滴定方式，凡能满足滴定反应条件的化学反应，都可用直接滴定法进行定量分析。例如，用 HCl 标准溶液标定 NaOH 的浓度，或用 $AgNO_3$ 标准溶液测定 NaCl 的含量等，均采用直接滴定法，根据标准溶液的浓度和用量，求算被测物质含量。滴定反应如下。

$$HCl+NaOH \Longrightarrow H_2O+NaCl$$
$$AgNO_3+NaCl \Longrightarrow AgCl\downarrow +NaNO_3$$

（二）间接滴定法

间接滴定法是通过滴定某种组分来间接测定待测组分的滴定方式。也就是说，当标准溶液与待测组分的反应不能完全符合滴定反应条件时，不能用标准溶液直接滴定待测组分，但可以用间接的方法来滴定。常用的间接滴定法有以下几种。

1. 返滴定法　先向待测溶液中定量加入一种标准溶液 A，使之与待测物质进行充分反应，待反应完成后，再用另一种标准溶液 B 滴定剩余的标准溶液 A，根据两种标准溶液的浓度和用量，以及化学反应的计量关系，求算被测物质含量，这种滴定方式称为返滴定法（back titration），又称回滴定法或剩余滴定法。

例如，用 EDTA 标准溶液测定 Al^{3+} 的含量时，由于 EDTA 与 Al^{3+} 的反应很慢，所以，先向 Al^{3+} 溶液中定量加入过量的 EDTA 标准溶液，待充分反应完全后，再用 Zn^{2+} 标准溶液滴定剩余的 EDTA，从而求算出 Al^{3+} 的含量。反应如下。

$$EDTA（定量、过量）+Al^{3+} \Longrightarrow EDTA-Al+EDTA（剩余）$$
$$EDTA（剩余）+Zn^{2+} \Longrightarrow EDTA-Zn$$

再如，用 HCl 标准溶液测定固体 $CaCO_3$ 时，由于反应不能立即完成，所以，先缓缓向固体 $CaCO_3$ 中定量加入过量的 HCl 标准溶液，待反应完全后，剩余的 HCl 可用 NaOH 标准溶液滴定。反应如下。

$$CaCO_3+2HCl（定量、过量） \Longrightarrow CaCl_2+CO_2\uparrow +H_2O+HCl（剩余）$$
$$HCl（剩余）+NaOH \Longrightarrow H_2O+NaCl$$

2. 置换滴定法　当标准溶液与被测物质的反应没有确定的计量关系或伴有副反应时，可先用适当的试剂与待测组分反应，使其定量的置换为另一种物质，而这种物质可用标准溶液滴定，这种滴定方法称为置换滴定法（displace titration）。

例如，$Na_2S_2O_3$ 不能直接滴定 $K_2Cr_2O_7$ 及其他强氧化剂，原因是在酸性溶液中，这些强氧化剂将 $S_2O_3^{2-}$ 氧化成 $S_4O_6^{2-}$ 及 SO_4^{2-} 等混合物，反应没有确定的化学计量关系。但是，$Na_2S_2O_3$ 却是一种很好的滴定 I_2 的标准溶液，如果在 $K_2Cr_2O_7$ 的酸性溶液中加入过量 KI，能够定量的置换出 I_2，即可用 $Na_2S_2O_3$ 标准溶液滴定析出的 I_2，从而求算出 $K_2Cr_2O_7$ 的量。反应如下。

$$Cr_2O_7^{2+}+6I^-+14H^+ \Longrightarrow 2Cr^{3+}+7H_2O+3I_2$$
$$I_2+2S_2O_3^{2-} \Longrightarrow 2I^-+S_4O_6^{2-}$$

3. 其他滴定法　某些物质不能与标准溶液直接反应，但可以通过另外的化学反应转化为可以滴定的形式，然后用标准溶液进行滴定。

例如，Ca^{2+} 在溶液中没有可变的价态，不能用氧化还原法滴定。可以用 $C_2O_4^{2-}$ 将 Ca^{2+} 定量沉淀为 CaC_2O_4，滤过洗净后，用 H_2SO_4 溶解，定量释放出 $C_2O_4^{2-}$，再用 $KMnO_4$ 标准溶液滴定 $C_2O_4^{2-}$，从而间接测定 Ca^{2+} 的含量。反应如下。

$$Ca^{2+}+C_2O_4^{2-} \Longrightarrow CaC_2O_4\downarrow$$
$$CaC_2O_4+2H^+ \Longrightarrow H_2C_2O_4+Ca^{2+}$$

$$2MnO_4^- + 5H_2C_2O_4 + 6H^+ \Longrightarrow 2Mn^{2+} + 10CO_2\uparrow + 8H_2O$$

应用间接滴定法,大大扩展了滴定分析的应用范围。

五、指示剂

指示剂通常都是有机化合物(个别指示剂是无机化合物),在溶液中有两种或两种以上的存在形式,不同存在形式的颜色差别十分明显。在化学计量点之附近,由一滴或半滴标准溶液,足以引起指示剂从一种存在形式转变为另一种存在形式,使溶液由一种颜色变为另一种颜色,从而指示化学计量点的到达,即滴定终点。

第二节 标 准 溶 液

一、标准溶液浓度的表示方法

(一)物质的量浓度

物质 B 的物质的量浓度(concentration)是指每升溶液中所含溶质 B 的物质的量,简称浓度,常用符号 c_B 表示,常用单位为 mol/L。

物质的量浓度的定义式为:

$$c_B = \frac{n_B}{V} \times 1\,000 \tag{2-1}$$

由于

$$n_B = \frac{m_B}{M_B} \tag{2-2}$$

所以

$$c_B = \frac{m_B}{M_B V} \times 1\,000 \tag{2-3}$$

式 2-1,式 2-2,式 2-3 中,n_B 表示溶液中物质 B 的物质的量,单位为 mol;V 为溶液的体积,在分析化学中常用的单位为 ml;M_B 是物质 B 的摩尔质量,常用单位为 g/mol;m_B 是物质 B 的质量,常用单位为 g。

例 2-1 500.00ml 氯化钠溶液中含有溶质氯化钠 4.500 0g,试求氯化钠溶液的物质的量浓度为多少?

解:已知 $m_{NaCl} = 4.500\,0g$,$M_{NaCl} = 58.49g/mol$,$V = 500.00ml = 0.500\,00L$

求 $c_{NaCl} = ?$

根据式 2-3 得

$$c_{NaCl} = \frac{m_{NaCl}}{M_{NaCl} V} = \frac{4.500\,0}{58.49 \times 0.500\,00} = 0.153\,9(mol/L)$$

答:氯化钠溶液的物质的量浓度为 0.153 9mol/L。

(二)滴定度

在实际工作中,如果经常使用同一标准溶液测定相同的物质,则标准溶液的浓度可以用滴定度(titer)来表示,计算更加简便快速。滴定度有以下两种表示方法。

1. T_B 滴定度 T_B 指每毫升标准溶液中所含溶质的质量,单位为 g/ml。例如,$T_{NaOH} = 0.040\,00g/ml$,它表示每毫升 NaOH 标准溶液中含有 0.040 00g NaOH。

根据标准溶液的滴定度 T_B 及其体积 V_B,可计算出标准溶液中所含溶质的质量 m_B。计算公式为:

$$m_B = T_B V_B \tag{2-4}$$

例 2-2 已知 $T_{NaOH} = 0.080\,00g/ml$,求 100.00ml 该氢氧化钠标准溶液中所含 NaOH 的质量。

解:已知 $T_{NaOH} = 0.080\,00g/ml$,$V_{NaOH} = 100.00ml$

求 $m_{NaOH}=$？

根据式 2-4 得

$$m_{NaOH}=T_{NaOH}V_{NaOH}=0.080\ 00\times100.00=8.000(g)$$

答：100.00ml 该氢氧化钠标准溶液中含 NaOH 8.000g。

2. $T_{B/A}$　滴定度 $T_{B/A}$ 指每毫升标准溶液 B 相当于被测物质 A 的质量，单位为 g/ml。如 $T_{HCl/NaOH}=0.004\ 000g/ml$，表示用 HCl 标准溶液滴定 NaOH 试样时，每毫升 HCl 标准溶液可与 0.004 000g NaOH 完全反应。

根据标准溶液的滴定度 $T_{B/A}$ 和滴定中所消耗的标准溶液的体积 V_B，可计算出被测物质的质量 m_A。计算公式为：

$$m_A=T_{B/A}V_B \tag{2-5}$$

例 2-3　用 $T_{NaOH/HCl}=0.003\ 545g/ml$ 的 NaOH 标准溶液滴定试样 HCl，达到滴定终点时消耗 NaOH 标准溶液 25.00ml，求被测溶液中 HCl 的质量。

解：已知 $T_{NaOH/HCl}=0.003\ 545g/ml$，$V_{NaOH}=25.00ml$

求 $m_{HCl}=$？

根据式 2-5 得

$$m_{HCl}=T_{NaOH/HCl}V_{NaOH}=0.003\ 545\times25.00=0.088\ 62(g)$$

答：被测溶液中 HCl 的质量为 0.088 62g。

课堂互动

滴定度 T_B 与滴定度 $T_{B/A}$ 的单位都是 g/ml，其意义是否相同？为什么？

二、基准物质

基准物质（primary standard）是用于直接配制标准溶液或标定标准溶液浓度的物质。

（一）基准物质的条件

基准物质必须满足如下几个条件。

1. 化学组成与其化学式完全相符。若含有结晶水，则结晶水的含量亦应与化学式完全符合。

2. 纯度足够高。试剂的质量分数应在 0.999 以上。

3. 化学性质稳定。一般情况下，不易分解、风化、潮解或变质，不与空气中的氧气及二氧化碳发生反应。

4. 式量足够大，即有较大的摩尔质量，以减小称量的相对误差。

5. 参加反应时，按化学反应式定量进行，不发生副反应。

（二）常用的基准物质

通常情况下，基准物质使用前应进行干燥处理，常用的基准物质及其处理方法见表 2-1。

三、标准溶液的配制

在滴定分析中，不论采用哪种滴定方法及滴定方式，都需要借助标准溶液的浓度和体积来计算待测组分的含量。因此，进行滴定分析时，必须正确配制标准溶液。配制标准溶液的方法可分为直接法和间接法。如果溶质完全符合基准物质的条件，则可以用直接法配制。如果溶质不完全符合基准物质的条件，就必须用间接法配制。

表 2-1 常用基准物质及其干燥条件和反应对象

基准物质	化学式	干燥条件/℃	干燥后的组成	反应对象
无水碳酸钠	Na_2CO_3	270~300	Na_2CO_3	强酸
十水合碳酸钠	$Na_2CO_3 \cdot 10H_2O$	270~300	Na_2CO_3	强酸
硼砂	$Na_2B_4O_7 \cdot 10H_2O$	装有氯化钠和蔗糖饱和溶液的干燥器中	$Na_2B_4O_7 \cdot 10H_2O$	强酸
二水合草酸	$H_2C_2O_4 \cdot 2H_2O$	室温空气干燥	$H_2C_2O_4 \cdot 2H_2O$	碱或高锰酸钾
邻苯二甲酸氢钾	$KHC_8H_4O_4$	105~110	$KHC_8H_4O_4$	碱或高氯酸
重铬酸钾	$K_2Cr_2O_7$	140~150	$K_2Cr_2O_7$	还原剂
溴酸钾	$KBrO_3$	150	$KBrO_3$	还原剂
碘酸钾	KIO_3	130	KIO_3	还原剂
草酸钠	$Na_2C_2O_4$	130	$Na_2C_2O_4$	氧化剂
三氧化二砷	As_2O_3	室温干燥器中保存	As_2O_3	氧化剂
锌	Zn	室温干燥器中保存	Zn	EDTA
氧化锌	ZnO	800	ZnO	EDTA
氯化钠	$NaCl$	500~600	$NaCl$	$AgNO_3$
苯甲酸	$C_7H_6O_2$	硫酸真空干燥器中干燥至恒重	$C_7H_6O_2$	CH_3ONa
对氨基苯磺酸	$C_6H_7O_3NS$	120	$C_6H_7O_3NS$	$NaNO_2$

（一）直接法

用直接法配制标准溶液,就是精密称取基准物质直接配制标准溶液的方法。操作步骤如下。

1. **精密称量** 用分析天平精密称量一定质量 $m(g)$ 的完全符合基准物质条件的溶质。

2. **定容** 先将称好的溶质置于洁净的小烧杯中,加入适量的溶剂使之完全溶解;然后,将溶液定量转移至容量瓶中,即沿玻璃棒引流入容量瓶;再用少量溶剂洗涤烧杯和玻璃棒,并将洗涤液并入容量瓶,重复洗涤 3 次;然后,继续向容量瓶加溶剂,当液面距离容量瓶刻度线 1~2cm 时,改用滴管向容量瓶中加溶剂至溶液凹月面最低处与刻度线相切,盖好容量瓶瓶塞,一只手握住容量瓶,另一只手抵住瓶塞,上下颠倒 20 次混匀。

3. **计算浓度** 根据称取基准物质的质量 $m(g)$ 和容量瓶的容积 $V(ml)$,根据式 2-3 计算标准溶液的准确浓度 $c(mol/L)$。

$$c = \frac{m}{MV} \times 1\,000 \tag{2-6}$$

4. **保存** 取洁净的试剂瓶,用适量标准溶液洗涤 3 次,将标准溶液全部倒入试剂瓶,及时贴好标签备用。

（二）间接法

用间接法配制标准溶液,就是需要先制备近似浓度的溶液,再用基准物质或另外一种标准溶液来确定其准确浓度的方法。操作步骤如下。

1. **制备近似浓度的溶液** 用台秤称取一定质量的溶质置于洁净的小烧杯中,加入适量的溶剂使之完全溶解(或者量取一定体积的浓溶液,加入适量的溶剂稀释),混匀后倒入洁净的试剂瓶。此溶液的浓度与所需要的浓度接近,但其准确浓度未知,故称为近似浓度的溶液,即为待标定溶液。

2. **标定** 用基准物质或某种标准溶液来确定待标定溶液准确浓度的操作过程称为标定(calibration)。常用的标定方法有如下三种。

（1）多次称量法:用分析天平精密称量一定质量 $m(g)$ 的基准物质置于洁净的锥形瓶中,加入适量溶剂使之完全溶解,加入指示剂,用待标定的溶液滴定至终点。根据滴定反应方程式的计量关系、基准物质量 $m(g)$、消耗待标定溶液 $V(ml)$,计算出待标定溶液的准确浓度 $c(mol/L)$。如果滴定反应的计量关系为 $1:1$,则计算公式为:

$$c = \frac{m}{MV} \times 1\,000 \tag{2-7}$$

这种标定方法,一般需要平行操作 3 次,取平均值作为标准溶液的浓度,故称为多次称量法。

课堂互动

式 2-6 和式 2-7 的形式完全一样,其内涵是否相同?

(2) 移液管法:用分析天平精密称量一定质量 $m(g)$ 的基准物质置于小烧杯中,加入合适的溶剂使之完全溶解,定量转移至容积为 $V_{容}(ml)$ 的容量瓶,定容备用。

用移液管精密移取基准物质溶液 $V_{取}(ml)$ 3 份,分别置于三个洁净的锥形瓶中,加入指示剂,分别用待标定的溶液滴定至终点,消耗待标定溶液 $V(ml)$。根据滴定反应方程式的计量关系、基准物质质量、消耗待标定溶液体积,计算出待标定溶液的准确浓度。根据滴定反应方程式的计量关系,计算待标定溶液的准确浓度 $c(mol/L)$。如果滴定反应的计量关系为 $1:1$,则计算公式为:

$$c = \frac{mV_{取}}{MV_{容}V} \times 1\,000 \tag{2-8}$$

取上述 3 次滴定所得结果的平均值作为标准溶液的准确浓度。这种标定方法用移液管移取基准物质溶液数次,故称为移液管法。

(3) 对比法:用一种标准溶液来确定待标定溶液准确浓度的方法,称为对比法。即根据滴定过程中两种溶液的体积和滴定反应方程式的计量关系,计算出待标定溶液的准确浓度。

用移液管准确精密移取一定体积 $V(ml)$ 的待标定溶液,置于洁净锥形瓶中,加入适当的指示剂,用一种标准溶液滴定至终点,消耗标准溶液 $V_1(ml)$。根据滴定反应方程式的计量关系、标准溶液浓度 $c_1(mol/L)$,计算待标定溶液的准确浓度 $c(mol/L)$。如果滴定反应的计量关系为 $1:1$,则计算公式为:

$$c = \frac{c_1 V_1}{V} \tag{2-9}$$

平行操作 3 次,取平均值作为标准溶液的准确浓度。

标准溶液经过标定之后,应及时在试剂瓶上贴好标签备用。

课堂互动

请讨论用直接法和间接法配制标准溶液时,所选用的称量仪器和测量溶液体积的量器是否相同?

第三节　滴定分析法的计算

滴定分析法是常用的定量分析方法,涉及一系列的计算问题,如标准溶液的配制、稀释和浓度标定;被测物质的含量计算;滴定度与物质的量浓度的换算等。现分别讨论如下。

一、滴定分析计算的依据

对于滴定反应来说,如果选择合适的"基本单元",则滴定反应的计量关系为1:1。因此,滴定分析计算的依据是"等物质的量规则"。该规则的内容为:当标准溶液与被测物质刚好反应完全(达到化学计量点)时,参与反应的被测物质与标准溶液的基本单元的物质的量相等。数学表达式为:

$$n_B = n_A \qquad (2\text{-}10)$$

当被测物质为溶液时,式2-10可表达为:

$$c_B V_B = c_A V_A \qquad (2\text{-}11)$$

当被测物质为固体时,式2-10可表达为:

$$c_B V_B = \frac{m_A}{M_A} \times 1\,000 \qquad (2\text{-}12)$$

上述公式中,c_B、c_A 的单位为 mol/L,V_B、V_A 的单位为 ml,m_A 的单位为 g,M_A 的单位为 g/mol。

二、基本单元的确定

基本单元(basic unit of reaction)是根据实际需要而人为设定的分子或离子的组合。进行滴定分析计算时,确定反应的基本单元非常重要,只有在恰当确定基本单元之后,才可遵从"等物质的量原则"。确定基本单元的具体步骤为:

1. 写出滴定反应的化学方程式,配平。
2. 滴定反应方程式两边各物质的系数均除以标准物质的系数。
3. 选取标准溶液、被测物质连同它们的系数作基本单元。

例如,用盐酸标准溶液滴定无水碳酸钠,确定基本单元的步骤如下:

(1) 写出滴定反应的化学方程式,并配平。

$$2HCl + Na_2CO_3 =\!=\!= 2NaCl + CO_2\uparrow + H_2O$$

(2) 滴定反应的化学方程式两边除以标准溶液的系数(HCl 为标准溶液,滴定反应方程式两边除以2),滴定反应方程式可表示如下:

$$HCl + 1/2Na_2CO_3 =\!=\!= NaCl + 1/2CO_2\uparrow + 1/2H_2O$$

(3) 选取 HCl 与 $1/2Na_2CO_3$ 作基本单元。

当达到化学计量点时,标准溶液与被测物质之间的化学计量关系符合式2-10、式2-11和式2-12。

三、滴定分析法的有关计算

(一) $c_B V_B = c_A V_A$ 的应用

1. 用比较法标定溶液的浓度

例2-4 滴定 0.101 0mol/L 的 NaOH 标准溶液 25.00ml,至化学计量点时消耗 H_2SO_4 溶液 19.50ml,计算 H_2SO_4 溶液的物质的量浓度。

解:已知 $c_{NaOH} = 0.101\,0mol/L$,$V_{NaOH} = 25.00ml$,$V_{H_2SO_4} = 19.50ml$

$$NaOH + 1/2H_2SO_4 =\!=\!= 1/2Na_2SO_4 + H_2O$$

选取 NaOH 与 $1/2H_2SO_4$ 作基本单元。

根据式2-11得:

$$c_{\frac{1}{2}H_2SO_4} = \frac{c_{NaOH} V_{NaOH}}{V_{H_2SO_4}} = \frac{0.101\,0 \times 25.00}{19.50} = 0.129\,5(\text{mol/L})$$

因此,$c_{H_2SO_4} = \frac{1}{2} c_{\frac{1}{2}H_2SO_4} = \frac{0.129\,5}{2} = 0.064\,75(\text{mol/L})$

答：H_2SO_4 溶液的物质的量浓度为 0.064 75mol/L。

2. 溶液的稀释

例2-5　欲使 250.00ml 0.103 5mol/L 的 KOH 标准溶液的浓度恰好为 0.100 0mol/L,需加水多少毫升?

解：已知 $c_1 = 0.103\ 5$mol/L, $V_1 = 250.00$ml, $c_2 = 0.100\ 0$mol/L

根据式 2-11 得：

$$c_1V_1 = c_2(V_1 + V)$$
$$0.103\ 5 \times 250.00 = 0.100\ 0 \times (250.00 + V)$$

解得 $V = 8.75$(ml)

答：需加水 8.75ml 能够满足要求。

（二）$c_B V_B = \dfrac{m_A}{M_A} \times 1\ 000$ 的应用

1. 用基准物质标定溶液的浓度

例2-6　称取基准物质硼砂($Na_2B_4O_7 \cdot 10H_2O$)0.471 0g,加 25ml 蒸馏水使之完全溶解,加甲基橙指示剂 2 滴,用 HCl 标准溶液滴定至终点,消耗 HCl 标准溶液 25.20ml。求 HCl 标准溶液的物质的量浓度。

解：已知 $m_{Na_2B_4O_7 \cdot 10H_2O} = 0.471\ 0$g, $V_{HCl} = 25.20$ml, $M_{Na_2B_4O_7 \cdot 10H_2O} = 381.36$g/mol

$$1/2Na_2B_4O_7 + HCl + 5/2H_2O = 2H_3BO_3 + NaCl$$

选取 $1/2Na_2B_4O_7$ 与 HCl 作基本单元。

由于 $n(Na_2B_4O_7 \cdot 10H_2O) = n(Na_2B_4O_7)$,所以,

根据式 2-12 得：

$$c_{HCl} = \frac{m_{Na_2B_4O_7 \cdot 10H_2O}}{M_{\frac{1}{2}Na_2B_4O_7 \cdot 10H_2O} V_{HCl}} \times 1\ 000 = \frac{0.471\ 0}{\frac{1}{2} \times 381.36 \times 25.20} \times 1\ 000 = 0.098\ 02(\text{mol/L})$$

答：HCl 标准溶液的物质的量浓度为 0.098 02mol/L。

2. 计算直接法配制标准溶液的浓度

例2-7　准确称取基准物质重铬酸钾($K_2Cr_2O_7$)1.519 0g,用适量蒸馏水溶解后,定量转移至 250ml 容量瓶中,定容。求 $K_2Cr_2O_7$ 溶液的物质的量浓度。

解：已知 $M_{K_2Cr_2O_7} = 294.2$g/mol, $m_{K_2Cr_2O_7} = 1.519\ 0$g, $V = 250.00$ml

根据式 2-12 得：

$$c_{K_2Cr_2O_7} = \frac{m_{K_2Cr_2O_7}}{M_{K_2Cr_2O_7} V_{K_2Cr_2O_7}} \times 1\ 000 = \frac{1.519\ 0}{294.2 \times 250.00} \times 1\ 000 = 0.206\ 5(\text{mol/L})$$

答：$K_2Cr_2O_7$ 溶液的物质的量浓度为 0.206 5mol/L。

（三）被测物质含量的计算

若称取试样的质量为 m_S(g),其中含被测物质 A 的质量为 m_A,则被测物质 A 的质量分数 ω_A 为：

$$\omega_A = \frac{m_A}{m_S} \tag{2-13}$$

当标准溶液的浓度为 c_B(mol/L),滴定时消耗的标准溶液的体积为 V_B(ml)时,由式 2-12 和式 2-13 得：

$$\omega_A = \frac{c_B V_B \times \dfrac{M_A}{1\ 000}}{m_S} \tag{2-14}$$

当标准溶液的浓度用滴定度($T_{B/A}$,单位为 g/ml)表示时,由式 2-5 和式 2-14 得:

$$\omega_A = \frac{T_{B/A}V_B}{m_S}$$

(2-15)

质量分数与百分含量

根据质量分数与百分含量的基本概念可知,将质量分数乘以 100%就是百分含量。所以,在实际工作中应灵活应用式 2-14 和式 2-15。

例 2-8　精密称取 Na_2CO_3 试样 0.198 6g,置于洁净的锥形瓶中,加 25ml 蒸馏水,使之完全溶解,再加入甲基橙指示剂,用 0.100 0mol/L HCl 标准溶液滴定,终点时消耗 HCl 标准溶液 37.31ml。求 Na_2CO_3 在试样中的百分含量?

解:已知 $m_S = 0.198\ 6g$,$V_{HCl} = 37.31ml$,$c_{HCl} = 0.100\ 0mol/L$,$M_{Na_2CO_3} = 106.0g/mol$

$$HCl + 1/2Na_2CO_3 \Longrightarrow NaCl + 1/2CO_2 \uparrow + 1/2H_2O$$

选取 HCl 与 $1/2Na_2CO_3$ 作基本单元。

根据式 2-14 得:

$$Na_2CO_3\% = \frac{c_{HCl}V_{HCl}M_{\frac{1}{2}Na_2CO_3} \times \frac{1}{1\ 000}}{m_S} \times 100\%$$

$$= \frac{0.100\ 0 \times 37.31 \times \frac{1}{2} \times 106.0 \times \frac{1}{1\ 000}}{0.198\ 6} \times 100\%$$

$$= 99.57\%$$

答:Na_2CO_3 试样中 Na_2CO_3 的百分含量为 99.57%。

例 2-9　精密称取 NaCl 试样 0.192 5g,置于洁净的锥形瓶中,加 25ml 蒸馏水,使之完全溶解,再加入铬酸钾指示剂,用 $AgNO_3$ 标准溶液滴定至终点,消耗 $AgNO_3$ 溶液 24.00ml,已知每毫升 $AgNO_3$ 标准溶液相当于 5.844mg 的 NaCl,求试样中 NaCl 的质量分数。

解:已知 $m_s = 0.192\ 5g$,$V_{AgNO_3} = 24.00ml$,

$$T_{AgNO_3/NaCl} = 5.844mg/ml = 0.005\ 844g/ml$$

$$NaCl + AgNO_3 \Longrightarrow NaNO_3 + AgCl \downarrow$$

选取 NaCl 与 $AgNO_3$ 作基本单元。

根据式 2-15 得:

$$\omega_{NaCl} = \frac{T_{AgNO_3/NaCl} \times V_{AgNO_3}}{m_S} = \frac{0.005\ 844 \times 24.00}{0.192\ 5} = 0.728\ 6$$

答:试样中 NaCl 的质量分数为 0.728 6。

（四）物质的量浓度与滴定度之间的换算

1. T_B 与 c_B 的换算　由式 2-3 和式 2-4 得:

$$T_B = \frac{c_B M_B}{1\ 000}$$

(2-16)

例 2-10　已知 $T_{NaOH} = 0.004\ 000g/ml$,计算 NaOH 标准溶液的物质的量浓度。

解:由式 2-16 得:

$$c_{NaOH} = \frac{T_{NaOH} \times 1\,000}{M_{NaOH}} = \frac{0.004\,000 \times 1\,000}{40.00} = 0.100\,0(mol/L)$$

答：NaOH 标准溶液的物质的量浓度为 0.100 0mol/L。

2. $T_{B/A}$ 与 c_B 的换算　由式 2-3 和式 2-5 得：

$$T_{B/A} = \frac{c_B M_A}{1\,000} \tag{2-17}$$

例 2-11　试计算 0.100 0mol/L HCl 标准溶液对 CaO 的滴定度。

解：已知 $c_{HCl} = 0.100\,0mol/L$，$M_{CaO} = 56.08g/mol$

$$HCl + 1/2CaO = 1/2CaCl_2 + 1/2H_2O$$

选取 HCl 与 1/2CaO 作基本单元。

根据式 2-17 得：

$$T_{HCl/CaO} = \frac{c_{HCl}M_{\frac{1}{2}CaO}}{1\,000} = \frac{0.100\,0 \times \frac{1}{2} \times 56.08}{1\,000} = 0.002\,804(g/ml)$$

答：0.100 0mol/L HCl 标准溶液对 CaO 的滴定度为 0.002 804g/ml。

学习小结

　　本章介绍了滴定分析法的基本概念（化学计量点、滴定终点、终点误差、指示剂、基准物质、标准溶液、滴定、标定、滴定度等），重点介绍了滴定反应必须具备的条件、基准物质必须满足的条件、标准溶液浓度的表达方法、配制标准溶液的方法、滴定分析计算的依据和计算方法等。其中，滴定分析计算是本章学习的重点和难点，必须掌握计算的依据、理解并熟记基本计算公式、学会分析问题、解决问题的思维方法，以便突破重点和难点，完成学习目标。

扫一扫，测一测

达标练习

一、多项选择题

1. 下列叙述正确的是

A. 将标准溶液加到待测溶液中的操作过程称为滴定

B. 指示剂颜色发生变化的点称为化学计量点

C. 化学计量点也称为滴定终点

D. 标准溶液与待测物质恰好反应完全的点为化学计量点

E. 滴定过程中发生的反应称为滴定反应

2. 用于滴定分析法的化学反应必须符合的基本条件是

A. 反应物应溶于水　　　　　　　　B. 反应过程中应加催化剂

C. 反应必须按化学反应式定量地完成　　D. 反应速率必须要快

E. 必须有简便可靠的方法确定终点

3. 基准物质必须具备的条件有

  A. 物质的纯度高　　　　　　　　　　　B. 物质的组成与化学式完全符合

  C. 物质的性质稳定　　　　　　　　　　　D. 物质溶于水

  E. 价格便宜

4. 关于标准溶液的描述,**错误**的是

  A. 浓度永远不变的溶液　　　　　　　　　B. 只能用基准物质配制的溶液

  C. 已知准确浓度的溶液　　　　　　　　　D. 必须用基准物质标定的溶液

  E. 当天配制、当天标定、当天使用的溶液

5. 用直接法配制标准溶液,需要下列哪些仪器

  A. 滴定管　　　　B. 量筒　　　　C. 移液管　　　　D. 容量瓶　　　　E. 烧杯

6. 可用直接法配制标准溶液的物质有

  A. $K_2Cr_2O_7$　　　B. NaCl　　　　C. HCl　　　　D. $AgNO_3$　　　　E. NaOH

二、辨是非题

1. 滴定分析法的相对误差可以达到1%左右。(　　　)

2. 化学计量点是理论上计算出来的量。(　　　)

3. 标准溶液必须经过标定之后才能确定其准确浓度。(　　　)

4. 直接法配制标准溶液时,经过标定之后才能确定其准确浓度。(　　　)

5. 间接法配制标准溶液时,经过标定之后才能确定其准确浓度。(　　　)

6. 直接法配制标准溶液时,经过计算就可以确定其准确浓度。(　　　)

7. 标准溶液必须用基准物质来配制。(　　　)

8. 直接滴定法是用标准溶液直接滴定待测组分的滴定方式。(　　　)

三、填空题

1. 在滴定分析法中,根据反应的类型不同,通常可分为_____、_____、_____和_____。

2. 滴定反应应该具备的基本条件是_____、_____、_____。

3. 配制标准液的方法通常分为_____和_____。

4. 标准溶液的浓度常用_____和_____来表示。

5. 用0.102 1mol/L的盐酸标准溶液滴定25.00ml的氢氧化钠溶液,滴定终点时消耗24.50ml,则氢氧化钠溶液的浓度为_____。

6. 滴定时需要加入一种辅助试剂,借助其颜色变化来指示化学计量点的到达,从而确定滴定终点,这种辅助试剂称为_____。滴定终点与计量点之差称为_____。

四、简答题

1. 化学计量点与滴定终点有何不同?

2. 物质中哪些可以用直接法配制标准溶液?哪些只能用间接法配制?

  H_2SO_4　　　KOH　　　$KMnO_4$　　　$K_2Cr_2O_7$　　　$Na_2S_2O_3 \cdot 5H_2O$

3. 基准试剂 $H_2C_2O_4 \cdot 2H_2O$ 因保存不当而部分风化,用它作为基准物质标定 NaOH 溶液的浓度时,测定结果会偏低还是偏高?

4. 基准试剂 Na_2CO_3 因吸潮带有少量水分,用它作为基准物质标定 HCl 溶液的浓度时,测定结果会偏低还是偏高?

5. 用基准物质 Na_2CO_3 标定 HCl 溶液时,下列情况会对 HCl 的浓度产生何种影响(偏高,偏低,无影响)?

  (1) 滴定速度太快,附在滴定管壁上的 HCl 来不及流下来就读取滴定体积。

  (2) 称取 Na_2CO_3 时,实际质量为 0.123 8g,记录时误记为 0.124 8g。

  (3) 在将 HCl 标准溶液倒入滴定管之前,没有用 HCl 溶液淋洗滴定管。

  (4) 使用的 Na_2CO_3 中含有少量的 $NaHCO_3$。

五、计算题

1. 精密称取基准物质 Na_2CO_3 5.300 0g,将其配制成 250.00ml 标准溶液,求其物质的量浓度。如欲配制 800.00ml 0.150 0mol/L Na_2CO_3 溶液,应取上述 Na_2CO_3 标准溶液多少毫升?

2. 某瓶标签上注明滴定度为 $T_{AgNO_3/NaCl} = 8.78mg/ml$ 的 $AgNO_3$ 标准溶液,其物质的量浓度应为多少?

3. 中和下列酸溶液,需要多少毫升 0.215 0mol/L NaOH 溶液?

(1) 22.53ml 0.125 0mol/L H_2SO_4 溶液

(2) 20.52ml 0.204 0mol/L HCl 溶液

4. 准确称取邻苯二甲酸氢钾($KHC_8H_4O_4$,式量为 204.2)基准物质 0.464 4g,用以标定 NaOH 标准溶液。滴定至终点时,消耗 NaOH 溶液的体积为 22.65ml,计算 NaOH 溶液的物质的量浓度。

5. 滴定 0.160 0g 草酸($H_2C_2O_4$,式量为 90.04)试样,用去 0.110 0mol/L NaOH 标准溶液 22.90ml,试求草酸试样中 $H_2C_2O_4$ 的质量分数。

6. 计算 0.011 35mol/L HCl 标准溶液的滴定度 T_{HCl}。

(闫冬良)

学习目标

1. 掌握滴定分析仪器的类型;电子天平的使用及称量方法(直接称量法和递减称量法);容量仪器(包括滴定管、移液管及容量瓶)的基本操作。
2. 熟悉电子天平的保管与养护(含注意事项)。
3. 了解电子天平的称量原理、结构。
4. 学会常用滴定分析仪器的操作技术。

在滴定分析中,常用的分析仪器分为精密仪器和辅助仪器两类。精密仪器包括电子天平(万分之一)、滴定管、移液管、容量瓶等;辅助仪器包括电子秤、量筒、烧杯、锥形瓶、试剂瓶、玻璃棒、干燥器等。

准确称量基准物质和试样质量时,必须选用精密的称量仪器,如电子天平(万分之一),可准确称量至 0.000 1g。准确量取溶液体积时,必须选用精密的量器,如滴定管、容量瓶、移液管等,其精度为 0.01ml,称为滴定分析仪器或容量仪器。只有用这些精密仪器测定有关的实验数据,才能达到定量计算的要求。例如,直接法配制标准溶液,必须选用电子天平准确称取一定质量的基准物质,在小烧杯中溶解后,定量转移至一定容积的容量瓶中,定容后计算其浓度。再如,测定液体试样中某组分的含量,必须用移液管精密量取一定体积的试样,用滴定管测量滴定过程中消耗滴定液的体积,根据滴定反应的计量关系计算其含量。

在分析化学中,还用到一些精度相对较差的仪器,如台秤(托盘天平)和电子秤,用于粗略称量固体物质的质量,量筒用于粗略量取液体体积,烧杯和锥形瓶常用作液体容器,这些仪器称为辅助仪器。例如,间接法配制滴定液,在配制近似浓度的溶液时,试剂的质量和溶剂的体积都不需要十分准确,用辅助仪器完成即可。但在标定标准溶液浓度时,必须选用精密仪器测定基准物质的质量和滴定液的体积,才能计算出滴定液的准确浓度。

第一节　电 子 天 平

在分析工作中,每一项定量分析都直接或间接地需要精密称量。电子天平是精准测量物质质量的仪器,具有准确度高、灵敏度高、性能稳定、操作简便、称量快速等优点。电子天平的种类繁多,定量分析所用的电子天平一般可精确称量至 ±0.000 1g,最大载荷为 100g 或 200g。定量分析中,称量的准确度直接影响到分析结果的准确度。因此,了解电子天平的称量原理、结构,掌握其称量方法非常必要。

一、电子天平的称量原理

电子天平称量的原理是电磁力平衡。如图3-1所示,将通电导线放在磁场中,导线将产生向上的电磁力,力的大小与流过线圈的电流强度成正比。由于被称物的重力方向向下,电磁力与之相平衡时,通过导线的电流强度即与被称物的重量成正比。电子天平采用现代电子控制技术,将电流强度值转化为质量值,以数字的方式通过显示屏显示出来。

二、电子天平的构造

定量分析所用的电子天平的外围设有玻璃风罩,目的是避免气流的影响,保证称量的稳定性和准确度,如图3-2所示。电子天平一般设有显示屏和触摸键,设置自动调零、自动校准、扣除皮重、挂钩下称、累计称量、输出打印等功能。不同型号的电子天平操作界面不同,部分电子天平的操作键非常简洁。

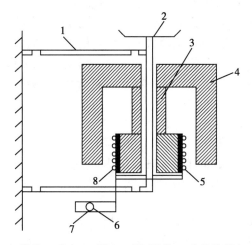

1.簧片;2.称盘;3.磁钢;4.磁回路体;5.电流控制电路;6.放大器;7.位移传感器;8.线圈及架子。

图3-1　电子天平称量原理示意图

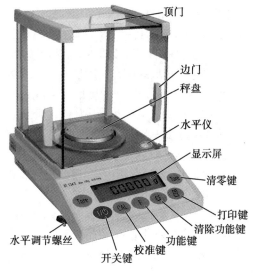

图3-2　电子天平的构造

三、电子天平的使用及称量方法

(一)电子天平的使用

1. **清扫**　取下天平罩,用软毛刷清扫天平盘及其周围。

2. **检查、调节水平**　查看水平仪内的气泡是否位于圆环的中央,若发生了偏移,则调节水平调节螺母,使气泡回到水平仪中心。

3. **预热**　接通电源,在"OFF"的状态下,预热30min,或按使用说明书操作。

4. **开启显示器**　按开关键,在"ON"的状态下,天平完成自检,待显示屏显示"0.000 0g"时,方可称量。若显示屏上显示的不是"0.000 0g",则按清零键(Tare)。

5. **校准**　电子天平采用电磁力平衡原理完成称量,与电磁力平衡的为重量,因此,为消除各使用地点重力加速度不同对称量结果造成的影响,电子天平在安装后、初次使用前,环境发生变化时,搬动或移位后,都必须对其进行校准,以确保其称量的准确性。天平一经校准后,其称量显示的数值可认为是物质的质量值。

不同型号的电子天平有不同的校准方式,主要有内校和外校两种方法:①外校:空盘时按清零键,天平显示"0.000 0g",之后按校准键(CAL)至显示"CAL-100",此时,用镊子将100g标准砝码放在天平盘上,数秒钟后,天平显示"100.000 0g"。将标准砝码移走,放回到砝码盒中,关闭天平门,若天平显示"0.000 0g",表示天平校准成功,即可进行称量;若天平显示不为零,则再清零,重复以上校准操作,至天平显示"0.000 0g"为止。需要注意的是,部分仪器的校准砝码为200g,此时,天平显示的是"CAL-

"200",其他操作与上述方法相同。②内校:空盘时,按下清零键,天平显示"0.000 0g",之后按下校准键,可听到天平内部电机驱动的声音,同时显示屏上出现"CAL",数秒后,驱动声停止,显示屏上显示"0.000 0g",说明仪器已校准完毕。该系列的电子天平都配有一个内置的校准砝码,由内部的电机驱动完成砝码的加载和卸载。

6. **称量**　按清零键,显示"0.000 0g"后,将被称物置于天平盘上,关闭天平门,显示屏上的数字开始不断变化,随后,天平显示的数字逐渐稳定,并出现单位"g",此时即可读取被称量物的质量。

7. **整理**　称量结束后,取下被称物,按清零键,天平显示"0.000 0g"后,按开关键,使其处于待机状态,清扫天平盘,罩上天平罩。在登记本上记录天平的使用情况。电子天平如一个月以上不用时,应拔掉电源。

(二)电子天平的称量方法

电子天平有直接称量法、递减称量法、固定质量称量法和累计称量法等多种称量方法。

1. **直接称量法**　主要用于称取在空气中稳定、不吸湿性的固体试样的质量。直接称量法按是否使用了去皮功能,又被分为去皮直接称量法和不去皮直接称量法。①去皮直接称量法:检查、调整天平后,按清零键,显示"0.000 0g"后,将表面皿放在天平盘中央,关闭天平门,待数字稳定后,再按清零键,当显示"0.000 0g"时,用角匙取试样放在表面皿上,天平的显示值即为试样的质量。②不去皮直接称量法:检查、调整天平后,按清零键,显示"0.000 0g"后,将表面皿从边门放在天平盘中央,关闭天平门,待数字稳定后读取表面皿的质量 m_1。用角匙取试样,从边门加到表面皿上,关闭天平门,称出表面皿和试样的总质量 m_2。试样的质量即为 m_2-m_1。

除表面皿外,称量也可在小烧杯或称量纸上进行。

2. **递减称量法**　递减称量法是利用每两次称量之差,求得一份被称量物的质量,主要用于称量易发生吸湿和氧化、易与空气中 CO_2 反应的试样。该法称出的试样质量只需在要求的范围内(一般为 $\pm10\%$ 以内)即可。定量分析中,利用此法可连续称取多份试样。递减称量法也分为去皮和不去皮两种方法,这里介绍去皮递减称量法。

去皮递减称量法　检查、调整天平后,按清零键,天平显示"0.000 0g"。利用手套或纸条,将装有试样的称量瓶放在天平盘上,关闭天平门,再次按清零键,让天平显示"0.000 0g"。取出称量瓶,用瓶盖轻敲称量瓶上口,使试样缓缓落入容器,待倾出一定量的试样后,边轻敲边慢慢竖起称量瓶,保证称量瓶口不留一点试样,盖好瓶盖,再次将称量瓶放到天平盘上,称取称量瓶和剩余试样的质量,此时,天平显示值为"-x.×××× g",其中,"-"号表示取出,数值为所称得的试样的质量。若称取的试样量不够,可继续倾出;但若倾出了过量的试样,则该试样需弃去重称。利用上述方法连续操作,即可称取多份试样。

3. **固定质量称量法(去皮法)**　利用去皮直接称量法的操作,加试样至接近固定质量。之后,将角匙的一端顶在掌心,用拇指、中指及掌心拿稳角匙,小心地将盛有试样的角匙伸到天平盘上的容器上方 $2\sim3cm$ 处,用示指轻弹角匙柄,让试样慢慢落入容器中,直至恰好达到指定的质量。此法称量,操作应非常小心,一旦不慎加多了试样,只能再重复完成上述操作,直到所称试样的质量恰好达到固定质量。

利用直接法配制标准溶液时,可用固定质量称量法称取溶质的质量。

4. **累计称量法**　利用去皮功能,将被称物依次放到天平盘上,并逐一去皮清零,最后移去天平盘上所有的被称物,此时天平上显示的数值的绝对值即为被称物的总质量。

(三)使用电子天平的注意事项

1. 在使用天平之前,要先用鹿皮或是毛刷去除浮土等物。不能使用带有溶剂,且潮湿的绒布擦拭电子天平。

2. 电源必须是 220V 交流电,要有良好的接地线。

3. 天平开机后,需预热 30min 以上方可使用。

使用电子天平时,被测物质量一定要小于电子天平的最大称量值,避免超载,损坏天平。

4. 不得将试样直接放在天平盘上,具有腐蚀性或吸湿性的物品,必须放在称量瓶或其他密闭容器中称量。

5. 所称物品的温度要与天平的温度保持一致,不得将过热、过冷的物品放入天平进行称量。

6. 使用后保持天平干净。

四、电子天平的保管与养护

(一)电子天平的保管(工作环境)

1. 天平应放在无气流、无振动、无腐蚀性气体和无热辐射的环境中。天平箱内放入干燥剂防潮。放置的工作台稳定牢固,无震动和阳光照射,避免天平受到影响。

2. 应远离震源,如铁路、公路和震动比较大的地方,条件达不到时应采取防震措施。应远离热源和高强电磁场等环境。

3. 实验室内温度最好保持在(16~26℃),湿度应在 45%~75%RH 之间恒湿状态。

4. 实验室内应干净整洁,无影响天平正常使用的气流。

5. 实验室内应避免有腐蚀性气体对天平的使用产生影响。

6. 要保持电子天平的室内清洁卫生,保持整齐与干燥,禁止在电子天平室内洗涤、吸烟、就餐,污染其空气质量;同时电子天平最好由专人管理与维护,设置技术档案袋,用来存放相关的文件,包括说明书、检定证书、测试记录与定期记录与维护保养检修记录。

(二)电子天平的养护

1. 称量室或靠近磁钢处要用潮湿的绸布等除尘,避免尘土或是脏物落入磁钢中,给天平的使用造成故障。

2. 定期对电子天平进行校正,保证称量的准确性。在天平盘上放被称物时,应小心轻放,切勿碰撞天平盘,移动天平时一定要小心轻放。必要时可将天平盘取下后再移动天平。

3. 如果长时间不使用天平,也应对电子天平进行定期预热。防止电子天平元件受潮,影响电子天平的准确性及使用寿命。电子天平搬动和运输时应将秤盘和托盘取下。

4. 使用前必须检查供电电源电压是否与电子天平所需电源相符。

5. 秤盘和外壳可以用软布轻轻擦净,切不可用强溶剂擦洗。

6. 电子天平应由专人保管和维护保养,设立技术档案袋用以存放使用明书、检定证书、测试记录、定期维护保养记录及检修情况。

电子天平的正确维护和保养对天平的使用寿命与称量结果的准确性影响很大,因此对电子天平的维护和保养就显得更为重要。

(三)电子天平常见故障及其排除

分析人员应掌握简单的天平检查方法,具备排除天平一般故障的知识和技能,确保分析工作的顺利进行。电子天平常见故障及其排除方法见表3-1。

表 3-1 电子天平常见故障及排除

故障表现	故障的产生原因	故障的排除方法
显示屏上无显示	没有工作电压	检查供电线路和仪器
显示不稳定	振动或气流的影响	改变放置场所;采取相应的措施
	防风罩未关全	关闭防风罩
	天平盘与天平外壳间有杂物	清除杂物
	防风屏蔽环被打开	放好防风环
	被称物具有吸湿或挥发性,导致质量不稳定	给被称物加盖子密封
测定值漂移	被称物带有静电	将被测物装入金属容器中称量
频繁进入自动量程校正	室温和天平温度大幅变化	将天平移至温度变化小的地方
称量结果明显错误	天平未被校准	校准天平

第二节 容量仪器

一、滴定管

滴定管是进行滴定分析的常用仪器,用于准确测量滴定过程中所用标准溶液的体积。

(一)滴定管的分类

滴定管是一种内径大小均匀并具有精准刻度的玻璃管,玻璃管下端为玻璃尖嘴。滴定管常用规格为 10ml、25ml、50ml 等。

常用滴定管分为酸式滴定管和碱式滴定管,如图 3-3 所示。酸式滴定管的下端为玻璃旋塞,用于盛放酸性以及氧化性标准溶液,不能盛放碱性溶液,因为碱性溶液常使旋塞与旋塞套腐蚀而黏合,难以转动。除无色透明的酸式滴定管以外,还有棕色的,用以盛放见光易分解的溶液,如高锰酸钾、硝酸银等溶液。碱式滴定管的下端连接一橡胶管或乳胶管,内放玻璃珠,用来控制溶液的流出,下面连接一玻璃尖嘴,能与橡胶管或乳胶管发生反应的溶液不允许装入碱式滴定管,如酸或氧化剂等。

(二)滴定管使用前的准备

1. 涂油和试漏 酸式滴定管在使用前需对其玻璃旋塞进行涂油,以防止溶液由旋塞漏出,此外,旋塞可轻松转动,便于转动角度来控制溶液的流速。涂油时将滴定管旋塞拔出,用滤纸将旋塞以及旋塞套擦干,在旋塞粗端和旋塞套细端分别涂一薄层凡士林,如图 3-4 所示,把旋塞插入旋塞套内,来回转动数次,直到在外面观察旋塞呈透明为止。在滴定管内装入约 1/2 的水,置滴定管架上直立 2min,观察滴定管口有无水滴流出、旋塞缝隙是否有水渗出,然后,将旋塞旋转 180°,再观察一次。若两次操作后均无漏水,滴定管方可被使用。

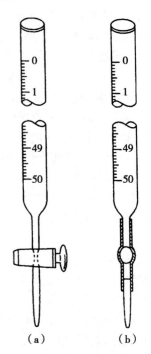

图 3-3 滴定管的种类
(a)酸式滴定管;(b)碱式滴定管。

2. 滴定管的洗涤、装液和排气

(1)洗涤:酸式滴定管可倒入 10ml 左右铬酸洗液,把管子横过来,两手平端滴定管转动,直至洗液布满全管,直立,将洗液从管尖放出。碱式滴定管则需将橡胶管取下,用小烧杯接在管下部,然后倒入铬酸洗液,进行洗涤,洗液用后仍倒回原瓶中,可重复使用。用洗液洗过的滴定管应用自来水充分洗净后,用蒸馏水洗 3 次。

(2)装液:为了保证装入滴定管的溶液不被稀释,使用前需用待装溶液润洗滴定管 3 次。润洗方法为注入溶液后,将滴定管横过来,慢慢转动,使溶液流遍全管,然后将溶液从滴定管尖放出。润洗完成后即可装入溶液,装溶液时,要将所用溶液直接从试剂瓶倒入滴定管中,不可经过漏斗或其他容器。

(3)排气:将标准溶液充满滴定管后,应检查管下部是否有气泡。若有气泡,酸式滴定管可通过转动旋塞,使溶液快速流下的方法排除气泡;碱式滴定管则可将橡胶管向上弯曲,在稍高于玻璃珠所在处,对玻璃珠进行挤压,使溶液从尖嘴喷出,排尽气泡,如图 3-5 所示。

(三)滴定管的读数

读数时,应将滴定管垂直地夹在滴定管架上,或用右手拿住滴定管上部无刻度处,让其自然下垂,并将管下端悬挂的液滴除去。读数应估计到 0.01ml。滴定管内液面呈弯月形,无色溶液的弯月面比较清晰。读数时,眼睛视线应与溶液的弯月面下缘最低点在同一水平面上,眼睛的位置不同会得出不同的读数,如图 3-6 所示。

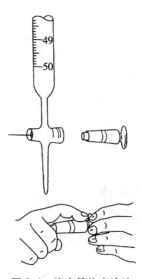

图 3-4 滴定管旋塞涂油

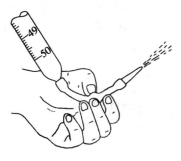

图 3-5　碱式滴定管排气

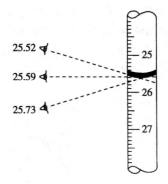

图 3-6　观察滴定管读数

（四）滴定操作

酸式滴定管用左手控制旋塞,大拇指在前,示指和中指在后,轻轻向内扣住旋塞,手心空握以防止将旋塞顶出,滴定时根据需要旋转旋塞,如图 3-7(a)所示。碱式滴定管应控制好玻璃珠,左手拇指在前,示指在后,捏住玻璃珠部位稍上方的橡胶管,环指和小指夹住尖嘴玻璃管,如图 3-7(b)所示,向手心挤捏橡胶管,使其与玻璃珠之间形成一条缝隙,溶液即可流出,可通过改变手指用力的大小来控制滴定速度,如图 3-7(c)所示。

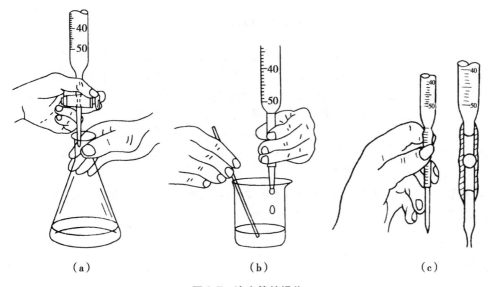

（a）　　　　　　　　　　　（b）　　　　　　　　　　　　（c）

图 3-7　滴定管的操作

（a）酸式滴定管；（b）碱式滴定管；（c）控制玻璃珠。

二、容量瓶

（一）容量瓶的形状及规格

容量瓶是一种细颈梨形的平底瓶,具有磨口玻璃塞或塑料塞。瓶颈上有一个环形刻度线,表示在瓶身标注的温度下,当液体充满到刻度线时,液体体积恰好等于瓶身标注的容积。常用的容量瓶有10ml、25ml、50ml、100ml、250ml、500ml、1 000ml 等不同规格。容量瓶一般用于配制标准溶液或试样溶液,也常用于定量的稀释溶液。

（二）容量瓶的操作

1. **检漏方法**　先注入自来水至标线,盖好瓶塞,右手托稳瓶底,左手紧压瓶塞,将瓶倒立 2min,观察瓶口是否有水渗出。若不漏水,将瓶塞旋转 180°,重复前面动作,若仍不漏水,方可使用。

2. **洗涤**　检漏之后将容量瓶洗涤干净,容量瓶洗涤程序与滴定管相同,如需用洗液洗涤,小容量瓶可装满洗液浸泡一定时间;大容量瓶则不必装满,注入约容量 1/3 的洗液,塞紧瓶塞,摇动片刻,间隔一定时间后,继续摇动片刻,即可洗净。

3. 配制溶液　先将准确称量的固体溶质放在烧杯中,用少量溶剂溶解,然后把溶液转移到容量瓶里。为保证溶质能全部转移到容量瓶中,要用溶剂少量多次洗涤烧杯,并将洗涤溶液全部转移到容量瓶中。转移时,将玻璃棒一端靠在容量瓶颈内壁上,使溶液沿玻璃棒流入瓶中,如图 3-8(a)所示。注意不要让玻璃棒其他部位触及容量瓶口,防止液体流到容量瓶外壁上。

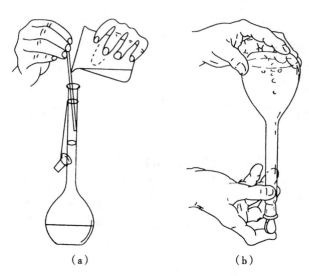

（a）　　　　　　　　　　（b）

图 3-8　容量瓶的操作

4. 定容　当液面与瓶颈上的标线相离较远时,可继续用引流的方法,向容量瓶中引入溶剂。加溶剂至容量瓶容积的 2/3 时,振荡容量瓶,使溶液混合均匀。继续添加溶剂至液面距离标线 1~2cm 时,改用滴管向容量瓶中逐滴加入溶剂,直至液面弯月处与标线相切为止。

5. 摇匀　定容之后必须将容量瓶内的溶液混合摇匀,先盖紧瓶塞,一手托住瓶底,另一只手抵住瓶塞,然后将容量瓶上下颠倒约 20 次,如图 3-8(b)所示,摇匀、静置后,如果液面低于刻度线,是因为容量瓶内少量溶液在瓶颈处润湿所致,并不影响所配制溶液的浓度,故不应往瓶内再添加溶剂至标线,否则将使所配制的溶液浓度降低。

6. 注意事项　容量瓶不能加热,若需将试样加热溶解,必须在烧杯中进行。容量瓶只能用于配制溶液,配制完毕后,要转入试剂瓶中,贴上标签备用。

容量仪器标示容积的校正

在准确度要求较高的分析工作中,必须对容量仪器(滴定管、容量瓶和移液管)的标示容积进行校正。具体方法:在分析天平上称出容量仪器容纳或放出纯水的质量,除以测定温度下水的密度,即得实际容积。

$$V_t = \frac{m_t}{d_t}$$

式中:V_t 为 $t℃$ 时水的容积(ml);

　　　m_t 为 $t℃$ 时容量仪器容纳或放出的纯水的质量(g);

　　　d_t 为 $t℃$ 时纯水的密度(g/ml)。

三、移液管

(一)移液管的分类

移液管是用于准确移取一定体积溶液的精密量器。移液管通常有两种类型,如图 3-9 所示。一种

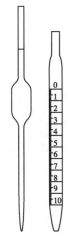

图 3-9　移液管和吸液管

是管身无刻度线，中间膨大，上下两端细长，上端有一个环形刻度线，通称移液管，又称胖肚移液管，常用的有 5ml、10ml、25ml、50ml 等规格；另一种是管上有精准刻度，形状为直型，通称吸量管，又称刻度吸管，常用的有 1ml、2ml、5ml、10ml 等规格。

（二）移液管的洗涤和润洗

用右手拇指及中指捏住移液管径标线以上的地方，将移液管插入洗液液面下约 1～2cm 处，左手拿洗耳球，并挤出球内气体，将球嘴压紧移液管口，慢慢松开左手，如图 3-10（a）所示，待吸入的洗液约为移液管容积的 1/4 时，移开洗耳球，右手示指迅速按紧移液管口，横放并转动移液管，至管内壁均沾上洗液，然后直立移液管，将洗液由管尖放回原瓶中。洗过的移液管用自来水充分洗净后，用蒸馏水淋洗 3 次，沥干。

用上述类似的方法，吸取适量的待取溶液将移液管润洗 3 次，确保管内壁沾附的溶液与待取溶液完全一致。

（三）移液管的使用

1. **吸液**　移液管润洗之后，将移液管插入待取溶液液面下 1～2cm 处吸取溶液，如图 3-10（a）所示，移液管应随容器内液面下降而下降，当液面上升到刻度标线以上 1～2cm，移开洗耳球，迅速用右手示指按紧管口，取出移液管，移至一洁净小烧杯上方，并使其与地面垂直，如图 3-10（b）所示。稍松开右手示指，使液面缓缓下降，此时视线应与标线相平，直到移液管管内弯月面最低处与标线相切，立即用示指按紧管口，使液体不再流出，并使移液管出口尖端接触洁净小烧杯内壁，以碰去尖端外残留溶液。

2. **放液**　将移液管迅速移入准备接受溶液的容器中，使出口尖端接触容器内壁，将接受溶液的容器微倾斜，并使移液管直立，然后放松右手示指，使溶液顺壁流下，如图 3-10（c）所示。待溶液流出后，一般仍将管尖紧靠容器内壁等待 15s 后再移开，此时移液管尖端仍残留有溶液，不可吹出；如果移液管上标有"吹"字，则应将管内剩余的溶液吹出。

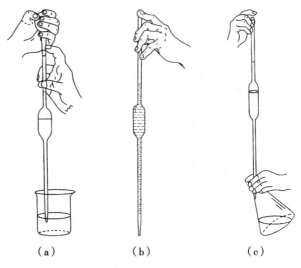

图 3-10　移液管的操作
（a）吸液；（b）调液面；（c）放液。

使用刻度吸量管时，应将溶液吸至最上刻度处，然后将溶液放出至适当刻度，两刻度之差即为放出溶液的体积。

学习小结

　　本章介绍了用于定量分析的仪器，重点介绍了精密仪器（万分之一电子天平、滴定管、移液管、吸量管、容量瓶）的分类、规格、构造、操作方法、使用注意事项等，其中，仪器的操作方法是本章的学习重点，应该通过反复实践练习，正确、熟练地使用这些精密仪器。

03章目一扫一测

扫一扫，测一测

达标练习

一、多项选择题

1. 下列属于定量分析仪器的是(　　)
   A. 滴定管　　　　B. 量筒　　　　C. 移液管　　　　D. 容量瓶　　　　E. 电子天平

2. 用直接法配制标准溶液,需用下列哪些仪器(　　)
   A. 滴定管　　　　B. 量筒　　　　C. 移液管　　　　D. 容量瓶　　　　E. 烧杯

3. 滴定管常用规格有(　　)
   A. 10ml　　　　B. 25ml　　　　C. 50ml　　　　D. 100ml　　　　E. 200ml

4. 洗涤后,需用待装溶液润洗的仪器有(　　)
   A. 滴定管　　　　B. 试管　　　　C. 锥形瓶　　　　D. 烧杯　　　　E. 移液管

5. 下列定量分析仪器需要进行校正的是(　　)
   A. 滴定管　　　　B. 移液管　　　　C. 容量瓶　　　　D. 烧杯　　　　E. 锥形瓶

二、辨是非题

1. 电子天平应该避免阳光直接照射。(　　)

2. 去皮装置可以在零点以下或最大称量以下使用。(　　)

3. 电子天平清扫应该在天平未开启的状态下进行。(　　)

4. 滴定管在装液之间不需用待装试液润洗。(　　)

5. 在空气中易吸潮的样品可以采用直接称量法。(　　)

6. 移液管在吸液前后均需用滤纸擦干下端外壁。(　　)

7. 容量瓶的定容不需用玻璃棒引流。(　　)

三、填空题

1. 定量分析仪器可分为_____和_____两大类。

2. 电子天平的常用称量方法有_____、_____、_____和_____。

3. 常用滴定管分为_____和_____两大类。

四、简答题

1. 实验所用电子天平、滴定管、移液管、容量瓶需不需要进行校正?如不校正会造成什么误差?

2. 在滴定分析中,常用的精密仪器有哪些?

(朱自仙)

第四章 误差与定量分析数据处理

04章 PPT

学习目标

1. 掌握误差的类型和表示方法;有效数字的概念、修约和运算规则;可疑值的取舍;分析结果的一般表示方法。

2. 熟悉准确度、精密度的概念和二者的关系;提高分析结果准确度的方法。

3. 了解分析结果统计处理的方法、意义。

4. 学会采取适当的措施减小或消除测量误差;对定量分析数据进行恰当的取舍;正确记录、处理分析数据;正确表示分析结果;计算误差及偏差。

定量分析的任务是确定试样中各待测组分的相对含量,分析结果应力求准确无误。但由于受到测量条件、仪器设备、化学试剂、测量方法、操作人员、突发状况等多种因素的影响,致使实验所得的测量值往往偏离真实值,二者之间存在误差。因此,在实际工作中,我们要分析、查找误差产生的原因,利用各种有效的方法尽量排除误差的干扰,同时还要对实验数据进行认真的记录、分析和处理,以提高分析结果的准确度。

第一节 定量分析的误差

一、准确度与误差

(一)准确度

准确度(accuracy)指测量值与真实值接近的程度。通常用误差表示准确度的高低,分析结果的误差越小,其准确度越高;反之,分析结果的误差越大,其准确度越低。

(二)误差

误差通常分为绝对误差和相对误差。

1. 绝对误差(E) 绝对误差(absolute error)指测量值(x)与真实值(T)之差。其数学表达式为:

$$E = x - T \tag{4-1}$$

多次平行测定的分析结果,其绝对误差以算术平均值($\bar{x}$)与真实值之差表示。即:

$$E = \bar{x} - T \tag{4-2}$$

笔记

真　实　值

实际工作中,所测试样的真实值往往并不知道,但以下数值可在定量分析时作为真实值使用:①相对原子质量、相对分子质量、物质的量单位等;②标准品、基准物质或已提纯的物质的含量;③化合物中根据其理论组成计算出的某元素原子或离子的含量。

2. **相对误差(RE)**　相对误差(relative error)指绝对误差(E)占真实值(T)的百分比。其数学表达式为:

$$RE = \frac{E}{T} \times 100\% = \frac{x-T}{T} \times 100\%$$ (4-3)

注意,绝对误差和相对误差均有正负之分,其正负并不表示测定结果的好坏,正负值的实际意义为:当测量值大于真实值时,误差为正值;当测量值小于真实值时,误差为负值。

课堂互动

对试样质量进行两次称量,绝对误差分别为 0.001 2g 和 -0.001 4g,想一想,哪个测定结果更准确?

课堂互动思路解析1

例4-1　某学生用万分之一分析天平分别称量试样 1 和试样 2 的质量,结果如下:试样 1 的质量为 0.100 2g;试样 2 的质量为 0.010 2g。若试样 1 的实际质量为 0.100 0g,试样 2 的实际质量为 0.010 0g。则其两次称量的绝对误差和相对误差分别是多少?

解:根据 $E = x - T$ 和 $RE = \frac{E}{T} \times 100\% = \frac{x-T}{T} \times 100\%$ 可得:

试样 1:$E = x - T = 0.100\ 2 - 0.100\ 0 = 0.000\ 2$(g)

$$RE = \frac{E}{T} \times 100\% = \frac{x-T}{T} \times 100\% = \frac{0.100\ 2 - 0.100\ 0}{0.100\ 0} \times 100\% = 0.2\%$$

试样 2:$E = x - T = 0.010\ 2 - 0.010\ 0 = 0.000\ 2$(g)

$$RE = \frac{E}{T} \times 100\% = \frac{x-T}{T} \times 100\% = \frac{0.010\ 2 - 0.010\ 0}{0.010\ 0} \times 100\% = 2\%$$

由此可见,测量值的绝对误差相等时,相对误差可能不等。当分析结果的绝对误差相等时,真实值的量值越大,相对误差就越小,测量的准确度就越高。因此,实际工作中,我们往往采用相对误差来表示分析结果的准确度,相对误差比绝对误差更具有实际意义;同时,在允许的情况下,分析人员可通过增大试样量来减小测量的相对误差,提高分析结果的准确度。

二、精密度与偏差

(一)精密度

精密度(precision)指在相同条件下进行平行测定时,多个测量值之间吻合的程度。精密度的高低用偏差表示。分析结果的偏差越小,其精密度越高,反之,分析结果的偏差越大,其精密度越低。

(二)偏差

偏差分为绝对偏差、平均偏差、相对平均偏差、标准偏差和相对标准偏差等。

1. **绝对偏差(d_i)**　绝对偏差(absolute deviation)指测量值(x_i)与平均值($\bar{x}$)之差。其数学表达式为:

$$d_i = x_i - \bar{x} \tag{4-4}$$

式 4-4 中 $i = 1, 2, \cdots\cdots n$，用于表示测量次数。

绝对偏差 d_i 有正、有负，也可能为零。

2. 平均偏差（$\bar{d}$） 平均偏差（relative deviation）指各测量值的绝对偏差（d_i）绝对值的平均值。其数学表达式为：

$$\bar{d} = \frac{\sum\limits_{i=1}^{n} |d_i|}{n} = \frac{\sum\limits_{i=1}^{n} |x_i - \bar{x}|}{n} = \frac{|x_1 - \bar{x}| + |x_2 - \bar{x}| + |x_3 - \bar{x}| + \cdots\cdots + |x_n - \bar{x}|}{n} \tag{4-5}$$

3. 相对平均偏差（$R\bar{d}$） 相对平均偏差（relative average deviation）指平均偏差（$\bar{d}$）占平均值（$\bar{x}$）的百分比。其数学表达式为：

$$R\bar{d} = \frac{\bar{d}}{\bar{x}} \times 100\% \tag{4-6}$$

平均偏差和相对平均偏差在计算过程中均忽略了个别的较大偏差，为了突出较大偏差的影响，我们往往采用标准偏差表示其精密度。

4. 标准偏差（S） 对于少量测定次数 $n \leq 20$ 的测量值，其标准偏差（standard deviation）指各绝对偏差（d_i）的平方和与测量次数减一的比值的开方。其数学表达式为：

$$S = \sqrt{\frac{\sum\limits_{i=1}^{n} d_i^2}{n-1}} = \sqrt{\frac{\sum\limits_{i=1}^{n} (x_i - \bar{x})^2}{n-1}} \tag{4-7}$$

5. 相对标准偏差（RSD） 相对标准偏差（relative standard deviation, RSD）指标准偏差（S）占平均值（$\bar{x}$）的百分比。其数学表达式为：

$$RSD = \frac{S}{\bar{x}} \times 100\% \tag{4-8}$$

例 4-2 用 Na_2CO_3 标定 HCl 的浓度，3 次平行测定的结果分别为 0.101 0mol/L、0.100 7mol/L 和 0.100 9mol/L，求 HCl 浓度的平均值、绝对偏差、平均偏差、相对平均偏差、标准偏差和相对标准偏差。

解：已知 $x_1 = 0.101\ 0$mol/L $\quad$ $x_2 = 0.100\ 7$mol/L $\quad$ $x_3 = 0.100\ 9$mol/L

由公式 $\bar{x} = \dfrac{x_1 + x_2 + x_3}{3}$ 得

$$\bar{x} = \frac{0.101\ 0 + 0.100\ 7 + 0.100\ 9}{3} = 0.100\ 9 (\text{mol/L})$$

由公式 $d_i = x_i - \bar{x}$ 得

$d_1 = 0.101\ 0 - 0.100\ 9 = 0.000\ 1 (\text{mol/L})$

$d_2 = 0.100\ 7 - 0.100\ 9 = -0.000\ 2 (\text{mol/L})$

$d_3 = 0.100\ 9 - 0.100\ 9 = 0 (\text{mol/L})$

由公式 $\bar{d} = \dfrac{|d_1| + |d_2| + |d_3|}{3}$ 得

$$\bar{d} = \frac{|0.000\ 1| + |-0.000\ 2| + |0|}{3} = 0.000\ 1 (\text{mol/L})$$

由公式 $R\bar{d} = \dfrac{\bar{d}}{\bar{x}} \times 100\%$ 得

$$R\overline{d} = \frac{\overline{d}}{\overline{x}} \times 100\% = \frac{0.000\,1}{0.100\,9} \times 100\% = 0.1\%$$

由公式 $S = \sqrt{\dfrac{\sum\limits_{i=1}^{n} d_i^2}{n-1}}$ 得

$$S = \sqrt{\frac{(0.000\,1)^2 + (-0.000\,2)^2 + (0)^2}{3-1}} = 0.000\,2$$

由公式 $RSD = \dfrac{S}{\overline{x}} \times 100\%$ 得

$$RSD = \frac{S}{\overline{x}} \times 100\% = \frac{0.000\,2}{0.100\,9} \times 100\% = 0.2\%$$

实际工作中,相对平均偏差和相对标准偏差都可用于表示测量的精密度,二者相比,使用相对标准偏差更为科学。但初学者进行定量分析时一般情况下,分析结果的精密度用相对平均偏差表示即可。

(三)准确度与精密度的关系

准确度指测量值与真实值接近的程度,用于表示分析结果的正确性;精密度指平行测定的结果间相互接近的程度,用于表示分析结果的再现性。描述定量分析结果的好坏,要同时讨论其准确度和精密度。只有准确度和精密度都高的实验,其分析结果才真实可信、才具有实用价值。

将定量分析过程比作打靶,利用打靶射击可说明准确度和精密度的关系。我们将样品的真实值看作靶心,定量分析的目的就是要击中靶心,即真实值。一般情况下,定量分析结果会出现三种情况,如图 4-1 所示。

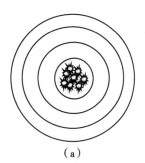 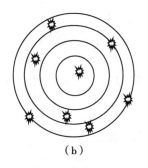 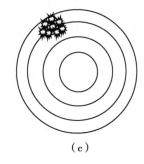

(a)　　　　　　　　　　(b)　　　　　　　　　　(c)

图 4-1　准确度与精密度的关系

从图 4-1 可以看出:

结果 A 的准确度和精密度都很高,分析结果的误差比较小。

结果 B 的准确度和精密度都不高,分析结果的误差比较大。

结果 C 的精密度非常高,但准确度不高,分析结果的误差也比较大。

由此可知,精密度高是保证准确度高的前提;精密度高,准确度不一定高;只有精密度和准确度都高的测量值才是可靠的。

三、误差的来源

依据误差产生的原因和性质,可将误差分为系统误差和偶然误差。

(一)系统误差

系统误差(systematic error)又称可定误差,指分析过程中由某种固定因素引起的误差,其特点为:同一条件下进行重复测量时,系统误差会重复出现,且误差的大小和方向均保持不变。因此,实际工作中,分析人员可通过校正的方法减小或消除系统误差的干扰。系统误差可分为方法误差、操作误差、试剂误差和仪器误差四类。

1. 方法误差　方法误差指那些由于分析方法本身存在缺陷而引起的误差,该类误差往往对分析结果的影响较大。如质量分析中,沉淀发生溶解,造成所得沉淀的实际质量较理论值低;沉淀表面吸附杂质,造成所得沉淀的实际质量较理论值高等,这些情况引起的误差均为方法误差。

2. 操作误差　操作误差指在正规操作的前提下,由于分析人员主观因素所引起的误差。例如,进行容量瓶定容时,分析人员习惯性地仰视或俯视造成所配溶液浓度总是偏低或偏高;进行滴定分析时,分析人员对滴定终点指示剂颜色变化的判断不够敏锐,总是偏深或偏浅等,这些情况均会引起操作误差。但需要注意的是,由分析人员粗心大意引起的人为操作过失,如加错试剂、读错数值等,不属于操作误差。

3. 试剂误差　试剂误差指由于试剂纯度不够、存在干扰杂质所引起的误差。例如,分析所用的试剂或溶剂中含有微量的被测组分;进行滴定分析时,作为基准物质的化学试剂含量不达标等,这些情况引起的误差均为试剂误差。

4. 仪器误差　仪器误差指由于定量分析所用的仪器本身不够精确或未经校准所引起的误差。例如被腐蚀过的天平砝码质量不准确、量器的刻度不均匀、滴定分析中容量瓶未被校准等,这些情况引起的误差均为仪器误差。

（二）偶然误差

偶然误差(accidental error)又称随机误差,指分析过程中由某些偶然因素(如实验温度、湿度和气压等的微小变化)引起的误差。其特点为:同一条件下进行重复测量时,偶然误差的大小、方向均以不固定的方式出现。偶然误差在定量分析过程中难以避免,往往无法控制,但若对某一试样进行多次平行测定,则测定结果会服从正态分布规律:大误差出现的概率小,小误差出现的概率大;绝对值相等的误差出现的概率相等,当测定次数达到一定数值时,偶然误差可相互抵消,其干扰会被基本消除。因此,实际工作中可利用增加平行测定的次数,取算术平均值的方法,减小或消除偶然误差的干扰。

四、提高定量分析结果准确度的方法

（一）选择适当的分析方法

不同分析方法的灵敏度和准确度各不相同。滴定分析法的灵敏度偏低,但其相对误差较小,测定的准确度较高,常被用于进行常量组分的测定;仪器分析法的相对误差较大,准确度较低,但其灵敏度高,常被用于进行微量组分或痕量组分的分析。因此,实际工作中,我们应根据试样的组成情况和对分析结果准确度的要求,扬长避短,选取最佳的测定方法,尽量做到分析方法操作简便、快速;实验过程干扰少、易被消除;实验药品和仪器简单、便宜易得。

（二）减小测量中的系统误差

1. 对照试验　对照试验指采用与试样完全相同的测量方法、条件和步骤,用已知含量的标准品替代试样进行分析测定后,再对试样与标准品的测定结果进行分析和比较,用此误差值对试样测定结果进行校正。

2. 空白试验　空白试验指采用与试样完全相同的测量方法、条件和步骤,在不加试样的情况下完成分析测定。空白试验所得的结果称为空白值。处理实验数据时,应将空白值从试样的实验数据中减去,以消除由试剂、蒸馏水及试验器皿等引起的系统误差。

3. 校准仪器　校准仪器可用于减小或消除因测量仪器不准确所引起的误差,在滴定分析中,为消除仪器误差,我们可对砝码、滴定管、容量瓶、移液管等进行校准。

4. 回收试验　对于组分不太清楚的试样,常采用回收试验法。这种方法是向待测试样中加入已知量的待测物质,与另一份待测试样平行进行分析,以加入的待测物质能否定量回收来检验有无系统误差。回收率越接近100%,系统误差越小,方法的准确度越高。

（三）减小测量中的偶然误差

偶然误差常因实验温度、湿度、气压等偶然因素引起。增加平行测定的次数,可减小偶然误差。进行一般的定量分析,测量次数往往采用3~5次,其精密度符合要求即可。

第二节　有效数字及其应用

准确地测量,正确地记录和计算实验数据,是获取准确分析结果的关键。因此,定量分析中,分析人员必须掌握有效数字的相关知识,熟练、正确地使用有效数字表示测量值或分析结果。

一、有效数字的意义

(一)有效数字

有效数字(significant figure)指实际工作中能测量到的、且具有实际意义的数字,包含所有的准确数字和最后一位可疑数字。

定量分析过程中,记录或计算时,并不是数值的位数越多越好,分析仪器的精密程度和分析方法的准确程度决定着记录或计算时应保留的有效数字位数。例如,用分度值为 0.1g 的托盘天平称量时,应记录到小数点后第二位,如果某试样质量为 5.29g,那么,在这一数值中,5.2 是准确数字,最后一位"9"为估读值,是可疑数字;用万分之一的分析天平称量时,应记录到小数点后第四位,如果某试样的质量为 3.435 8g,那么,在这一数值中,3.435 是准确数字,最后一位"8"是可疑数字。又如,用 10ml 移液管量取 4ml 某溶液,应记为 4.00ml,其中,4.0 是准确数字,最后一位"0"是可疑数字;用 10ml 小量筒量取 4ml 某溶液,应记为 4.0ml,其中,4 是准确数字,"0"是可疑数字。

(二)有效数字的位数

确定有效数字位数时,应遵从以下几项规定:

1. 数字中的 1~9 均为有效数字,"0"是否算作有效数字,应根据具体情况而定:位于第一个数字(1~9)前的"0"不是有效数字;而在数字中间或小数中非零数字后面的"0"是有效数字。

例如,2.317,0.003 581,0.010 90 都为 4 位有效数字。

2. 百分数中有效数字的位数,只取决于百分号前数值的有效数字位数;科学计数法中,有效数字的位数,只取决于前面系数的有效数字位数。

例如,4.32%、0.080 9%、3.58×10^{-3}、5.21×10^{5} 都为 3 位有效数字。

需要注意的是:数值进行单位换算时,有效数字的位数不能改变;当分析实验所得的数值过大或过小时,可改用科学计数法表示,其有效数字的位数也不能改变。

例如,10.00ml 可改为 0.010 00L;1 048.0mg 可改为 $1.048 \ 0 \times 10^{3}$mg。

3. pH、pM、pK 等对数值的有效数字位数,取决于其小数点后数字的位数。

例如,pH = 10.68,小数点后数字只有两位,因此,其有效数字位数是 2 位,而不是 4 位。

4. 自然数(如测量次数 n)、非测量到的数字(如倍数、分数关系)、常数(如 e、π)等均可看做无误差数字或无限多位的有效数字。

5. 若数据的首位数字 ≥8 时,其有效数字的位数可多算一位,例如 9.55,虽然只有 3 位有效数字,但它已接近 10.00,故可认为它是 4 位有效数字。

(三)有效数字的修约

定量分析中,实验数据的有效数字位数可能不同,在进行数据分析与计算时,为确保分析结果的准确性,必须对实验数据的有效数字进行修约。进行有效数字修约需遵从以下规则:

1. 四舍六入五留双　若被修约的数字 ≤4 时,舍弃,即"四舍";若被修约的数字 ≥6 时,进位,即"六入";若被修约的数字等于 5 时,按下列规则进行:

(1)"5"后无数字或有数字"0"时,采用"奇进偶舍"的方式进行修约。即"5"前一位数为偶数(包括 0)时,保留该偶数不变,将"5"及后面的"0"舍弃;"5"前为奇数时,将该奇数进位为偶数。

(2)"5"后有非"0"数字时,则无论"5"前是奇数还是偶数,均进位。

例 4-3　将下列数值修约为 4 位有效数字:

2.146 37、0.664 86、5.346 5、2.897 5、1.341 50、2.574 50、1.036 51、3.413 52。

解:2.146 37→2.146|37(被修约数字为 3,舍)→2.146

0.664 86→0.6648|6(被修约数字为 6,入)→0.664 9

5.346 5→5.346│5(被修约数字为5,5后没数字,5前为偶数,舍弃)→5.346

2.897 5→2.897│5(被修约数字为5,5后没数字,5前为奇数,进位)→2.898

1.341 50→1.341│50(被修约数字为5,5后为0,5前为奇数,进位)→1.342

2.574 50→2.574│50(被修约数字为5,5后为0,5前为偶数,舍弃)→2.574

1.036 51→1.036│51(被修约数字为5,5后有非零数字1,进位)→1.037

3.413 52→3.413│52(被修约数字为5,5后有非零数字2,进位)→3.414

2. 进行数字修约,要一次性修约到所需要的位数,禁止分次修约。

例如,将1.023 49修约成四位有效数字,应一次修约成1.023,不能先将1.023 49修约为1.023 5,再修约为1.024。

3. 准确度或精密度的数值一般只保留一位有效数字,最多取两位有效数字,且修约时一律进位。

例如,相对平均偏差=0.127%,保留两位有效数字时,应修约为0.13%;保留一位有效数字时,应修约为0.2%。

课堂互动思路解析2

> 将下列数值修约为4位有效数字:2.587 4、1.236 5、728.55、14.725 0、103.445、3.842 49、1.564 51、3.789 6、137 890。

二、有效数字的运算规则

进行有效数字运算时,要先修约后计算。为使运算结果与数字的准确度保持一致,运算过程需遵从以下规则:

1. **加减法**　几个数值进行加法或减法运算时,其和或差的有效数字的保留,应以几个数值中小数点后位数最少(即绝对误差最大)的为准。

例4-4　计算4.028 1+32.17-0.038 42

解:该题计算结果保留的有效数字位数应以32.17为准,即保留到小数点后第2位。

$$4.028 1+32.17-0.038 42=4.03+32.17-0.04=36.16$$

2. **乘除法**　几个数值进行乘法或除法运算时,其积或商的有效数字的保留,应以几个数值中有效数字位数最少(即相对误差最大)的为准。

例4-5　计算0.001 20×23.89÷1.046 82

解:该题计算结果保留的有效数字位数应以0.001 20为准,即保留3位有效数字。

$$0.001 20×23.89÷1.046 82=0.001 20×23.9÷1.05=0.027 3$$

3. **对数运算**　对数的有效数字位数应与真数的有效数字位数保持一致。

例4-6　计算0.010mol/L HCl的pH。

解:$pH=-lg[H^+]$,故该题计算结果的有效数字位数应以0.010为准,即保留2位有效数字。

$$pH=-lg[H^+]=-lg0.010=2.00$$

三、有效数字在定量分析中的应用

(一)正确记录测量数据

记录测量数据时,应依据测量方法和所用仪器的精度,正确记录测量到的所有准确数字和最后一位可疑数字。例如,用万分之一分析天平进行称量,以克为单位时,测定结果应记录到小数点后第4位;又如,用移液管量取某溶液体积或读取滴定管读数,以毫升为单位时,应记录到小数点后第2位。

（二）正确选取试剂用量和分析仪器

例 4-7 移液管的绝对误差为±0.01ml,为使取液的相对误差在 0.1%以下,液体的取样量至少应为多少 ml?

解:
$$RE = \frac{E}{T} \times 100\%$$

本题中真实值为体积值,以体积符号 V 代替公式中的 T,可得:

$$RE = \frac{E}{V} \times 100\% \leqslant 0.1\%$$

故
$$0.1\% \geqslant \frac{\pm 0.01}{V} \times 100\%$$

$$V \geqslant 10(\text{ml})$$

由此可见,液体的取样量至少应为 10ml。

例 4-8 若取液的相对误差要求小于 1%,取液体 10ml 应选用何种仪器?

解:每种仪器都有准确的测量范围,因此,根据测量的绝对误差值就可以选出精度适宜的仪器。本题中:

$$RE = \frac{E}{V} \times 100\% \leqslant 0.1\%$$

$$RE = \frac{E}{V} \times 100\% = \frac{E}{10} \times 100\% \leqslant 0.1\%$$

$$E \leqslant 0.1(\text{ml})$$

因此,取液选用小量筒就可以满足准确度的要求。

（三）正确的表示分析结果

定量分析结果中,有效数字的位数应正确反映测量的准确度,不可人为地随意增加或删减。过多地保留有效数字的位数,会夸大分析结果的准确度;随意地删减有效数字的位数,会降低分析结果的准确度。因此,通常情况下,分析结果有效数字保留位数的标准是:被测组分含量>10%时,分析结果保留 4 位有效数字;被测组分含量在 1%~10%时,分析结果保留 3 位有效数字;被测组分含量<1%时,分析结果保留 2 位有效数字。

第三节 定量分析结果的表示方法与数据处理

一、定量分析结果的表示方法

进行定量分析时,在忽略系统误差的前提下,一般先对每一待测试样进行三次平行测定,再计算其平均值和相对平均偏差。若 $\overline{Rd} \leqslant 0.1\%$,可认为实验结果符合要求,取其平均值作为最终的分析结果即可;否则,认为此次实验结果不可靠,必须重做。

二、可疑值的取舍

在实际分析过程中,常常会遇到平行测得的一组数据中有个别偏高或偏低的值,该异常值称为可疑值。计算分析结果时,可疑值是否保留,必须依据恰当的方法进行判断,以做出正确地选择。这里介绍两种常用的判定可疑值取舍的方法:四倍法和 Q 检验法。

（一）四倍法

该法适用于 3 次以上的平行测定。具体步骤为:

1. 计算可疑值以外其他数值的算术平均值($\bar{x}$)和平均偏差($\bar{d}$)。

2. 计算 $\dfrac{|可疑值 - \bar{x}|}{\bar{d}}$。

3. 进行可疑值取舍判断：若 $\dfrac{|\text{可疑值}-\bar{x}|}{\bar{d}}\geq 4$，舍弃可疑值；反之，则保留可疑值。

例 4-9 对某样品中 Na_2CO_3 的含量进行 4 次平行测定，结果如下：0.701 9、0.702 0、0.702 2、0.703 1。试判断可疑值，并用四倍法判断该数值能否舍弃。

解：可疑值为 0.703 1。判断 0.703 1 取舍过程如下：

（1）计算 0.701 9、0.702 0、0.702 2 的算术平均值（$\bar{x}$）和平均偏差（$\bar{d}$）。

$$\bar{x}=\frac{0.701\ 9+0.702\ 0+0.702\ 2}{3}=0.702\ 0$$

$$\bar{d}=\frac{|x_1-\bar{x}|+|x_2-\bar{x}|+|x_3-\bar{x}|}{3}$$

$$=\frac{|0.701\ 9-0.702\ 0|+|0.702\ 0-0.702\ 0|+|0.702\ 2-0.702\ 0|}{3}$$

$$=0.000\ 1$$

（2）计算 $\dfrac{|\text{可疑值}-\bar{x}|}{\bar{d}}$。

$$\frac{|\text{可疑值}-\bar{x}|}{\bar{d}}=\frac{|0.703\ 1-0.702\ 0|}{0.000\ 1}=11$$

（3）11>4，所以 0.703 1 应舍弃。

（二）Q 检验法

该法适用于测定次数 $n=3\sim10$ 次的平行测定。具体步骤为：

1. 将所有数值由小到大排列，确定可疑值。

2. 计算 Q 值

$$Q_{\text{计算}}=\frac{|\text{可疑值}-\text{邻近值}|}{\text{最大值}-\text{最小值}}$$

3. **判断可疑值取舍** 将 $Q_{\text{计算}}$ 与舍弃商 Q 值表（表 4-1）进行比较，若 $Q_{\text{计算}}\geq Q_{\text{表}}$，舍去可疑值；若 $Q_{\text{计算}}<Q_{\text{表}}$，保留可疑值。

表 4-1 不同置信度下舍弃商 Q 值表

n	3	4	5	6	7	8	9	10
$Q_{0.90}$	0.94	0.76	0.64	0.56	0.51	0.47	0.44	0.41
$Q_{0.95}$	0.97	0.84	0.73	0.64	0.59	0.54	0.51	0.49

例 4-10 进行硼砂含量测定，5 次平行测定结果如下：0.601 7、0.602 2、0.601 9、0.602 0、0.602 9，试用 Q 检验法确定可疑值是否应当舍弃（置信度 95%）。

解：将测定结果由小到大排列 0.601 7、0.601 9、0.602 0、0.602 2、0.602 9，故可疑值为 0.602 9。

$$Q_{\text{计算}}=\frac{|\text{可疑值}-\text{邻近值}|}{\text{最大值}-\text{最小值}}=\frac{|0.602\ 9-0.602\ 2|}{0.602\ 9-0.601\ 7}=0.58$$

查表 4-1 可知，n=5 时，$Q_{\text{表}}=0.73$，故 $Q_{\text{计算}}<Q_{\text{表}}$，可疑值应保留。

试用 Q 检验法判断例 4-9 中可疑值的取舍。

0403

课堂互动思
路解析 3

笔记

四倍法较 Q 检验法操作简单,但其对精密度要求严格,有时会舍弃掉有用的数值。

进行可疑值取舍时,若一次取舍后,测得的数值中还有可疑值,可依次再进行取舍检验。

知识拓展

G 检验法

G 检验法又称格鲁布斯 Grubbs 法,其应用范围较 Q 检验法更广泛、准确度更高。具体步骤为:

1. 计算所有数据的平均值 $\bar{x}$ 及标准偏差 s。

2. 计算 G 值

$$G_{计} = \frac{|可疑值 - \bar{x}|}{s}$$

3. 查 G 值表,若 $G_{计} > G_{表}$,则舍弃可疑值,否则,保留可疑值。

95%置信度下的 G 值表

n	3	4	5	6	7	8	9	10
G	1.15	1.48	1.71	1.89	2.02	2.13	2.21	2.29

学习小结

　　本章重点介绍了误差和偏差的各种表示方法,有效数字的修约、运算规则及应用,定量分析结果的表示方法和实验数据的处理方法,旨在帮助我们熟练运用本章知识,在后续的分析过程中,能够熟练判断分析结果的准确性,找出误差的产生原因,并合理选择适当的方法减小或消除误差,提高分析结果的准确性;能够熟练运用有效数字的相关知识,正确记录实验数据,正确计算分析结果;能够正确、熟练地分析和处理实验数据,得出准确、可信的分析结果。

扫一扫,测一测

达标练习

一、多项选择题

1. 下列误差不属于系统误差的是(　　　　)
   - A. 实验中室温突降干扰测量
   - B. 称量时天平零点突然变动
   - C. 读错体积
   - D. 滴定管刻度不均匀
   - E. 对指示剂终点颜色变化判断不敏感

2. 下述情况属于分析人员操作失误的是(　　　　)
   - A. 滴定前用待装溶液润洗锥形瓶
   - B. 称量时法码被震落没发现
   - C. 滴定管洗涤后未用标准溶液润洗即装液
   - D. 称量时,洒落药品
   - E. 未等待称物冷却至室温就进行称量

3. 提高分析结果准确度的方法有(　　　　)
   - A. 空白试验
   - B. 对照实验
   - C. 回收试验

笔记

D. 校准仪器　　　　　　　　E. 增加平行测定的次数

4. 将下列数据修约至 2 位有效数字,修约正确的是(　　　)

A. 0.144 6→0.15　　　　　　B. 1.262 1→1.3　　　　　　C. 6 550→6.5×10³

D. 0.645→0.65　　　　　　　E. 1.651→1.7

5. 准确度与精密度的关系描述不正确的是(　　　)

A. 准确度高是精密度高的前提

B. 精密度高,准确度一定高

C. 精密度不高,准确度可能高

D. 准确度不高,精密度一定不高

E. 消除和减免了系统误差后,精密度高,准确度一定高

二、辨是非题

1. 相对误差有正负之分,正误差比负误差大。(　　　)

2. 分析结果的误差越大,准确度越高。(　　　)

3. 精密度的高低用偏差表示;分析结果的偏差越大,精密度越低。(　　　)

4. pH＝0.06 的有效数字是 1 位。(　　　)

5. 平均偏差不可能为负值。(　　　)

6. 精密度高是保证准确度高的前提;精密度高,准确度一定高。(　　　)

7. 分析人员对滴定终点指示剂颜色变化的判断不够敏锐,总是偏深或偏浅,这种情况引起的误差为操作误差。(　　　)

8. 作为基准物质的化学试剂含量不达标引起的误差为试剂误差。(　　　)

9. 定量分析结果中,有效数字的位数应正确反映测量的准确度,不可人为地随意增加或删减。(　　　)

10. 被测组分含量>10％时,分析结果通常保留 2 位有效数字。(　　　)

三、填空题

1. _____用于描述测量值与真实值的接近程度。误差的大小表示_____的高低,误差越小,_____越高。

2. 精密度的高低用_____表示,_____越大,精密度越低。

3. 当测量值小于真实值时,产生_____(正、负)误差。

4. pH＝10.26 中的有效数字是_____位。

5. 修约有效数字应遵循的规则为_____。

6. 根据性质和产生原因,误差分为_____和_____。

7. 方法误差、试剂误差、仪器误差、操作误差均属于_____。

8. 减小系统误差的方法为_____、_____、_____、_____。

9. 进行一般定量分析结果的处理,当相对平均偏差_____时,可认为符合要求,取其平均值表示分析结果即可。

10. 判定可疑值取舍,常用的两种方法为_____、_____。

四、简答题

1. 依据产生的原因和性质,误差分为哪些类别?

2. 简述有效数字的修约规则。

3. 提高定量分析结果准确度的方法有哪些?

五、计算题

1. 判断下列数据的有效数字的位数,并将其修约成 3 位有效数字。

(1) 2.094　　　(2) 0.026 46　　　(3) 0.013 25　　　(4) 30.350　　　(5) 3.785 1×10⁻⁵

2. 计算下列式子。

(1) 35.61+0.2+0.159　　　　　(2) 1.400×18.056×0.003

3. 测定硼砂的含量，4 次平行测定的结果如下：0.721 1、0.721 3、0.721 6、0.721 2。试计算平均值、平均偏差、相对平均偏差、标准偏差和相对标准偏差。

4. 标定 HCl 标准溶液的浓度，4 次平行测定的结果分别为 0.250 8mol/L、0.251 0mol/L、0.251 1mol/L、0.252 1mol/L，分别用四倍法和 Q 检验法（置信度 90%）判断是否该舍弃 0.252 1mol/L？

（张彧璇）

05章 PPT

学习目标

1. 掌握强酸(碱)滴定和一元弱酸(碱)滴定的基本原理;指示剂的选择;滴定条件及滴定曲线;酸碱标准溶液的配制与标定方法;直接滴定法的应用。

2. 熟悉酸碱指示剂的变色原理、变色范围及常用指示剂的性质;多元酸(碱)滴定的基本原理、滴定条件及指示剂的选择;返滴定法和测定混合碱含量的原理。

3. 了解混合指示剂的作用原理;间接滴定法的应用。

4. 学会直接滴定法测定酸碱物质含量的操作技能。

酸碱滴定法(acid-base titration)是以酸碱中和反应为基础的滴定分析方法。此方法操作简便、准确度高,被广泛用于测定一般的酸、碱以及能与酸、碱直接或间接发生反应的物质。

第一节 酸碱指示剂

通常情况下,酸碱反应无外观变化,进行酸碱滴定时,需要选择一个能在化学计量点附近变色的指示剂,以借助其颜色变化确定化学计量点。因此,了解酸碱指示剂的性质、变色原理、变色范围及指示剂的选择原则,对于减小终点误差,获得准确的分析结果,具有重要的意义。

一、酸碱指示剂的变色原理

酸碱指示剂(acid-base indicator)一般是有机弱酸或有机弱碱,其酸式结构和共轭的碱式结构具有不同的颜色。酸碱指示剂在水溶液中存在离解平衡,当溶液的 pH 发生改变时,酸碱指示剂会失去质子,由酸式结构转变为共轭碱式结构;或获得质子,由碱式结构转变为共轭酸式结构。伴随着溶液 pH 的变化,指示剂的结构发生改变,最终导致其颜色发生改变。

0501

酸碱质子论

如果用 HIn 代表指示剂的酸式结构(共轭酸),In⁻ 代表其碱式结构(共轭碱),则指示剂的离解平衡为:

$$HIn + H_2O \rightleftharpoons H_3O^+ + In^-$$
$$(酸式) \qquad\qquad (碱式)$$

指示剂酸式结构(HIn)与碱式结构(In⁻)具有不同的颜色,当溶液的 pH 升高,即 H_3O^+ 浓度下降时,离解平衡向右移动,指示剂主要以碱式(In⁻)结构存在,溶液显碱式色,简称碱色;当溶液的 pH 降低,即 H_3O^+ 浓度升高时,离解平衡向左移动,指示剂主要以酸式(HIn)结构存在,溶液显酸式色,简称酸色。

笔记

酚酞指示剂为有机弱酸,$pK_a = 9.1$,酸式色为无色,碱式色为红色。若增大溶液的碱性,离解平衡向哪个方向移动,溶液颜色如何改变?

二、酸碱指示剂的变色范围及影响因素

(一)变色范围

酸碱指示剂的变色不仅与自身的离解平衡有关,还与溶液的 pH 有关。指示剂共轭酸碱对的浓度与溶液中 $[H^+]$ 的函数关系如下:

$$HIn \rightleftharpoons H^+ + In^-$$

$$K_{HIn} = \frac{[H^+][In^-]}{[HIn]} \tag{5-1}$$

在式 5-1 中,K_{HIn} 为指示剂的离解平衡常数,在一定温度下为常数。通常,指示剂在溶液中呈现的颜色取决于指示剂的碱式色和酸式色的比值 $[In^-]/[HIn]$,该比值的大小由 K_{HIn} 和溶液的 pH 决定。因此,一定温度下,指示剂的颜色由溶液的 pH 决定。需要指出的是,并不是溶液的 pH 稍有变化或任意变化,都可引起指示剂的颜色发生改变,这是因为人眼辨别颜色的能力有一定的限度,当溶液中同时存在两种颜色时,只有当两种颜色的浓度相差 10 倍或者 10 倍以上时,人眼才能分辨出其中浓度较大的存在形式的颜色。因此,指示剂的颜色与溶液 pH 的关系如下:

$$\frac{[In^-]}{[HIn]} = \frac{K_{HIn}}{[H^+]} \geq 10, [H^+] \leq \frac{K_{HIn}}{10}, pH \geq pK_{HIn} + 1, 呈碱式色$$

$$\frac{[In^-]}{[HIn]} = \frac{K_{HIn}}{[H^+]} \leq \frac{1}{10}, [H^+] \geq 10K_{HIn}, pH \leq pK_{HIn} - 1, 呈酸式色$$

由此可见,pH 从 $pK_{HIn} - 1$ 到 $pK_{HIn} + 1$ 时,人眼能明显地看到指示剂颜色的过渡,由酸式色变到碱式色。因此,$pH = pK_{HIn} \pm 1$ 称为指示剂的变色范围。当 $[HIn] = [In^-]$ 时,$[H^+] = K_{HIn}$,即 $pH = pK_{HIn}$,该点称为指示剂的理论变色点,此时,溶液呈现的是酸式色与碱式色的混合色。

根据理论推算,指示剂的变色范围是 $pH = pK_{HIn} \pm 1$,其为两个 pH 单位。由于人的眼睛对各种颜色的敏感程度不同,并且两种颜色会相互掩盖,所以实际上靠人眼测得的指示剂的变色范围与理论值有区别,并不都是两个 pH 单位。例如,甲基橙($pK_{HIn} = 3.4$),其理论变色范围是 2.4~4.4,由于人眼对红色比黄色更为敏感,故实际测得的变色范围是 3.1~4.4。

指示剂的变色范围应尽可能小,这样在靠近化学计量点时,溶液 pH 发生微小改变,就可使指示剂由一种颜色立即变至另一种颜色。表 5-1 列出了几种常用酸碱指示剂及其变色范围。

(二)影响指示剂变色范围因素

1. **温度** 在不同温度下,K_{HIn} 的数值是不同的。由于指示剂的变色范围与 K_{HIn} 有关,所以,指示剂的变色范围会随温度改变。通常情况下,滴定分析应在室温下进行。

2. **溶剂** 随着溶剂种类的改变,K_{HIn} 也会随之发生改变。因此,酸碱指示剂的变色范围会受到溶剂种类的影响。

3. **指示剂的用量** 指示剂的用量要适当,过多或过少都不适宜。如果指示剂用量过多,指示剂的颜色会过深,导致终点时变色不敏锐。另外,指示剂本身是弱酸或弱碱,要消耗一定量的标准溶液,从而造成误差。如果指示剂用量过少,会使指示剂颜色太浅,导致终点时不易观察到溶液的颜色变化。通常,溶液体积为 50ml 时,加入指示剂 2~3 滴即可。

表 5-1 常用酸碱指示剂(室温)

指示剂	变色范围 pH	颜色		pK_{HIn}
		酸式色	碱式色	
百里酚蓝(TB) (第一步离解)	1.2~2.8 (第一次变色)	红	蓝	1.6
甲基黄(MY)	2.9~4.0	红	黄	3.3
甲基橙(MO)	3.1~4.4	红	黄	3.4
溴酚蓝(BPB)	3.0~4.6	黄	紫	4.1
溴甲酚绿(HCG)	3.8~5.4	黄	蓝	4.9
甲基红(MR)	4.4~6.2	红	黄	5.1
溴百里酚蓝(BTB)	6.2~7.6	黄	蓝	7.3
中性红(NR)	6.8~8.0	红	黄橙	7.4
酚红(PR)	6.7~8.4	黄	红	8.0
百里酚蓝(TB) (第二步离解)	8.0~9.6 (第二次变色)	黄	蓝	8.9
酚酞(PP)	8.0~10.0	无	红	9.1
百里酚酞(TP)	9.4~10.6	无	蓝	10.0

4. **滴定程序** 一般情况下,指示剂的颜色由浅到深变化最为适宜。这是由于溶液颜色由浅到深变化时,容易被人眼识别。例如,用 NaOH 滴定 HCl 时,理论上可以选用酚酞或甲基橙作指示剂。如果选用酚酞,终点颜色由无色变为红色,颜色由浅到深发生变化,易于辨别。如果选用甲基橙,终点颜色变化由红色变为黄色,由深到浅发生变化,较难辨别,易造成滴定过量。实践证明,当用 NaOH 滴定 HCl 时,采用酚酞作指示剂最为适宜;反之,用 HCl 滴定 NaOH 时,采用甲基橙作指示剂最为适宜。

石蕊试纸的发明

三、混合指示剂

对于某些酸碱滴定反应,在化学计量点附近溶液的酸度变化很小,如果采用一般指示剂,会造成终点误差较大,不能准确判断终点。因此,需要使用具有变色范围窄、变色敏锐特点的混合指示剂。

混合指示剂分为两大类,一类由一种指示剂与一种惰性染料混合而成,该惰性染料的颜色不随溶液的酸度变化而变化。例如,由甲基橙与靛蓝配制成的混合指示剂,在滴定过程中,靛蓝的蓝色只起到背景色的作用,该混合指示剂颜色随溶液 pH 的变化如表 5-2 所示。

表 5-2 混合指示剂(甲基橙+靛蓝)颜色变化

指示剂	颜色变化		
	pH≤3.1	pH=4	pH≥4.4
甲基橙	红色	橙色	黄色
甲基橙+靛蓝	紫色	浅灰色	绿色

由表 5-2 可知,只用甲基橙作指示剂时,颜色变化为红(黄)色到黄(红)色,过渡色为橙色,较难辨认。当采用甲基橙-靛蓝混合指示剂时,颜色变化为紫(绿)色到绿(紫)色,过渡色为浅灰色,易于辨认。

另一类混合指示剂是由两种或两种以上的指示剂按一定比例混合配制而成的。例如,溴甲酚绿和甲基红按 3:1 比例混合可得溴甲酚绿-甲基红混合指示剂。单一使用溴甲酚绿作指示剂时,其变色范围为 3.8~5.4,颜色变化由黄色到蓝色;单一使用甲基红作指示剂时,其变色范围为 4.4~6.2,颜色变化由红色到黄色。使用溴甲酚绿-甲基红混合指示剂,其在变色点 pH=5.1 时,溶液颜色为浅灰色;

笔记

当 pH>5.1 时,溶液颜色为绿色;当 pH<5.1 时,溶液颜色为酒红色。由此可见,混合指示剂可使变色范围变窄,颜色变化敏锐,表 5-3 列出了几种常用混合指示剂及其颜色变化。

表 5-3 几种常用的混合指示剂

混合指示剂的组成	变色点	颜色		备注
		酸式色	碱式色	
1 份 0.1%甲基橙乙醇溶液 1 份 0.1%次甲基蓝乙醇溶液	3.2	蓝紫	绿	pH=3.2,蓝紫色 pH=3.4,绿色
1 份 0.1%甲基橙水溶液 1 份 0.25%靛蓝二磺酸水溶液	4.1	紫	黄绿	pH=4.1,灰色
1 份 0.1%溴甲酚绿钠盐水溶液 1 份 0.2%甲基橙水溶液	4.3	橙	蓝绿	pH=3.5,黄色 pH=4.0,绿色 pH=4.3,浅绿色
3 份 0.1%溴甲酚绿乙醇溶液 1 份 0.2%甲基红乙醇溶液	5.1	酒红	绿	pH=5.1,灰色
1 份 0.1%溴甲酚绿钠盐水溶液 1 份 0.1%氯酚红钠盐水溶液	6.1	黄绿	蓝紫	pH=5.4,蓝绿色 pH=5.8,蓝色 pH=6.0,蓝带紫色 pH=6.2,蓝紫色
1 份 0.1%中性红乙醇溶液 1 份 0.1%次甲基蓝乙醇溶液	7.0	紫蓝	绿	pH=7.0,紫蓝色
1 份 0.1%甲酚红钠盐水溶液 3 份 0.1%百里酚蓝钠盐水溶液	8.3	黄	紫	pH=8.2,玫红色 pH=8.4,紫色
1 份 0.1%百里酚蓝溶液 50%乙醇溶液 3 份 0.1%酚酞 50%乙醇溶液	9.0	黄	紫	pH=9.0,绿色
1 份 0.1%酚酞乙醇溶液 1 份 0.1%百里酚酞乙醇溶液	9.9	无	紫	pH=9.6,玫瑰红色 pH=10,紫色
2 份 0.1%百里酚酞乙醇溶液 1 份 0.1%茜素黄 R 乙醇溶液	10.2	黄	紫	颜色由微黄色变至黄色,再到青色

第二节 酸碱滴定曲线及指示剂的选择

在酸碱滴定过程中,溶液的 pH 不断发生变化。了解酸碱滴定过程中溶液 pH 的变化,尤其是化学计量点附近溶液 pH 的变化,有利于选择合适的指示剂指示滴定终点,提高滴定的准确度。以标准溶液的加入量(物质的量或体积)为横坐标,以溶液的 pH 为纵坐标,绘制而成的曲线叫做滴定曲线(titration curve)。通常,用滴定曲线来表示滴定过程中溶液 pH 随标准溶液用量的变化而变化的规律。下面分别讨论三类典型滴定的滴定曲线。

一、强酸(碱)的滴定

(一)滴定过程溶液 pH 的变化规律

强酸强碱的反应实质为:$H^+ + OH^- = H_2O$

以 0.100 0mol/L 的 NaOH 标准溶液滴定 20.00ml 0.100 0mol/L HCl 溶液为例,讨论滴定过程中溶液 pH 的变化规律。

滴定过程中,溶液 pH 的变化分为四个阶段。

1. 滴定前 溶液的 pH 由 HCl 溶液的初始浓度决定:

强碱滴定强酸过程中 pH 变化规律

$$[H^+] = 0.100\ 0mol/L \qquad pH = 1.00$$

2. 滴定开始至计量点前　一部分 HCl 与 NaOH 反应生成 NaCl,溶液的 pH 取决于剩余 HCl 的浓度。

$$[H^+] = \frac{0.100\ 0 \times (V_{HCl} - V_{NaOH})}{V_{HCl} + V_{NaOH}} \tag{5-2}$$

式 5-2 中,V_{HCl} 为 HCl 的初始体积,即为 20.00ml,V_{NaOH} 为加入的标准溶液 NaOH 的体积,由式 5-2 可计算本阶段任意时刻溶液的 $[H^+]$ 和 pH。

例如,当加入 NaOH 标准溶液为 19.98ml 时,

$$[H^+] = \frac{0.100\ 0 \times (20.00 - 19.98)}{20.00 + 19.98} = 5.00 \times 10^{-5}(mol/L)$$

$$pH = 4.30$$

3. 化学计量点　NaOH 溶液与 HCl 溶液按化学计量关系完全反应,此时溶液组成为 NaCl 和 H_2O,呈中性,溶液的 pH 由水的离解所决定。

$$[H^+] = [OH^-] = 1.00 \times 10^{-7}mol/L$$

$$pH = 7.00$$

4. 化学计量点后　溶液由 NaCl 和过量的 NaOH 组成,溶液的 pH 由过量的 NaOH 决定。

$$[OH^-] = \frac{0.100\ 0 \times (V_{NaOH} - V_{HCl})}{V_{NaOH} + V_{HCl}} \tag{5-3}$$

利用式 5-3 可计算本阶段任意时刻溶液的 $[H^+]$ 和 pH。

例如,当加入 NaOH 溶液为 20.02ml 时,

$$[OH^-] = \frac{0.100\ 0 \times (20.02 - 20.00)}{20.00 + 20.02} = 5.00 \times 10^{-5}(mol/L)$$

$$pOH = 4.30$$

$$pH = 14 - pOH = 9.70$$

利用上述方法,计算强碱滴定强酸过程中溶液的 pH,结果见表 5-4。

表 5-4　NaOH(0.100 0mol/L) 标准溶液滴定 20.00ml HCl(0.100 0mol/L) 溶液的 pH 变化

加入 NaOH 体积/ml	剩余 HCl 体积/ml	过量 NaOH 体积/ml	HCl 被滴定分数	$[H^+]$/(mol·L^{-1})	溶液的 pH
0.00	20.00		0.000	1.00×10^{-1}	1.00
18.00	2.00		0.900	5.26×10^{-3}	2.28
19.80	0.20		0.990	5.02×10^{-4}	3.30
19.98	0.02		0.999	5.00×10^{-5}	4.30
20.00	0.00	0.00	1.000	1.00×10^{-7}	7.00
20.02		0.02	1.001	2.00×10^{-10}	9.70
20.20		0.20	1.010	2.00×10^{-11}	10.70
22.00		2.00	1.100	2.10×10^{-12}	11.70

（注：4.30、7.00、9.70 为突跃范围）

（二）滴定曲线

以表 5-4 中加入 NaOH 的体积或 HCl 被滴定分数为横坐标,以溶液的 pH 为纵坐标,绘制强碱滴定强酸的滴定曲线,如图 5-1 所示。

表 5-4 和图 5-1 表明:

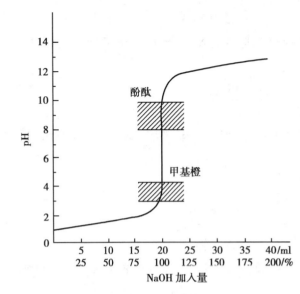

图 5-1　NaOH(0.100 0mol/L)滴定 HCl(0.100 0mol/L)的滴定曲线

1. **滴定开始**　滴定开始时,曲线的形状比较平坦。从滴定开始到加入 19.98ml 的 NaOH 标准溶液,溶液的 pH 由 1.00 增加到 4.30,仅增加了 3.30 个 pH 单位,此时溶液仍为酸性,这是由于溶液中存在大量的 HCl,加入的 NaOH 对溶液的 pH 影响不大。

2. **化学计量点**　当加入 19.98ml 的 NaOH 标准溶液,溶液的 pH 为 4.30,HCl 的被滴定分数为 99.90%,滴定误差为 -0.1%。当加入 20.02ml 的 NaOH 标准溶液,溶液的 pH 为 9.70,HCl 的被滴定分数为 100.10%,滴定误差为 0.1%。

NaOH 滴定液的体积由 19.98ml 变至 20.02ml,实际上向溶液加入的 NaOH 滴定液的体积仅 0.04ml,约 1 滴,溶液 pH 迅速地由 4.30 增长到 9.70,发生较大的变化。这种在化学计量点附近(±0.1%),由 1 滴标准溶液的加入,引起溶液 pH 的急剧变化称为滴定突跃(titration jump),滴定突跃所在的 pH 范围称为滴定突跃范围(titration jump range)。

3. **滴定突跃过后**　继续加入 NaOH 标准溶液,曲线形状又趋于平坦。如表 5-4 所示,化学计量点后,过量 NaOH 溶液所引起的 pH 的变化又越来越小,滴定曲线又趋平坦。

（三）**影响滴定突跃范围的因素**

以上讨论的是用 0.100 0mol/L 的 NaOH 滴定 0.100 0mol/L 的 HCl 溶液的情况。如果溶液浓度不同,化学计量点时溶液的 pH 仍为 7,但化学计量点附近的滴定突跃大小却不相同,如图 5-2 所示,强酸、强碱滴定突跃范围与酸碱的浓度有关,溶液浓度越大,滴定突跃范围越大;溶液浓度越小,滴定突跃范围越小。通常,标准溶液浓度控制在 0.01~0.2mol/L,溶液不能太稀,否则无法选择合适指示剂。

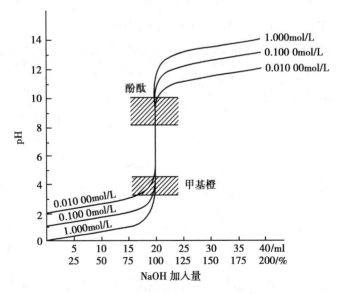

图 5-2　强酸、强碱滴定突跃范围与酸碱浓度关系

（四）**选择指示剂的原则**

在 0.100 0mol/L 的 NaOH 标准溶液滴定 20.00ml 0.100 0mol/L HCl 溶液的例子中,滴定突跃范围为 4.3~9.7,可以引起甲基红指示剂(变色范围为 4.4~6.2)从红色变为黄色,从而指示化学计量点,

确定滴定终点。同理，甲基橙、酚酞等也可以指示化学计量点的到达。所以，选择指示剂的基本原则是：指示剂的变色范围应全部处于或部分处于滴定突跃范围之内。

例如，用 0.010 00mol/L NaOH 标准溶液滴定 0.010 00mol/L HCl 溶液，滴定突跃范围为 5.30 ~ 8.70，因此，不能采用甲基橙作指示剂。

在实际滴定中，用 0.100 0mol/L 的 NaOH 标准溶液滴定 0.100 0mol/L HCl 溶液，最佳指示剂是酚酞，因为在化学计量点附近，溶液由无色变为浅红色，易于观察，滴定误差比较小。

如果以 0.100 0mol/L HCl 的标准溶液滴定 20.00ml 0.100 0mol/L NaOH 溶液为例，则滴定过程中溶液 pH 的变化规律恰恰与以 0.100 0mol/L 的 NaOH 标准溶液滴定 20.00ml 0.100 0mol/L HCl 溶液滴定过程中溶液 pH 的变化规律相反，二者的滴定曲线对称，影响滴定曲线的因素相同，宜选用甲基橙或甲基红作指示剂。

指示剂的选择与滴定突跃

二、一元弱酸（碱）的滴定

（一）滴定过程溶液 pH 的变化规律

对于一元弱酸，必须采用强碱滴定；对于一元弱碱，必须采用强酸滴定。

该类滴定的基本反应为：

一元弱酸　$HB+OH^- \rightleftharpoons H_2O+B^-$

一元弱碱　$AOH+H^+ \rightleftharpoons H_2O+A^+$

强碱滴定弱酸过程中 pH 变化规律

现以 0.100 0mol/L NaOH 标准溶液滴定 20.00ml 0.100 0mol/L HAc 为例，讨论弱酸滴定过程中溶液 pH 的变化规律。

与强酸、强碱的滴定相似，在滴定过程中，溶液的 pH 也分为四个阶段计算。

1. 滴定前　溶液的 pH 由 HAc 溶液的酸度计算。设 c_a 为 HAc 溶液的浓度 0.100 0mol/L，由于符合 $c_aK_a>20K_w$，$c_a/K_a>500$ 的条件，采用最简式：

$$[H^+]=\sqrt{c_aK_a} \tag{5-4}$$

将 HAc 的浓度（0.100 0mol/L）和 K_a（1.76×10^{-5}）代入式 5-4，运算得 $[H^+]=1.34\times10^{-3}$mol/L，即 pH = 2.87。

2. 滴定开始至计量点前　一部分 HAc 与 NaOH 反应生成 NaAc，与剩余的 HAc 溶液组成 HAc-NaAc 缓冲体系，溶液的 pH 根据缓冲溶液酸度公式计算。

$$pH=pK_a+\lg\frac{c_{NaAc}}{c_{HAc}} \tag{5-5}$$

例如，当加入 NaOH 溶液为 19.98ml 时：

$$c_{HAc}=\frac{0.100\ 0\times(20.00-19.98)}{(20.00+19.98)}=5.00\times10^{-5}(mol/L)$$

$$c_{NaAc}=\frac{0.100\ 0\times19.98}{20.00+19.98}=5.00\times10^{-2}(mol/L)$$

代入式 5-5，pH = 7.75。

3. 化学计量点　NaOH 溶液与 HAc 溶液按化学计量关系完全反应，生成 NaAc 和 H₂O，溶液呈碱性，其 pH 由弱碱溶液的酸度公式计算。由于符合 $c_{NaAc}K_b>20K_w$，$c_{NaAc}/K_b>500$ 的条件，采用最简式：

$$[OH^-]=\sqrt{c_{NaAc}K_b} \tag{5-6}$$

将数值 K_b（5.68×10^{-10}）、c_{NaAc}（0.050 00mol/L）代入式 5-6，运算得 $[OH^-]=5.3\times10^{-6}$mol/L，pH = 8.72。

4. 化学计量点后　溶液由 NaAc 和过量的 NaOH 组成，NaOH 的存在抑制了 Ac⁻ 的水解。因此，溶液的 pH 由过量的 NaOH 的物质的量和溶液体积计算，其计算方法与上述强碱滴定强酸时相同。

用上述方法计算强碱滴定弱酸过程中溶液的 pH，结果见表 5-5。

表 5-5 NaOH(0.100 0mol/L)标准溶液滴定 20.00ml HAc(0.100 0mol/L)溶液的 pH 变化

加入 NaOH 体积/ml	剩余 HAc 体积/ml	过量 NaOH 体积/ml	HAc 被滴 定分数	溶液的 组成	溶液的 pH
0.00	20.00		0.000	HAc	2.87
18.00	2.00		0.900	HAc+Ac⁻	5.71
19.80	0.20		0.990	HAc+Ac⁻	6.75
19.98	0.02		0.999	HAc+Ac⁻	7.75
20.00	0.00	0.00	1.000	Ac⁻	8.72
20.02		0.02	1.001	Ac⁻+OH⁻	9.70
20.20		0.20	1.010	Ac⁻+OH⁻	10.70
22.00		2.00	1.100	Ac⁻+OH⁻	11.68

（7.75、8.72、9.70 处标注：突跃范围）

（二）滴定曲线

根据滴定过程中溶液的 pH 变化规律,绘制强碱滴定弱酸的滴定曲线,如图 5-3 所示。

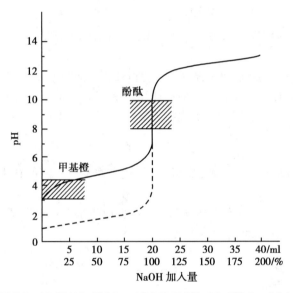

图 5-3 NaOH(0.100 0mol/L)滴定 HAc(0.100 0mol/L) 的滴定曲线

由图 5-3 可知,NaOH 标准溶液滴定 HAc 溶液有如下特点:

1. **曲线起点高** 滴定 0.100 0mol/L 的 HCl 溶液,起点为 pH=1.00;滴定 0.100 0mol/L 的 HAc 溶液,起点为 pH=2.87,这是由于 HAc 是弱酸,不能完全离解,与相同浓度的强酸比较,酸度较小。

2. **滴定开始至计量点前曲线斜率变化复杂** 滴定刚开始,由于生成的 Ac⁻ 抑制了 HAc 的离解,使溶液的酸度降低较快,pH 快速上升。因此,曲线的斜率变化较大。随着滴入 NaOH 的量不断增加,生成 NaAc 的浓度不断增加,HAc-Ac⁻ 组成缓冲体系,溶液的 pH 变化缓慢。因此,此段曲线形状比较平坦。当接近化学计量点时,随着 HAc 浓度降低,缓冲作用减弱,溶液 pH 变化加快,曲线斜率增加。

3. **化学计量点** 此时,溶液由 NaAc 和 H_2O 组成,呈碱性,滴定突跃范围为 pH 7.75~9.70,仅约 2 个 pH 单位。与强碱滴定强酸比较,滴定突跃范围变窄。

4. **化学计量点后** 溶液的 pH 由过量的 NaOH 决定,滴定曲线的形状与滴定强酸时相似。

强酸滴定一元弱碱时,溶液的 pH 计算方法同强碱滴定一元弱酸相似。例如,采用 0.100 0mol/L HCl 滴定 20.00ml 0.100 0mol/L $NH_3 \cdot H_2O$,其溶液 pH 变化规律见表 5-6。

表 5-6　HCl(0.100 0mol/L) 溶液滴定 20.00ml NH₃·H₂O(0.100 0mol/L) 溶液的 pH 变化

加入 HCl 体积/ml	剩余 NH₃·H₂O 的体积/ml	过量 HCl 体积/ml	NH₃·H₂O 被 滴定分数	溶液的 组成	溶液的 pH
0.00	20.00		0.000	NH₃·H₂O	11.10
18.00	2.00		0.900	NH₃·H₂O+NH₄⁺	8.29
19.80	0.20		0.990	NH₃·H₂O+NH₄⁺	7.25
19.98	0.02		0.999	NH₃·H₂O+NH₄⁺	6.34
20.00	0.00	0.00	1.000	NH₄⁺	5.38
20.02		0.02	1.001	H⁺+NH₄⁺	4.30
20.20		0.20	1.010	H⁺+NH₄⁺	2.30

（pH 6.34、5.38、4.30 标注为"突跃范围"）

根据溶液中 pH 的变化规律,绘制强酸滴定一元弱碱的滴定曲线,如图 5-4 所示。

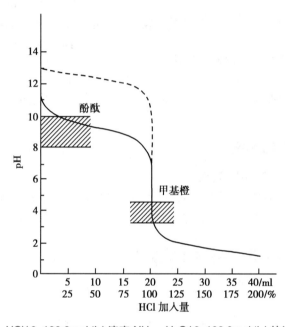

图 5-4　HCl(0.100 0mol/L) 滴定 NH₃·H₂O(0.100 0mol/L) 的滴定曲线

由图 5-4 可知,该滴定分析的滴定突跃范围为 pH 6.34~4.30,化学计量点时,溶液的 pH=5.38,显酸性。通过对比弱酸与弱碱的滴定曲线,我们发现两条曲线形状相似,仅 pH 变化方向相反。

（三）指示剂的选择

采用 0.100 0mol/L NaOH 标准溶液滴定相同浓度的 HAc 溶液时,滴定突跃范围为 pH 7.75~9.70,根据指示剂选择原则,应选择在碱性区域变色的指示剂,如酚酞、百里酚酞等。当采用 0.100 0mol/L HCl 标准溶液滴定相同浓度的 NH₃·H₂O 溶液时,滴定突跃范围为 pH 6.34~4.30。因此,应选择在酸性区域变色的指示剂,如甲基红、甲基橙等。

课堂互动

您能解释为什么当 NaOH(0.100 0mol/L) 标准溶液滴定 20.00ml HAc(0.100 0mol/L) 时,不能采用甲基橙、甲基红作指示剂吗? 若使用这两种指示剂,会造成正误差还是负误差?

（四）影响滴定突跃范围因素

与强酸、强碱的滴定相似，滴定一元弱酸（碱）的滴定突跃范围与弱酸（碱）的浓度有关。另外，弱酸（碱）的强度也影响滴定突跃范围大小，如图5-5所示。

1. **浓度**　当弱酸的强度一定，即 K_a 一定，弱酸的浓度越大，滴定突跃范围越大。反之，滴定突跃范围越小。

2. **强度**　当弱酸的浓度一定时，弱酸的强度越小，即离解常数 K_a 越小，滴定突跃范围越小；反之，滴定突跃范围越大。如当弱酸的 K_a ≤ 10^{-9} 时，滴定曲线上已无明显滴定突跃，难以选择指示剂确定滴定终点，无法进行准确滴定。

因此，只有当 $c_aK_a \geq 10^{-8}$ 时，一元弱酸能被强碱直接、准确地滴定。

用强酸滴定弱碱的情况与强碱滴定弱酸

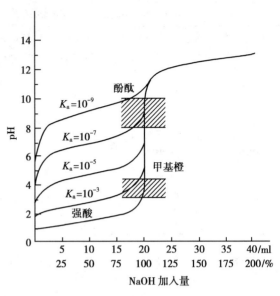

图 5-5　NaOH（0.100 0mol/L）滴定不同强度酸（0.100 0mol/L）的滴定曲线

非常相似，不同的是溶液的 pH 由大到小，所以，滴定曲线的形状刚好与强碱滴定弱酸相反，而且化学计量点时溶液显酸性，选择在酸性区域内变色的指示剂。同理，只有当 $c_bK_b \geq 10^{-8}$，一元弱碱才能被强酸直接、准确地滴定。

三、多元酸（碱）的滴定

（一）多元酸的滴定及指示剂的选择

一般情况下，多元酸大多数是弱酸，在水溶液中分步离解。进行多元酸滴定中需要解决以下几个问题：多元酸各级离解的 H^+ 能否被准确滴定；各级离解的 H^+ 能否被分步滴定；如何选择适宜的指示剂。

现以 0.100 0mol/L NaOH 标准溶液滴定 20.00ml 0.100 0mol/L H_3PO_4 为例，讨论多元酸被滴定的特点及指示剂的选择。

H_3PO_4 是三元酸，在溶液中有以下三级离解：

$$H_3PO_4 \rightleftharpoons H^+ + H_2PO_4^- \quad (K_{a_1} = 7.5 \times 10^{-3})$$

$$H_2PO_4^- \rightleftharpoons H^+ + HPO_4^{2-} \quad (K_{a_2} = 6.3 \times 10^{-8})$$

$$HPO_4^{2-} \rightleftharpoons H^+ + PO_4^{3-} \quad (K_{a_3} = 2.2 \times 10^{-13})$$

同理，与 NaOH 发生反应也分三步进行：

$$NaOH + H_3PO_4 \rightleftharpoons NaH_2PO_4 + H_2O$$

$$NaOH + NaH_2PO_4 \rightleftharpoons Na_2HPO_4 + H_2O$$

$$NaOH + Na_2HPO_4 \rightleftharpoons Na_3PO_4 + H_2O$$

与一元弱酸相同，滴定多元酸时，各级离解的 H^+ 能被准确滴定的条件：$cK_{a_i} \geq 10^{-8}$，例如 H_3PO_4，$cK_1 > 10^{-8}$、$cK_2 \approx 10^{-8}$、$cK_3 < 10^{-13}$。因此，第一、二级离解的 H^+ 能被强碱准确滴定；第三级离解由于不符合准确滴定的条件，离解出的 H^+ 不能被准确滴定。又如草酸（$K_{a_1} = 6.5 \times 10^{-2}$，$K_{a_2} = 6.1 \times 10^{-5}$），两级离解的 H^+ 均能被强碱准确滴定。

一般情况下，当相邻两级离解的 K_a 比值大于或等于 10^4，即 $K_{a_i}/K_{a_{i+1}} \geq 10^4$，相邻两级离解的 H^+ 可分步被准确滴定。对于草酸，由于 $K_{a_1}/K_{a_2} < 10^4$，第一级离解的 H^+ 还没有被完全滴定，第二级离解的 H^+ 就开始被滴定了，因此滴定曲线上只有 1 个滴定突跃。对于磷酸，$K_1/K_2 > 10^4$，当第一级离解的 H^+ 完全被准确滴定后，第二级离解的 H^+ 才被准确滴定，分别在第一计量点和第二计量点形成两个独立的滴定

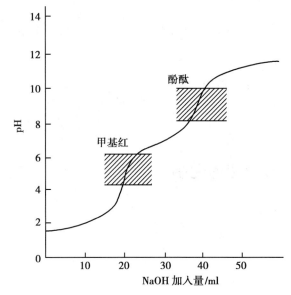

图 5-6　NaOH（0.100 0mol/L）滴定 H₃PO₄（0.100 0mol/L）的滴定曲线

突跃，如图 5-6 所示，用 NaOH（0.100 0mol/L）滴定 20.00ml H₃PO₄（0.100 0mol/L）时，在滴定曲线上分别形成两个滴定突跃。

多元酸被滴定时，溶液的 pH 计算较为复杂。在实际工作中，通常依据化学计量点时溶液的 pH 选择指示剂。一般情况下，选择在此 pH 附近变色的指示剂来确定终点。

在上例中，NaOH 与 H₃PO₄ 反应，第一化学计量点时，H₃PO₄ 全部反应，滴定产物为 NaH₂PO₄，溶液的 pH 可采用下式近似计算。

$$[H^+] = \sqrt{K_{a_1}K_{a_2}}$$

$$pH = \frac{1}{2}(pK_{a_1}+pK_{a_2}) = \frac{1}{2}(2.12+7.21) = 4.66$$

故可采用甲基红作指示剂。

在第二级滴定中，NaH₂PO₄ 全部转化为 Na₂HPO₄，到达第二计量点时，溶液的 pH 可采用下式近似计算：

$$[H^+] = \sqrt{K_{a_2}K_{a_3}}$$

$$pH = \frac{1}{2}(pK_{a_2}+pK_{a_3}) = \frac{1}{2}(7.12+12.67) = 9.94$$

故可选用酚酞或百里酚酞作指示剂。

（二）多元碱的滴定及指示剂的选择

多元碱与多元酸类似，能被准确滴定的条件：$cK_{b_i} \geq 10^{-8}$；能被分步滴定的条件：$K_{b_i}/K_{b_{i+1}} \geq 10^4$。

现以 0.100 0mol/L HCl 标准溶液滴定 Na₂CO₃ 为例，讨论多元碱被滴定的特点及指示剂的选择。Na₂CO₃ 为弱碱，在水溶液中存在两级离解平衡。

$$CO_3^{2-}+H^+ \rightleftharpoons HCO_3^-　　K_{b_1} = 1.79 \times 10^{-4}$$

$$HCO_3^-+H^+ \rightleftharpoons H_2CO_3　　K_{b_2} = 2.38 \times 10^{-8}$$

Na₂CO₃ 与 HCl 反应也分两步进行：

$$Na_2CO_3+HCl \rightleftharpoons NaHCO_3+NaCl$$

$$NaHCO_3+HCl \rightleftharpoons NaCl+CO_2\uparrow+H_2O$$

由于 $cK_{b_1} > 10^{-8}$、$cK_{b_2} \approx 10^{-8}$、$K_{b_1}/K_{b_2} \approx 10^4$，Na₂CO₃ 能被强酸准确滴定，且能被分步滴定，滴定曲线上有两个滴定突跃，该滴定曲线如图 5-7 所示。

在第一计量点时，Na₂CO₃ 完全反应生成 NaHCO₃，该物质为两性物质，其溶液的 pH 采用下式近似计算：

$$[H^+] = \sqrt{K_{a_1}K_{a_2}} = \sqrt{4.3 \times 10^{-7} \times 5.6 \times 10^{-11}}$$

$$= 4.9 \times 10^{-9}(mol/L)$$

$$pH = 8.31$$

故可采用在碱性区域变色的酚酞作指

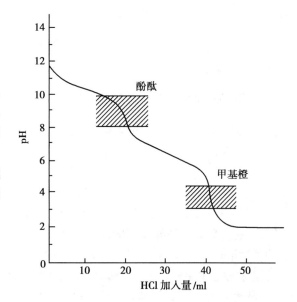

图 5-7　HCl（0.100 0mol/L）滴定 Na₂CO₃ 的滴定曲线

示剂。

在第二计量点时，$NaHCO_3$ 完全转化为 CO_2 和 H_2O，生成 H_2CO_3 饱和溶液，其浓度约为 0.04mol/L，其溶液 pH 采用下式近似计算：

$$[H^+] = \sqrt{cK_a} = \sqrt{0.04 \times 4.3 \times 10^{-7}} = 1.3 \times 10^{-4} (mol/L)$$
$$pH = 3.89$$

故可采用在酸性区域变色的甲基橙或甲基红作指示剂。

第三节　酸碱标准溶液的配制

在酸碱滴定法中，最常用的酸、碱标准溶液分别是 0.1mol/L HCl 标准溶液和 0.1mol/L 的 NaOH 标准溶液，它们均采用间接法配制。

一、盐酸标准溶液的配制

（一）制备近似所需浓度的盐酸溶液

市售浓盐酸（HCl，含量为 35%~37%，密度为 1.19，浓度约为 12mol/L）具有挥发性，故可先配制成近似所需浓度的盐酸溶液，储于洁净的试剂瓶中备用。

（二）标定盐酸溶液的准确浓度

用基准物质无水碳酸钠（Na_2CO_3）或硼砂（$Na_2B_4O_7 \cdot 10H_2O$）标定其准确浓度。

1. 用无水碳酸钠标定　Na_2CO_3 容易制得纯品，价格低廉，但吸湿性很强。因此，使用前应将其在 270~300℃加热约 1h，稍冷后将其保存于干燥器中。

如多元碱的滴定所述，采用甲基橙或甲基红作指示剂。值得注意的是，在第二计量点附近易形成 CO_2 过饱和溶液，使溶液酸度增大，终点提前。因此，在滴定接近终点时，应用力振摇溶液或加热煮沸溶液，以便除去 CO_2。冷却至室温后，再继续用 HCl 标准溶液滴定至终点。HCl 与 Na_2CO_3 的反应方程式为：

$$2HCl + Na_2CO_3 === 2NaCl + CO_2 \uparrow + H_2O$$

在化学计量点时，溶液的 pH=4.00，可采用甲基红作指示剂。

2. 用硼砂标定　$Na_2B_4O_7 \cdot 10H_2O$ 性质稳定，容易制得纯品。作为基准物质，它的主要优点是摩尔质量大，因此，称量误差较小；它的缺点是在空气中易风化，失去部分结晶水。因此，硼砂需保存在含有蔗糖和 NaCl 饱和溶液的密闭恒湿容器中。硼砂与 HCl 的反应方程式为：

$$Na_2B_4O_7 + 2HCl + 5H_2O === 4H_3BO_3 + 2NaCl$$

在化学计量点时，溶液的 pH=5.10，可采用甲基红作指示剂。

二、氢氧化钠标准溶液的配制

（一）制备近似所需浓度的氢氧化钠溶液

NaOH 极易吸收空气中的 CO_2，生成 Na_2CO_3，并且具有很强的吸湿性，因此，可以利用 Na_2CO_3 在饱和 NaOH 溶液中溶解度很小、能沉淀于溶液底部的性质，先配制成饱和 NaOH 溶液（含量为 52%，密度为 1.56，浓度约为 20mol/L），将其贮存于洁净的塑料瓶中，静置数日，Na_2CO_3 完全沉淀于瓶底。然后，取其上清液，用经煮沸并除去 CO_2 的蒸馏水稀释，配制成近似所需浓度的 NaOH 溶液。

（二）标定氢氧化钠溶液的准确浓度

用基准物质邻苯二甲酸氢钾（$KHC_8H_4O_4$）或草酸（$H_2C_2O_4 \cdot 2H_2O$）标定其准确浓度。

1. 用邻苯二甲酸氢钾标定　$KHC_8H_4O_4$ 易溶于水，容易制得纯品；它不含结晶水，在空气中性质稳定，不易潮解，易保存；摩尔质量大，其称量误差小。因此，标定碱液时，它是一种良好的基准物质。

邻苯二甲酸氢钾与 NaOH 的反应方程式为：

$$\begin{array}{c}\text{COOH}\\\bigcirc\\\text{COOK}\end{array} + \text{NaOH} = \begin{array}{c}\text{COONa}\\\bigcirc\\\text{COOK}\end{array} + H_2O$$

在化学计量点时,溶液的 pH 约为 9.1,可采用酚酞作指示剂。

2. 用草酸标定 $H_2C_2O_4 \cdot 2H_2O$ 性质稳定,在相对湿度为 50%~95%时,不会风化及失水,可将其保存于密闭容器中。

草酸是二元弱酸,由于 K_{a_1}、K_{a_2} 相差不大,$K_{a_1}/K_{a_2}<10^4$,因此,不能分步滴定,终点时溶液的组成为草酸钠。草酸与 NaOH 的反应方程式为:

$$H_2C_2O_4+2NaOH = Na_2C_2O_4+2H_2O$$

在化学计量点时,溶液的 pH 约在 8.4 左右,可采用酚酞作指示剂。

经过标定之后的 NaOH 标准溶液,长久放置之后,其浓度会发生一定的变化,用前需要重新标定。

第四节　酸碱滴定法的应用

酸碱滴定法具有操作简便、分析速度快和准确度高等优点,并且常用的两种标准溶液 HCl、NaOH 价格低廉,容易制得。因此,酸碱滴定法有着广泛的应用,能测定酸性、碱性物质以及能与酸、碱反应的物质。例如,在临床检验中,常采用酸碱滴定法测定尿液、胃液等的酸度;在药品检验方面,常用其测定阿司匹林、药用 NaOH 等含量;在卫生分析方面,常用其测定各种食品的酸度等。下面根据滴定方式的不同分别介绍。

一、直接滴定酸或碱

凡满足滴定分析条件的物质,如酸性物质($cK_a \geqslant 10^{-8}$)和碱性物质($cK_b \geqslant 10^{-8}$),都可以用碱和酸标准溶液直接进行滴定。

(一)食醋总酸度测定

食醋的主要成分为醋酸(HAc),浓度为 30~50g/L。另外,还含有少量其他有机酸(如乳酸等)。通常采用 HAc 的含量来表示食醋总酸度。HAc 的离解常数 $K_a = 1.76 \times 10^{-5}$,可采用 NaOH 标准溶液直接进行滴定,滴定反应为:

$$HAc+NaOH = NaAc+H_2O$$

在化学计量点时,溶液组成为 NaAc,显碱性。因此,常选酚酞作指示剂。

(二)药用 NaOH 的测定

NaOH 极易吸收空气中的 CO_2,形成混合碱。通常,混合碱是 NaOH 和 Na_2CO_3,或是 $NaHCO_3$ 和 Na_2CO_3 的混合物。现以混合碱 NaOH 与 Na_2CO_3 为例,讨论两种常用的测定其组分含量的方法。

1. 双指示剂法 准确称取一定质量的混合碱试样,用蒸馏水将其溶解后,以酚酞为指示剂,用 HCl 标准溶液滴定至粉红色褪去,此时,NaOH 与 HCl 已经完全反应,Na_2CO_3 与 HCl 反应生成 $NaHCO_3$,记录消耗 HCl 的体积为 V_1。再加入甲基橙作指示剂使溶液呈黄色,继续用 HCl 标准溶液滴定至溶液由黄色变为橙黄色,消耗 HCl 标准溶液体积为 V_2,该部分 HCl 体积完全由 $NaHCO_3$ 所消耗,具体过程如下:

$$\text{混合碱液}\begin{cases}NaOH\\[1em]Na_2CO_3\end{cases}\xrightarrow[HCl\,V_1ml]{\text{酚酞}}\begin{array}{c}NaCl\\[1em]NaHCO_3\end{array}\xrightarrow[HCl\,V_2ml]{\text{甲基橙}}NaCl+CO_2\uparrow+H_2O$$

酚酞红色褪去　　甲基橙由黄色变为橙黄色

上述测定过程的具体反应式如下:

$$\left.\begin{array}{l}NaOH+HCl = NaCl+H_2O\\Na_2CO_3+HCl = NaHCO_3+NaCl\end{array}\right\}\ V_1$$

$$\text{NaHCO}_3 + \text{HCl} =\!=\!= \text{NaCl} + \text{CO}_2 \uparrow + \text{H}_2\text{O} \} \quad V_2$$

如方程式所示,由 Na_2CO_3 所消耗的 HCl 标准溶液与由 NaHCO_3 所消耗的 HCl 标准溶液体积是相同的,混合碱的各自含量按下式计算:

$$\text{NaOH}\% = \frac{c_{\text{HCl}}(V_1 - V_2)M_{\text{NaOH}} \times 10^{-3}}{m_{样品}} \times 100\%$$

$$\text{Na}_2\text{CO}_3\% = \frac{c_{\text{HCl}}V_2 M_{\text{Na}_2\text{CO}_3} \times 10^{-3}}{m_{样品}} \times 100\%$$

2. 氯化钡法 取两份相同体积试液,分别进行如下操作:

第一份混合碱液 $\Big\{$ NaOH / Na_2CO_3 $\Big.$ $\xrightarrow[\text{HCl} V_1 \text{ml}]{\text{甲基橙}}$ NaCl + H_2O / NaCl + H_2O + $\text{CO}_2 \uparrow$

甲基橙由黄色至橙色

第二份混合碱液 $\Big\{$ NaOH / Na_2CO_3 $\Big.$ $\xrightarrow{\text{BaCl}_2}$ $\text{BaCO}_3 \downarrow$ $\xrightarrow[\text{HCl} V_2 \text{ml}]{\text{酚酞}}$ NaCl + H_2O

酚酞粉红色褪去

根据上述步骤可知,由 NaOH、Na_2CO_3 共同消耗的 HCl 标准溶液体积为 V_1ml,中和 NaOH 所消耗的 HCl 标准溶液体积为 V_2ml。因此,由 Na_2CO_3 完全被 HCl 中和至 H_2CO_3 所消耗的 HCl 标准溶液体积为 $(V_1 - V_2)$ml,计算公式如下:

$$\text{NaOH}\% = \frac{c_{\text{HCl}}V_2 M_{\text{NaOH}} \times 10^{-3}}{m_{样品}} \times 100\%$$

$$\text{Na}_2\text{CO}_3\% = \frac{\frac{1}{2}c_{\text{HCl}}(V_1 - V_2)M_{\text{Na}_2\text{CO}_3} \times 10^{-3}}{m_{样品}} \times 100\%$$

二、间接滴定酸或碱

(一)返滴定法

例如,测定血浆中 CO_2 的结合力。在血浆中,CO_2 主要以 NaHCO_3 的形式存在。NaHCO_3 的碱性比较弱,与 HCl 反应速率较慢,故采用返滴定法测定 NaHCO_3 的含量。通常,先精密称取一定量的血浆,溶于已知准确浓度、体积且过量的酸(HCl)标准溶液中,使血浆中的 NaHCO_3 完全与 HCl 反应,待反应完全后,用标准碱(NaOH)溶液滴定剩余的酸,反应如下:

$$\text{NaHCO}_3 + \text{HCl} =\!=\!= \text{NaCl} + \text{CO}_2 \uparrow + \text{H}_2\text{O}$$
$$\text{HCl} + \text{NaOH} =\!=\!= \text{NaCl} + \text{H}_2\text{O}$$

采用下列公式计算血浆中 CO_2 含量:

$$\rho_{\text{CO}_2} = \frac{(c_{\text{HCl}}V_{\text{HCl}} - c_{\text{NaOH}}V_{\text{NaOH}})M_{\text{CO}_2}}{V_{样品}}$$

(二)其他滴定法

蛋白质、生物碱中氮的含量,无法用酸碱滴定法直接测定,但是,可以将试样经过适当的处理,使各种含氮化合物转化为简单的 NH_4^+,再进行测定。由于 NH_4^+($K_a = 5.7 \times 10^{-10}$)酸性极弱,仍然不能用 NaOH 直接测定,通常采用蒸馏法和甲醛法测定铵盐中的氮含量。

1. 蒸馏法 在处理好的含 NH_4^+ 的溶液中加入过量的 NaOH,使 NH_4^+ 转化为 NH_3,通过加热煮沸的方法,使 NH_3 挥发出来,具体反应如下:

$$NH_4^+ + OH^- \xrightarrow{\triangle} NH_3 \uparrow + H_2O$$

用已知准确浓度、体积过量的 HCl 标准溶液,吸收挥发出来的 NH_3,生成 NH_4Cl。再加入甲基红作为指示剂,用 NaOH 标准溶液返滴定剩余的 HCl,反应如下:

$$NH_3 + HCl =\!=\!= NH_4Cl$$
$$NaOH + HCl =\!=\!= NaCl + H_2O$$

含氮量按下列公式进行计算:

$$N\% = \frac{(c_{HCl}V_{HCl} - c_{NaOH}V_{NaOH})M_N}{m_{样品}} \times 100\%$$

另外,蒸馏处理的 NH_3 也可用过量 2% 的 H_3BO_3 溶液吸收生成 NH_4BO_2,再用 HCl 标准溶液滴定 NH_4BO_2,其反应式如下:

$$NH_3 + H_3BO_3 =\!=\!= NH_4BO_2 + H_2O$$
$$NH_4BO_2 + HCl + H_2O =\!=\!= NH_4Cl + H_3BO_3$$

含氮量按如下公式计算:

$$N\% = \frac{c_{HCl}V_{HCl}M_N \times 10^{-3}}{m_{样品}} \times 100\%$$

在整个测定过程中,H_3BO_3 只作为一个吸收剂,不被滴定,因此,其浓度和体积不要求很准确,只需要过量即可。

2. 甲醛法　甲醛与 NH_4^+ 反应,可生成六次甲基四胺离子 $(CH_2)_6N_4H^+$,并定量释放出 H^+,可用 NaOH 标准溶液滴定,采用酚酞作为指示剂,终点时溶液变为微红色。其反应式如下:

$$4NH_4^+ + 6HCHO =\!=\!= (CH_2)_6N_4H^+ + 3H^+ + 6H_2O$$
$$(CH_2)_6N_4H^+ + 3H^+ + 4NaOH =\!=\!= (CH_2)_6N_4 + 4H_2O + 4Na^+$$

可采用下式计算含量:

$$N\% = \frac{c_{NaOH}V_{NaOH}M_N \times 10^{-3}}{m_{样品}} \times 100\%$$

该方法也可以用来测定某些氨基酸的含量。

学习小结

　　酸碱指示剂是一类有机弱酸(碱),由于结构不同,而具有不同的颜色。当溶液的 pH 改变,指示剂结构发生变化,从而颜色发生变化而指示终点。指示剂的选择取决于滴定突跃范围。

　　对于强碱(酸)滴定强酸(碱),浓度越大,突跃范围越大。对于一元弱酸(碱)的滴定,浓度一定,酸(碱)强度越大,滴定突跃范围越大;酸碱的强度一定,酸(碱)浓度越大,滴定突跃范围越大。一元弱酸准确滴定条件: $c_aK_a \geq 10^{-8}$。对于多元酸,每级离解的氢离子准确滴定条件: $cK_{a_i} \geq 10^{-8}$;上下两级离解的氢离子能分步滴定的条件: $K_{a_i}/K_{a_{i+1}} \geq 10^4$。

　　酸碱滴定法最常使用的两种标准溶液是 NaOH 标准溶液和 HCl 标准溶液。

　　NaOH 易吸收空气中的 H_2O 和 CO_2,故采用间接法配制 NaOH 标准溶液;用基准物质邻苯二甲酸氢钾和草酸标定。

　　HCl 易挥发,故采用间接法配制 HCl 标准溶液;用基准物质无水碳酸钠或硼砂标定。

扫一扫,测一测

达标练习

一、多项选择题

1. 下列属于影响酸碱指示剂变色范围的因素有(　　)
   A. 温度　　　　　　　　　　B. 溶剂种类　　　　　　　　C. 指示剂用量
   D. 滴定程序　　　　　　　　E. 溶剂用量

2. 下列哪种酸能用 NaOH 标准溶液直接滴定(　　)
   A. 甲酸($K_a = 1.77\times10^{-4}$)　　　B. 硼酸($K_a = 7.3\times10^{-10}$)　　　C. 盐酸
   D. 苯甲酸($K_a = 6.46\times10^{-5}$)　　　E. 硫酸

3. 对于一元弱酸,下列叙述正确的是(　　)
   A. 当 K_a 一定,浓度越大,滴定突跃范围越大
   B. 当 K_a 一定,浓度越大,滴定突跃范围越小
   C. 当浓度一定,K_a 越大,滴定突跃范围越大
   D. 当浓度一定,K_a 越大,滴定突跃范围越小
   E. 当 K_a 一定,浓度越大,滴定突跃范围先变大后变小

4. 酸碱滴定法中,下列试样可用直接滴定法测定的是(　　)
   A. 碳酸钠　　　　　　　　　B. 碳酸钠和氢氧化钠混合物　　C. 氧化锌
   D. 食品添加剂硼酸　　　　　E. 醋酸

5. 下列常数对滴定突跃范围有影响的是(　　)
   A. K_s　　　B. K_a　　　C. K_b　　　D. 沸点　　　E. 熔点

二、辨是非题

1. 一般情况下,酸碱滴定的终点与化学计量点不相符合。(　　)
2. 三元酸被滴定,可能有两个滴定突跃。(　　)
3. 只要滴定液的浓度增大,突跃范围一定增大。(　　)
4. 只要是酸,都可以用碱液进行滴定。(　　)
5. 酸碱指示剂是根据颜色变化来指示终点的,因此,指示剂的用量多一些为佳,这样,可使终点变色更敏锐。(　　)
6. 滴定突跃范围越大,可选择的指示剂越少。(　　)
7. 指示剂的变色范围越宽越好。(　　)

三、填空题

1. 对于 HCl 标准溶液,通常采用＿＿＿＿＿＿＿＿＿配制,原因是＿＿＿＿＿＿＿＿＿＿＿,标定 HCl 标准溶液常用的基准物质是＿＿＿＿＿＿＿＿＿＿或＿＿＿＿＿＿＿＿＿＿。
2. 对于 NaOH 标准溶液,通常采用＿＿＿＿＿＿＿＿＿＿配制,原因是＿＿＿＿＿＿＿＿＿＿。
3. 某酸碱指示剂的 $pK_{HIn} = 8.1$,该指示剂的理论变色范围为＿＿＿＿＿＿＿＿＿＿。
4. 酸碱滴定曲线描述了滴定过程中溶液 pH 变化的规律性,滴定突跃范围的大小与＿＿＿＿＿＿＿＿＿＿和＿＿＿＿＿＿＿＿＿＿有关。
5. 酸碱滴定中,选择指示剂的原则是指示剂的＿＿＿＿＿＿＿＿＿＿全部处于或部分处于＿＿＿＿＿＿＿＿＿＿之内。
6. 对于多元酸,每级离解的氢离子能被准确滴定条件＿＿＿＿＿＿＿＿＿＿;上下两级离解的氢离子能分步滴定的条件是＿＿＿＿＿＿＿＿＿＿。
7. 用 HCl 标准溶液滴定 Na_2CO_3,至近终点时,需要煮沸溶液,其目的是＿＿＿＿＿＿＿＿＿＿。

8. 采用无水 Na_2CO_3 标定 HCl 溶液浓度时,如果未在 270~300℃ 的温度下加热,则会使标定结果的浓度_____。

四、简答题

1. 酸碱指示剂变色原理。

2. 一元弱酸(碱)准确滴定的条件及影响滴定突跃范围的因素。

3. 如何配制 HCl 标准溶液?

五、计算题

1. 欲使滴定消耗 0.1mol/L NaOH 溶液 25~30ml,应取基准试剂邻苯二甲酸氢钾多少克(保留四位有效数字,$M_{KHC_8H_8O_4} = 204.44$)?

2. 称取不纯的 $CaCO_3$ 试样(不含干扰物)0.200 0g,加入 0.100 0mol/L HCl 标准溶液 25.00ml。煮沸除去 CO_2,用 0.100 0mol/L NaOH 标准溶液返滴定过量的酸,消耗 NaOH 标准溶液 3.80ml,计算 $CaCO_3$ 的百分含量($M_{CaCO_3} = 100.09$)?

3. 用密度为 1.84g/ml,96% 的浓硫酸配制 0.10mol/L H_2SO_4 标准溶液 10L,需要量取浓硫酸多少毫升($M_{H_2SO_4} = 98.08$)?

4. 100ml 0.200 0mol/L NaOH($M_{NaOH} = 40.00g/mol$)溶液所含溶质的质量为多少克?

(牛 颖)

06章 PPT

学习目标

1. 掌握铬酸钾指示剂法与吸附指示剂法的原理、滴定条件及应用;硝酸银标准溶液配制与标定方法。

2. 熟悉铁铵矾指示法的原理、滴定条件;硫氰酸铵标准溶液的配制与标定方法。

3. 了解银量法在医学检验及药物分析中的应用。

4. 学会用银量法测定卤化物的含量。

第一节　概　　述

沉淀滴定法(precipitation titration)是以沉淀反应为基础的滴定分析方法。能生成沉淀的反应很多,但能用于沉淀滴定分析的沉淀反应却不多。必须符合下列条件的沉淀反应才能用于滴定分析:

1. 沉淀的溶解度很小(一般小于 $10^{-6}g/ml$),即反应需要定量、完全进行。

2. 沉淀反应速度快。

3. 有适宜的指示剂确定滴定终点。

4. 沉淀的吸附现象应不妨碍化学计量点的测定。

目前,应用较为广泛的是银量法,即利用生成难溶性银盐反应来进行测定的方法。

$$Ag^+ + X^- \rightleftharpoons AgX \downarrow$$

其中 X^- 可以是 Cl^-、Br^-、I^-、SCN^-、CN^- 等。

银量法是最成熟和最有应用价值的沉淀滴定分析法,它用于测定含有 Cl^-、Br^-、I^-、SCN^-、CN^- 以及 Ag^+ 等离子的无机物的含量,也可以定量测定经一系列处理后能定量产生这些离子的有机物的含量。

根据指示剂种类的不同,银量法可分为铬酸钾指示剂法、铁铵矾指示剂法和吸附指示剂法。

第二节　铬酸钾指示剂法

铬酸钾(K_2CrO_4)指示剂法,又称莫尔法(Mohr method),是以铬酸钾(K_2CrO_4)为指示剂的沉淀滴定法。

一、铬酸钾指示剂法的基本原理

在中性或弱碱性溶液中,以 K_2CrO_4 为指示剂,$AgNO_3$ 为标准溶液,直接测定 Cl^-、Br^- 含量的方法。

现以测定 Cl^- 含量为例,说明铬酸钾指示剂法的测定原理。滴定时,硝酸银标准溶液首先与 Cl^- 作用,生成氯化银白色沉淀,滴定反应为:

$$终点前 \quad Ag^+ + Cl^- \Longrightarrow AgCl \downarrow (白色)$$

当溶液中 Cl^- 按化学计量关系与 Ag^+ 完全反应后,稍过量的 Ag^+ 即与 CrO_4^{2-} 作用,生成砖红色的 Ag_2CrO_4 沉淀,指示到达滴定终点。

$$终点时 \quad 2Ag^+ + CrO_4^{2-} \Longrightarrow Ag_2CrO_4 \downarrow (砖红色)$$

从上述反应,可以看出,被测物 Cl^- 与指示剂 CrO_4^{2-} 都能和 Ag^+ 生成沉淀。这两种沉淀不能同时发生,而只有当 Cl^- 沉淀完全时,CrO_4^{2-} 才开始结合 Ag^+ 生成沉淀。

两种沉淀产生的先后和完全程度与 AgCl 及 Ag_2CrO_4 沉淀的溶解度有关。根据分步沉淀原理,AgCl 的溶解度(1.25×10^{-5} mol/L)小于 Ag_2CrO_4 的溶解度(1.03×10^{-4} mol/L),因此,在滴定过程中,白色 AgCl 首先沉淀出来。随着 $AgNO_3$ 标准溶液不断加入,AgCl 沉淀不断生成,溶液中的 Cl^- 浓度越来越小。待溶液中 Cl^- 沉淀完全时,稍过量的 Ag^+ 达到时,就立即与 CrO_4^{2-} 生成砖红色的 Ag_2CrO_4 沉淀,指示滴定终点。

二、铬酸钾指示剂法的滴定条件

(一)指示剂用量要适当

指示剂 CrO_4^{2-} 的用量直接影响滴定分析的准确度。若指示剂用量太大,导致溶液中的 Cl^- 或 Br^- 还没沉淀完全,就已生成砖红色的 Ag_2CrO_4 沉淀,会使终点提前,造成负误差,而且 CrO_4^{2-} 本身显黄色,会影响终点的观察;反之指示剂用量过小,在化学计量点时,稍过量 $AgNO_3$ 也不能形成 Ag_2CrO_4 沉淀,而导致终点滞后,造成正误差,影响滴定的准确度。在滴定过程中,化学计量点时恰好生成 Ag_2CrO_4 沉淀最为适宜。

在化学计量点时,指示剂 K_2CrO_4 的用量可根据溶度积常数进行如下计算:

$$[Ag^+] = [Cl^-] = \sqrt{K_{sp(AgCl)}} = \sqrt{1.56 \times 10^{-10}} = 1.25 \times 10^{-5} (mol/L)$$

$$[CrO_4^{2-}] = \frac{K_{sp(Ag_2CrO_4)}}{[Ag^+]^2} = \frac{1.1 \times 10^{-12}}{(1.25 \times 10^{-5})^2} = 7.0 \times 10^{-3} (mol/L)$$

在实际测定中,CrO_4^{2-} 如此高的浓度黄色太深,对观察不利。因此,为了减小滴定误差,CrO_4^{2-} 的实际用量要比理论计算量略低一些。实践证明,在滴定终点时,CrO_4^{2-} 的浓度约为 5×10^{-3} mol/L 较为适宜。通常,当反应液体积为 50~100ml 时,可加入 5%(g/ml)铬酸钾指示剂 1~2ml。

(二)溶液的酸度

溶液的酸度对铬酸钾指示剂法的准确度影响较大。采用 K_2CrO_4 作指示剂,以 $AgNO_3$ 为标准溶液测卤素离子的含量时,应在中性或弱碱性(pH 6.5~10.5)条件下进行滴定。

若溶液为酸性(pH<6.5),CrO_4^{2-} 将与 H^+ 结合形成 $HCrO_4^-$,使反应平衡向右移动,甚至转化成 $Cr_2O_7^{2-}$,使 CrO_4^{2-} 浓度降低,导致 Ag_2CrO_4 沉淀出现过迟,甚至不会产生沉淀。

$$2CrO_4^{2-} + 2H^+ \Longrightarrow 2HCrO_4^- \Longrightarrow Cr_2O_7^{2-} + H_2O$$

若溶液的碱性太强(pH>10.5),则会有 AgOH 沉淀,进而转化成棕黑色 Ag_2O 沉淀析出:

$$2Ag^+ + 2OH^- \Longrightarrow 2AgOH \downarrow$$
$$2AgOH \Longrightarrow Ag_2O \downarrow + H_2O$$

若溶液酸性太强,可用 $NaHCO_3$ 或硼砂中和;若溶液碱性太强,可用稀 HNO_3 溶液中和。

滴定也不能在氨碱性溶液中进行,因为 AgCl 和 Ag_2CrO_4 均能与 NH_3 反应,生成 $[Ag(NH_3)_2]^+$,而使 AgCl 和 Ag_2CrO_4 沉淀溶解,使终点延迟或不出现终点。实验证明,当 $c_{NH_4^+} > 0.05$ mol/L 时,溶液的 pH 应控制在 6.5~7.2 范围内进行滴定,可得到满意的结果。若 $c_{NH_4^+} > 0.15$ mol/L 时,仅仅通过控制溶液酸度已不能消除影响,必须在滴定前将铵盐除去,防止 NH_3 生成。

（三）避免吸附作用

在滴定过程中,卤化银会吸附卤素离子,所以滴定时必须剧烈摇动,释放被吸附离子,避免吸附卤素离子,防止终点提前。

（四）分离干扰物质

凡能与 Ag^+ 生成沉淀的阴离子,如 PO_4^{3-}、AsO_4^{3-}、CO_3^{2-}、S^{2-}、$C_2O_4^{2-}$ 等;能与 CrO_4^{2-} 生成沉淀的阳离子,如 Ba^{2+}、Pb^{2+} 等;以及大量的有色离子 Cu^{2+}、Co^{2+}、Ni^{2+} 等;或在中性或弱碱性溶液中易发生水解的离子,如 Fe^{3+}、Al^{3+} 等,均干扰测定,应预先分离。

使用铬酸钾指示剂法测定 Cl^- 时,滴定终点前,加入的标准溶液 Ag^+ 为何不会与加入的指示剂 CrO_4^{2-} 生成 Ag_2CrO_4 沉淀?

三、硝酸银标准溶液的配制

在沉淀滴定法中,常用的硝酸银标准溶液的浓度为 0.1mol/L。若硝酸银试剂能够满足基准物质的条件,则硝酸银标准溶液就可以用直接法配制,否则,用间接法配制。

（一）直接法配制硝酸银标准溶液

精密称取在 110℃ 干燥至恒重的基准试剂硝酸银($AgNO_3$,式量为 169.87)约 4.3g(称准至 0.000 2g),置于洁净的小烧杯中,用少量蒸馏水溶解完全后,定量转移至 250ml 棕色容量瓶中,加蒸馏水稀释至刻度线,摇匀即可。按下式计算硝酸银标准溶液的浓度。

$$c_{AgNO_3} = \frac{m_{AgNO_3}}{V_{AgNO_3} \times M_{AgNO_3}} \times 10^3$$

（二）间接法配制硝酸银标准溶液

对不完全符合基准物质条件的硝酸银试剂,需用间接法配制。

1. 制备近似所需浓度的硝酸银溶液 用托盘天平或电子秤称取分析纯硝酸银约 8.6g,置于烧杯中,用重蒸馏水溶解完全后稀释至 500ml,摇匀,置于棕色瓶中保存,待标定。

2. 标定硝酸银溶液的准确浓度 标定 $AgNO_3$ 标准溶液最常用的基准物质为 NaCl。NaCl 容易吸潮,所以使用前在 500~600℃ 的温度中灼烧至恒重,然后保存在干燥器中备用。精密称取干燥至恒重的基准氯化钠约 0.2g(称准至 0.000 2g),置 250ml 锥形瓶中,加 50ml 蒸馏水溶解,5% 铬酸钾指示剂 1ml,在不断振摇下用待标定的 $AgNO_3$ 溶液滴定至呈现砖红色即为终点。按下式计算 $AgNO_3$ 标准溶液的浓度。

计算公式:

$$c_{AgNO_3} = \frac{m_{NaCl}}{V_{AgNO_3} \times M_{NaCl}} \times 10^3$$

由于 $AgNO_3$ 溶液见光易分解,应将其保存于棕色试剂瓶中,但存放时间过久,应重新标定。标定方法最好与试样测定方法相同,以消除方法误差。

恒　重

恒重系指试样连续两次干燥或炽灼后的重量差异在 0.2mg(《中国药典》规定为 0.3mg)以下。恒重的目的是检查在一定温度条件下试样经加热后其中挥发性成分是否挥发完全。

四、铬酸钾指示剂法的应用

铬酸钾指示剂法主要用于直接测定 Cl^- 和 Br^-。若溶液中同时存在 Cl^- 和 Br^- 时,测得的是两种离子的总量。该方法不能直接测定 I^- 和 SCN^-,主要原因是 AgI 和 $AgSCN$ 分别对 I^- 和 SCN^- 有强烈的吸附作用,即使剧烈振摇也无法使 I^- 和 SCN^- 释放出来,导致终点提前出现。此外,该方法也不适用于以 $NaCl$ 标准溶液滴定 Ag^+,因为在 Ag^+ 试液中加入指示剂 K_2CrO_4 后,就会立即析出 Ag_2CrO_4 沉淀,用 $NaCl$ 标准溶液滴定时,Ag_2CrO_4 再转化成 $AgCl$ 的速率极慢,使终点推迟。因此,如用铬酸钾法测定 Ag^+,必须采用返滴定法。

可溶性的卤化物,如 $NaCl$、NH_4Cl、KBr 等,均可采用铬酸钾指示剂法测定其含量。

例如,测定 $NaCl$ 的含量。精密称取 $NaCl$ 试样 0.16g,置于 250ml 锥形瓶中,加入蒸馏水 50ml,振摇使其完全溶解。加 5% 的铬酸钾指示剂 1ml。在充分振摇下,用 0.100 0mol/L $AgNO_3$ 标准溶液滴定至刚好能辨别出砖红色即为终点。根据消耗 $AgNO_3$ 标准溶液的体积及其他测量数据,即可计算出试样中 $NaCl$ 的含量。

再如,临床上测定血清氯的含量。人体内的氯大多数以 Cl^- 的形式存在于细胞外液中,浓度为 $0.096 \sim 0.108mol/L$,与钠离子共存,因此氯化钠是细胞外液中最重要的电解质。测定时,准确吸取 10.00ml 血清,除去蛋白质后保留血滤液,以铬酸钾为指示剂,用 $AgNO_3$ 标准溶液滴定,当溶液呈浅砖红色即为终点,根据 $AgNO_3$ 的用量可以计算出血清 Cl^- 的含量。

采用铬酸钾指示剂法测定 Ag^+ 时,能否直接用 $NaCl$ 标准溶液滴定 Ag^+,为什么?

第三节　铁铵矾指示剂法

铁铵矾指示剂法,又称佛尔哈德法(Volhard method),是以硫氰酸铵(NH_4SCN)或硫氰酸钾($KSCN$)为标准溶液,以铁铵矾$[NH_4Fe(SO_4)_2 \cdot 12H_2O]$作指示剂,在酸性溶液中测定 Ag^+ 或卤素离子含量的方法。根据滴定方式的不同,可分为直接滴定法和返滴定法。

一、直接滴定法测定银离子

(一)测定原理

该方法采用铁铵矾为指示剂,以 NH_4SCN 或者 $KSCN$ 作为标准溶液,在酸性溶液中直接测定 Ag^+ 的含量。当滴定达到计量点附近时,Ag^+ 的浓度降至很低,稍过量的 SCN^- 与 Fe^{3+} 反应,生成$[Fe(SCN)]^{2+}$配离子,溶液呈淡棕红色,指示到达滴定终点。反应式为:

终点前:$Ag^+ + SCN^- \rightleftharpoons AgSCN\downarrow$(白色)

终点时:$Fe^{3+} + SCN^- \rightleftharpoons [FeSCN]^{2+}$(淡棕红色)

(二)滴定条件

1. 在酸性溶液中滴定　通常用 HNO_3 调节酸度,酸度应控制在 $0.1 \sim 1mol/L$ 之间。这是因为 Fe^{3+} 在中性或碱性溶液中会发生水解,生成$[Fe(OH)]^{2+}$等一系列深色配合物;Ag^+ 在碱性溶液中会生成 Ag_2O,影响终点判断。另外,溶液为酸性时,还可以避免多种阴离子的干扰,如 PO_4^{3-}、CO_3^{2-}。

2. 充分振摇　滴定过程中,由于 $AgSCN$ 沉淀易吸附溶液中的 Ag^+,导致溶液中 Ag^+ 浓度下降,以致终点提前出现。为防止终点提前,造成较大误差,滴定过程中应充分振摇,使吸附的 Ag^+ 释放出来。

二、返滴定法测定卤离子

（一）测定原理

该法主要用于测定 Cl^-、Br^-、I^-、SCN^- 的含量。先加入准确过量的 $AgNO_3$ 标准溶液,使卤素离子或 SCN^- 生成银盐沉淀,然后再以铁铵矾作指示剂,用 NH_4SCN 或者 KSCN 标准溶液回滴定剩余的 $AgNO_3$,以 $[Fe(SCN)]^{2+}$ 配离子红色出现为终点。反应式为:

滴定前　$Ag^+(过量)+X^- \Longrightarrow AgX\downarrow$

滴定时　$Ag^+(剩余)+SCN^- \Longrightarrow AgSCN\downarrow(白色)$

终点时　$Fe^{3+}+SCN^- \Longrightarrow [FeSCN]^{2+}(淡棕红色)$

（二）滴定条件

1. **在酸性溶液中滴定**　与直接滴定法类似,返滴定法也应在酸性溶液(HNO_3 0.1~1mol/L)中进行滴定。

2. **防止沉淀转化**　测 Cl^- 时,当滴定到达化学计量点时,应避免用力振摇,以免生成的 $[Fe(SCN)]^{2+}$ 配离子红色消失。因为溶液中同时存在 AgCl 和 AgSCN 两种沉淀,AgCl 的溶解度(1.25×10^{-5}mol/L)大于 AgSCN 的溶解度(1.1×10^{-6}mol/L),若剧烈振摇,会促使 AgCl 沉淀溶解,产生的 Ag^+ 与 SCN^- 结合,生成更稳定的 AgSCN 沉淀,发生沉淀转化。反应式为:

$$AgCl+SCN^- \Longrightarrow AgSCN\downarrow+Cl^-$$

如果发生沉淀转化,就会使溶液中的 SCN^- 的浓度降低,促使已生成的 $[Fe(SCN)]^{2+}$ 配离子分解,溶液的淡棕红色消失,导致终点推后,从而产生误差。为了避免发生这种现象,可采取下列两种措施。

（1）分离沉淀:加入过量的 $AgNO_3$ 标准溶液后,将所生成的 AgCl 沉淀过滤、并用稀 HNO_3 洗涤沉淀,洗涤液并入滤液中,再用 NH_4SCN 或 KSCN 标准溶液滴定滤液。

（2）加适当的有机溶剂:加入过量的 $AgNO_3$ 标准溶液后,在滴加 NH_4SCN 或 KSCN 标准溶液之前,可加入 1~3ml 的硝基苯或者戊醇有机溶剂,用力振摇,在 AgCl 沉淀表面形成一层有机保护层,避免了 AgCl 与 SCN^- 的接触,防止沉淀转化的发生,这样就可以直接用 NH_4SCN 滴定过量的 Ag^+。

在测定 Br^-、I^- 时,由于 AgBr 和 AgI 的溶解度均小于 AgSCN 的溶解度,不会发生沉淀转化,因此,不必采取上述措施。

3. **防止 I^- 氧化**　测定 I^- 时,由于 I^- 易被 Fe^{3+} 氧化,析出 I_2,因此,应先加入过量的 $AgNO_3$,待 I^- 完全转化成 AgI 后,再加入铁铵矾指示剂。

4. **充分振摇（除测定 Cl^- 外）**　与直接滴定法相似,为防止 AgSCN 沉淀吸附溶液中的 Ag^+,造成较大误差,滴定过程中应充分振摇。

5. **除去干扰物**　若溶液中存在能与 SCN^- 作用的物质,如强氧化剂、氮的氧化物、铜盐、汞盐等,会干扰滴定,影响测定结果,应预先除去。

三、硫氰酸铵标准溶液的配制

在沉淀滴定法中,常用的硫氰酸铵标准溶液的浓度为 0.1mol/L。市售 NH_4SCN 常含有杂质,并且极易吸湿,不符合基准物质的要求,应采用间接法配制。

（一）制备近似所需溶度的溶液

用托盘天平称取硫氰酸铵(NH_4SCN)试剂约 8g,置于洁净的烧杯中,用蒸馏水溶解完全后稀释至 1L,摇匀,待标定。

（二）标定硫氰酸铵溶液的准确浓度

通常用基准试剂硝酸银或硝酸银标准溶液来标定硫氰酸铵溶液的准确浓度(比较法)。

精密移取已标定的 $AgNO_3$ 标准溶液 20.00ml,置于锥形瓶中,加 2ml 新配制的稀 HNO_3 酸化,加铁铵矾指示剂 1ml,用 NH_4SCN 标准溶液滴定至溶液呈现淡红色为终点,记录消耗的 NH_4SCN 体积,按下式计算 NH_4SCN 标准溶液的浓度。

$$c_{NH_4SCN} = \frac{c_{AgNO_3} V_{AgNO_3}}{V_{NH_4SCN}}$$

平行标定 3 次,取平均值。

四、铁铵矾指示剂法的应用

铁铵矾指示剂法主要用于测定 Cl^-、Br^-、I^-、SCN^-、Ag^+ 的含量,由于在酸性溶液中进行测定,大多数弱酸根离子的存在不影响测定。因此,与铬酸钾指示剂法相比较,该法选择性较高。

(一)可溶性卤化物的测定

例如,KBr 含量的测定。精密称取 KBr 试样约 0.2g,置于 250ml 锥形瓶中,用 50ml 蒸馏水溶解,加 2ml 新煮沸放冷的 HNO_3,再加 $AgNO_3$ 标准溶液(0.1mol/L)25.00ml,充分振荡,加入铁铵矾指示剂 1ml,用力振摇下用 NH_4SCN 标准溶液(0.1mol/L)返滴定过量的 Ag^+,滴定至沉淀表面为淡棕红色,半分钟不褪色即为终点。

$$KBr\% = \frac{(c_{AgNO_3} V_{AgNO_3} - c_{NH_4SCN} V_{NH_4SCN}) M_{KBr} \times 10^{-3}}{m_{样品}} \times 100\%$$

(二)有机卤化物的测定

有机卤化物中卤原子与碳原子大多以共价键结合,需经过适当处理使其转化为卤素离子后,才能使用银量法测定。根据有机卤化物中卤素的结合方式不同,将有机卤素转变为无机卤素离子的常用方法有氢氧化钠水解法、氧瓶燃烧法和 Na_2CO_3 熔融法。

1. **氢氧化钠水解法**　该法适用于脂肪族卤化物或卤素结合在苯环侧链上,类似脂肪族卤化物的有机化合物,卤素原子比较活泼。将试样与氢氧化钠水溶液一起加热回流,使有机卤素以卤离子的形式进入溶液中,待溶液冷却后,再用稀 HNO_3 酸化,采用铁铵矾指示剂法测定卤素离子,该水解反应如下:

$$RCH_2-X + NaOH \xrightarrow{\triangle} RCH_2-OH + NaX$$

2. **氧瓶燃烧法**　对于结合在苯环或杂环上的有机卤素,卤素原子比较稳定,需采用氧瓶燃烧法或熔融法预处理后才能使有机卤素变为卤素离子。

氧瓶燃烧法是将样品用无灰滤纸包好,放入盛有吸收液的燃烧瓶中,充入氧气,点燃,燃烧完全后,将其充分振摇至燃烧瓶中的白色烟雾完全被吸收,再用银量法测定其含量。

例如,二氯酚含量的测定。二氯酚中的氯直接与苯环相连,比较稳定,必须将分子破坏之后才能转化为氯离子。二氯酚的结构式如下:

精密称取试样 20mg,采用氧瓶燃烧法预处理,吸收液由 10ml NaOH 溶液(0.1mol/L)与 2ml H_2O_2 混合液组成。完全反应后,将其微煮沸 10min,以便除去多余的 H_2O_2。将其冷却至室温后,再加 5ml 稀 HNO_3,25.00ml $AgNO_3$ 标准溶液(0.02mol/L),充分振摇使 Cl^- 完全沉淀后过滤,再将沉淀洗涤,并合并滤液。加入铁铵矾指示剂,采用 NH_4SCN 标准溶液(0.02mol/L)滴定滤液。

3. **Na_2CO_3 熔融法**　该法是将试样与无水碳酸钠置于坩埚中,将其混合均匀,灼烧至内容物完全灰化,冷却,加水溶解,调成酸性,用银量法测定。

第四节　吸附指示剂法

吸附指示剂法,又称法扬司法(Fajans method),是以 $AgNO_3$ 为标准溶液,采用吸附指示剂确定滴定终点,测定卤化物含量的方法。

一、吸附指示剂法的基本原理

吸附指示剂是一类有色的有机染料。当它被沉淀表面吸附后,结构发生改变从而引起颜色的变化来指示滴定终点。吸附指示剂可分为两类:一类是酸性染料,如荧光黄及其衍生物,它们是有机弱酸,解离出指示剂阴离子;另一类是碱性染料,如甲基紫、罗丹明 6G 等,它们是有机弱碱,解离出指示剂阳离子。常用的吸附指示剂,如荧光黄、二氯荧光黄、曙红等都是有机弱酸,在溶液中电离的阴离子呈现一种颜色,当其被带正电荷的沉淀胶粒吸附时,因结构改变而导致其颜色变化,从而指示滴定终点。

用 $AgNO_3$ 为标准溶液测定 Cl^- 含量时,常用荧光黄为指示剂指示终点。以此为例,讨论吸附指示剂法的基本原理。

荧光黄(HFI)是一种有机弱酸,它在水溶液中解离为 H^+ 和 FI^-,解离式如下:

$$HFIn \Longrightarrow H^+ + FIn^- (黄绿色)$$

FI^- 在水溶液中为黄绿色,在计量点以前,溶液中存在着大量的 Cl^-,AgCl 沉淀优先吸附 Cl^- 而带负电荷($AgCl \cdot Cl^-$),荧光黄阴离子 FI^- 不被吸附,溶液呈黄绿色。当滴定到达计量点后,溶液中 Cl^- 完全反应,稍过量的 $AgNO_3$ 使溶液出现过量的 Ag^+,AgCl 沉淀优先吸附 Ag^+ 而带正电荷($AgCl \cdot Ag^+$),它强烈地吸附荧光黄阴离子 FI^-。指示剂被吸附之后,结构发生了变化而呈粉红色,指示滴定终点的到达,如下式所示:

滴定前:$HFIn \Longrightarrow H^+ + FIn^- (黄绿色)$

终点前:Cl^- 过量(AgCl) $\cdot Cl^- + FIn^- (黄绿色)$

终点时,Ag^+ 稍微过量,则发生如下两个吸附现象,指示滴定终点。

$$AgCl + Ag^+ \Longrightarrow AgCl \cdot Ag^+$$
$$(AgCl) \cdot Ag^+ + FIn^- (黄绿色) \Longrightarrow (AgCl) \cdot Ag^+ \cdot FIn^- (浅红色)$$

二、吸附指示剂法的滴定条件

(一)保护沉淀呈溶胶状态

由于吸附指示剂是吸附在沉淀表面上而变色,为了使终点的颜色变得更明显,就必须使沉淀有较大表面,这就需要使 AgCl 沉淀保持溶胶状态,可加入糊精,保护胶体,防止沉淀凝聚。

(二)避免在强光下滴定

这是由于卤化银对光非常敏感,见光会分解并析出金属银,从而使沉淀变成灰黑色,影响终点观察,易造成误差。

(三)指示剂吸附性能适当

不同的指示剂离子被沉淀吸附的能力不同,在化学计量点前,胶体微粒吸附的是待测离子,为了使滴定稍过化学计量点,胶体粒子能迅速吸附指示剂阴离子而变色,要求卤化银胶体对指示剂离子的吸附能力略小于对被测离子的吸附能力。如果卤化银胶体对指示剂离子吸附的能力太弱,则终点出现太晚,会造成较大误差。反之,卤化银胶体对指示剂离子吸附的能力太强,在计量点之前,指示剂离子即取代了被吸附的被测定离子而改变颜色,使终点提前出现。卤化银胶体对卤化物和几种常见的吸附指示剂的吸附能力次序如下:

$$I^- > 二甲基二碘荧光黄 > Br^- > 曙红 > Cl^- > 荧光黄$$

因此,测定 Cl^-,应选用荧光黄,而不能选用曙红。这是由于 AgCl 沉淀对曙红的吸附力大于对 Cl^- 的吸附力,导致终点提前,从而产生误差。

(四)溶液酸度适当

吸附指示剂大多数是有机弱酸,其酸的强度均不相同,为了使指示剂充分解离,以阴离子形态存在,必须控制溶液的酸度。对于酸性较弱(K_a 较小)的指示剂,应控制溶液的酸度低一些。对于酸性较强(K_a 较大)的指示剂,可控制溶液的酸度较高些。常用吸附指示剂使用的酸度范围及颜色变化,详见表6-1。

表6-1　常用吸附指示剂

指示剂	待测离子	标准溶液	pK_a	适用的pH范围	颜色变化
荧光黄	Cl^-	$AgNO_3$	7	7~10	黄绿色→微红色
二氯荧光黄	Cl^-	$AgNO_3$	4	4~10	黄绿色→红色
曙红	Br^-、I^-、SCN^-	$AgNO_3$	2	2~10	橙色→紫红色
二甲基二碘荧光黄	I^-	$AgNO_3$		中性	橙红色→蓝红色
酚藏红	Cl^-、Br^-	$AgNO_3$		酸性	红色→蓝红色

课堂互动

采用荧光黄作指示剂($pK_a=7$),适宜的酸度范围为pH 7~10,若滴定时,溶液pH<7,能否采用荧光黄作指示剂指示终点,为什么?

(五)溶液浓度

溶液浓度不能太小,否则会导致生成沉淀过少,影响滴定终点的观察。

三、吸附指示剂法的应用

吸附指示剂法主要用于测定 Cl^-、Br^-、I^-、SCN^- 的含量。

例如,溴化钾的含量测定。精密称取 KBr 试样 0.2g,置于250ml 锥形瓶中,加 100ml 蒸馏水,溶解后加稀硝酸 5ml,曙红指示剂 10 滴,再用 $AgNO_3$ 标准溶液(0.1mol/L)滴定至出现桃红色絮状沉淀,即为终点。

学习小结

沉淀滴定法是以沉淀反应为基础的滴定分析方法,最常用的是银量法,银量法又分为铬酸钾指示剂法、铁铵矾指示剂法、吸附指示剂法,主要用于测定卤素离子、SCN^-、CN^-及 Ag^+ 的含量。

铬酸钾指示剂法是用 K_2CrO_4 作指示剂,以 $AgNO_3$ 标准溶液作滴定液,在中性或弱碱性溶液(pH 6.5~10.5)中直接测定氯化物或溴化物的滴定方法。铁铵矾指示剂法分为直接滴定法和返滴定法。直接滴定法采用 KSCN 或 NH_4SCN 为标准溶液,铁铵矾作为指示剂,测定 Ag^+ 的含量。在返滴定法中,应先加入准确过量的 $AgNO_3$ 标准溶液,使卤离子或 SCN^- 生成银盐沉淀,然后再以铁铵矾作指示剂,用 NH_4SCN 标准溶液滴定剩余的 $AgNO_3$,主要用于测定 Cl^-、Br^-、I^-、SCN^- 的含量。测定 Cl^- 含量时,应防止沉淀转化。吸附指示剂法采用 $AgNO_3$ 为标准溶液,选择吸附能力略小于被测离子的吸附指示剂确定滴定终点的银量法。可以测定 Cl^-、Br^-、I^-、SCN^- 等。

扫一扫,测一测

达标练习

一、多项选择题

1. 由于有机卤化物中卤素不是以离子形式存在,必须经过适当处理转变成卤素离子后,再用银量法测定,常用的转化方法有(　　)
　　A. NaOH 水解法　　　　　　　B. Na_2CO_3 熔融法　　　　　C. 氧瓶燃烧法
　　D. 中和法　　　　　　　　　　E. 沉淀法

2. 根据指示剂不同,银量法可分为(　　)
　　A. 铁铵矾指示剂法　　　　　　B. 吸附指示剂法　　　　　　　C. 铬酸钾指示剂法
　　D. 返滴定银量法　　　　　　　E. 直接银量法

3. 下列属于吸附指示剂法的是(　　)
　　A. 铬酸钾　　　　　　　　　　B. 曙红　　　　　　　　　　　C. 荧光黄
　　D. 酚酞　　　　　　　　　　　E. 甲基橙

4. 铬酸钾指示剂法中,下列哪种物质属于干扰物质(　　)
　　A. S^{2-}　　　　　　　　　　　B. Pb^{2+}　　　　　　　　　　C. Ba^{2+}
　　D. Fe^{3+}　　　　　　　　　　E. H^+

5. 银量法主要测定的对象是(　　)
　　A. 无机卤化物　　　　　　　　B. 有机卤化物　　　　　　　　C. 硫氰酸盐
　　D. 有机碱氢卤酸盐　　　　　　E. 金属离子含量

6. 下列滴定方法中,属于银量法的是(　　)
　　A. 铬酸钾指示剂法　　　　　　B. 铁铵矾指示剂法　　　　　　C. 吸附指示剂法
　　D. 高锰酸钾法　　　　　　　　E. 碘量法

7. 可用银量法测定的对象有(　　)
　　A. 无机卤化物　　　　　　　　B. 有机卤化物　　　　　　　　C. 硫酸盐
　　D. 硝酸盐　　　　　　　　　　E. 磷酸盐

8. 下列哪些离子是铬酸钾指示剂法的干扰离子(　　)
　　A. Ba^{2+}　　　　　　　　　　B. Cl^-　　　　　　　　　　　C. CO_3^{2-}
　　D. Na^+　　　　　　　　　　　E. H^+

9. 为了防止氯化银胶粒分解或聚沉常采用的措施有(　　)
　　A. 避光测定　　　　　　　　　B. 加入高分子化合物溶液　　　C. 加入酸
　　D. 加入碱　　　　　　　　　　E. 加热

10. 吸附指示剂法的滴定条件是(　　)
　　A. 滴定前加入糊精或淀粉保护胶体
　　B. 沉淀对指示剂阴离子的吸附能力,应稍大于对指示剂离子的吸附力
　　C. 应适当控制溶液的 pH
　　D. 溶液的浓度不能太稀
　　E. 滴定时应避免强光照射

二、辨是非题

1. 根据确定终点所使用的指示剂不同,银量法可分为铬酸钾指示剂法、铁铵矾和吸附指示剂法三种。(　　)

2. 铬酸钾指示剂法不能在中性或弱碱性溶液中测定 Cl^-。(　　)

3. 标定 $AgNO_3$ 溶液,若基准物质 NaCl 吸潮而导致纯度不高所引起试剂误差,可用空白试验校正(　　)

4. 测定 NaCl 和 Na_3PO_4 混合物中 Cl^- 时,不能采用铬酸钾指示剂法。(　　)

5. 铬酸钾指示剂法测定 Cl^- 含量,为了防止黄色的 K_2CrO_4 溶液影响终点的判断,近终点时,才能加入 K_2CrO_4 指示剂。(　　)

6. 荧光黄指示剂应在酸性溶液中使用。（　　）

7. 盛装过 $AgNO_3$ 标准溶液的滴定管不能直接用自来水洗涤。（　　）

8. 曙红指示剂可以在酸性溶液中使用。（　　）

9. 因为 K_2CrO_4 指示剂在酸性溶液中不稳定,所以铬酸钾指示剂法必须在强碱性液中测定 Cl^- 的含量。（　　）

10. 铬酸钾指示剂法也可在氨碱性溶液中测定 Cl^- 含量。（　　）

三、填空题

1. 铬酸钾指示剂法中,采用_____为标准溶液,主要用于测定_____、_____的含量。

2. 吸附指示剂法测定氯离子含量时,在荧光黄指示剂的溶液中常加入淀粉,其目的是保护_____,减少凝聚,增加_____。

3. 铬酸钾指示剂法中,如果有铵盐存在时,溶液的 pH 为_____。

4. 吸附指示剂法应避光测定,原因是_____。

5. 铬酸钾指示剂法中,指示剂用量过多,将导致终点_____,造成_____误差。

6. 铁铵矾指示剂法采用_____调节酸度,酸度控制在_____之间。

7. 铁铵矾指示剂法中的返滴定法要同时用到_____和_____两种标准溶液。

8. NH_4SCN 标准溶液采用_____配制,用基准_____标定。

四、简答题

1. 为了使终点颜色变化明显,使用吸附指示剂应注意哪些问题?

2. 为什么用铁铵矾指示剂法测定 Cl^- 时,引入误差的概率比测定 Br^- 或 I^- 时大?

3. 试讨论铬酸钾指示剂法的局限性。

4. 用铁铵矾指示剂法测定 Cl^-,没有加硝基苯,是否会引入误差,如有误差,则指出结果是偏高还是偏低。

五、计算题

1. 精密称取氯化铵试样 1.000 5g,加水溶解,用 250ml 容量瓶定容,摇匀。用移液管移取 25.00ml 上述试液于 250ml 锥形瓶中,加 25ml 蒸馏水,5%的铬酸钾指示剂 1ml,在充分振摇下,用 $AgNO_3$ 标准溶液(0.100 0mol/L)滴定至沉淀表面呈砖红色,消耗 $AgNO_3$ 标准溶液 15.00ml。计算试样中 NH_4Cl 的百分含量?

2. 临床上测定血清氯时,准确吸取 10.00ml 无蛋白血清液,加铬酸钾指示剂,用 $AgNO_3$ 标准溶液(0.100 0mol/L)进行滴定,终点时用去 10.80ml $AgNO_3$ 标准溶液,则血清试样中 Cl^- 的物质的量浓度为多少?

3. 仅含有纯 NaBr(式量为 102.9)和 NaI(式量为 149.9)的混合物 0.300 0g,用曙红做指示剂,用法扬司法测定,终点时用去 0.100 0mol/L $AgNO_3$ 标准溶液 21.05ml,计算混合物中 NaBr 和 NaI 的质量分数。

（范红艳）

第七章　配位滴定法

学习目标

1. 掌握配位滴定法的基本原理;适宜滴定条件的选择;EDTA 标准溶液和锌标准溶液的配制方法。
2. 熟悉 EDTA 及其配位特性;配合物稳定常数;酸效应;配位效应;常用的金属指示剂及其变色原理。
3. 了解配位平衡的有关计算。
4. 学会用 EDTA 标准溶液测定金属离子含量的操作技术。

　　配位滴定法是以配位反应为基础的一种滴定分析法。配位反应虽然很多,可是能满足滴定分析要求的并不多,配位滴定的配位反应必须具备以下条件:①配位反应必须完全,即生成的配合物具有足够的稳定性;②反应必须按一定的化学反应式定量地进行;③反应必须迅速,并有适当指示剂指示终点;④反应生成的配合物要溶于水。

　　能够与金属离子发生配位反应的配位剂可分为无机配位剂和有机配位剂两类。许多无机配体与金属离子形成配合物时存在逐级配合现象,且配合物稳定常数不是很大,故大多数无机配体不能用于滴定分析。

　　某些有机配位剂与金属离子发生配位反应时能满足滴定分析的条件。因为有机配位剂常含有两个以上的配位原子,与金属离子配位时形成具有环状结构且稳定性高的螯合物,其稳定常数大,大多数溶于水,配位比固定,反应完成度高,因此,在配位滴定中得到广泛应用。目前应用最多的有机配位剂是氨羧配位剂,其中,乙二胺四乙酸(简称 EDTA)的应用最为广泛。

第一节　EDTA 及其配合物

一、EDTA 的结构与性质

乙二胺四乙酸常缩写为 EDTA,其结构式如下:

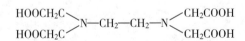

从结构上看,EDTA 是四元酸,常用 H_4Y 表示其化学式。在水溶液中,两个羧基上的氢原子结合到氮原子上,形成双偶极离子,其结构式为

$$^-OOCH_2C \underset{HOOCH_2C}{\overset{H^+}{\diagdown}} N-CH_2-CH_2-N \underset{CH_2COO^-}{\overset{H^+ \quad CH_2COOH}{\diagup}}$$

EDTA 为白色粉末状结晶,无毒无臭,在水中溶解度很小,室温下每 100ml 水仅能溶解 0.02g,水溶液呈酸性,pH = 2.3。EDTA 难溶于酸性溶液和一般有机溶剂,因此不适合用于配制标准溶液。

EDTA 二钠盐,即乙二胺四乙酸二钠($Na_2H_2Y \cdot 2H_2O$),也是白色粉末状结晶,无毒无臭,室温下每 100ml 水可溶解 11.1g,其饱和溶液浓度约为 0.3mol/L,水溶液的 pH 约为 4.7。若溶液 pH 偏低,可采用 NaOH 调节至 pH 为 5 左右再进行滴定分析。EDTA 二钠盐通常也称为 EDTA。

二、EDTA 在水中的解离

EDTA 在水中的存在形式与溶液的 pH 密切相关。在酸度较高的溶液中,EDTA 双偶极离子的两个羧酸根可再接受两个 H 形成 H_6Y^{2+},这样,它就相当于一个六元酸,有六级离解关系,可用下列简式表示:

$$H_6Y^{2+} \underset{+H^+}{\overset{-H^+}{\rightleftharpoons}} H_5Y^+ \underset{+H^+}{\overset{-H^+}{\rightleftharpoons}} H_4Y \underset{+H^+}{\overset{-H^+}{\rightleftharpoons}} H_3Y^- \underset{+H^+}{\overset{-H^+}{\rightleftharpoons}} H_2Y^{2-} \underset{+H^+}{\overset{-H^+}{\rightleftharpoons}} HY^{3-} \underset{+H^+}{\overset{-H^+}{\rightleftharpoons}} Y^{4-}$$

在水溶液中,EDTA 同时以 H_6Y^{2+}、H_5Y^+、H_4Y、H_3Y^-、H_2Y^{2-}、HY^{3-}、Y^{4-} 七种形式存在。但 EDTA 的主要存在形式随着溶液 pH 的不同而不同,见表 7-1。

表 7-1　溶液 pH 与 EDTA 的主要存在形式

pH 范围	<1	1~1.6	1.6~2.0	2.0~2.67	2.67~6.16	6.16~10.26	>10.26
EDTA 形式	H_6Y^{2+}	H_5Y^+	H_4Y	H_3Y^-	H_2Y^{2-}	HY^{3-}	Y^{4-}

在 EDTA 的七种存在形式中,只有 Y^{4-} 才能与金属离子直接生成稳定的配合物,即称为 EDTA 的有效离子。从表 7-1 中可知,当溶液 pH>10.26 时,EDTA 主要是以有效离子存在,因此 EDTA 在碱性溶液中与金属离子的配位能力较强。

三、EDTA 与金属离子配位反应的特点

(一)配合物稳定

从 EDTA 的 Y^{4-} 形式可以看出,结构中有 6 个可与金属离子形成配位的原子,因此,EDTA 金属离子形成的螯合物具有五元环,稳定性很高。

(二)计量关系简单

一般情况下,EDTA 与大多数金属离子反应的配位比都为 1:1,而与金属离子的价态无关。

(三)配位反应速度快

除了少数金属离子外,EDTA 与大多数金属离子形成的配合物的稳定性很高,所以反应都能迅速完成。

(四)配合物的颜色易判断

EDTA 与无色金属离子形成的配合物仍为无色,如 ZnY^{2-}、CaY^{2-}、MgY^{2-} 等;而与有色金属离子形成的配合物则颜色加深,例如:

CuY^{2-}	NiY^{2-}	CoY^{2-}	MnY^{2-}	CrY^-	FeY^-
深蓝	蓝色	紫红	紫红	深紫	黄

第二节　配 位 平 衡

一、配合物的稳定常数

EDTA 与多数金属离子形成配位比为 1:1 的配合物,为方便讨论,略去电荷,以 M 表示金属离子,

以 Y 表示 EDTA 的 Y^{4-} 离子,其反应式为:

$$M+Y \rightleftharpoons MY$$

当反应达到平衡后,平衡常数 K 常以稳定常数 $K_{稳}$ 或 K_{MY} 来表示

$$K_{MY} = \frac{[MY]}{[M][Y]} \qquad (7-1)$$

金属离子和 EDTA 生成配合物的稳定性大小,可以用它们的 K_{MY} 来衡量,常称之为 $K_{稳}$,$K_{稳}$ 又称绝对稳定常数。$K_{稳}$ 越大,表示生成配合物的倾向越大,解离倾向越小,配合物就越稳定;反之亦然。EDTA 与常见金属离子在 0.1mol/L KCl 溶液中形成的配合物的稳定性见表 7-2。

表 7-2 常见金属离子与 EDTA 形成配合物的 $\lg K_{MY}$(25℃)

金属离子	$\lg K_{MY}$	金属离子	$\lg K_{MY}$	金属离子	$\lg K_{MY}$
Ag^+	7.32	Al^{3+}	16.3	Cu^{2+}	18.80
Ba^{2+}	7.86	Co^{2+}	16.31	Hg^{2+}	21.70
Mg^{2+}	8.64	Cd^{2+}	16.46	Cr^{3+}	23.40
Be^{2+}	9.20	Zn^{2+}	16.50	Fe^{3+}	25.10
Ca^{2+}	10.69	Pb^{2+}	18.04	Bi^{3+}	27.80
Mn^{2+}	13.87	Sn^{2+}	18.30	Sn^{4+}	34.5
Fe^{2+}	14.33	Ni^{2+}	18.62	Co^{3+}	41.4

由表 7-2 可以看出,EDTA 能与大多数金属离子形成稳定的配合物。在无外界因素影响时,可用 K_{MY} 的大小来判断配位反应完成的程度,但在配位滴定中 M 和 Y 的反应常受到其他因素的影响。

二、副反应与副反应系数

在滴定体系中,被测金属离子 M 与标准溶液 Y 生成 MY 的反应是主反应,溶液中调节酸度加入的缓冲溶液(L),消除干扰离子加入的掩蔽剂(L)及溶液中的 H^+、OH^- 和其他金属离子(N)等,常会和 M、Y 及 MY 发生副反应,称为副反应。

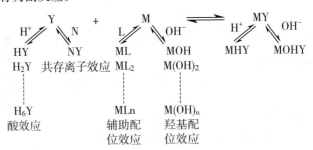

各种副反应都能影响主反应进行的程度和配合物 MY 的稳定性。为了定量表示副反应对主反应的影响程度,引入副反应系数 α 的概念,下面着重讨论两种副反应。

(一)酸效应及酸效应系数

M 与 Y 进行配位反应时,如果 $[H^+]$ 过高,溶液中的 H^+ 也会与 Y 结合,使 Y 称为其他存在形式,导致 Y 参加主反应的能力降低。这种因 H^+ 引起的副反应称为酸效应。酸效应影响程度的大小用酸效应系数 $\alpha_{Y(H)}$ 衡量。

$$\alpha_{Y(H)} = \frac{[Y']}{[Y]} \qquad (7-2)$$

式 7-2 中,$[Y']$ 为 EDTA 的总浓度,即一定条件下 EDTA 的各种存在形式的浓度之和;$[Y]$ 为 EDTA

在一定条件下负四价离子（Y^{4-}）的浓度。

$\alpha_{Y(H)}$ 越大，酸效应对主反应进行的影响程度也越大。通常酸效应系数 $\alpha_{Y(H)}$ 随着溶液 pH 减小而增大。

当 $\alpha_{Y(H)} = 1$ 时，表示[Y]=[Y']，此时溶液中 EDTA 都以 Y^{4-} 形式存在，配位能力最强。如果溶液酸性较强，则 H^+ 结合了一部分的 Y^{4-}，使酸效应系数 $\alpha_{Y(H)}$ 大于1，表明 EDTA 与金属离子反应的能力减少了。表 7-3 列出了 EDTA 在各种 pH 时的酸效应系数。

表 7-3 EDTA 在各种 pH 时的酸效应系数

pH	$\lg\alpha_{Y(H)}$	pH	$\lg\alpha_{Y(H)}$	pH	$\lg\alpha_{Y(H)}$
0.0	23.64	4.5	7.44	9.0	1.28
0.5	20.75	5.0	6.45	9.5	0.83
1.0	18.01	5.5	5.51	10.0	0.45
1.5	15.55	6.0	4.65	10.5	0.20
2.0	13.8	6.5	3.92	11.0	0.07
2.5	11.90	7.0	3.32	11.5	0.02
3.0	10.60	7.5	2.78	12.0	0.01
3.5	9.48	8.0	2.27	13.0	0.00
4.0	8.44	8.5	1.77	14.0	0.00

（二）配位效应及配位效应系数

如果溶液中存在其他配位剂 L，就可以和金属离子 M 形成 ML，使金属离子参加主反应的能力降低，这种由于其他配位剂 L 引起的副反应称为配位效应。配位效应对主反应影响程度的大小，用配位效应系数 $\alpha_{M(L)}$ 来衡量。

$$\alpha_{M(L)} = \frac{[M']}{[M]} \tag{7-3}$$

式 7-3 中，[M']为金属离子的总浓度，即一定条件下待测金属离子的各种存在形式的浓度之和，即[M']=[M]+[ML]+[ML_2]+⋯+[ML_n]；[M]为参与主反应的游离金属离子的浓度。

$\alpha_{M(L)}$ 越大，表明其他配位剂 L 对主反应的影响越大。

三、配合物的条件稳定常数

金属离子与 EDTA 的反应（主反应），在没有副反应发生时，可以用稳定常数 $K_稳$ 或 K_{MY} 来判断配位反应完成的程度。在实际滴定条件下，必须考虑副反应的影响，所以，用条件稳定常数 $K'_稳$ 或 K'_{MY} 来判断配位反应实际进行的程度。

$$K'_{MY} = \frac{[MY']}{[M'][Y']} \tag{7-4}$$

若只考虑 M 与 Y 的副反应，不考虑 MY 的副反应，将式 7-2 和式 7-3 代入式 7-4 得：

$$K'_{MY} = \frac{K_{MY}}{\alpha_{M(L)} \cdot \alpha_{Y(H)}} \tag{7-5}$$

从式 7-5 可以看出，在一定条件下，副反应系数 α 均为定值，K'_{MY} 也为定值，故称条件稳定常数。因为 $\alpha \geqslant 1$，所以条件稳定常数 K'_{MY} 小于稳定常数 K_{MY}。用 K'_{MY} 表示在一定条件下有副反应发生时主反应进行的程度，更具有实际意义。

对式 7-5 取对数并整理得：

73

$$\lg K'_{MY} = \lg K_{MY} - \lg \alpha_{Y(H)} - \lg \alpha_{M(L)}$$ (7-6)

如果溶液中没有其他配位剂,则可以忽略配位效应,式7-6可以简化为:

$$\lg K'_{MY} = \lg K_{MY} - \lg \alpha_{Y(H)}$$ (7-7)

例 7-1 如果忽略配位效应,试计算 pH = 2.0 和 pH = 5.0 时,EDTA 与 Zn^{2+} 发生配位反应的条件稳定常数 K'_{ZnY} 的值。

解:查表 7-2 得:$\lg K_{ZnY} = 16.50$

表 7-3 得:pH = 2.0 时,$\lg \alpha_{Y(H)} = 13.8$;pH = 2.0 时,$\lg \alpha_{Y(H)} = 6.45$

所以,pH = 2.0 时,$\lg K'_{ZnY} = 16.50 - 13.8 = 2.7$

pH = 5.0 时,$\lg K'_{ZnY} = 16.50 - 6.45 = 10.05$

计算结果表明,EDTA-Zn 的稳定性,在 pH = 5.0 的溶液中比在 pH = 2.0 的溶液中高得多。因此,在进行 EDTA 滴定时,要得到准确的分析结果,必须根据测定对象选择适当的酸度条件。

四、配位滴定条件的选择

滴定分析要求滴定误差 ≤ 0.1%,在 EDTA 滴定中,[M]、[Y]、[MY] 的浓度都是 10^{-2} 数量级,因此,滴定终点 [M] = [Y] ≈ 0.1% × 10^{-2} = 10^{-5} mol/L,则:

$$\lg K'_{MY} = \lg \frac{[MY]}{[M][Y]} = 8$$ (7-8)

这就是说,在 EDTA 滴定中,应控制适当的条件,当满足 $\lg K'_{MY} \geq 8$ 时,才能提高配位滴定的选择性,减少或排除干扰离子的影响。

(一)酸度条件的选择

在配位滴定中,如果不考虑溶液中其他的副反应,被测金属离子的 K'_{MY} 主要取决于溶液的酸度。酸度过高,$\alpha_{Y(H)}$ 较大,K'_{MY} 较小,不能准确滴定。酸度过低时,$\alpha_{Y(H)}$ 较小,K'_{MY} 较大,有利于滴定,但金属离子易水解,因此,必须控制溶液的酸度。

1. **溶液的最高酸度(最小 pH)** 根据式 7-7 和式 7-8 可知:

$$\lg \alpha_{Y(H)} = \lg K_{MY} - 8$$ (7-9)

再查表 7-3 得到相应的 pH,这个 pH 就是滴定该金属离子的最高酸度(最小 pH)。

例 7-2 用 0.020mol/L 的 EDTA 溶液滴定 mol/L 的 Zn^{2+} 时,试计算溶液的最低 pH。

解:查表 7-2 可知 $\lg K_{ZnY} = 16.50$。

根据式 7-9 可知,$\lg \alpha_{Y(H)} = \lg K_{ZnY} - 8 = 16.50 - 8 = 8.5$。

从表 7-3 查得,当 $\lg \alpha_{Y(H)}$ 为 8.5 时,对应的 pH 约为 4.0,即此时溶液最低的 pH 为 4.0 左右。

必须指出,通常实际滴定时所采用的 pH 要比最低 pH 大一些,这样可以使金属离子 M 配位更完全。

2. **溶液的最低酸度(最大 pH)** 滴定时,溶液的最低酸度可由金属离子生成氢氧化物沉淀的溶度积 K_{sp} 求得,如果 $M(OH)_n$ 的溶度积为 K_{sp},为防止生成 $M(OH)_n$ 沉淀,必须满足:

$$[OH^-] \leq \sqrt[n]{\frac{K_{sp}}{c_M}}$$ (7-10)

根据式 7-10 计算出 [OH^-],再由水的离子积常数求出最低酸度(最大 pH)。

试述溶度积和离子积的概念。

配位滴定应控制在最高酸度和最低酸度之间进行,此酸度范围称为配位滴定的适宜酸度范围。

每一种金属离子用 EDTA 滴定时都有相应的适宜酸度范围,可用控制 pH 的办法,使一种离子形成稳定的配合物而其他离子不易生成,从而提高配位滴定的选择性。例如,Fe^{3+} 和 Mg^{2+} 共存时,先调节溶液 pH 约为 5,用 EDTA 滴定 Fe^{3+},此时 Mg^{2+} 不干扰。当 Fe^{3+} 滴定完全以后,再调节溶液的 pH 约为 10,继续用 EDTA 滴定 Mg^{2+}。

配位滴定不仅在滴定前要调节好溶液的酸度,而且整个滴定过程中都应控制溶液的 pH。因此,在配位滴定时常加入一定量的缓冲溶液以保持滴定体系的 pH 基本不变。

（二）干扰离子的控制

1. 掩蔽作用　在配位滴定中,如果采取调节 pH 的方法不能完全消除干扰离子的影响,则加入一种试剂与干扰离子发生反应,使干扰离子不和 EDTA 进行配位,这种控制干扰离子的方法称为掩蔽作用。所用试剂称为掩蔽剂。常用的方法有配位掩蔽法、沉淀掩蔽法和氧化还原掩蔽法。

配位掩蔽法是利用配位反应来降低溶液中干扰离子浓度的一种方法,是目前应用最广泛的掩蔽法之一。例如,用 EDTA 测定水中的 Ca^{2+}、Mg^{2+},存在 Fe^{3+}、Al^{3+} 等干扰离子。可在水中加入三乙醇胺作为掩蔽剂,三乙醇胺可以和 Fe^{3+}、Al^{3+} 形成稳定的配合物,而不与 Ca^{2+}、Mg^{2+} 形成配合物,这样就可以消除 Fe^{3+}、Al^{3+} 对滴定的干扰。同时必须注意,滴定的适宜 pH 范围是 $10 \sim 12$,而碱性溶液容易使 Fe^{3+}、Al^{3+} 出现沉淀,所以先要在酸性溶液中加入三乙醇胺,再将 pH 调至 $10 \sim 12$ 来测定 Ca^{2+} 和 Mg^{2+}。

沉淀掩蔽法是利用沉淀反应降低干扰离子浓度,以消除干扰的一种方法。例如,在 Ca^{2+}、Mg^{2+} 共存的溶液中测定 Ca^{2+},可加入 NaOH 将溶液的 pH 调节至大于 12,此时 Mg^{2+} 生成了 $Mg(OH)_2$ 沉淀,这样就不会干扰 EDTA 对 Ca^{2+} 的测定。但是,沉淀掩蔽法存在缺点较多,如有些沉淀反应进行得不完全,掩蔽效率不高;有时候会出现"共沉淀现象",即不论被测定金属离子还是干扰离子都发生了沉淀反应,从而影响测定的准确度;沉淀有颜色或生成的量较多,也会干扰对滴定终点的判断,所以,沉淀掩蔽法的应用价值不是很大。

氧化还原掩蔽法是利用氧化还原反应来改变干扰离子的价态,从而消除干扰的方法。例如,Fe^{3+} 与 EDTA 形成的配合物要比 Fe^{2+} 与 EDTA 形成的配合物稳定得多。在 $pH = 1$ 时测定 Bi^{3+},为了消除 Fe^{3+} 的干扰,可加入适当的还原剂(羟胺或维生素 C 等)将 Fe^{3+} 还原成 Fe^{2+},从而消除干扰。氧化还原掩蔽法只适用于那些易发生氧化还原反应的金属离子,且干扰离子改变价态之后不干扰主反应。所以,氧化还原掩蔽法只适用于少数金属离子的测定。

2. 解蔽作用　将干扰离子掩蔽以滴定待测离子后,再加入一种试剂,使被掩蔽的离子重新释放出来,再进行滴定,这种方法称为解蔽作用。所用试剂称为解蔽剂。常用的解蔽剂有甲醛、苦杏仁酸和氟化物等。例如,在 Zn^{2+}、Mg^{2+} 共存的溶液中测定 Mg^{2+} 和 Zn^{2+} 的含量时,可在氨性溶液中加入 KCN(剧毒)使 Zn^{2+} 以 $[Zn(CN)_4]^{2-}$ 的形式被掩蔽起来,在 $pH = 10$ 时,以铬黑 T 作指示剂直接用 EDTA 测定 Mg^{2+} 的含量。之后,在滴定过 Mg^{2+} 的溶液中加入甲醛作为解蔽剂,使 Zn^{2+} 从 $[Zn(CN)_4]^{2-}$ 释放出来,再用 EDTA 测定 Zn^{2+} 的含量。

第三节　金属指示剂

在配位滴定过程中,为了指示滴定终点,通常要加入一种配位剂,使之能够和金属离子形成与其自身颜色有很大区别的配合物。这种配位剂称为金属指示剂(一般用 In 表示)。常用的金属指示剂有铬黑 T(EBT)、钙指示剂(NN)、二甲酚橙(XO)和 α-砒啶偶氮-β-萘酚(PAN)等。

一、金属指示剂的作用原理

（一）金属指示剂的变色原理

金属指示剂通常是有颜色的有机染料,也是一种配位剂(用 In 表示金属指示剂的配位基团),能与某些金属离子反应,生成与其本身颜色显著不同的配合物 MIn,当恰好达到化学计量点时,再加入 EDTA 就会夺取 MIn 配合物当中的金属离子,使金属指示剂游离出来,显示出它自身的颜色,指示达到滴定终点。

在滴定前加入金属指示剂,则 In 与待测金属离子 M 有如下反应(省略电荷):

$$M+In(甲色) \Longrightarrow MIn(乙色)$$

这时溶液呈 MIn(乙色)的颜色。当滴入 EDTA 溶液后,Y 先与游离的 M 发生反应,在化学计量点附近,Y 夺取 MIn 中的 M,使指示剂 In 游离出来,溶液由乙色变为甲色,指示滴定终点的到达。

滴定时　$M+Y \Longrightarrow MY$

终点时　$MIn(乙色)+Y \Longrightarrow MY+In(甲色)$

例如,在 pH$\approx$10 的溶液中,指示剂铬黑 T 呈纯蓝色,它与 Mg^{2+} 的配合物($MgIn^-$)的颜色呈酒红色。滴定开始前加入指示剂铬黑 T,溶液呈酒红色。

$$Mg^{2+}+EBT(纯蓝色) \Longrightarrow Mg^{2+}-EBT(酒红色)$$

用 EDTA 标准溶液滴定,溶液的颜色保持不变。当临近化学计量点时,溶液中游离的 Mg^{2+} 已基本反应完全,再加入 EDTA,EDTA 夺取 $Mg^{2+}-EBT$ 当中的 Mg^{2+},将 EBT 游离出来,溶液由呈酒红色变为纯蓝色,指示滴定终点。

(二)金属指示剂应具备的条件

金属指示剂必须具备以下条件:

1. 色差明显　指示剂本身的颜色必须和它与金属离子形成配合物的颜色有明显的差别。

2. 稳定性适当　金属离子-金属指示剂配合物的稳定性要适当,不能过高也不能过低。过高即该配离子太稳定,不利于 EDTA 标准溶液在化学计量点后夺取金属离子,导致滴定终点延后;过低即配离子稳定性差,会使终点提前。所以要求金属离子-金属指示剂配合物既要有足够的稳定性,又要比 MY 的稳定性低。一般要求 $K'_{MIn} \geqslant 10^4$,且 $K'_{MY}/K'_{MIn} \geqslant 10^2$。

3. 选择性好　在一定条件下仅能指示一种或者几种金属离子。同时在符合上述要求的前提下,改变滴定条件又可以指示其他的金属离子,这就要求具有一定的广泛性,主要是为了避免加入多种指示剂而发生颜色上的干扰。

4. 变色敏锐　指示剂与金属离子的显色反应必须灵敏、迅速,并且有良好的可逆行。

5. 性质稳定　金属指示剂比较稳定,不易氧化或分解,便于贮存和使用。

(三)金属指示剂的选择

在化学计量点附近,被滴定的金属离子 pM 值会发生突跃,这就要求金属指示剂必须在 pM 值发生突跃的范围内发生颜色变化,并且指示剂变色的 pM 值越接近真实的 pM 越好,避免引起较大的终点误差。

由于金属指示剂大多数都是有机弱酸,同时还需要考虑溶液酸度对金属指示剂颜色的影响,还要考虑金属离子的副反应(羟基配位和辅助配位反应)等。所以,实际操作中多采用实验的方法来选择金属指示剂,即分别实验金属指示剂在滴定终点时颜色变化是否敏锐和滴定结果是否准确,来确定选择何种指示剂。

(四)使用金属指示剂应注意的问题

1. 封闭现象　有些金属指示剂可以和金属离子形成极稳定的配合物,出现 $lgK_{MIn} > lgK_{MY}$ 则达到化学计量点时,EDTA 不足以将这些配合物中的金属离子夺取出来,导致滴定终点不出现颜色变化,这种现象叫做金属指示剂的封闭现象。

例如,铬黑 T 可以和 Fe^{3+}、Al^{3+}、Cu^{2+} 等形成非常稳定的配合物,用 EDTA 滴定上述离子时就不能用铬黑 T 作金属指示剂,否则会出现封闭现象。

消除封闭现象的方法是加入某种试剂,使其只与发生封闭现象的金属离子反应生成更稳定的配合物,而不与被测金属离子作用,从而消除了封闭现象的干扰。

2. 僵化现象　有些金属指示剂本身与金属离子形成配合物 MIn 的溶解度很小,使滴定终点时颜色变化不明显;还有些 MIn 的稳定性只稍小于 MY 的稳定性,因而使 EDTA 与 MIn 之间的反应缓慢,滴定终点延后,这种现象称为僵化现象。这时可加入适当的有机溶剂或加热,来增大其溶解度。

3. 氧化变质现象　金属指示剂通常都是具有很多双键的有机化合物,在日光、空气下易被氧化,还有些指示剂在水中不够稳定,日久会发生变质,所以,常配成固体配合物或加入具有还原性的物质来配制溶液。为此在配制铬黑T时,应加入盐酸羟胺等还原剂保持稳定。

二、常用的金属指示剂

(一)铬黑T

铬黑T是一种偶氮萘染料,简称EBT,在水溶液存在下列平衡:

$$pK_{a2} = 6.3 \qquad\qquad pK_{a3} = 11.6$$

$$\underset{\text{紫红色}}{H_2In^-} \qquad \underset{\text{蓝色}}{HIn^{2-}} \qquad \underset{\text{橙色}}{In^{3-}}$$

因此,pH<6.3时,铬黑T在水溶液中呈紫红色;pH>11.6时铬黑T呈橙色,而铬黑T与金属离子形成的配合物颜色为酒红色,所以只有在pH为8~11范围内使用,溶液由酒红色变为纯蓝色为滴定终点。实验表明,铬黑T最适宜的pH范围是9~10.5。

干燥的铬黑T固体相当稳定,但其水溶液不稳定,仅能保存几天,所以,常将铬黑T与干燥的NaCl以1:100的比例混合磨细后,保存于干燥器中备用,用时取火柴头大小即可。

若仅在短时间内使用,也可以称取铬黑T 0.1g,溶于15ml三乙醇胺中,加入5ml无水乙醇混匀。

知识链接

铬黑T常用于EDTA直接滴定Ca^{2+}、Mg^{2+}、Zn^{2+}、Pb^{2+}、Hg^{2+}等,终点时溶液由酒红色变为蓝色。而Al^{3+}、Fe^{3+}、Cu^{2+}、Co^{2+}、Ni^{2+}等,与铬黑T反应有封闭作用,可用三乙醇胺来掩蔽Al^{3+}和Fe^{3+},用KCN来掩蔽Cu^{2+}、Co^{2+}、Ni^{2+}。

(二)二甲酚橙

二甲酚橙简称XO,易溶于水,常配成0.3%~0.5%的水溶液,可保存2~3周。它在pH<6.3时呈黄色,pH>6.3时呈红色,与金属离子的配合物呈红紫色。说以,二甲酚橙只能在pH<6.3的酸性溶液中使用,可作为EDTA直接滴定Bi^{3+}、Pb^{2+}、Zn^{2+}、Cd^{2+}、Hg^{2+}等离子的指示剂,终点时溶液由红紫色变为亮黄色。

(三)钙指示剂

钙指示剂又名铬蓝黑R、钙紫红素,简称NN,在pH=12~13的条件下,能与Ca^{2+}形成酒红色的配合物,终点时溶液由酒红色变为蓝色。

钙指示剂在水溶液和乙醇溶液中都不稳定,一般配成固体试剂使用。

常用的金属指示剂及其应用见表7-4。

表7-4 常用金属指示剂

指示剂	pH使用范围	颜色变化		直接滴定离子	封闭离子	掩蔽剂
		In	MIn			
铬黑T(EBT)	7~10	纯蓝	酒红	Mg^{2+}、Zn^{2+}、Cd^{2+}、Pb^{2+}、Mn^{2+}、稀土元素离子	Al^{3+}、Fe^{3+}、Cu^{2+}、Co^{2+}、Ni^{2+}等	三乙胺醇 NH_3F
二甲酚橙(XO)	<6	亮黄	红紫	pH<1:ZrO^{2+} pH 1~3:Bi^{3+}、Th^{4+} pH 5~6:Zn^{2+}、Pb^{2+}、Cd^{2+}、Hg^{2+}、稀土元素离子	Al^{3+}、Fe^{3+}、Cu^{2+}、Co^{2+}、Ni^{2+}等	NH_3F 邻二氮菲
钙指示剂(NN)	12~13	纯蓝	酒红	Ca^{2+}	Al^{3+}、Fe^{3+}、Cu^{2+}、Co^{2+}、Ni^{2+}等	与铬黑T相似

第四节　标准溶液的配制

一、EDTA 标准溶液的配制

常用二水乙二胺四乙酸二钠（$C_{10}H_{14}N_2Na_2O_4 \cdot 2H_2O$，式量为 372.24）配制 EDTA 标准溶液，实验室一般采用间接法配制，即先制备近似浓度的溶液，再用基准物质标定。标定 EDTA 标准溶液时，可用纯锌、铜或氧化锌、碳酸钙等作基准物质，用 $NH_3 \cdot H_2O$-NH_4Cl 缓冲液维持酸度，用铬黑 T 作指示剂。

例如，配制 0.05mol/L EDTA 滴定液。先取二水乙二胺四乙酸二钠 19g，加适量的蒸馏水使溶解成 1 000ml，摇匀，贮存于硬质玻璃瓶或聚乙烯瓶中待标定。然后，用基准氧化锌标定 EDTA 标准溶液的准确浓度。

精密称取 800℃ 灼烧至恒重的基准氧化锌 0.12g，加稀盐酸 3ml 使之溶解，再加水 25ml，加 0.025% 甲基红的乙醇溶液 1 滴，滴加氨试液至溶液显微黄色，加水 25ml，加氨-氯化铵缓冲溶液（pH = 10）10ml，再加入少量铬黑 T 作指示剂，用 EDTA 标准溶液滴定至溶液由紫色变为纯蓝色终点。根据 EDTA 溶液的消耗量与氧化锌的取用量，即可算出 EDTA 滴定液的浓度。

$$c_{EDTA} = \frac{m_{ZnO}}{V_{EDTA} \times M_{ZnO}} \times 1\,000 \tag{7-11}$$

二、锌标准溶液的配制

如果有基准锌（使用前须除去表面的氧化锌），就可以用直接法配制锌标准溶液。如果没有基准锌，则用间接法配制锌标准溶液。例如，配制 0.050 00mol/L 锌标准溶液，具体操作如下。

（一）直接法配制锌标准溶液

精密称取新制备的纯锌 3.269 0g，加 1：1 盐酸 20ml，置于水浴上加热溶解，冷却后定量转入 1 000ml 容量瓶中，加水稀释至刻度，摇匀即得 0.050 00mol/L 的锌标准溶液。

$$c_{EDTA} = \frac{m_{ZnO}}{M_{ZnO}} \tag{7-12}$$

（二）间接法配制锌标准溶液

先制备近似浓度的锌溶液，再用比较法进行标定。

称取分析纯硫酸锌（$ZnSO_4 \cdot 7H_2O$）15g，加稀盐酸 10ml 与适量水使之溶解，再加水至 1 000ml，摇匀待标定。

精密移取待标定的锌标准溶液 25.00ml，加 0.025% 甲基红的乙醇溶液 1 滴，滴加氨试液至溶液显微黄色，加水 25ml 和氨-氯化铵缓冲溶液（pH = 10.0）10ml，加铬黑 T 指示剂适量，用 EDTA 标准溶液（0.050 0mol/L）滴定至溶液由紫色变成蓝色，将滴定结果用空白试验校正。根据 EDTA 滴定剂的消耗量，即可计算得到锌滴定液的浓度。

$$c_{Zn} = \frac{c_{EDTA} V_{EDTA}}{25.00} \tag{7-13}$$

第五节　配位滴定法的应用

配位滴定法在医学检验和药物分析中的应用非常广泛，可在水质分析中测定水的硬度，在食品分析中测定钙的含量；可测定含金属离子各类药物的含量。如含钙药物，含锌药物，含镁的药物，含铝药物，含铋的药物等。就滴定方式而言，有直接滴定法、间接滴定法，包括返滴定法和置换滴定法等。

一、直接滴定法

直接滴定法是配位滴定中最常见的一种滴定方式。只要配位反应符合滴定分析的要求,有合适的金属指示剂,都应当尽量采用直接滴定法,这样可以减小误差,并且简便、快捷。水中 Ca^{2+}、Mg^{2+}(水的总硬度)可以用直接滴定法进行滴定分析。

二、间接滴定法

有些离子由于不能和 EDTA 进行配位或者与 EDTA 生成的配合物不稳定,这时可以采用间接滴定的方法。

(一)返滴定法

当待测金属离子不宜用直接滴定法测定时,如待测离子与 EDTA 配合反应速率慢,或用直接滴定法无适当指示剂等,可采用返滴定法,如测定 Al^{3+}、Cr^{3+} 等。

因铝盐与 EDTA 的反应速率慢,不能采用 EDTA 直接测定,可采用返滴定法进行测定。先在铝盐试液中加入过量而又定量的 EDTA,加热煮沸几分钟,待配位反应完全后,再加入二甲酚橙指示剂,用锌标准溶液回滴剩余的 EDTA。滴定过程中的反应为(省略电荷):

滴定前:Al+Y(过量)= AlY

滴定时:Y(剩余)+Zn=ZnY

终点时:Zn+In(黄色)= ZnIn(紫红色)

(二)置换滴定法

利用置换反应,置换出与被测物质有确定的物质的量关系的另一种金属离子(或 EDTA),然后进行滴定,这就是置换滴定法。

1. 置换出金属离子　例如,Ag^+ 不能用 EDTA 标准溶液直接滴定,因为形成的配合物不稳定($\lg K_{AgY} = 7.32$)。所以,滴定时将被测溶液加到过量的 $Ni(CN)_4^{2-}$ 溶液当中,Ag^+ 可以定量地置换出 Ni^{2+},然后在 $pH = 10.0$ 的氨溶液中,加入紫脲酸胺作为金属指示剂,用 EDTA 滴定置换出来的 Ni^{2+},从而间接得到 Ag^+ 的含量。

2. 置换出 EDTA　例如,测定锡青铜中的 Sn^{4+},可先定量加入过量的 EDTA 将可能存在的 Pb^{2+}、Cu^{2+}、Zn^{2+} 和 Sn^{4+} 反应,生成稳定的配合物,接着用锌标准溶滴定过量的 EDTA。然后再加入 NH_4F 选择性地将 SnY 中的 EDTA 释放出来,最后用锌标准溶液滴定释放出来的 EDTA,从而计算出待测 Sn^{4+} 的含量。

学习小结

本章主要介绍了配位滴定法的基本原理、适宜滴定条件的选择、指示剂的变色原理、EDTA 标准溶液和锌标准溶液的配制方法。还介绍了 EDTA 及其配位特性、配合物的稳定常数和条件稳定常数、酸效应、配位效应、常用的金属指示剂及其变色原理和配位滴定法的应用。

扫一扫,测一测

达标练习

一、多项选择题

1. 在 EDTA 滴定中,能降低配合物 MY 稳定性的因素是(　　)
   A. M 的水解效应　　　　B. EDTA 的酸效应　　　C. M 的其他配位效应
   D. pH 的缓冲效应　　　　E. 以上都正确

2. 在 EDTA(Y)配位滴定中,金属离子指示剂(In)的应用条件是(　　)
   A. In 与 MY 应有相同的颜色
   B. n 与 MIn 的颜色应有显著不同
   C. In 与 MIn 应都能溶于水
   D. MIn 应有足够的稳定性,且 K′MIn>K′MY
   E. MIn 应有足够的稳定性,且 K′MIn 略小于 K′MY

3. EDTA 的副反应有(　　)
   A. 配位效应　　　　　　B. 水解效应　　　　　　C. 共存离子效应
   D. 酸效应　　　　　　　E. 以上全正确

4. EDTA 与金属离子配位反应的特点是(　　)
   A. 配位比为 1∶1　　　　B. 易溶于水　　　　　　C. 不需要指示剂
   D. 配合物的颜色易于判断　　E. 配合物稳定性大

5. 测定铝盐类药物时,不能使用(　　)
   A. EDTA 滴定法　　　　B. 碘量法　　　　　　　C. 银量法
   D. 配位滴定法　　　　　E. 酸碱滴定法

二、辨是非题

1. 氨羧配位体有氨氮和羧氧两种配位原子,能与金属离子 1∶1 形成稳定的可溶性配合物。(　　)

2. 当 EDTA 溶解于酸度较高的溶液中时,它就相当于六元酸。(　　)

3. 通常情况下,配位反应都能用于滴定分析。(　　)

4. 溶液的 pH 愈小,金属离子与 EDTA 配位反应能力愈低。(　　)

5. 乙二胺四乙酸(EDTA)是一种四元酸,它在水溶液中有七种存在形式。(　　)

6. EDTA 酸效应系数 $\alpha_{Y(H)}$ 随溶液 pH 变化而变化;pH 低,则 $\alpha_{Y(H)}$ 值高,对配位滴定有利。(　　)

三、填空题

1. 在配位滴定法中,如果酸效应系数等于 1,则表示 EDTA 的总浓度[Y′] = _____。已知在 pH = 6.0 时,$\lg_{\alpha_{Y(H)}}$ = 4.65,lgK′MY 13.79,则 lgK′MY 应等于_____。

2. EDTA 的化学名称为_____,在 EDTA 分子中,可与金属离子配位的原子是_____个_____和_____个_____配位原子。

3. 在水溶液中,EDTA 总是以_____ 7 种形式存在,能与金属离子生成稳定配合物的仅有_____一种。

4. 在弱碱性溶液中用 EDTA 滴定 Zn^{2+},常加入 NH_3-NH_4Cl 溶液,其作用是_____和_____。

5. 当用 EDTA 滴定含 Ca^{2+},Mg^{2+} 离子的供试液时,以铬黑 T 为指示剂,如果供试液中有少量 Fe^{3+} 离子存在,这将会导致_____。

6. 在含有 Cu^{2+} 和 NH_3 的水溶液中,如果 pH 过高,则配离子的浓度将_____(升高/降低);如果 pH 偏低,则配离子的浓度将_____(升高/降低)。

7. 配位滴定时,各种影响 EDTA 与金属离子 M 配位的副反应中,EDTA 的_____和金属离子的_____是最突出的两种因素。

四、简答题

1. 求用 EDTA 滴定液(0.01mol/L)滴定同浓度的 Mg^{2+} 溶液的最低 pH。如何控制 pH?

2. 配位滴定中控制溶液的酸度必须考虑哪几方面的影响?

3. 金属指示剂应具备什么条件?

五、计算题

1. 称取纯锌 0.326 7g,溶解后移入 250ml 容量瓶中,稀释至刻度。吸取 25.00ml,用 EDTA 滴定液滴定,终点时消耗 EDTA 滴定液 24.98ml,计算:

(1) EDTA 溶液的浓度。

(2) EDTA 溶液对 CaO、MgO 及 Fe_2O_3 的滴定度。

2. 精密量取水样 50.00ml,以铬黑 T 为指示剂,用 EDTA 滴定液(0.010 28mol/L)滴定,终点消耗 5.90ml。

(1) 计算水的总硬度(以 $CaCO_3$ mg/L 表示)。

(2) 请回答用什么量器量取水样?

(3) 用于盛装水样的容器需不需要用蒸馏水处理?

(杜庆波)

学习目标

1. 掌握碘量法和高锰酸钾法的基本原理、测定条件和指示剂。
2. 熟悉碘标准溶液、硫代硫酸钠标准溶液、高锰酸钾标准溶液的配制方法。
3. 了解氧化还原滴定法的特点；提高氧化还原反应速率的措施；其他氧化还原滴定法的原理及应用。

　　氧化还原滴定法（redox titration）是以氧化还原反应为基础的滴定分析方法。

　　氧化还原滴定法应用广泛，不仅可以直接测定具有氧化性或还原性的物质，还可以测定本身不具有氧化性或还原性的物质；不仅用于测定无机物，也能测定有机物，它是滴定分析中十分重要的分析方法。

第一节　概　　述

一、氧化还原滴定法对滴定反应的要求

（一）滴定反应必须满足的条件

1. 反应按一定的化学计量关系定量反应完全，无副反应发生。
2. 反应速率要快。
3. 试样中的杂质不能干扰滴定反应。
4. 要有适当的方法确定滴定终点。

　　从氧化还原反应的本质来看，氧化还原反应是基于电子转移的反应，其主要特点是：反应机制及过程比较复杂，反应速度较慢，而且常伴有副反应发生，介质对反应过程有较大影响。因此，在氧化还原滴定中，选择和控制适宜的反应条件是非常重要的。

（二）控制滴定反应条件的主要措施

　　1. **提高溶液温度**　一般来说，温度每升高 10℃，反应速率可增大 2~3 倍。如用 $Na_2C_2O_4$ 基准物质标定 $KMnO_4$ 溶液的浓度时，在室温下反应速度缓慢，若将温度升高到 75~85℃ 时，反应速率能够达到滴定分析的要求。但是，并不是任何反应都可以用加热的方法来加快反应速率，如果某些物质在室温下不稳定，就不宜通过加热来加快反应速率。因此，在分析工作中，一定要根据具体情况确定适宜的温度条件。

　　2. **增大反应物浓度**　根据质量作用定律，增大反应物的浓度，可以加快氧化还原反应的速度，反

应物浓度越大,反应速率越快。

3. 加入催化剂　催化剂能通过改变氧化还原反应的历程或降低反应所需的活化能,缩短反应达到平衡的时间,加快反应速度。如在亚硝酸钠法中,加入少量的溴化钾作为催化剂来加速反应的进行。

4. 抑制副反应发生　如在用 $Na_2C_2O_4$ 基准物质标定 $KMnO_4$ 溶液的浓度时,需要调节溶液的酸度,酸度调节常用硫酸,而不是用盐酸或硝酸,目的就是为了避免副反应的发生。

二、氧化还原滴定法的分类

能用于滴定分析的氧化还原反应较多,通常根据所用的标准溶液不同,将氧化还原滴定法分为碘量法、高锰酸钾法、亚硝酸钠法、重铬酸钾法、溴酸钾法、高碘酸钾法等。

三、滴定前的试样预处理

在氧化还原滴定之前,经常需要对式样进行预氧化或预还原,使待测组分转变为一定价态,此操作步骤称为滴定前的试样预处理。例如,铁在矿石中常有 Fe^{2+} 和 Fe^{3+} 两种存在形式,测定铁矿石中总铁量时,需将 Fe^{3+} 预先还原为 Fe^{2+},然后再用 $K_2Cr_2O_7$ 或 $KMnO_4$ 标准溶液滴定。在其他试样的测定中,有时也可能测组分氧化为适当价态后,在用标准溶液进行滴定。

预处理时所选用的氧化剂或还原剂必须满足以下条件:

1. 能将待测组分定量、完全地氧化或还原为指定的价态。
2. 反应具有一定的选择性,只能定量地氧化或还原待测组分,而与试样中其他组分不发生反应。
3. 过量的氧化剂或还原剂应易于除去。
4. 反应速度足够快。

预处理时,常用的还原剂有 SO_2、$SnCl_2$、$TiCl_3$、金属还原剂(锌、铁、铝)等;氧化试剂有 $(NH_4)_2S_2O_8$、Cl_2、$HClO_4$、KIO_4、$KMnO_4$、H_2O_2 等。

第二节　高锰酸钾法

一、高锰酸钾法的基本原理

高锰酸钾法是以高锰酸钾为标准溶液的氧化还原滴定法。

$KMnO_4$ 是一种氧化剂,其氧化能力与溶液的酸度有关。

在强酸性溶液中,$KMnO_4$ 表现为强氧化剂,MnO_4^- 被还原为 Mn^{2+},其半电池反应(详见第九章第二节)为:

$$MnO_4^- + 8H^+ + 5e^- = Mn^{2+} + 4H_2O \qquad \varphi^\theta_{MnO_4^-/Mn^{2+}} = 1.51V$$

Mn^{2+} 浓度较高时,显肉色,浓度较低时,几乎无色。

在中性、弱酸性或弱碱性溶液中,$KMnO_4$ 表现为弱氧化性,与还原剂作用,生成 MnO_2 沉淀,半电池反应为:

$$MnO_4^- + 4H^+ + 3e^- = MnO_2 \downarrow + 2H_2O \qquad \varphi^\theta_{MnO_4^-/Mn^{2+}} = 0.595V$$

在强碱性溶液中,$KMnO_4$ 的氧化能力更弱,MnO_4^- 被还原为 MnO_4^{2-},半电池反应为:

$$MnO_4^- + e^- = MnO_4^{2-} \qquad \varphi^\theta_{MnO_4^-/Mn^{2+}} = 0.558V$$

因此,可以在强酸性条件下,利用高锰酸钾的强氧化性,直接测定还原性物质。常用 H_2SO_4 调节溶液酸度,控制氢离子浓度在 0.5~1mol/L。酸度太高,$KMnO_4$ 易分解,酸度太低,$KMnO_4$ 的氧化能力下降,反应速度慢,且会生成 MnO_2 沉淀。不能用 HNO_3 和 HCl 调节溶液酸度,前者具有氧化性,可与还原性的待测物质发生反应,后者具有还原性,可与高锰酸钾反应,两者都会影响测定。

用 $KMnO_4$ 作标准溶液,在强酸性条件下滴定无色的还原性试样溶液时,化学计量点之前,MnO_4^- 被还原成 Mn^{2+},溶液呈无色,当达到化学计量点后,微过量的 MnO_4^-($2×10^{-6}mol/L$)就使得溶液呈微红色而指示终点,因此不需另加指示剂。这种利用标准溶液或试样溶液本身颜色的变化来指示滴定终点的方法称为自身指示剂法。

高锰酸钾法的优点是 $KMnO_4$ 的氧化能力强,应用广泛,可直接或间接地测定许多无机物和有机物,滴定时不需要其他指示剂。其缺点是 $KMnO_4$ 标准溶液不够稳定,久置后需要重新标定,滴定选择性较差,干扰较严重等。

二、高锰酸钾标准溶液的配制

市售高锰酸钾中常含有二氧化锰和其他杂质。新配制的高锰酸钾溶液不稳定,热、光、有机物、酸或碱均能促使 $KMnO_4$ 分解,且还原产物 MnO_2 有催化作用,能加速 $KMnO_4$ 分解,因此,必须用间接法配制高锰酸钾标准溶液。

(一)制备近似所需浓度的高锰酸钾溶液

称取多于理论计算量的 $KMnO_4$,加适量蒸馏水溶解后,加热煮沸 15min,使其加速与还原性杂质反应达到完全,暗处放置 7~8d,使溶液浓度达到稳定。然后,用垂熔玻璃滤器过滤,除去析出的沉淀,将过滤后的 $KMnO_4$ 溶液贮藏于带玻璃塞的棕色瓶中,置于暗处,密闭保存,待标定。

(二)标定高锰酸钾溶液的准确浓度

标定高锰酸钾溶液可用还原剂作基准物质,如草酸钠、草酸、硫酸亚铁铵、三氧化二砷和铁等。其中草酸钠具有易精制,吸湿性小和性质稳定等优点,最为常用。其标定反应式如下:

$$2KMnO_4+5Na_2C_2O_4+8H_2SO_4 = 2MnSO_4+10CO_2\uparrow+8H_2O+5Na_2SO_4+K_2SO_4$$

按下式计算 $KMnO_4$ 标准溶液的浓度:

$$c_{KMnO_4} = \frac{m_{Na_2C_2O_4}}{\frac{5}{2}V_{KMnO_4}M_{Na_2C_2O_4}}×1\,000$$

标定时注意以下几点:

1. **酸度**　一般在硫酸溶液中进行,氢离子浓度控制为 $0.5~1mol/L$。

2. **温度**　该反应在室温下速度极慢,适宜温度为 75~85℃。《中国药典(2015 年版)》规定:一次加入大部分高锰酸钾溶液,待褪色后,加热至 65℃,促使反应加速进行。若温度超过 90℃,部分 $H_2C_2O_4$ 会分解。

3. **滴定速度**　刚开始滴定时反应慢,应该等第一滴 $KMnO_4$ 溶液褪色后,再加第二滴。反应生成的 Mn^{2+} 具有催化作用,反应速度加快,滴定速度可随之适当加快,但不宜过快,否则,溶液局部酸度降低,生成 MnO_2 沉淀。

4. **终点观察**　近终点时,$C_2O_4^{2-}$ 的浓度已很低,溶液褪色较慢,应小心滴定。$KMnO_4$ 作为自身指示剂,因空气中的还原性气体和尘埃均能使 $KMnO_4$ 缓慢分解而褪色,故滴定至溶液显微红色并保持 30s 不褪色为终点。

标定高锰酸钾标准溶液的三度一点是什么?

三、高锰酸钾法的应用

根据被测物质的性质,高锰酸钾法可采取以下几种滴定方式进行测定。

（一）直接滴定法测定还原性物质

许多还原性物质，如 H_2O_2、Fe^{2+}、$H_2C_2O_4$、NO_2^- 等，可在酸性条件下，用 $KMnO_4$ 标准溶液直接滴定。

（二）剩余滴定法测定氧化性物质

某些氧化性物质不能用高锰酸钾法直接滴定，如 MnO_2、ClO_3^-、BrO_3^-、IO_3^- 等，可用硫酸调节酸度，先定量加入过量的草酸钠溶液，加热使反应完全，冷却至室温，再用 $KMnO_4$ 标准溶液滴定剩余的草酸钠，从而计算待测物质的含量。

（三）其他滴定方式测定非氧化还原性物质

某些非氧化还原性物质，如 Ba^{2+}、Ca^{2+} 等金属离子，不能用高锰酸钾法直接进行测定，但可以与草酸盐反应，定量转化为草酸钡、草酸钙等，将沉淀过滤、洗净后，用稀硫酸溶解，再用 $KMnO_4$ 标准溶液滴定释放出来的 $C_2O_4^{2-}$，从而计算待测物质的含量。

例如，血清钙含量的测定。可先在血清试样中加入 $(NH_4)_2C_2O_4$，将 Ca^{2+} 完全沉淀为 CaC_2O_4，过滤、洗净沉淀，用稀硫酸溶解，然后用 $KMnO_4$ 标准溶液进行滴定，有关反应如下：

$$Ca^{2+} + C_2O_4^{2-} = CaC_2O_4 \downarrow$$
$$CaC_2O_4 + 2H^+ = H_2C_2O_4 + Ca^{2+}$$
$$2MnO_4^- + 5H_2C_2O_4 + 6H^+ = 2Mn^{2+} + 10CO_2 \uparrow + 8H_2O$$

例 8-1　准确移取 2.00ml 血清试样，稀释至 50.00ml，摇匀。精密取 20.00ml，加入足量的 $H_2C_2O_4$ 溶液，所得沉淀用稀 H_2SO_4 溶液溶解后，用 0.019 98mol/L 的 $KMnO_4$ 标准溶液滴定至终点，消耗 2.42ml，计算血清钙的含量。

解：已知 $V_S = 2.00ml$，$c_{KMnO_4} = 0.019\ 98mol/L$，$V_{KMnO_4} = 2.42ml$

求 Ca% = ？

根据上述反应计量关系式，可得到 Ca^{2+} 与 MnO_4^- 的计量关系为：

$$5Ca^{2+} \sim 2MnO_4^-$$

所以，根据上述反应的计量关系，血清钙的含量为：

$$Ca\% = \frac{\frac{5}{2} \times c_{KMnO_4} \times \frac{V_{KMnO_4}}{1\ 000} \times M_{Ca}}{V_s} \times 100\%$$

$$= \frac{\frac{5}{2} \times 0.019\ 98 \times \frac{2.42}{1\ 000} \times 40.08}{2.00 \times \frac{20}{50}} \times 100\%$$

$$= 0.605\ 6\%\ (g/ml)$$

答：血清钙的含量为 0.605 6%（g/ml）。

此外，$KMnO_4$ 在强碱性溶液中能氧化某些有机物，而自身被还原为绿色的 MnO_4^{2-}，用来测定甲醇、甲醛、甘油、甲酸、葡萄糖、柠檬酸等有机物的含量。

第三节　碘　量　法

一、碘量法的基本原理

碘量法是利用 I_2 的氧化性或 I^- 的还原性进行滴定的氧化还原滴定分析方法，其半电池反应为：

$$I_2 + 2e = 2I^- \qquad \varphi_{I_2/I^-}^{\theta} = 0.534\ 5V$$

固体 I_2 在水中溶解度很小（298K 时为 $1.18 \times 10^{-3}mol/L$）且易挥发，为增大其溶解度和降低挥发程度，通常将 I_2 溶解在 KI 溶液中，使 I_2 以 I_3^- 形式存在：$I_2 + I^- = I_3^-$

其半电池反应为：

$$I_2 + 2e = 3I^- \qquad \varphi^\theta_{I_2/I^-} = 0.535\ 5V$$

从标准电极电位 φ^θ 值可以看出，I_2 是一种较弱的氧化剂，能与较强的还原剂反应；I^- 是一种中等强度的还原剂，能与许多氧化剂反应。因此，碘量法既可测定氧化性的物质，也可测定还原性的物质。碘量法具有标准电极电位大小适中，氧化性及还原性均中等，受酸度影响小，应用范围广泛等特点。根据所利用碘的性质不同，碘量法可分为直接碘量法和间接碘量法两种。

（一）直接碘量法

直接碘量法是利用 I_2 的氧化性，用 I_2 为标准溶液直接滴定强还原性物质的方法，也称为碘滴定法。凡能被 I_2 直接快速氧化的强还原性物质，如硫代硫酸盐、硫化物、亚硫酸盐、亚砷酸盐、亚锡盐、亚锑酸盐、维生素 C 等，可采用直接碘量法进行测定。

直接碘量法只能在酸性、中性或弱碱性溶液中进行。但酸性太强，生成的 I^- 很容易被空气中的氧气缓慢氧化，导致终点提前。

$$4I^- + O_2 + 4H^+ = 2I_2 + 2H_2O$$

如果碱性太强（溶液 pH>9），I_2 会发生歧化反应，导致终点推迟。

$$3I_2 + 6OH^- = 5I^- + IO_3^- + 3H_2O$$

直接碘量法的指示剂是淀粉。化学计量点时，微过量的 I_2 与淀粉结合形成一种蓝色可溶性吸附化合物，灵敏度很高，即使在 10^{-5} mol/L 的 I_2 溶液中也能看出。

碘液也可作为自身指示剂。实验证明，在 100ml 水中加 1 滴碘液（0.05mol/L），溶液即能观察到黄色，用于指示直接碘量法的滴定终点。

（二）间接碘量法

间接碘量法是利用 I^- 作还原剂，在一定的条件下，与氧化性物质作用，定量地析出 I_2，然后用 $Na_2S_2O_3$ 标准溶液滴定之，从而间接测定被测物质的含量。间接碘量法比直接碘量法应用更为广泛，通常有两种滴定方式：

1. 置换碘量法　对于一些强氧化性物质，如 $KMnO_4$、$K_2Cr_2O_7$、H_2O_2 等，可先在待测的氧化性物质溶液中加入过量的 KI，待反应完全后，用 $Na_2S_2O_3$ 标准溶液滴定析出的 I_2，从而求出氧化性物质的含量，这种滴定方式称为置换碘量法。

2. 回滴碘量法　对于一些还原性物质，若与 I_2 的反应速度较慢，或可溶性差（如焦亚硫酸钠、葡萄糖、甲硫氨酸、甲醛等），或与 I_2 定量地生成难溶沉淀（如咖啡因），或发生取代反应（如安替比林、酚酞等），均不能用直接碘量法测定，此时，可用定量过量的 I_2 标准溶液与其反应，待反应完全后，再用 $Na_2S_2O_3$ 标准溶液滴定剩余的 I_2，这种滴定方式称为剩余滴定法，也叫回滴碘量法。

这两种滴定方式习惯上统称为间接碘量法或滴定碘法。滴定反应式为：

$$I_2 + 2Na_2S_2O_3 = 2NaI + Na_2S_4O_6$$

间接碘量法应在中性或弱酸性溶液中进行。在碱性溶液中，I_2 和 $Na_2S_2O_3$ 会发生一些副反应，导致出现误差。

$$4I_2 + S_2O_3^{2-} + 10OH^- = 8I^- + 2SO_4^{2-} + 5H_2O$$
$$3I_2 + 6OH^- = 5I^- + IO_3^- + 3H_2O$$

在强酸性溶液中，$Na_2S_2O_3$ 会发生分解，I^- 易被氧化，也会导出现致误差。

$$S_2O_3^{2-} + 2H^+ = S\downarrow + SO_2\uparrow + H_2O$$
$$4I^- + 2H^+ + O_2 = 2I_2 + 2H_2O$$

间接碘量法的指示剂也是淀粉。化学计量点之前，I_2 与淀粉结合，溶液呈蓝色。化学计量点时，I_2 被 $Na_2S_2O_3$ 反应完，I_2 与淀粉形成的蓝色配合物消失，溶液变为无色。在间接碘量法中，淀粉指示剂应在临近滴定终点时加入，否则，溶液中大量的 I_2 被淀粉表面牢固地吸附，不易与 $Na_2S_2O_3$ 立即作用，致使终点"迟钝"。

二、碘量法的滴定条件

（一）控制酸度

直接碘量法只能在弱酸性、中性或弱碱性（pH=3~8）溶液中进行。间接碘量法应在弱酸性、中性溶液中进行。

（二）终点控制

直接碘量法，淀粉指示剂在滴定开始前加入，到达终点时，溶液由无色变为蓝色，以此确定终点。间接碘量法，淀粉指示剂在临近终点（I_2 的黄色很浅）时加入，到达终点时，溶液蓝色消失。

（三）控制 I_2 挥发性

为减少 I_2 的挥发，配制 I_2 标准溶液时应加入过量 KI；滴定在室温下进行；适当加快滴定速度，减轻振荡幅度。

（四）正确使用淀粉指示剂

淀粉指示剂应取直链淀粉临用新制，淀粉指示剂久置易腐败分解，显色不敏锐；在直接碘量法中，可在滴定前加入淀粉指示剂；在间接碘量法中，应在临近滴定终点时加入淀粉指示剂；应在常温下使用，温度升高，指示剂灵敏度下降，若有醇类存在，灵敏度亦降低；应在弱酸性溶液中使用，若溶液 pH<2.0，淀粉易水解而成糊精，遇碘显红色，若溶液 pH>9.0，I_2 会发生歧化反应生成 IO_3^- 而遇淀粉不显蓝色。实践证明，直链淀粉遇 I_2 变蓝必须有 I^- 存在，并且 I^- 浓度越高显色的灵敏度越高。

课堂互动

使用淀粉指示剂应注意哪些事项？

三、减小碘量法误差的措施

碘量法误差的主要来源是 I^- 的氧化和 I_2 的挥发。

（一）防止 I_2 挥发的方法

1. **增加碘化钾的用量**　加入比理论量大 2 到 3 倍的 KI，使 I_2 以 I_3^- 形式存在，增大 I_2 的溶解度，减少 I_2 的挥发；增大浓度，加快反应速度。

2. **避免加热**　加热会加速 I_2 的挥发，应使反应在室温下进行。

3. **用碘量瓶滴定**　在带塞的碘量瓶中进行反应，滴定时勿剧烈摇动，快滴慢摇，以减少碘的挥发。

（二）防止 I^- 被空气中的 O_2 氧化的方法

1. **控制溶液的酸度**　酸度增大会加快 O_2 氧化 I^-。

2. **常温下避光操作**　滴定应在室温下进行，光照会加速 O_2 氧化 I^-，故反应析出 I_2 的碘量瓶宜置于暗处。

3. **减少与空气接触的机会**　当生成 I_2 的反应完成后，立即用 $Na_2S_2O_3$ 滴定，快滴慢摇，以减少 I^- 与空气的接触机会。

4. **排除干扰离子**　Cu^{2+}、NO_2^- 等对 I^- 的氧化起催化作用，滴定前应预先除去这些干扰离子。

课堂互动

碘量法的误差来源及减小误差的方法？

四、碘量法标准溶液的配制

（一）碘标准溶液的配制

碘具有挥发性和腐蚀性，不易准确称量，通常采用间接法配制碘标准溶液。由于 I_2 在水中很难溶解，应加入 KI，使生成 I_3^-，不但能助溶，还能降低 I_2 的挥发。取一定量的碘固体，加入 KI 的浓溶液，研磨至完全溶解，然后加入少量盐酸（除去碘中微量碘酸盐杂质），加水稀释至一定体积，用垂熔玻璃漏斗过滤，待标定。

然后，用已知准确浓度的 $Na_2S_2O_3$ 标准溶液标定（比较法）。

碘液具有腐蚀性，应避免与橡皮塞、软木塞等有机物接触；见光、受热时易氧化，故应储于玻璃塞的棕色瓶中，密闭，在阴凉处保存。

（二）硫代硫酸钠标准溶液的配制

硫代硫酸钠（$Na_2S_2O_3 \cdot 5H_2O$）一般含有少量杂质，且易风化和潮解。刚配好的 $Na_2S_2O_3$ 溶液不稳定，水中溶解的 CO_2、O_2、嗜硫细菌等微生物都能使其分解，反应如下：

$$Na_2S_2O_3 + CO_2 + H_2O = NaHSO_4 + NaHCO_3 + S\downarrow$$

$$2Na_2S_2O_3 + O_2 = 2Na_2SO_4 + 2S\downarrow$$

$$Na_2S_2O_3 = Na_2SO_3 + S\downarrow$$

通常只能用间接法配制 $Na_2S_2O_3$ 标准溶液。

1. 配制近似浓度的 $Na_2S_2O_3$ 溶液　称取适量硫代硫酸钠试剂，用新煮沸放冷的蒸馏水（以除去水中的 O_2、CO_2 以及杀死嗜硫细菌等微生物）溶解，加入少许 Na_2CO_3 使溶液呈弱碱性（pH 8~9），以抑制嗜硫细菌的生长和防止 $Na_2S_2O_3$ 的分解，将溶液贮存于棕色瓶中，在暗处放置 7~10d，待浓度稳定后，再进行标定。若发现 $Na_2S_2O_3$ 溶液变浑浊，说明有 S 析出，应滤除后再标定或重新配制。

2. 标定 $Na_2S_2O_3$ 溶液的准确浓度　标定 $Na_2S_2O_3$ 溶液的基准物质有 $K_2Cr_2O_7$、KIO_3、$KBrO_3$ 等，标定方法是置换碘量法，在酸性溶液中，取一定量的上述基准物质与过量的 KI 作用，置换析出的 I_2 用待标定的 $Na_2S_2O_3$ 溶液滴定，根据基准物质的质量和消耗的 $Na_2S_2O_3$ 溶液体积计算出 $Na_2S_2O_3$ 溶液的准确浓度。

例如，用 $K_2Cr_2O_7$ 作基准物质，标定 $Na_2S_2O_3$ 溶液的浓度。$K_2Cr_2O_7$ 在酸性溶液中与 I^- 发生如下反应：

$$Cr_2O_7^{2-} + 6I^- + 14H^+ = 2Cr^{3+} + 3I_2 + 7H_2O$$

用待标定的 $Na_2S_2O_3$ 溶液滴定上述反应析出的 I_2，滴定至溶液呈淡黄绿色时，加入淀粉为指示剂，继续滴定至溶液由蓝色变为亮绿色。

$$I_2 + 2S_2O_3^{2-} = 2I^- + S_4O_6^{2-}$$

根据称取基准物质 $K_2Cr_2O_7$ 的质量（$m_{K_2Cr_2O_7}$，g）、滴定时消耗 $Na_2S_2O_3$ 溶液的体积（$V_{Na_2S_2O_3}$，ml）和 $K_2Cr_2O_7$ 的摩尔质量（294.18g/mol），可计算出 $Na_2S_2O_3$ 标准溶液的浓度。计算公式如下：

$$c_{Na_2S_2O_3} = \frac{6 \times m_{K_2Cr_2O_7} \times 10^3}{M_{K_2Cr_2O_7} \times V_{Na_2S_2O_3}}$$

3. 标定 $Na_2S_2O_3$ 溶液准确浓度的注意事项

（1）加入过量的 KI：可以避免 I_2 挥发，还可提高 $K_2Cr_2O_7$ 与 KI 反应的速度，但反应速度仍然较慢，应将其置于碘量瓶中，水封，暗处放置 10min，再用待标定的 $Na_2S_2O_3$ 溶液滴定。

（2）控制溶液的酸度和温度：提高溶液的酸度和温度，可加快反应速度，但酸度和温度过高，I^- 容易被空气氧化。一般应控制酸度为 0.2~0.4mol/L，温度在 20℃ 以下为宜。

（3）滴定前将溶液稀释：既可降低溶液酸度，减慢 I^- 被空气中 O_2 氧化的速度，又可减弱 $Na_2S_2O_3$ 的分解，还可降低 Cr^{3+} 的浓度，使其亮绿色变浅，便于终点观察。

（4）正确判断滴定终点：为防止大量碘被淀粉牢牢吸附，使标定结果偏低，应滴定至近终点、溶液呈浅黄绿色时，再加入淀粉指示剂。

（5）正确判断回蓝现象：若滴定至终点后，溶液迅速回蓝，表明与 I^- 反应不完全，可能是酸度不足或稀释过早所引起的，应重新标定；若滴定至终点经 5min 后回蓝，是由于空气中 O_2 氧化溶液中 I^- 所引起的，不影响标定结果。

（6）光线的影响：光线能催化 I^- 被空气氧化，增加 $Na_2S_2O_3$ 溶液中细菌的活性。

配制 $Na_2S_2O_3$ 标准溶液注意哪些事项？

五、碘量法的应用

碘量法的应用范围广泛，用直接碘量法可测定许多还原性物质的含量，如维生素C、亚砷酸盐、亚硫酸盐等。用间接碘量法可测定许多氧化性物质的含量，如高锰酸钾、重铬酸钾、溴酸盐、过氧化氢、二氧化锰、铜盐、葡萄糖、漂白粉等。

在测定具体试样时，应具体问题具体分析，注意控制适宜的反应条件。例如，维生素C又称抗坏血酸（$C_6H_8O_6$），是一种含有6个碳原子的多羟基化合物，分子内含有烯二醇式结构，显现出较强的酸性和还原性。它能被 I_2 定量地氧化成二酮基，其反应式为：

维生素C的还原性很强，在空气中极易被氧化，它在酸性溶液中稳定，遇碱极易被破坏。故滴定时应加入 HAc，使溶液保持一定的酸度。由于蒸馏水中有溶解氧，因此，蒸馏水必须事先煮沸。

例 8-2 精密称取维生素 C（$M_{VC}=176.13g/mol$）试样 0.221 0g，置于锥形瓶中，加入稀 HAc 10ml、新煮沸过的冷蒸馏水 40ml，振摇使之完全溶解，再加淀粉指示剂 1ml，立即用 0.050 00mol/L 的 I_2 标准溶液滴定至溶液显蓝色且 30s 内不褪色，消耗 I_2 标准溶液 23.42ml，试计算试样中维生素C的百分含量。

解：已知 $m_s=0.221 0g$，$V_{I_2}=0.050 00mol/L$

求维生素 C% =？

维生素C（$C_6H_8O_6$）与 I_2 的反应为：

$$C_6H_8O_6+I_2=C_6H_6O_6+2HI$$

根据上述反应计量关系式，维生素C的百分含量为：

$$维生素\ C\% = \frac{c_{I_2}\times V_{I_2}\times M_{VC}\times 10^{-3}}{m_s}\times 100\%$$

$$= \frac{0.050 00\times 23.42\times 176.13\times 10^{-3}}{0.221 0}\times 100\%$$

$$= 93.32\%$$

答：试样中维生素C的百分含量为 93.32%。

第四节　其他氧化还原滴定法

一、亚硝酸钠法

亚硝酸钠法是以亚硝酸钠为标准溶液的氧化还原滴定法。用亚硝酸钠标准溶液滴定芳香族伯胺类化合物的方法称为重氮化滴定法;用亚硝酸钠标准溶液滴定芳香族仲胺类化合物的方法称为亚硝基化滴定法。

(一)亚硝酸钠法的基本原理

1. 重氮化滴定法　芳香族伯胺类化合物在酸性介质中,与亚硝酸钠发生重氮化反应生成芳香族伯胺的重氮盐:

$$ArNH_2 + NaNO_2 + 2HCl = ArN_2Cl + NaCl + 2H_2O$$

为使测定结果准确,重氮化滴定时应注意以下几个主要条件:①酸的种类和浓度:该反应的速度与酸的种类有关。在 HBr 中最快,HCl 中次之。因 HBr 较贵,故常用盐酸。适宜的酸度不仅可以加快反应速度,还可以提高重氮盐的稳定性,一般控制酸度在 1mol/L 为宜。②滴定速度与温度:该反应的速度随温度的升高而加快,但温度过高时重氮盐易分解且亚硝酸也易分解和逸失。一般在 15℃ 以下进行,也可在室温(10~30℃)下采用"快速滴定法"进行。③苯环上的取代基:苯胺环上,尤其是氨基的对位,有吸电子基团(如—NO_2、—SO_3H、—COOH 等)会加快反应速度,有斥电子基团(如—CH_3、—OH、—OR 等)将使反应速度减慢。对于反应较慢的重氮化反应,通常加入适量的 KBr 加以催化,加速反应。

 **知识链接**

快速滴定法

"快速滴定法"是在 25℃ 以下将滴定管尖插入液面下约三分之二处,将大部分亚硝酸钠滴定液在不断搅拌的情况下一次滴入,近终点时,将管尖提出液面,再缓缓滴定至终点。这主要是为避免亚硝酸的挥发和分解,既能缩短滴定时间,又能获得满意的结果。

2. 亚硝基化滴定法　在酸性介质中,芳仲胺类化合物与亚硝酸钠发生亚硝基化反应:

$$ArNHR + NaNO_2 + HCl = ArN(NO)R + NaCl + H_2O$$

(二)亚硝酸钠法的指示剂

1. 内指示剂法　内指示剂法是指将指示剂加入待测溶液中,根据指示剂颜色的变化来判断滴定的终点。常用的内指示剂有:橙黄Ⅳ-亚甲蓝中性红、亮甲酚蓝、二苯胺等。

2. 外指示剂法　指示剂不直接加入待测溶液中,而在化学计量点附近用玻璃棒蘸取少许溶液在外面与指示剂接触,根据指示剂颜色的变化来判断终点。亚硝酸钠法的外用指示剂多用含氯化锌的碘化钾-淀粉糊或试纸。当滴定达到化学计量点后,微过量的亚硝酸钠在酸性环境中与碘化钾反应,生成的 I_2 遇淀粉即显蓝色。

内指示剂法和外指示剂法均有明显的缺陷,前者在化学计量点时变色不够敏锐,难于把握滴定终点,后者在接近化学计量点时多次取用被测溶液,容易造成较大误差。因此,《中国药典》(2020 年版)采用永停滴定法确定滴定终点。此法将在第九章中介绍。

(三)亚硝酸钠标准溶液

亚硝酸钠标准溶液常用间接法配制,用基准对氨基苯磺酸进行标定。若溶液呈弱碱性(pH≈10),三个月内浓度几乎不变,故在配制时需加入少许碳酸钠作稳定剂。

(四)亚硝酸钠法的应用

重氮化滴定法主要用于测定芳伯胺类药物,如盐酸普鲁卡因、苯佐卡因、磺胺类药物等,还用于测

 笔记

定某些易于转化为芳伯胺的物质,如芳香族硝基化合物、芳酰胺等。亚硝基化滴定法主要用于测定芳仲胺类药物,如磷酸伯氨喹、盐酸丁卡因等。

二、重铬酸钾法

重铬酸钾法是以重铬酸钾为标准溶液,利用重铬酸钾与一些还原性物质的氧化还原反应进行滴定的分析方法。

在酸性溶液中,重铬酸钾具有较强的氧化性,其半电池反应为:

$$Cr_2O_7^{2-}+14H^++6e^-=2Cr^{3+}+7H_2O \qquad \varphi^{\theta}_{Cr_2O_7^{2-}/2Cr^{3+}}=1.33V$$

Cr^{3+}在中性、碱性条件下易水解,滴定必须在酸性溶液中进行。

重铬酸钾法的特点:①$K_2Cr_2O_7$易纯制(纯度高达99.9%),标准溶液可用直接法配制;②$K_2Cr_2O_7$溶液非常稳定,只要保存在密闭容器中,其浓度可长期保持不变;③反应速度较快,可在常温下滴定,也不需要加催化剂;④虽然$K_2Cr_2O_7$的氧化性较$KMnO_4$弱,但选择性强。在盐酸浓度低于3mol/L时,$Cr_2O_7^{2-}$不与Cl^-反应,因此,可在盐酸介质中用重铬酸钾法滴定Fe^{2+}。

$Cr_2O_7^{2-}$的还原产物Cr^{3+}呈亮绿色,故须用指示剂指示滴定终点。重铬酸钾法常用的指示剂是二苯胺磺酸钠。

重铬酸钾法最重要的应用是测定铁的含量,将铁转化为Fe^{2+}后,以二苯胺磺酸钠作为指示剂,用$K_2Cr_2O_7$标准溶液直接滴定。

$$Cr_2O_7^{2-}+6Fe^{2+}+14H^+=2Cr^{3+}+6Fe^{3+}+7H_2O$$

该法也可测某些还原性物质,如盐酸小檗碱药物、土壤中有机质、水中的需氧量等。

三、溴酸钾法

溴酸钾法是以溴酸钾为标准溶液,在酸性溶液中测定还原性物质的氧化还原滴定法。溴酸钾在酸性溶液中具有很强的氧化性,其半电池反应为:

$$BrO_3^-+6H^+=Br^-+3H_2O \qquad \varphi^{\theta}_{BrO_3^-/Br^-}=1.44V$$

溴酸钾法的指示剂是甲基橙或甲基红,必须在近终点时加入。化学计量点前指示剂呈酸式色(红色),计量点后,稍过量的BrO_3^-与反应生成的Br^-作用会产生Br_2,Br_2能氧化并破坏指示剂的呈色结构,发生不可逆的褪色反应(红色褪去),从而指示滴定终点。这种发生不可逆颜色变化的指示剂称为不可逆指示剂。若过早加入指示剂,则在滴定中可因$KBrO_3$局部过浓而过早破坏指示剂结构,因而无法正确指示终点。

溴酸钾易纯制且性质稳定,符合基准物质条件,常用直接法配制标准溶液。

用溴酸钾法滴定时,因直接滴定反应慢、生成的溴易挥发,故常采用返滴定方式,常常与碘量法配合使用,主要用于测定有机物质,也可直接测定亚铁盐、亚铜盐、亚锡盐、亚砷酸盐、碘化物和亚胺类化合物等还原性物质。

四、高碘酸钾法

高碘酸钾法是以高碘酸钾为标准溶液,在酸性溶液中还原性物质的氧化还原滴定法。

高碘酸钾在酸性溶液中主要以H_5IO_6和IO_4^-形式存在,表现出很强的氧化性,其半电池反应为:

$$H_5IO_6+H^++2e^-=IO_3^-+3H_2O \qquad \varphi^{\theta}_{H_5IO_6/IO_3^-}=1.60V$$

高碘酸钾法用于测定某些还原性物质。由于高碘酸对于邻二醇类及α-羰基醇类化合物的氧化具有很高的选择性,故在测定这两类物质的含量方面具有独特意义。反应式如下:

$$RCH(OH)CH(OH)R'+H_5IO_6 \longrightarrow RCHO+OHCR'+HIO_3+3H_2O$$
$$RCOCH(OH)R'+H_5IO_6 \longrightarrow RCOOH+OHCR'+HIO_3+2H_2O$$

在室温下,高碘酸钾法的反应速度较慢,可在酸性溶液中定量加入过量的高碘酸钾标准溶液,待与被测物质反应完全后,再加入过量的 KI 与剩余的高碘酸钾及其还原产物 IO_3^- 作用,定量置换出 I_2,最后用 $Na_2S_2O_3$ 标准溶液滴定置换出的 I_2。高碘酸盐、碘酸盐与 KI 的反应分别为:

$$IO_4^- + 7I^- + 8H^+ = 4I_2 + 4H_2O$$
$$IO_3^- + 5I^- + 6H^+ = 3I_2 + 3H_2O$$

可选用 H_5IO_6、KIO_4 或 $NaIO_4$ 配制标准溶液,其中,$NaIO_4$ 溶解度大,易纯制,最为常用。高碘酸盐标准溶液很稳定,通常不需标定其浓度,但在样品测定时,需同时做空白试验,通过滴定样品与空白消耗的硫代硫酸钠标准溶液的体积差,计算测定结果。

高碘酸钾法在酸性溶液中可用于邻二醇类及 α-羟基醇类、α-氨基醇类、α-羧基醇、多羟基醇类(如甘油、甘露醇)等有机物的测定。

学习小结

1. 常用的氧化还原滴定法有高锰酸钾法、碘量法、重铬酸钾法等,本章重点学习高锰酸钾法、碘量法的原理、条件及应用。

2. 直接碘量法、间接碘量法与高锰酸钾法的比较。

方法	直接碘量法	间接碘量法	高锰酸钾法
标准溶液	I_2	$Na_2S_2O_3$	$KMnO_4$
反应原理	I_2 的反应	$Na_2S_2O_3$ 的反应	$KMnO_4$ 的反应
滴定条件	酸性、中性或弱碱性	中性或弱酸性	H_2SO_4 强酸性溶液
指示剂	淀粉(滴定前加)	淀粉(近终点加)	$KMnO_4$
终点	蓝色出现	蓝色消失	淡红色
测定范围	直接测定还原性较强物质	间接测定氧化性物质	直接测定或间接测定还原性或氧化性物质

3. 氧化还原滴定分析结果的计算,主要是依据氧化还原反应式中有关物质之间物质的量计量关系列等式计算。

扫一扫,测一测

达标练习

一、多项选择题

1. 可用高锰酸钾法直接测定的物质有(　　　　)

　　A. 硫酸盐　　　　　　　　　　B. 草酸盐　　　　　　　　　　C. 亚铁盐

　　D. 过氧化氢　　　　　　　　　E. 碘

2. 用基准 $Na_2C_2O_4$ 标定 $KMnO_4$ 溶液时,下列哪些条件是必需的(　　　　)

　　A. 用硫酸调节酸性　　　　　　B. 水浴加热至 75~85℃　　　　C. 加热至沸腾

　　D. 暗处放置 1min　　　　　　　E. 加催化剂

笔记

3. 碘量法误差的主要来源是(　　)

    A. I_2 容易被氧化　　　　　　　　B. I^- 容易被氧化　　　　　　C. I_2 容易挥发

    D. I^- 容易挥发　　　　　　　　　　E. I_2 的歧化反应

4. 在碘量法中,为了减少 I_2 挥发,常采用的措施有(　　)

    A. 使用碘量瓶,快滴慢摇

    B. 滴定不能摇动,要滴完后摇

    C. 适当加热增加 I_2 的溶解度,减少挥发

    D. 加入过量 KI

    E. 使用碘量瓶,快速摇动

5. 直接碘量法滴定的条件是(　　)

    A. 弱酸性　　　　　　　　　　B. 弱碱性　　　　　　　　　C. 强碱性

    D. 中性　　　　　　　　　　　　E. 加热

二、辨是非题

1. 高锰酸钾在不同酸度溶液中的还原产物不同。(　　)

2. 氧化还原滴定中,加热可增加反应速度,故滴定草酸盐时要加热,滴定双氧水时也要加热。(　　)

3. 直接碘量法与间接碘量法都用淀粉指示终点,故终点颜色也相同。(　　)

4. 直接碘量法是利用 I_2 的氧化性测定较强的还原性物质的含量。(　　)

5. 所有的氧化还原反应都能适用于滴定分析。(　　)

三、填空题

1. 配制 $Na_2S_2O_3$ 溶液时,要用_____水,原因是_____,因为它们均能使 $Na_2S_2O_3$ 分解。

2. 直接碘量法是利用_____的_____性,在_____、_____或_____条件下,测定_____性物质的含量。

3. 间接碘量法是利用_____的_____性与_____性物质反应产生定量的 I_2,然后用_____标准溶液滴定产生的 I_2,从而间接测定_____性物质的含量。

4. 碘量法的指示剂是_____,直接碘滴定法以_____确定终点,间接碘量法以_____确定终点。

5. 用草酸钠标定高锰酸钾标准溶液的浓度时,用_____调节溶液的酸度,溶液温度控制在_____℃,终点颜色为_____。

四、简答题

1. 标定 $KMnO_4$ 标准溶液时,应注意哪些事项?

2. 配制碘标准溶液时,为什么要加入适量的 KI?

3. 配制 $Na_2S_2O_3$ 溶液,为什么要用新煮沸且冷至室温的蒸馏水?

五、计算题

1. 配制 1 000ml 0.02mol/L $KMnO_4$(式量为 158.03)溶液,需称取 $KMnO_4$ 固体多少克?

2. 标定 $Na_2S_2O_3$ 溶液时,称得基准物质 $K_2Cr_2O_7$(式量为 294.18)0.153 6g 置于 250ml 锥形瓶中,加 30ml 蒸馏水溶解,加 5ml 稀硫酸,再加入过量的 KI,析出的 I_2 用 18.26ml 的 $Na_2S_2O_3$ 滴定至终点,请计算 $Na_2S_2O_3$ 溶液的物质的量浓度。

(朱爱军)

学习目标

1. 掌握原电池、电极电位、标准电极电位、参比电极、指示电极的概念;直接电位法测定溶液pH的基本原理。
2. 熟悉电池符号的书写方法;电极的能斯特方程;电位滴定法和永停滴定法的基本原理。
3. 了解膜电位的产生原因;电位法测定其他离子浓度的方法。
4. 学会用pH计测定溶液的pH;电位滴定法和永停滴定法的操作技术。

第一节　电化学分析法概述

电化学分析法(electrochemical analysis)是根据物质在溶液中的电化学性质及其变化规律,通过测定电信号(电位、电流、电量和电导等)而建立起来的分析方法。它具有灵敏度和准确度高、测量范围宽、仪器设备简单、价格低廉、容易实现自动化等特点,在生产、科研和医疗卫生等各个领域被广泛应用。

电化学分析法的种类很多,根据测量的电信号不同,电化学分析法可分为电位法、伏安法、电解法和电导法。

电位法(potentiometry)是通过测量原电池的电动势以求得被测物质含量的分析方法。通常分为两种类型:根据原电池的电动势和有关离子浓度之间的关系,直接测量有关离子浓度的方法,称为直接电位法(direct potentiometry);根据滴定过程中电池电动势的变化来以确定滴定终点的电位法,称为电位滴定法(potentiometric titration)。

伏安法(voltammetry)是根据被测物质在电解过程中的电流-电压变化曲线来进行定性或定量分析的分析方法。其中的一种分析方法是永停滴定法(dead-stop titration),即在固定的电压下进行滴定,根据滴定过程中电流的突然变化来确定滴定终点的分析方法。

电解法(electrolysis)是根据被测物质在电解池的电极上发生定量沉积或在测定过程中消耗的电量来确定被测物质含量的分析方法。

电导法(conductometry)是通过测量待测溶液的电导来以确定被测物质含量的分析方法。

笔记

第二节　电化学分析法基础知识

一、原电池

（一）原电池

原电池(galvanic cell)是一种将化学能转化为电能的装置。它由两个电极(或称半电池,或称电对)组成,一个电极发生氧化反应,电子流出,称为电池的负极;另一个电极发生还原反应,电子流入,称为电池的正极。电子总是由负极流向正极,与电流的方向相反。在原电池中发生的总反应是氧化还原反应,称为原电池反应。例如,在一个烧杯中放入 $ZnSO_4$ 溶液并插入锌片,在另一个烧杯中放入 $CuSO_4$ 溶液并插入铜片,将两种溶液用一个装满饱和 KCl 溶液和琼脂的倒置 U 形管(称为盐桥)连接起来,再用导线连接锌片和铜片,并在导线中间串联一个电流计,可以观察到电流计的指针发生偏转,说明导线中有电流通过。这种电池称为铜锌原电池,又称丹尼尔电池,如图 9-1 所示。

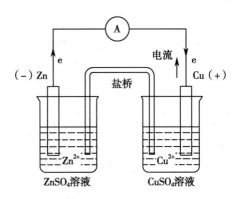

图 9-1　铜锌原电池示意图

在铜锌原电池中,锌电极锌片上的锌原子失去电子,发生氧化反应变成 Zn^{2+} 进入到溶液中,锌片上有了过剩的电子(流向铜片),是原电池的负极:

$$Zn-2e \rightleftharpoons Zn^{2+}$$

铜电极溶液中的 Cu^{2+} 得到电子(来自锌片),发生还原反应变成铜原子,沉积在铜片上,是原电池的正极:

$$Cu^{2+}+2e \rightleftharpoons Cu$$

随着原电池反应的进行,$ZnSO_4$ 溶液中由于 Zn^{2+} 增多而带正电,同时,Cu^{2+} 在铜片上获得电子变成 Cu 原子,导致 $CuSO_4$ 溶液中的 Cu^{2+} 浓度减少而带负电。用盐桥连接两溶液后,盐桥中的负离子(Cl^-)向 $ZnSO_4$ 溶液中扩散,正离子(K^+)向 $CuSO_4$ 溶液中扩散,使两溶液维持电中性,保证了 Zn 的氧化和 Cu^{2+} 的还原得以继续进行。

总反应为:

$$Zn+Cu^{2+} \rightleftharpoons Zn^{2+}+Cu$$

铜锌原电池可以用电池符号表示为:

$$(-)Zn \mid Zn^{2+}(\alpha_1) \parallel Cu^{2+}(\alpha_2) \mid Cu(+)$$

在书写电池符号时,一般应遵循如下几点规定:

1. 负极写在电池符号表示式的左侧,正极写在电池符号表示式的右侧,正、负极分别用"(+)""(−)"标明。

2. 用"│"表示电极和电解质溶液之间的界面。

3. 盐桥用"‖"表示,盐桥两侧是两个电极的电解质溶液。

4. 以化学式表示电池中各物质的组成,电解质溶液要注明离子活度(α),当浓度较小时,可用浓度(c)代替活度。若作用物质是气态则要注明气体分压(p)。若不注明,则视为温度为25℃(273.15K),气体分压为101.325kPa,溶液浓度为1mol/L。同一相中的不同物质之间,以及电极中的其他界面用","分开。

5. 如果是非金属元素在不同价态时构成的氧化还原电对作半电池,需外加一惰性物质(如铂或石墨)作电极导体。其中,惰性物质不参与电极反应,只起导体作用。如电池(−)Pt │ $H_2(P)$ │ $H^+(\alpha)$ ‖ $Cl^-(\alpha)$ │ AgCl,Ag(+)中的铂电极。

每个电极都由一对物质所构成,其中,化合价较高的物质称为氧化态,化合价较低的物质称为还原态。电极通常用"氧化态/还原态"表示,如在铜锌原电池中,锌电极用 Zn^{2+}/Zn 表示,铜电极用 $Cu^{2+}/$

95

Cu 表示。

（二）电极电位

原电池的两个电极用导线相连后有电流产生，说明两个电极之间有电位差。两个电极间的电位差称为原电池的电动势（E）。电动势是由于两个电极得到或失去电子的能力大小不同引起的，它的高低可以通过实验测得。

电极电位（electrode potential）（φ）是表示电极在一定条件下得失电子能力大小的数值。电极电位的绝对值是无法测定的，但可以将电极与一个参考电极（规定其电极电位值）组成原电池，通过测定原电池的电动势来确定电极的相对电极电位。如铜锌原电池，锌电极的电极电位用 $\varphi_{Zn^{2+}/Zn}$ 表示，铜电极的电极电位用 $\varphi_{Cu^{2+}/Cu}$ 表示，电池电动势 E 与两个电极的电极电位之间的关系为：

$$E = \varphi_{(+)} - \varphi_{(-)} = \varphi_{Cu^{2+}/Cu} - \varphi_{Zn^{2+}/Zn} \tag{9-1}$$

所以，当一个电极电位确定后，可以测得另一个电极的电极电位。

（三）标准电极电位

电极电位的大小不仅取决于电极本身的性质，还取决于温度、电对中氧化态和还原态物质的浓度（或分压）及反应介质等因素。

标准电极电位（standard electrode potential）（φ^{θ}）是指电极在标准状态下的电极电位。所谓标准状态（standard status），是指温度为 25℃（273.15K）、组成电极的有关离子浓度为 1mol/L（严格地讲是活度为 1）、气体分压为 101.325kPa 的状态。

在标准状态下的电极称为标准电极。例如，在 25℃条件下，将一块涂有铂黑的铂片插入氢离子浓度为 1mol/L 的溶液中，通入分压为 101.325kPa 的高纯氢气，不断冲击铂片，使铂黑吸附的氢气达到饱和，则铂黑吸附的氢气（H_2）与溶液中的氢离子（H^+）组成标准氢电极。其结构如图 9-2 所示。

国际上统一规定标准氢电极的电极电位为零伏（$\varphi^{\theta}_{H^+/H_2} = 0.000\,0V$），其他标准电极的电极电位，通常将待测的标准电极与标准氢电极组成原电池，通过测定电动势而求得。

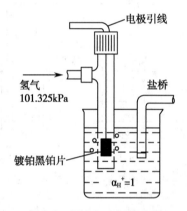

图 9-2 标准氢电极示意图

例如，测定铜电极的标准电极电位，可将铜电极与标准氢电极组成原电池，在标准状态下，测定其电动势 E 为 0.337V。由于氢气比铜更易给出电子，所以氢电极为负极，铜电极为正极，原电池符号可表示为：

$$(-)Pt \mid H_2(101.325kPa) \mid H^+(\alpha = 1) \parallel Cu^{2+}(\alpha = 1) \mid Cu(+)$$

根据式 9-1 得：

$$\begin{aligned} E &= \varphi_{(+)} - \varphi_{(-)} \\ &= \varphi^{\theta}_{Cu^{2+}/Cu} - \varphi^{\theta}_{H^+/H_2} \\ 0.337 &= \varphi^{\theta}_{Cu^{2+}/Cu} - 0.00 \end{aligned}$$

所以 $\qquad \varphi^{\theta}_{Cu^{2+}/Cu} = 0.337V$

同理，如果测定锌电极的标准电极电位，可将锌电极与标准氢电极组成原电池，在标准状态下，测定其电动势 E 为 0.763V。由于锌比氢气更易给出电子，所以锌电极为负极，氢电极为正极，原电池符号可表示为：

$$(-)Zn \mid Zn^{2+}(\alpha = 1) \parallel H^+(\alpha = 1) \mid H_2(101.33kPa) \mid Pt(+)$$

根据式 9-1 得：

$$\begin{aligned} E &= \varphi^{\theta}_{H^+/H_2} - \varphi^{\theta}_{Zn^{2+}/Zn} \\ 0.763 &= 0.00 - \varphi^{\theta}_{Zn^{2+}/Zn} \end{aligned}$$

所以 $\qquad \varphi^{\theta}_{Zn^{2+}/Zn} = -0.763V$

许多电极的标准电极电位都已测定,部分电极的标准电极电位见表9-1,其他详见附录四。

表9-1　部分电极的标准电极电位(25℃)

氧化态	电子数		还原态	φ^θ/V
Na^+	+e	$\rightleftharpoons$	Na	−2.714
Zn^{2+}	+2e	$\rightleftharpoons$	Zn	−0.763
$2CO_2+2H^+$	+2e	$\rightleftharpoons$	$H_2C_2O_4$	−0.49
Fe^{2+}	+2e	$\rightleftharpoons$	Fe	−0.44
Sn^{2+}	+2e	$\rightleftharpoons$	Sn	−0.136
Pb^{2+}	+2e	$\rightleftharpoons$	Pb	−0.126
$2H^+$	+2e	$\rightleftharpoons$	H_2	0.0000
$S_4O_6^{2-}$	+2e	$\rightleftharpoons$	$2S_2O_3^{2-}$	0.08
AgCl(s)	+e	$\rightleftharpoons$	$Ag+Cl^-$	0.2223
$Hg_2Cl_2(s)$	+2e	$\rightleftharpoons$	$2Hg+2Cl^-$	0.2676
Cu^{2+}	+2e	$\rightleftharpoons$	Cu	0.337
$I_2(s)$	+2e	$\rightleftharpoons$	$2I^-$	0.5345
Fe^{3+}	+e	$\rightleftharpoons$	Fe^{2+}	0.771
$Cr_2O_7^{2-}+14H^+$	+6e	$\rightleftharpoons$	$2Cr^{3+}+7H_2O$	1.33
$MnO_4^-+8H^+$	+5e	$\rightleftharpoons$	$Mn^{2+}+4H_2O$	1.51

由表9-1可以看出:在相同条件(标准状态)下,电极的标准电极电位由电极的性质所决定。电极的φ^θ值越大,其氧化态越易得到电子,氧化性越强,而其还原态越难失去电子,还原性越弱;反之亦然。可见,电极电位是表示电极的氧化态获得电子能力大小的数值。当两个电极组成原电池时,电极电位较大的电极为正极,电极电位较小的电极为负极。

课堂互动

电极电势的大小与氧化剂和还原剂的强弱有什么关系?

二、能斯特方程

标准电极电位(φ^θ)是在标准状态下测定的,如果不在标准状态,电极电位就会发生明显变化。德国物理化学家能斯特(Nernst)推导出电极电位与温度、标准电极电位、浓度之间的定量关系,通常称之为能斯特方程(Nernst equation)。

(一)能斯特方程的表达式

对于任意给定的一个电极,其电极反应可以写成如下通式:

$$Ox+ne \rightleftharpoons Red$$

在25℃时,其能斯特方程可表示为:

$$\varphi = \varphi^\theta + \frac{0.0592}{n}\lg\frac{[Ox]}{[Red]} \tag{9-2}$$

笔记

在式9-2中，φ 为电极电位；φ^θ 为标准电极电位；n 为电极反应中转移的电子数；$[Ox]$ 和 $[Red]$ 分别表示电极反应式中氧化态一侧各物质浓度系数幂的乘积和还原态一侧各物质浓度系数幂的乘积。

（二）使用能斯特方程式时应注意的事项

1. 式9-2是25℃条件下的能斯特方程。

2. 在电极反应中，如果有纯固体、纯液体或沉淀参与反应，则把它们的浓度视为常数，按1处理，可以不写进能斯特方程中。如银-氯化银电极：

$$AgCl(s)+e \Longleftrightarrow Ag+Cl^-$$

$$\varphi_{AgCl/Ag} = \varphi^\theta_{AgCl/Ag} + 0.059\,2\lg\frac{1}{[Cl^-]}$$

3. 对于气体物质，应以分压 p 与标准气压 p^θ 之比 p/p^θ 写入能斯特方程中。各物质的计量系数不是1时，公式中应将它们的系数作为对应物质浓度的幂。如氢电极：

$$2H^+(aq)+2e \Longleftrightarrow H_2(g)$$

$$\varphi_{H^+/H_2} = \varphi^\theta_{H^+/H_2} + \frac{0.059\,2}{2}\lg\frac{[H^+]^2}{[p_{H_2}/p^\theta]}$$

4. 电极反应中，除氧化态和还原态物质外，还有 H^+ 或 OH^- 参加反应时，这些离子的浓度也应表示在能斯特方程中。如高锰酸根和锰离子组成的电极：

$$MnO_4^- + 8H^+ 5e \Longleftrightarrow Mn^{2+} + 4H_2O$$

$$\varphi_{MnO_4^-/Mn^{2+}} = \varphi^\theta_{MnO_4^-/Mn^{2+}} + \frac{0.059\,2}{5}\lg\frac{[MnO_4^-][H^+]^8}{[Mn^{2+}]}$$

第三节 直接电位法

直接电位法（direct potentiometry）是将参比电极和指示电极插入待测溶液组成原电池，通过测定原电池的电动势而建立起来的直接测量有关离子浓度的分析方法。

一、参比电极

一定条件下，具有恒定电极电位的电极称为参比电极（reference electrode）。参比电极的电极电位不随待测溶液离子浓度的变化而变化，只与电极内部的离子浓度有关，当其内部离子的浓度一定时，其电极电位为一恒定值。常用的参比电极有甘汞电极和银-氯化银电极。

（一）甘汞电极

甘汞电极由金属汞、甘汞（Hg_2Cl_2）和 KCl 溶液组成。其构造如图9-3所示。

电极反应为：

$$Hg_2Cl_2 + 2e \Longleftrightarrow 2Hg + 2Cl^-$$

在25℃条件下，其电极电位为：

$$\varphi_{Hg_2Cl_2/Hg} = \varphi^\theta_{Hg_2Cl_2/Hg} - 0.059\,2\lg c_{Cl^-}$$

由此可知，甘汞电极的电极电位只随电极内部氯离子的浓度变化而变化，当氯离子的浓度一定时，甘汞电极的电极电位为一定值。在25℃时，三种不同浓度 KCl 溶液的甘汞电极的电极电位见表9-2。

用饱和氯化钾溶液作为电解液的甘汞电极称为饱和甘汞电极。在25℃条件下，其电极电位为 0.241 2V。制备饱和 KCl

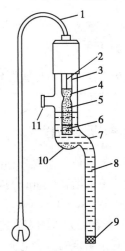

1.电极导线；2.铂丝；3.内玻璃管；4.金属汞；5.汞与甘汞糊状物；6.石棉塞；7.外玻璃管；8.氯化钾饱和溶液；9.素瓷芯；10.氯化钾晶体；11.加液口。

图9-3 饱和甘汞电极示意图

溶液比较方便,使用时兼有盐桥的作用。饱和甘汞电极构造简单,电位稳定,保存和使用都很方便。所以,饱和甘汞电极(SCE)是电位分析中最常用的参比电极。

表9-2　甘汞电极的电极电位(25℃)

KCl 溶液浓度	0.1mol/L KCl	1mol/L KCl	饱和 KCl
电极电位/V	0.333 7	0.280 1	0.241 2

(二)银-氯化银电极

银-氯化银电极是由涂镀有一层氯化银的银丝插入到一定浓度的氯化钾溶液中构成的,其构造如图9-4所示。

电极反应为:

$$AgCl + e \rightleftharpoons Ag + Cl^-$$

在25℃条件下,银-氯化银电极的电极电位为:

$$\varphi_{AgCl/Ag} = \varphi^{\theta}_{AgCl/Ag} - 0.059\ 2 \lg c_{Cl^-}$$

与甘汞电极相似,银-氯化银电极的电极电位也只随电极内部氯离子浓度的变化而变化。三种不同浓度 KCl 溶液的银-氯化银电极的电极电位见表9-3。

银-氯化银电极结构简单,可以制造成很小的体积,使用方便、性能可靠,因此常将其用作其他离子选择性电极的内参比电极。

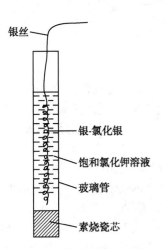

银丝
银-氯化银
饱和氯化钾溶液
玻璃管
素烧瓷芯

图9-4　银-氯化银电极示意图

表9-3　银-氯化银电极的电极电位(25℃)

KCl 溶液浓度	0.1mol/L KCl	1mol/L KCl	饱和 KCl
电极电位/V	0.288 0	0.222 0	0.199 0

二、指示电极

指示电极(indicator electrode)是指电极电位随溶液中待测离子浓度的变化而变化的电极。常用的指示电极通常分为金属基电极和离子选择性电极两大类。

(一)金属基电极

金属基电极(base metal electrode)是以金属为基体,电极电位的建立基于电子转移反应的一类电极。按其组成和作用不同可分为如下几种。

1. 金属-金属离子电极　由金属插入含该金属离子的溶液中所构成的电极称为金属-金属离子电极,简称金属电极。这种电极只有一个相界面,因此又称为第一类电极。如银丝插入银离子溶液中组成银电极(Ag|Ag⁺),电极反应和25℃条件下的电极电位分别为:

$$Ag^+ + e \rightleftharpoons Ag$$

$$\varphi_{Ag^+/Ag} = \varphi^{\theta}_{Ag^+/Ag} + 0.059\ 2 \lg c_{Ag^+}$$

这类电极的电极电位随溶液中金属离子浓度的变化而变化,可用于测定金属离子的浓度,也可用于电位滴定中,指示沉淀或配位滴定过程中金属离子浓度的变化。

2. 金属-金属难溶盐电极　将金属表面涂上该金属的难溶盐后,插入该难溶盐的阴离子溶液中构成的电极,称为金属-金属难溶盐电极。这类电极有二个相界面,故又称为第二类电极。例如,将表面涂有氯化银的银丝插入氯离子溶液中组成银-氯化银电极(Ag|AgCl,Cl⁻),电极反应和25℃条件下的电极电位分别为:

$$AgCl + e \rightleftharpoons Ag + Cl^-$$

$$\varphi_{AgCl/Ag} = \varphi^{\theta}_{AgCl/Ag} - 0.059\ 2 \lg c_{Cl^-}(25℃)$$

这类电极的电极电位随溶液中难溶盐阴离子浓度的变化而变化,可用于测定难溶盐阴离子的浓度。如前面所述,若难溶盐阴离子浓度恒定,电极的电极电位也恒定,故可以作为参比电极。

3. 惰性金属电极 是将惰性金属(铂或金)插入含有同一元素的氧化态和还原态的溶液中所组成的电极称为惰性金属电极。电极的氧化态、还原态同时存在于溶液中,没有相界面,故称为零类电极或氧化还原电极。惰性金属不参与电极反应,仅在电极反应过程中起传递电子的作用。例如,将铂片插入含有三价铁离子和二价铁离子的溶液中组成铂电极($Pt \mid Fe^{3+}, Fe^{2+}$),电极反应和25℃条件下的电极电位分别为:

$$Fe^{3+} + e \Longrightarrow Fe^{2+}$$

$$\varphi_{Fe^{3+}/Fe^{2+}} = \varphi_{Fe^{3+}/Fe^{2+}}^{\theta} + 0.059\ 2\lg \frac{[Fe^{3+}]}{[Fe^{2+}]}$$

惰性金属电极的电极电位决定于溶液中氧化态和还原态物质浓度的比值,可作为测定溶液中氧化态和还原态物质浓度或二者的比值。

(二)离子选择性电极

离子选择性电极(ion selectivity electrode,ISE)是一类利用选择性电极膜对溶液中特定离子产生选择性响应,从而测定该离子浓度的电极。离子选择性电极也称膜电极,这类电极的共同特点是,膜电极电位的产生源于离子的交换和扩散,而无电子的转移,即电极膜对特定的离子具有选择性响应,电极膜的电位大小与待测离子浓度的关系符合能斯特方程式。该类电极具有选择性好、平衡时间短、灵敏度高等特点,是电位分析法用得最多、发展较快和应用较广的指示电极。

测定溶液 pH 的玻璃电极,是使用最早的一种离子选择性电极。玻璃电极的玻璃膜成分一般为 Na_2O(22%)、CaO(6%)、SiO_2(72%),它对溶液中的 H^+ 浓度有选择性响应,故称为氢离子选择性电极,常用于测定或指示溶液的 pH。

1. 玻璃电极的构造 玻璃电极的下端由特殊玻璃制成的球形泡,泡的下半部是对 H^+ 有选择性响应的玻璃薄膜,球膜厚 0.05~0.1mm。泡内装有一定 pH 的内参比溶液(通常是 0.1mol/L HCl 溶液),溶液中插入一支 Ag-AgCl 电极作内参比电极。由于玻璃电极的内阻很高(约为100MΩ),因此导线及电极引出线都需要高度绝缘,并装有屏蔽罩,以免漏电和静电干扰。电极的构造如图9-5所示。

2. 玻璃电极的响应原理 玻璃电极的内参比电极电位恒定,与玻璃电极外面被测溶液的 pH 无关。玻璃电极之所以能指示 H^+ 浓度的大小,是因为玻璃膜的结构中存在着体积小、活动能力较强的 Na^+,当玻璃电极在水溶液中浸泡一定时间之后,玻璃膜的内、外表面都形成了一层很薄的水化凝胶层,H^+ 能够在膜上进行交换和扩散,交换反应可表示如下:

$$H^+ \quad + \quad Na^+Gl^- \Longrightarrow \quad Na^+ \quad + \quad H^+Gl^-$$
(溶液)（玻璃）　　　　　　（溶液）　　（玻璃）

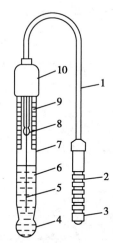

1. 绝缘屏蔽电缆;2. 高绝缘插头;
3. 金属接头;4. 玻璃薄膜;5. 内参比电极;6. 内参比溶液;7. 玻璃管;8. 支管圈;9. 屏蔽层;10. 塑料电极帽。

图 9-5 玻璃电极示意图

在玻璃球膜内、外两侧,水化凝胶层-溶液两相界面间都形成了双电层,分别产生了相界电位 $\varphi_{内}$ 和 $\varphi_{外}$,如图9-6所示。

在玻璃膜的内、外水化凝胶层-溶液的相界面两侧,H^+ 浓度不同,玻璃膜两侧具有一定的电位差,这个电位差称为膜电位 $\varphi_{膜}$。25℃时玻璃膜的膜电位可表示为:

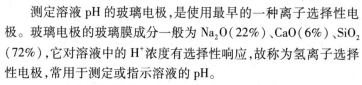

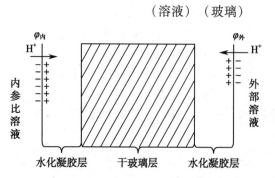

图 9-6 膜电位的产生示意图

离子选择性电极的响应机制

$$\varphi_{膜}=\varphi_{外}-\varphi_{内}=0.059\ 2\lg\frac{[H^+]_{外}}{[H^+]_{内}} \tag{9-3}$$

在式9-3中，$[H^+]_{外}$为膜外待测溶液的 H^+ 浓度，$[H^+]_{内}$为膜内参比溶液的 H^+ 浓度，由于膜内装的内参比溶液的 H^+ 浓度是一定的，因此，膜电位 $\varphi_{膜}$ 的大小，主要由待测溶液中的 H^+ 浓度决定，即：

$$\varphi_{膜}=K+0.059\ 2\lg[H^+]_{外} \tag{9-4}$$

玻璃电极的电极电位大小由内参比电极的电位和膜电位决定。在一定条件下，内参比电极的电位是一定值，因此，整个玻璃电极的电极电位为：

$$\varphi_{玻璃}=\varphi_{参比}+\varphi_{膜}=\varphi_{参比}+K+0.059\ 2\lg[H^+]_{外}=K_{玻}+0.059\ 2\lg[H^+]_{外}$$

上式中 $K_{玻}$ 表示玻璃电极的性质常数，所以，25℃时玻璃电极的电极电位为：

$$\varphi_{玻璃}=K_{玻}-0.059\ 2pH \tag{9-5}$$

不同的玻璃电极，其常数 $K_{玻}$ 也不同；对于一个确定的玻璃电极来说，温度一定时，$K_{玻}$ 是定值。

3. 玻璃电极的性能

（1）电极斜率：当溶液的 pH 改变一个单位时，引起玻璃电极电位的变化值称为电极斜率，用 S 表示，其理论值为 $2.303RT/F$。由于玻璃电极长期使用会老化，因此玻璃电极的实际斜率均略小于理论值，在25℃时，若玻璃电极的实际斜率小于 52mV/pH，就不宜再使用。

（2）酸差和碱差：玻璃电极的 φ-pH 关系曲线只在一定 pH（1~9）范围内呈线性关系。当用玻璃电极测定 pH<1 的酸性溶液时，由于外部溶液 $[H^+]$ 过高，部分 H^+ 会进入水化凝胶层，导致外部溶液的 H^+ 浓度较真实浓度偏低，pH 测量值高于真实值而产生正误差，这种误差称为酸差。当用普通玻璃电极测定 pH>9 的碱性溶液时，玻璃膜会对 H^+ 和 Na^+ 同时响应，使测得的 H^+ 浓度偏高，而 pH 测量值低于真实值而产生负误差，这种误差称为钠差，又称碱差，此时可用锂玻璃电极减小误差。

（3）不对称电位：理论上讲，当玻璃电极膜内、外两侧溶液的 H^+ 浓度相等时，膜电位 $\varphi_{膜}$ 应为零，但实际上 $\varphi_{膜}$ 并不等于零，有 1~30mV 的电位差存在，这个电位差称为不对称电位。它是由于玻璃膜内外表面性质的差异（如表面几何形状不同、分子结构的微小差异、水化作用不同等）造成的。玻璃电极经过充分浸泡后，不对称电位可以降至最低，并趋于恒定。

（4）温度：玻璃电极一般只能在 5~60℃ 范围内使用，温度过低，玻璃电极的内阻会增大；温度过高，电极寿命会缩短。此外，在测定标准溶液和待测溶液 pH 时，温度必须相同。

4. 使用玻璃电极的注意事项

（1）玻璃电极的预处理：玻璃电极在使用前，必须在蒸馏水中浸泡 24h 以上，以便形成稳定的水化凝胶层，降低不对称电位，使电极对 H^+ 有稳定的对应关系。经常使用的玻璃电极，短期可用 pH = 4.00 的缓冲溶液或蒸馏水浸泡存放；如果长期存放，则需用 pH = 7.00 的缓冲溶液浸泡或套上橡皮帽放在盒中。

（2）玻璃电极适宜的 pH 范围：用钠玻璃制成的玻璃电极如"221"型玻璃电极，适合测定的溶液 pH 范围是 1~9；用锂玻璃制成的玻璃电极如"231"型玻璃电极，适合测定的溶液 pH 范围是 1~13。

（3）玻璃电极的保护措施：玻璃电极的玻璃球膜很薄，易于破碎损坏，使用时要格外小心。测定 pH 时，玻璃电极的球泡应稍高于甘汞电极的陶瓷芯端，并全部浸入溶液中，球泡不能与玻璃杯等硬物相碰。待测溶液不能含有氟离子，以防腐蚀玻璃电极；不能用浓硫酸、无水乙醇、铬酸等来洗涤电极，以防破坏电极功能。电极清洗后切勿用织物擦干，以防损坏、污染电极，导致读数错误。

（4）发挥玻璃电极效能的措施：测完某一样品，要立即用蒸馏水洗净电极，并用滤纸吸干后，再测定下一个试样。玻璃电极浸入溶液后应轻轻摇动溶液，促使电极反应尽快达到平衡。

三、直接电位法测定溶液的 pH

（一）测定原理

直接电位法测定溶液的 pH，常用饱和甘汞电极作参比电极，pH 玻璃电极作指示电极，将两个电极插入待测溶液中组成原电池（galvanic cell）。原电池符号可表示为：

$$(-)玻璃电极｜待测溶液 ‖ 饱和甘汞电极(+)$$

25℃时,原电池的电动势为:

$$E = \varphi_+ - \varphi_- = \varphi_{SCE} - \varphi_{玻璃}$$

故　　　　$$E = 0.2412 - (K_{玻} - 0.0592pH) = K + 0.0592pH \quad\quad (9\text{-}6)$$

式9-6表明,原电池的电动势与溶液的pH呈线性关系。公式中的常数K包括内、外参比电极的电位、不对称电位、玻璃电极的膜电位等,在一定的温度下为定值,其数值难以测定和计算。用不同的玻璃电极时,K值不同,但K值是定值。因此,直接电位法测定溶液的pH时,常用两次测定法,以消除玻璃电极的不对称电位和公式中的K值。具体方法为:

首先测定pH为pH_s的标准缓冲溶液的电动势E_s,然后测量pH为pH_x的待测溶液的电动势E_x,根据式9-6可知,在25℃时,电池的电动势与pH之间的关系分别为:

$$E_s = K + 0.0592pH_s$$
$$E_x = K + 0.0592pH_x$$

两式相减并整理得:

$$pH_x = pH_s + \frac{E_S - E_X}{0.0592} \quad\quad (9\text{-}7)$$

由式9-7可知,用两次测定法测定溶液的pH,只要使用同一对玻璃电极和饱和甘汞电极,在相同条件下,无须确定常数K,只要确定了pH_s、E_s和E_x值,就可求得待测溶液的pH_x。

饱和甘汞电极在标准缓冲溶液和待测溶液中产生的液接电位不同,会产生测定误差。若两种溶液的pH接近,由液接电位不同而引起的误差就可忽略。因此,测量时选用的标准缓冲溶液的pH_s应该尽可能地与待测溶液的pH_x相接近。常用标准缓冲溶液的pH见表9-4。

表9-4　常用标准缓冲溶液的pH

温度/℃	0.05mol/L 草酸三氢钾	饱和酒石酸氢钾	0.05mol/L 邻苯二甲酸氢钾	0.025mol/L KH₂PO₄ 0.025mol/L Na₂HPO₄
0	1.666	–	4.003	6.984
10	1.670	–	5.998	6.923
20	1.675	–	4.002	6.881
25	1.679	3.557	4.008	6.865
30	1.683	3.552	4.015	6.853
35	1.688	3.549	4.024	6.844
40	1.694	3.547	4.035	6.838

课堂互动

为什么用电位法测定溶液的pH,需采用两次测定法?

(二) pH计

pH计又称酸度计(acid meter),是一种用来测定溶液pH的精密仪器。pH计因测量用途和精度不同而有多种不同的类型,但其结构均由两部分组成,一部分由玻璃电极、饱和甘汞电极与待测溶液组成的原电池,另一部分是高阻抗电位计。原电池的电动势与待测溶液的pH有关,符合式9-6。根据测定原理,仪器可以将电动势转换为pH,即直接显示测定结果。目前常用的主要有雷兹25型、pHS-2型和pHS-3C型等。这里介绍pHS-3C型酸度计,其外形如图9-7所示。

0902

不同型号的pH计

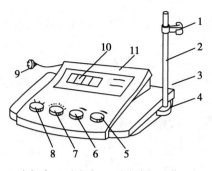

1. 电极夹;2. 电极杆;3. 电极插口(背面);4. 电极杆插座;5. 定位调节钮;6. 斜率补偿钮;7. 温度补偿钮;8. 选择开关钮(pH,mV);9. 电源插头;10. 显示屏;11. 面板。

图 9-7 pHS-3C 型 pH 计

1. pHS-3C 酸度计的主要调节旋钮及功能

（1）选择开关钮:也称为 mV-pH 转换器,指向"pH"时,仪器用于测量 pH;指向"mV"时,仪器用于测量电池的电动势。

（2）温度补偿钮:调节仪器温度与标准缓冲溶液或待测溶液的温度一致。

（3）定位调节钮:使仪器所示的 pH 与标准缓冲溶液的 pH 保持一致。

（4）斜率调节钮:调节电极系数,确保仪器能精密测量 pH。某些型号的 pH 计没有此钮。

2. 溶液 pH 的测量

（1）准备工作:将浸泡好的玻璃电极和饱和甘汞电极安装在电极夹中,将电极导线连接在仪器的接线柱上,将仪器功能选择钮调至"pH"位置。安装电极时玻璃电极球泡必须比甘汞电极陶瓷芯端稍高一些,以免球泡碰坏。用蒸馏水清洗两电极,用滤纸吸干电极外壁上的水分,插入标准 pH 溶液或待测溶液。每次更换溶液,都应如此清洗电极。打开仪器开关预热 30min。

（2）校正仪器:以"二点校正法"为例说明之。选择二种标准 pH 缓冲溶液,待测溶液的 pH 应在该两种标准 pH 缓冲溶液的 pH 之间或接近,如 pH=4 和 7。把电极放入第一种缓冲溶液(pH=7)中,调节温度调节钮,使 pH 计所指示的温度与溶液一致,调节定位调节钮,使读数与该缓冲溶液的 pH 相同。取出电极,清洗之后,放入第二种缓冲溶液(pH=4)中,调节斜率调节钮,使读数与该缓冲溶液的 pH 相同。仪器校正之后,各调节钮不应再有变动。

（3）测量待测溶液的 pH:重新清洗电极,插入待测溶液中,轻摇烧杯,待稳定后,仪器显示的读数即为待测溶液的 pH。

（4）关机:测量完毕,关闭仪器的电源开关。取下电极,用蒸馏水清洗电极,妥善保管备用。

pH 复合电极

把指示电极(如 pH 玻璃电极)和参比电极(如甘汞电极或银-氯化银电极)组合在一起的电极就是 pH 复合电极。目前,常用 pH 复合电极测定溶液 pH。将复合电极插入待测溶液,就可以代替指示电极和参比电极,电极外壳和玻璃球泡不易损坏,操作简单,测定值稳定,使用十分方便。

四、直接电位法测定其他离子浓度

（一）测定原理

直接电位法测定电解质溶液中一价阳离子浓度的基本原理与测定溶液 pH 非常相似,即用待测离子的离子选择性电极作指示电极,用饱和甘汞电极作参比电极,将电极浸入待测溶液组成原电池,通过测量该原电池的电动势,根据指示电极的能斯特方程(与式 9-4 类似)和电池电动势(与式 9-6 类似),求得待测离子的浓度。

原电池符号可表示为:

$$(-)离子选择性电极 \mid 待测溶液 \parallel 饱和甘汞电极(+)$$

25℃时,原电池的电动势为:

$$E=\varphi_+ -\varphi_- =\varphi_{SCE} -\varphi_{电极}$$

$$E=K-0.059\,2\lg c_i \tag{9-8}$$

（二）测定方法

离子选择性电极与玻璃电极一样,各个电极的 K 值互不相同,但 K 值是定值。所以,直接电位法测定其他离子浓度时一般用以下两种方法。

1. **标准曲线法** 在离子选择电极的线性范围内,按照浓度由小到大的顺序测定标准溶液的电动势,并作 E-$\lg c_i$ 或 E-pc_i 标准曲线,然后在相同条件下测量待测样品溶液的电动势 E_x,即可在标准曲线上查出待测样品对应的 $\lg c_x$。这种方法称为标准曲线法。

2. **两次测定法** 将已知准确浓度的标准溶液和未知浓度的待测溶液在相同条件下测定电动势,类似测定溶液 pH 的方法,求得离子浓度。

 视域拓展

离子选择电极分析在生物医学检验中的应用

离子选择电极分析是利用电极电位和离子浓度的关系来测定被测离子浓度的一种电化学分析法。这种方法有很多优点,如选择性好,在多数情况下共存离子的干扰小,组成复杂的试样往往不需分离处理即可直接测定;灵敏度高,可达 $10^{-5} \sim 10^{-8}$ mmol/L;溶血、脂血及黄疸不影响测定;分析速度快;易于自动化;标本用量少等。

离子选择电极分析被广泛用于生物医学检验中,如用微型电极测血液 pH,还可测量肾脏 pH、皮肤 CO_2 等常规临床检验。离子选择电极分析可以连续监测,最适合于血液中的电解质测定,特别在大型手术及重症监护时尤为重要,还可用于测定血液中的电解质离子浓度,如 K^+、Na^+、Ca^{2+}、Mg^{2+} 等。

第四节 电位滴定法

电位滴定法(potentiometric titration)是根据滴定过程中电池电动势的突变来确定滴定终点的分析方法。

一、电位滴定法的基本原理

ZDJ-4A 型自动电位滴定仪

将适当的指示电极和参比电极插入待测溶液中组成原电池,用电位计测量电池的电动势,如图 9-8 所示。随着标准溶液的加入,待测离子浓度不断降低,指示电极的电位和电池的电动势均随之变化。在化学计量点附近,溶液中待测离子的浓度发生突变而产生滴定突跃,指示电极的电位和电池的电动势也发生相应的突跃,从而指示滴定终点。

二、电位滴定法滴定终点的确定

在滴定过程中,加入一定体积的标准溶液(V,ml),记录一次相应的电动势(E,mV)。在化学计量点附近,每次加入标准液的体积应少一些。然后,计算 ΔE(电动势变化量)、ΔV(标准溶液体积变化量)、$\dfrac{\Delta E}{\Delta V}$(一级微商)、$\overline{V}$(标准溶液体积平均值)、$\dfrac{\Delta^2 E}{\Delta V^2}$(二级微商),再用图解法确定滴定终点。例如,某电位滴定的部分测量数据及处理结果见表 9-5。

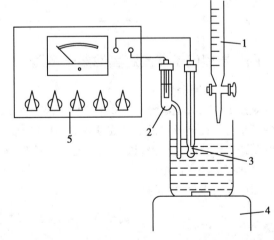

1. 滴定管;2. 参比电极;3. 指示电极;4. 磁力搅拌器;5. 电位计。

图 9-8 电位滴定装置示意图

 笔记

表 9-5　某电位滴定的部分测量数据及处理结果

V/ml	E/mV	$\Delta E/\text{mV}$	$\Delta V/\text{ml}$	$\dfrac{\Delta E}{\Delta V}$	$\overline{V}/\text{mV}$	$\dfrac{\Delta^2 E}{\Delta V^2}$
22.00	123					
23.00	138	15	1.00	15	22.50	
23.50	146	8	0.50	16	23.25	
23.80	161	15	0.30	50	23.65	
24.00	174	13	0.20	65	23.90	+125
24.10	183	9	0.10	90	24.05	+200
24.20	194	11	0.10	110	24.15	+2 800
24.30	233	39	0.10	390	24.25	+4 400
24.40	316	83	0.10	830	24.35	-5 900
24.50	340	24	0.10	240	24.45	-1 300
25.00	373	33	0.50	66	24.75	
26.00	396	23	1.00	23	25.50	
28.00	426	30	2.00	15	27.0	

常用的图解法有下列几种。

（一）E-V 曲线法

以表 9-5 中标准溶液体积 V 为横坐标，以相应的电动势 E 为纵坐标，绘制 E-V 曲线，如图 9-9 所示，曲线上转折点（斜率最大处）所对应的标准溶液体积即为滴定终点。此法应用方便，但对于滴定突跃较小的体系，误差较大。

（二）$\dfrac{\Delta E}{\Delta V}$-$\overline{V}$ 曲线法（一次微商法）

以表 9-5 中相邻的电动势差值与其对应的标准溶液体积差值之比 $\dfrac{\Delta E}{\Delta V}$ 为纵坐标，以相邻两次加入标准溶液体积的算术平均值 $\overline{V}$ 为横坐标，绘制 $\dfrac{\Delta E}{\Delta V}$-$\overline{V}$ 曲线，如图 9-10 所示，曲线尖峰所对应的标准溶液体积即为滴定终点。此法较为准确，但方法繁琐。

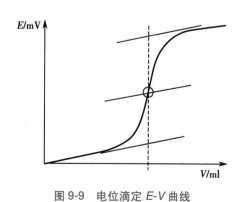

图 9-9　电位滴定 E-V 曲线

图 9-10　电位滴定 $\dfrac{\Delta E}{\Delta V}$-$\overline{V}$ 曲线

（三）$\dfrac{\Delta^2 E}{\Delta V^2}$-V 曲线法（二次微商法）

以表 9-5 中的 $\dfrac{\Delta^2 E}{\Delta V^2}$ 为纵坐标，以标准溶液体积 V 为横坐标，绘制 $\dfrac{\Delta^2 E}{\Delta V^2}$-V 曲线，如图 9-11 所示，$\dfrac{\Delta^2 E}{\Delta V^2}=0$ 所对应的体积为滴定终点。

电位滴定法与经典滴定法相比，具有很多优点，如确定滴定终点的主观误差小，可对有色溶液、浑浊溶液及无合适指示剂的试样进行滴定，可实现自动滴定和微量滴定等，因此，广泛用于酸碱滴定、氧化还原滴定、沉淀滴定、配位滴定等滴定分析中的终点确定。目前，全自动电位滴定仪已经非常普及，可以在仪器上直接设定滴定终点的电位值，省去人工记录数据、绘制曲线、确定滴定终点等麻烦，实现滴定过程自动化，使用十分方便。

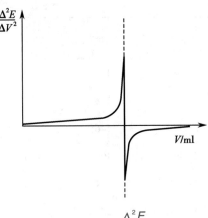

图 9-11　电位滴定 $\dfrac{\Delta^2 E}{\Delta V^2}$-V 曲线

第五节　永停滴定法

永停滴定法（dead-stop titration）属于电流滴定法，是根据滴定过程中双铂电极电流的突变来确定滴定终点的分析方法。

一、永停滴定法的基本原理

ZYT-2 型自动永停滴定仪

将两个相同的铂电极（惰性电极）插入待测溶液中，在两个电极间外加一低电压（10～100mV），组成了一个电解池（electrolytic cell），用检流计检测外电路的电流，如图 9-12 所示。在滴定的过程中，认真观察、记录电流的变化，根据电流计指针的突变来确定滴定终点。

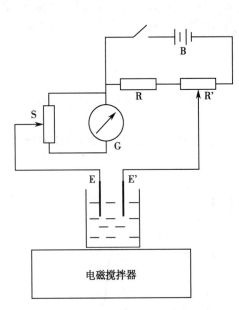

图 9-12　永停滴定装置示意图

在图 9-12 中，E 和 E' 为两个铂电极；R 是 5 000Ω 左右的电阻，R' 为 500Ω 的绕线电阻器，S 为电流计的分流电阻，作调节电流计的灵敏度之用；G 为灵敏电流计，分度为 10^{-9}～10^{-7}A；B 为 1.5V 干电池，作为供给外加低电压的电源。

在含有 I_2 和 I^- 的溶液中插入两支铂电极，并外加低电压，电极上发生如下电解反应：

阳极发生氧化反应　　　$2I^- - 2e \Longleftrightarrow I_2$

阴极发生还原反应　　　$I_2 + 2e \Longleftrightarrow 2I^-$

像电对 I_2/I^-，当外加低电压时，在两个惰性电极上分别发生氧化、还原反应，有电子得失，两极间和外电路中有电流通过，电流的大小取决于浓度较低的氧化态或还原态物质的浓度，当氧化态和还原态物质的浓度相等时，通过的电流最大，这样的电对称为可逆电对。简而言之，电极反应是可逆的电对称为可逆电对。

在含有 $S_4O_6^{2-}$ 和 $S_2O_3^{2-}$ 的溶液中插入两支铂电极，并外加低电压，则阳极上 $S_2O_3^{2-}$ 发生氧化反应，而阴极上不能发生还原反应，不能产生电解作用，无电子得失，两极间和外电路中无有电流通过，电对 $S_4O_6^{2-}/S_2O_3^{2-}$ 称为不可逆电对。简而言之，电极反应是不可逆的电对称为不可逆电对。

永停滴定法就是依据电解池中有可逆电对时有电流，无可逆电对时无电流的原理来确定滴定终点的。

二、永停滴定法滴定终点的确定

在滴定过程中,记录加入标准溶液的体积及对应的电流,绘制 $I\text{-}V$ 曲线,根据标准溶液及待测溶液中电对是否为可逆电对,在 $I\text{-}V$ 曲线上找到拐点,拐点所对应的体积为滴定终点。$I\text{-}V$ 曲线的"拐点"通常有以下三种情况。

(一)标准溶液为可逆电对,被测物为不可逆电对

以 I_2 标准溶液滴定 $Na_2S_2O_3$ 溶液为例。滴定开始至化学计量点前,溶液中只有 I^- 和 $S_4O_6^{2-}/S_2O_3^{2-}$ 不可逆电对,无电解反应,电极间无电流通过,电流计指针停在接近零点位置不动。当达到化学计量点时,溶液中的 I^- 和稍微过量 I_2 就形成了 I_2/I^- 可逆电对,在两支铂电极上发生电解反应,电极间有电流通过,电流计指针会突然发生偏转,指示滴定终点的到达。化学计量点后,电流持续增大,如图 9-13 (a)所示。

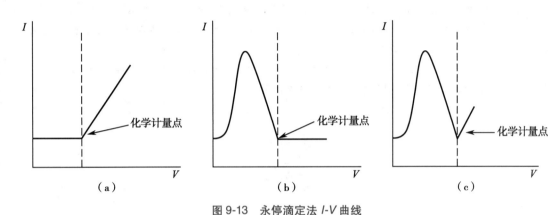

图 9-13 永停滴定法 $I\text{-}V$ 曲线

(二)标准溶液为不可逆电对,被测物为可逆电对

以 $Na_2S_2O_3$ 标准溶液滴定 I_2 溶液为例。滴定刚开始时,溶液中形成了可逆电对 I_2/I^-,$[I^-]<[I_2]$,电流计中有微弱电流通过,电流随 $[I^-]$ 的增大而增大;当滴定至一半时,$[I_2]=[I^-]$ 时,电流达到最大值;继续滴定,$[I_2]<[I^-]$,电流随 $[I_2]$ 的减小而减小;当滴定至化学计量点时,溶液中只有 $S_4O_6^{2-}$ 和 I^-,无可逆电对,无电解反应发生,电流计指针回到接近零点位置,指示滴定终点的到达。化学计量点后,溶液中含有 $S_4O_6^{2-}/S_2O_3^{2-}$ 不可逆电对和 I^-,无电解反应发生,电流计指针停在接近零点位置不再变化,如图 9-13(b)所示。

(三)标准溶液与被测物均为可逆电对

以 $Ce(SO_4)_2$ 标准溶液滴定 $FeSO_4$ 溶液为例。在滴定开始前,溶液中只有 Fe^{2+},因无可逆电对存在,两极间无电流通过。滴定开始后,溶液中形成了可逆电对 Fe^{3+}/Fe^{2+},电流计中有电流通过,电流随 $[Fe^{3+}]$ 的增大而增大;当 $[Fe^{2+}]=[Fe^{3+}]$ 时,电流达最大值。继续滴加标准溶液 (Ce^{4+}),$[Fe^{3+}]$ 不断增加,$[Fe^{2+}]$ 逐渐下降,电流也逐渐下降。达到化学计量点时,可逆电对 Fe^{3+}/Fe^{2+} 消失,溶液中只有 Fe^{3+} 和 Ce^{3+},几乎不存在 Fe^{2+} 和 Ce^{4+},无可逆电对,此时电流降至最低点,指示滴定终点的到达。化学计量点后,加入的过量 Ce^{4+} 会与反应生成的 Ce^{3+} 形成可逆电对 Ce^{4+}/Ce^{3+},溶液中电流又开始逐渐变大,如图 9-13(c)所示。

永停滴定法与电位滴定法具有相同的优点,并且特别适用于氧化还原滴定,如在药物分析中用于磺胺类药物的分析,从根本上克服了外指示剂法存在较大误差的缺陷。目前,全自动永停滴定仪已经非常普及,可以实现滴定过程自动化,简便易行,准确可靠。

学习小结

将化学能转变为电能的装置称为原电池。在原电池中,电子流出的电极发生氧化反应,称为负极;电子流入的电极发生还原反应,称为正极。

规定温度为25℃,组成电极的有关离子的浓度为1mol/L(严格地讲是活度为1),有关气体分压为101.325kPa时所测得的电极电位,称为该电极的标准电极电位。标准氢电极的电极电位为零。

电极在25℃条件下的电极电位可用能斯特方程式计算求得,即:

$$\varphi_{Ox/Red} = \varphi_{Ox/Red}^{\theta} + \frac{0.0592}{n} \lg \frac{[Ox]}{[Red]}$$

直接电位法测定溶液的 pH 时,常用玻璃电极作指示电极,饱和甘汞电极作参比电极,将两个电极插入到被测溶液中组成原电池,通过测定原电池的电动势,求得溶液的 pH。

电位滴定法是在滴定溶液中插入指示电极和参比电极组成原电池,借助于滴定过程中电池电动势的突变来确定滴定终点的分析方法。

永停滴定法是在滴定溶液中插入两个铂电极,并外加一个小电压,组成电解池,通过观察滴定过程中电流计指针的突变来判断滴定终点的分析方法。

扫一扫,测一测

达标练习

一、多项选择题

1. 下列叙述正确的是(　　)

    A. 电极电位越高,则电极的氧化态越易获得电子

    B. 电极电位越高,则电极的还原态越易获得电子

    C. 电池的电动势等于正极的电极电位减去负极的电极电位

    D. 标准氢电极的电极电位等于零

    E. 酸度计是用于测定溶液 pH 的精密仪器

2. 电位法测定溶液 pH 常选择的电极是(　　)

    A. 玻璃电极　　　　　　B. 银-氯化银电极　　　　　C. 饱和甘汞电极

    D. 汞电极　　　　　　　E. 银电极

3. 常用的参比电极有(　　)

    A. 饱和甘汞电极　　　　B. 银-氯化银电极　　　　　C. 金电极

    D. 玻璃电极　　　　　　E. 气敏电极

4. 电位滴定法确定终点的方法有(　　)

    A. $E\text{-}V$ 曲线法　　　　B. $\Delta E/\Delta V\text{-}\overline{V}$ 曲线法　　　C. $\Delta^2 E/\Delta V^2\text{-}V$ 曲线法

    D. 自身指示剂法　　　　E. 外指示剂法

5. 永停滴定曲线的类型有(　　)

    A. 标准溶液为可逆电对,被测物为不可逆电对

    B. 标准溶液为不可逆电对,被测物为可逆电对

C. 滴定剂与被测物均为可逆电对

D. 标准溶液和被测物均为不可逆电对

E. 标准溶液和被测物均为难溶物质

6. 滴定分析与电位滴定法的相同之处是(　　)

A. 滴定对象　　　　B. 指示终点的方法　　　　C. 标准溶液

D. 滴定用的仪器　　E. 滴定温度

二、辨是非题

1. 单个电极的电极电位可以用精密仪器准确测定。(　　)

2. 直接电位法是依据电极电位的值与溶液中有关离子浓度的关系符合能斯特方程而进行测定的。(　　)

3. 电极电位越高,电极的氧化态的得电子能力越强。(　　)

4. 直接电位法测定溶液的 pH 时,需要两个完全相同铂电极。(　　)

5. 一定条件下,具有恒定电极电位的电极称为参比电极。(　　)

6. 电极电位随溶液中待测离子浓度的变化而变化的电极称为指示电极。(　　)

7. 饱和甘汞电极是常用的参比电极。(　　)

8. 永停滴定法是将适当的指示电极和参比电极插入待测溶液中组成原电池,通过观察电池电动势变化来确定滴定终点。(　　)

9. 在电位滴定法中,用 E-V 曲线确定终点比其他方法更准确。(　　)

10. 酸度计是用于测定溶液 pH 的精密仪器。(　　)

三、填空题

1. 在原电池中,电子流出的电极称为负极,发生＿＿＿＿＿＿反应;电子流入的电极称为正极,发生＿＿＿＿＿＿反应。

2. 电极电位越大,说明电对中氧化态物质的＿＿＿＿＿＿能力越强;电极电位越小,说明电对中还原态物质的＿＿＿＿＿＿能力越强。

3. 测定溶液的 pH 时,常用的指示电极是＿＿＿＿＿＿,作原电池的＿＿＿＿＿＿极;参比电极是＿＿＿＿＿＿,作原电池的＿＿＿＿＿＿极。

4. 25℃时,玻璃电极的电极电位表达式为＿＿＿＿＿＿。

5. 甘汞电极的电极电位与＿＿＿＿＿＿有关。25℃时,饱和甘汞电极的电极电位为＿＿＿＿＿＿伏。

6. "221"型玻璃电极,适合测定的溶液 pH 范围是＿＿＿＿＿＿。"2321"型玻璃电极,适合测定的溶液 pH 范围是＿＿＿＿＿＿。

7. 电位滴定法中,在 E-V 曲线的＿＿＿＿＿＿点(斜率最大处)所对应的标准溶液体积为滴定终点。在 $\frac{\Delta E}{\Delta V}$-V 曲线上,曲线＿＿＿＿＿＿所对应的标准溶液体积为滴定终点。

8. 永停滴定法中,在测量时,将两个相同的＿＿＿＿＿＿插入待滴定的溶液中,在两个电极间外加＿＿＿＿＿＿,然后进行滴定,并观察电流计指针的变化。

四、简答题

1. 什么是电极电位? 什么是标准电极电位? 二者之间有何关系?

2. 为什么在测定溶液的 pH 时要用两次测定法?

3. 电位滴定法确定滴定终点的主要方法有哪些?

4. 永停滴定法与电位滴定法有何区别?

五、计算题

1. 电位滴定法测定苯巴比妥($C_{12}H_{12}N_2O_3$,式量为 232.2)含量。精密称取试样 0.223 5g,加 30ml 蒸馏水溶解,插入银电极为指示电极、饱和甘汞电极为参比电极,用 0.095 02mol/L 硝酸银标准溶液滴定,终点时消耗 10.01ml。试问该试样是否符合含 $C_{12}H_{12}N_2O_3$ 不得少于 98.5% 的规定。

2. 当下列电池中的溶液 pH 为 4.00 的缓冲溶液时,在 25℃(298.15K)使用毫伏计测得电动势为 0.209V。

(−)玻璃电极│待测 pH 溶液│饱和甘汞电极(+)

当测定某两个缓冲溶液时,分别测得电动势为(a)0.312V;(b)0.088V;试计算每种未知溶液的 pH。

(闫冬良)

第十章　紫外-可见分光光度法

学习目标

1. 掌握透光率和吸光度的概念;朗伯-比尔定律及其影响因素;紫外-可见分光光度法用于单组分定量分析的方法;紫外-可见分光光度计的主要组成部件和光路类型。
2. 熟悉最大吸收波长的意义;吸光系数的意义及有关计算;分析条件的选择。
3. 了解紫外吸收光谱与有机化合物分子结构的关系;紫外-可见分光光度法的定性分析方法。
4. 学会绘制吸收光谱曲线、标准曲线的操作技术和常见紫外-可见分光光度计的使用方法。

紫外-可见分光光度法(ultraviolet-visible spectroscopy,UV-vis),是通过测定待测物质在紫外-可见光区(200~800nm)的吸光度,对待测物质进行定性、定量和结构分析的方法。紫外-可见吸收光谱产生于分子价电子在电子能级间的跃迁,是研究物质电子光谱的方法。由于电子光谱的强度大,故紫外-可见分光光度法灵敏度较高,一般可达 $10^{-6} \sim 10^{-4}$ g/ml,部分可达 10^{-7} g/ml,准确度可达 0.5%,可用于推断化合物结构,进行单组分及混合组分的含量测定等。

第一节　光谱分析法概述

一、电磁辐射与电磁波谱

(一)电磁辐射

电磁辐射又称电磁波,具有波动性和粒子性,即波粒二象性。所有电磁辐射在真空中的传播速度 c 约 2.9979×10^{10} cm/s。

电磁辐射在传播过程中能够发生反射、折射、衍射、干涉和偏振等现象,表现出的波动性,可用光速 c、波长 λ、频率 ν 和波数 σ 等描述,它们之间的相互关系为:

$$c = \lambda\nu \tag{10-1}$$

$$\sigma = \frac{1}{\lambda} \tag{10-2}$$

电磁辐射与物质发生作用,能够产生吸收、发射和光电效应等现象,表现出粒子性。每种电磁辐射都具有一定的能量,其能量 E 与光速 c、波长 λ、频率 ν 和波数 σ 之间的相互关系为:

$$E = h\nu = h\frac{c}{\lambda} = h\sigma c \qquad (10\text{-}3)$$

式 10-3 中, h 是普朗克(Planck)常数, 其值等于 6.626 2×10^{-34}J·s, 其式表明: 电磁辐射的波长越短, 频率越高, 其能量愈大, 反之亦然。

(二)电磁波谱

若把电磁辐射按照波长大小顺序排列起来, 就称为电磁波谱(electromagnetic spectrum), 如表 10-1 所示。

表 10-1 电磁波谱分区表

电磁辐射区段	波长范围	能级跃迁的类型
γ 射线	$10^{-3} \sim 0.1$nm	原子核能级
X 射线	$0.1 \sim 10$nm	内层电子能级
远紫外辐射	$10 \sim 200$nm	内层电子能级
紫外辐射	$200 \sim 400$nm	价电子或成键电子能级
可见光区	$400 \sim 760$nm	价电子或成键电子能级
近红外辐射	$0.76 \sim 2.5\mu$m	涉及氢原子的振动能级
中红外辐射	$2.5 \sim 50\mu$m	原子或分子的振动能级
远红外辐射	$50 \sim 500\mu$m	分子的振动能级
微波区	0.3mm ~ 1m	分子的振动能级
无线电波区	$1 \sim 1\,000$m	磁场诱导核自旋能级

从本质上讲, 光是一种电磁辐射, 不同电磁辐射之间的区别仅在于波长或频率不同。紫外光区和可见光区仅是电磁波谱中的一小部分。

可见光是人眼睛能感觉到的光, 其波长在 400~760nm 之间。单一波长的光称为单色光, 两种适当颜色的单色光按一定强度和比例混合成为白色光, 这两种单色光称为互补色光。由不同波长的光混合而成的光称为复合光。日光是一种复合光, 当透过棱镜时可色散为红、橙、黄、绿、青、蓝、紫七种颜色的光, 这种现象称为光的色散。在日光的色散谱中, 不同颜色的光有不同的波长, 但是没有严格的界限而是由一种颜色逐渐过渡为另一种颜色。物质吸收白光中某种颜色的光之后, 呈现其所吸收光的补色光的颜色。例如, 硫酸铜溶液因吸收日光中的黄色光而呈蓝色; 高锰酸钾溶液因吸收了日光中的绿色光而呈紫色。

可见光区以外的电磁辐射, 人的眼睛觉察不到, 例如, 紫外分光光度法中常用的近紫外光, 波长在 200~400nm 之间。

(三)电磁辐射与物质的相互作用

电磁辐射与物质的相互作用是普遍发生的复杂的物理现象, 有涉及物质内能变化的吸收、产生荧光、磷光和拉曼散射, 以及不涉及物质内能变化的透射、折射、非拉曼散射、衍射和旋光等。

二、光谱分析法的分类

在现代仪器分析中, 根据待测物质与电磁辐射的相互作用(发射、吸收电磁辐射或光的基本性质变化)而建立起来的定性、定量和结构分析方法, 统称为光学分析法。光学分析法又可分为光谱法和非光谱法。

当待测物质与电磁辐射相互作用时, 发生能量交换, 待测物质内部发生能级跃迁, 发射或吸收电磁辐射, 根据辐射的强度随波长变化而建立的分析方法称为光谱分析法, 简称光谱法(spectrum method)。电磁波谱中各区段的波长范围不同, 其电磁辐射的能量也不同, 与物质相互作用所引起物质内部能级跃迁的类型也不同, 由此建立了各种不同的光谱分析法。由气态原子或离子的外层电子在不同能级间跃迁而产生的光谱称为原子光谱(atomic spectrum)。由分子的外层电子的跃迁或分子内的振动或转动能级跃迁而产生的光谱称为分子光谱(molecular spectrum)。根据测量信号的特征性质, 光谱分析法常分为以下两类:

（一）发射光谱法

物质的原子、分子或离子在辐射能的作用下，由低能态（基态）跃迁至高能态（激发态），再由高能态跃迁至低能态所发射电磁辐射，根据这种电磁辐射而建立的分析方法称为发射光谱法（emission spectrum）。

1. 原子发射光谱法　用火焰、电弧或火花等离子矩作为激发源，使气态原子或离子的外层电子受激发并发射特征光学光谱，利用这种光谱及谱线强度进行定性和定量分析。

2. 原子荧光光谱法　气态自由原子吸收特征波长的辐射后，跃迁到较高能级，然后又跃迁回到较低能级或基态，同时发射出比原激发波长更长的辐射，称为原子荧光，通常在激发源垂直的方向测定荧光的强度，可进行定量分析。

3. 分子荧光光谱法　某些物质被紫外-可见光照射后，物质分子吸收辐射成为激发态分子而发射出比入射光波长更长的荧光，通过测定荧光的强度可进行定量分析。

4. X射线荧光光谱法　原子受到高能辐射激发，其内层电子跃迁，发出特征X射线，称为X射线荧光，测定这种荧光的强度可以进行定量分析。

（二）吸收光谱法

利用物质对电磁辐射的选择性吸收而建立的分析方法称为吸收光谱法（absorb spectrum）。

1. 原子吸收光谱法　利用待测元素气态原子对共振发射线的吸收所形成的吸收光谱，用于元素的定性、定量测定。也称为原子吸收分光光度法。

2. 紫外-可见分光光度法　利用待测物质对紫外-可见光（200~760nm）的选择性吸收而建立的分析方法称为紫外-可见分光光度法（ultraviolet-visible，UV-VIS）。

3. 红外分光光度法　利用待测物分子在红外光区的振动-转动吸收光谱来进行结构分析、定性和定量分析的光谱法。

4. 磁共振波谱法　在强磁场的作用下，核自旋磁矩与外磁场相互作用分裂为能量不同的核磁能级，核磁能级之间的跃迁吸收射频区的电磁波，形成的吸收光谱，利用这种吸收光谱可进行有机化合物的结构测定。

 **知识链接**

非 光 谱 法

光学分析法中的非光谱法，是利用电磁辐射与待测物质作用后改变电磁辐射传播方向、速度等物理性质而建立起来的分析方法，如旋光法、折光法、干涉法、衍射法和偏振法等，非光谱分析法在药物分析中有所应用。

三、紫外-可见分光光度法的特点

（一）灵敏度高

紫外-可见分光光度法可测的待测物质的浓度一般可低至 $10^{-4} \sim 10^{-7}$ g/ml，非常适用于微量或痕量组分的分析。

（二）准确度与精密度比较高

在定量分析中，紫外-可见分光光度法的相对误差一般为 1%~3%。

（三）选择性比较好

紫外-可见分光光度法测定多组分共存的溶液时，依据待测物质对电磁辐射的选择性吸收，可以对某一组分进行分析。在一定条件下，利用吸光度的加和性，可以同时测定溶液中两种或两种以上的组分。

（四）仪器设备简单

紫外-可见分光光度法的仪器价格低廉，易于普及，操作简便，测定快速。

（五）适用范围广泛

绝大多数无机离子或有机化合物，都可以直接或间接地用紫外-可见分光光度法进行测定。

第二节　紫外-可见分光光度法的基本原理

一、紫外-可见吸收光谱的有关概念

吸收光谱（absorption spectrum）又称吸收曲线，是以波长 λ（nm）为横坐标，吸光度（absorbance，A）或透光率（transmittance，T）为纵坐标所描绘的曲线，如图 10-1 所示。

吸收峰（absorption peak）：吸收曲线上吸光度最大的地方，其对应的波长称为最大吸收波长 λ_{max}。

谷（valley）：吸收峰与吸收峰之间吸光度最小的部位。

肩峰（shoulder peak）：在一个吸收峰旁产生的一个曲折。

末端吸收（end absorption）：只在图谱短波端呈现强吸收而不成峰形的部分。

生色团（chromophore）：是有机化合物分子结构中含有能产生 $\pi \rightarrow \pi^*$ 跃迁或 $n \rightarrow \pi^*$ 跃迁的基团，以及能在紫外-可见光范围内产生吸收的原子基团，如 $>C=C<$、$>C=O$、$-N=N-$、$-C=S$ 等。

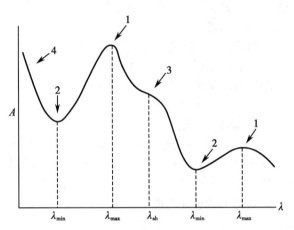

1. 吸收峰；2. 谷；3. 肩峰；4. 末端吸收。

图 10-1　吸收光谱示意图

助色团（auxochrome）：指含有非键电子的杂原子饱和基团，当其与生色团或饱和烃相连时，能使该生色团或饱和烃的吸收峰向长波方向移动，并使吸收强度增加。如 $-OH$、$-NH_2$、$-SH$、$-SR$、$-Cl$、$-Br$、$-I$ 等。

红移（red shift）和蓝（紫）移（blue shift）：在有机化合物中，因取代基或溶剂的改变，使其吸收带的最大吸收波长 λ_{max} 向长波方向移动的称为红移，亦称长移（bathochromic shift）；向短波方向移动的称为紫移，亦称短移（hypsochromic shift）。

增色效应或减色效应：由于化合物结构改变或其他原因，使吸收强度增加称增色效应（hyperchromic effect）；使吸收强度减弱称减色效应（hypochromic effect）。

强带和弱带（strong band and weak band）：化合物的紫外-可见吸收光谱中，摩尔吸光系数大于 10^4 的吸收峰称为强带；小于 10^2 的吸收峰称为弱带。

在相同条件下，用三种不同浓度的 $KMnO_4$ 溶液绘制出的三条吸收光谱曲线有何异同？

二、朗伯-比尔定律

（一）透光率与吸光度

当一束平行单色光通过均匀的液体介质时，一部分光被吸收，另一部分透过溶液，还有一部分被吸收池表面反射。设入射光强度为 I_0，吸收光强度为 I_a，透射光强度为 I，反射光强度为 I_r，则

$$I_0 = I_a + I + I_r \tag{10-4}$$

在紫外-可见分光光度法中，被测溶液和参比溶液分别置于同样材料和厚度的吸收池中，让强度为 I_0 的单色光分别通过两个吸收池，再测量透射光的强度，即可抵消反射光的影响，因此，上式可简化为

$$I_0 = I_a + I \tag{10-5}$$

透射光的强度(I)与入射光强度(I_0)之比称为透光率,用T表示,则

$$T = \frac{I}{I_0} \qquad (10\text{-}6)$$

透光率多以百分率表示,称为百分透光率($T\%$)。

溶液的透光率越大,表明对光的吸收越小;反之,透光率越小,表明对光的吸收越大。也可用吸光度来表示物质对光的吸收程度,其表达式为

$$A = -\lg T = -\lg \frac{I}{I_0} \qquad (10\text{-}7)$$

吸光度越大,表明物质对光的吸收程度越大。

透光率和吸光度均表示物质对光的吸收程度,两者可由式10-7相互换算。

(二)朗伯-比尔定律

朗伯(Lambert)于1760年研究了有色溶液对光的吸收度A与液层厚度L的关系,得出的结论是:当一束平行的单色光通过吸光性物质的溶液时,如果溶液的浓度保持恒定,在入射光的波长、强度及溶液的温度等不改变的条件下,则该溶液的吸光度A与液层厚度L成正比,即:

$$A = k_1 \cdot L \qquad (10\text{-}8)$$

这一结论称为朗伯定律(Lambert law)。

比尔(Beer)于1852年研究了有色溶液对光的吸收度A与溶液浓度c的关系,得出的结论是:当一束平行的单色光通过吸光性物质的溶液时,如果溶液的液层厚度保持恒定,在入射光的波长、强度及溶液的温度等不改变的条件下,则该溶液的吸光度A与溶液的浓度c成正比,即:

$$A = k_2 \cdot c \qquad (10\text{-}9)$$

这一结论称为比尔定律(Beer law)。

如果同时考虑溶液的液层厚度L和溶液的浓度c两个因素,上述的两个定律就合并为朗伯-比尔定律(Lambert-Beer Law),也称为光的吸收定律,可以表述为:当一束平行的单色光通过均匀、无散射的含有吸光性物质的溶液时,在入射光的波长、强度及溶液的温度等条件不变的情况下,该溶液的吸光度A与溶液的浓度c及液层厚度L的乘积成正比,即:

$$A = K \cdot c \cdot L \qquad (10\text{-}10)$$

式10-10中的K在一定条件下是常数,称为吸光系数(absorptivity)。

朗伯-比尔定律表明了物质对光的吸收程度与其浓度及液层厚度之间的数量关系,它不仅适用于可见光,而且也适用于紫外光和红外光;不仅适用于均匀、无散射的溶液,而且也适用于均匀、无散射的固体和气体。可见,朗伯-比尔定律是分光光度法进行定量分析的理论基础。

溶液的吸光度具有加和性。如果溶液中同时存在两种或两种以上的吸光性物质,则测得的吸光度等于各吸光性物质吸光度的总和,即:

$$A_{(a+b+c)} = A_a + A_b + A_c + \cdots\cdots \qquad (10\text{-}11)$$

这是分光光度法对多组分溶液进行定量分析的理论基础。

课堂互动

某化合物溶液遵守光的吸收定律,当浓度为c时,透光率为T,试计算:当浓度为$0.5c$、$2c$时所对应的透光率。

(三)吸光系数

如果待测溶液的浓度单位不同,则吸光系数的物理意义和表达方式也不同,通常有两种方法描述。

1. **摩尔吸光系数**(molar absorptivity)　在入射光波长一定时,溶液浓度为 1mol/L,液层厚度为 1cm 时所测得的吸光度称为摩尔吸光系数,常用 ε 表示,其量纲为 L/(mol·cm)。通常将 $\varepsilon \geq 10^4$ 时称为强吸收,$\varepsilon < 10^2$ 时称为弱吸收,ε 介于两者之间时称为中强吸收。

2. **比吸光系数**(specific absorptivity)　在入射光波长一定时,溶液浓度为 1%(W/V)、液层厚度为 1cm 时所测得的吸光度称为比吸光系数(也称百分吸光系数),常用 $E_{1cm}^{1\%}$ 表示,其量纲为 100ml/(g·cm)。

ε 和 $E_{1cm}^{1\%}$ 通常是通过测定已知准确浓度的稀溶液的吸光度,根据朗伯-比尔定律计算求得。

摩尔吸光系数和比吸光系数之间的换算关系是:

$$\varepsilon = E_{1cm}^{1\%} \times \frac{M}{10} \tag{10-12}$$

式 10-12 中,M 是吸光性物质的摩尔质量。

当入射光的波长、溶剂的种类、溶液的温度等因素确定时,ε 和 $E_{1cm}^{1\%}$ 只与物质的性质有关。在一定条件下,不同物质对同一波长单色光可以有不同的吸光系数;同一物质对不同波长的单色光也会有不同的吸光系数。一般用物质的最大吸收波长 λ_{max} 处的吸光系数,作为物质在一定条件下的特征常数之一。吸光系数愈大,表明溶液对某一波长的入射光愈容易吸收,测定的灵敏度愈高,反之亦然。所以,吸光系数可以作为衡量灵敏度的特征常数。ε 值在 10^3 以上时,就可以进行分光光度法定量测定。

例 10-1　维生素 B_{12} 的水溶液在 361nm 处的 $E_{1cm}^{1\%}$ 值为 207,盛于 1cm 吸收池中,测得溶液的吸光度为 0.414,求溶液浓度。

解:已知 $E_{1cm}^{1\%} = 207$,$L = 1cm$,$A = 0.414$,求 $c = ?$

根据朗伯-比尔定律得:

$$c = \frac{A}{E_{1cm}^{1\%} \times L} = \frac{0.414}{207 \times 1} = 0.002\,00\,(g/100ml)$$

答:溶液的浓度为 0.002 00g/ml。

例 10-2　用二硫腙测定 Cd^{2+} 溶液的吸光度 A 时,Cd^{2+}(Cd 的原子量为 112)的浓度为 14μg/ml,在 $\lambda_{max} = 525$nm 波长处,用 $L = 1$cm 的吸收池,测得吸光度 $A = 0.220$,试计算摩尔吸光系数。

解:已知 $c = 14μg/ml = 1.4 \times 10^{-3} g/100ml$,$L = 1cm$,$A = 0.220$,M = 112g/mol

求 $\varepsilon = ?$

根据式 10-12 得:

$$E_{1cm}^{1\%} = \frac{A}{cL} = \frac{0.220}{1.4 \times 10^{-3} \times 1} = 157\,[100ml/(g \cdot cm)]$$

$$\varepsilon = E_{1cm}^{1\%} \times \frac{M}{10} = 157 \times \frac{112}{10} = 1.76 \times 10^3\,[L/(mol \cdot cm)]$$

答:摩尔吸光系数为 $1.76 \times 10^{-3} L/(mol \cdot cm)$。

两支相同规格、相同材质的试管,分别盛有颜色深浅不同的 $KMnO_4$ 溶液,您认为哪个试管的溶液浓度大? 为什么?

请您解释为什么吸光系数与浓度的大小无关?

三、偏离朗伯-比尔定律的因素

按照朗伯-比尔定律,吸光度 A 与浓度 c 之间的关系应是一条通过原点的直线。但实际工作中却常出现偏离直线现象(一般以负偏离的情况居多),从而影响了测定的准确度。导致偏离的因素主要有化学因素和光学因素。

（一）化学因素

通常只有浓度小于0.01mol/L的稀溶液中朗伯-比尔定律才能成立。随着溶液浓度的升高,其中的吸光物质可发生解离、缔合、溶剂化、生成配合物等变化,使吸光物质的存在形式发生变化,影响物质对光的吸收,导致偏离朗伯-比尔定律现象的发生。

如重铬酸钾的水溶液有以下平衡:

$$Cr_2O_7^{2-}+H_2O=2H^++2CrO_4^{2-}$$

若溶液稀释2倍,受稀释影响,平衡向右移动程度增加,使得$Cr_2O_7^{2-}$离子浓度的减少多于2倍,导致结果偏离朗伯-比尔定律而产生误差。但是若在强酸性溶液中测定$Cr_2O_7^{2-}$或在强碱性溶液中测定CrO_4^{2-},则可避免偏离现象的发生。因此,由化学因素引起的偏离,有时可通过控制实验条件得以消除。

（二）光学因素

1. 非单色光　朗伯-比尔定律的一个重要前提是入射光为单色光,但事实上真正的单色光是难以得到的。当光源为连续光谱时,采用单色器分离出的光同时包含了所需波长及附近波长的光,即具有一定波长范围的光,仍是复合光,由于物质对不同波长的光有不同的吸光系数,可以使吸光度发生变化而偏离朗伯-比尔定律。

2. 杂散光　由单色器得到的单色光中,还有一些不在谱带范围内,且与所需波长相隔甚远的光,称为杂散光(stray light)。是由仪器光学系统的缺陷或光学元件受灰尘、霉蚀的影响而引起的。特别是在透光率很弱的情况下,杂散光会产生较大影响。随着仪器制造工艺的提高,绝大部分波长内杂散光的影响可忽略不计,但在接近紫外末端处,杂散光的比例相对较大,因而会干扰测定,有时还会出现假峰。

3. 散射光和反射光　吸光质点对入射光有散射作用,吸收池内外界面之间入射光通过时又有反射现象。散射光和反射光均由入射光谱带宽度内的光产生,将对透射光强度有直接影响。散射和反射作用致使透射光强度减弱。真溶液散射作用较弱,可用空白进行补偿。混浊溶液散射作用较强,一般不易制备相同的空白溶液,常使测得的吸光度偏离直线。

4. 非平行光　通过吸收池的光一般不是真正的平行光,倾斜光通过吸收池的实际光程将比垂直照射的平行光的光程长,使液层厚度增大而影响测量值。这是同一物质用不同仪器测定吸光度时,产生差异的主要原因之一。

四、分析条件的选择

选择适当的仪器测量条件、反应条件、参比溶液等,是保证分析方法有较高灵敏度和准确度的重要前提。

（一）仪器测量条件的选择

1. 检测波长的选择　因为溶液对光的吸收是有选择性的,所以测定时要根据吸收曲线选择待测物质的最大吸收波长λ_{max}作为测定波长,这样不仅保证测定的灵敏度高,而且此处曲线较为平坦,吸光系数变化不大,偏离朗伯-比尔定律的程度最小。

2. 读数范围的选择　在实际工作中读数范围应控制在吸光度为0.2~0.7,透光率为20%~65%之间。当读数不在此范围时,可以通过改变溶液浓度或吸收池厚度控制读数范围。当透光率$T=36.8\%$,即吸光度$A=0.4343$时,测量误差最小。

（二）显色剂及显色反应条件的选择

在紫外-可见光区测定非吸光性物质溶液时,常常需要加入适当的试剂,将待测组分转变成为在紫外-可见光区有较强吸收的物质。能与待测组分定量发生化学反应、生成在紫外-可见光区有较强吸收的物质的化学试剂,称为显色剂(colouring agent)。显色剂与待测组分发生的化学反应称为显色反应(color reaction)。

1. 对显色剂及显色反应的要求

（1）显色剂不干扰:显色剂在测定波长处应无明显吸收,显色剂的最大吸收波长与反应生成物的最大吸收波长应相差60nm以上。

（2）显色剂的选择性好：显色剂应尽可能只与待测组分发生反应。

（3）显色反应必须定量完成：显色反应应具有确定的化学计量关系，反应速度足够快，反应定量完全，生成物的组成要恒定并具有足够的稳定性。

（4）显色反应生成物的吸光能力大：显色反应所生成的吸光物质的摩尔吸光系数 ε 值应大于 10^4 L/（mol·cm）。

2. 显色反应条件的选择

（1）显色剂用量：为了使显色反应进行完全，常需加入过量的显色剂，但显色剂的用量并不是越多越好，需通过实验进行确定。方法是将被测组分浓度及其他条件固定后，加入不同量的显色剂，测定其吸光度，绘制吸光度（A）-显色剂体积（V）曲线，如图 10-2 所示。

图 10-2（a）表明，在 a~b 范围内，曲线平坦，吸光度不随显色剂用量改变，可在这段范围内确定显色剂的用量。

图 10-2（b）表明，必须将显色剂的用量严格控制在 a~b 这一较窄的范围内时，才能进行被测组分的测定。

图 10-2（c）与前两种情况完全不同，当显色剂的用量不断增大时，吸光度不断增大。对于这种情况，只有特别严格控制显色剂的用量，才能得到良好的结果，这种情况一般用于定性，不适用于定量。

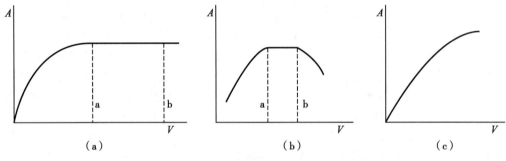

图 10-2 吸光度与显色剂加入量关系曲线

（2）溶液酸度：很多显色剂是有机弱酸或弱碱，因此，溶液的浓度会直接影响显色剂的存在形式和有色化合物的浓度，以致改变溶液的颜色。溶液的酸碱性对氧化还原反应、缩合反应等，也有重要的影响，常常需要用缓冲溶液保持溶液在一定 pH 下进行显色反应。合适的 pH 可以通过绘制吸光度-溶液 pH 曲线来确定。

（3）显色时间：由于各种显色反应的反应速度不同，所以完成反应所需要的时间会有较大差异。显色产物在放置过程中也会发生变化，有些反应产物的颜色能保持较长时间，有的颜色会逐渐减退或加深，因此，必须在一定条件下进行实验，做出吸光度-时间关系曲线，才能确定适宜的显色时间和测定时间。

在分光光度法实验中，某同学将某种试样浓溶液加入比色皿中，在规定的波长处测定吸光度，则发现未显示出吸光度值，为什么会出现此现象？

（4）温度：一般显色反应可以在室温下进行，也有的显色反应与温度有很大关系。如原花青素与盐酸亚铁铵在硫酸-丙酮溶剂中的显色反应在室温和煮沸状态下就有很大不同。在室温时显色产物吸光度极低，但在煮沸状态下显色产物颜色明显。

（5）溶剂：溶剂的性质可直接影响被测物对光的吸收，相同的物质溶解于不同的溶剂中，有时会出现不同颜色。例如，苦味酸在水溶液中呈黄色，而在三氯甲烷中呈无色。显色反应产物的稳定性也与溶剂有关，硫氰合铁红色配合物在丁醇中比在水溶液中稳定。在萃取比色中，应选用分配比较高的溶剂作为萃取溶剂。

（三）参比溶液的选择

在测定待测溶液的吸光度时，首先要用参比溶液（又称为空白溶液）调节透光率为100%，以消除溶液中其他成分以及吸收池和溶剂对光的反射和吸收所带来的误差。参比溶液的组成根据试样溶液的性质而定，合理地选择参比溶液对提高准确度起着重要的作用。

1. 溶剂参比溶液　在测定波长下，溶液中只有被测组分对光有吸收，而显色剂或其他组分对光无吸收，或虽有少许吸收，但引起的测定误差在允许范围内，在此情况下可用溶剂作为参比溶液。

2. 试剂参比溶液　与测定试样相同条件下只是不加试样溶液，依次加入各种试剂和溶剂所得到的溶液称为试剂参比溶液。适用于在测定条件下，显色剂或其他试剂、溶剂等对待测组分的测定有干扰的情况。

3. 试样参比溶液　与显色反应同样的条件取同量试样溶液，不加显色剂所制备的溶液称为试样参比溶液。适用于试样基体有色并在测定条件下有吸收，而显色剂溶液无干扰吸收，也不与试样基体显色的情况。

4. 平行操作参比溶液　将不含被测组分的试样，在相同条件下与被测试样同时进行处理，由此得到平行操作参比溶液。如在进行某种药物监测时，取正常人的血样与待测血药浓度的血样进行平行操作处理，前者得到的溶液即为平行操作参比溶液。

（四）干扰及消除方法

待测溶液中存在的干扰物质的影响有以下几种情况：①干扰物质本身有颜色或与显色剂形成有色化合物，在测定波长下有吸收；②在显色条件下，干扰物质水解，析出沉淀使溶液浑浊，使吸光度的测定无法进行；③与待测离子或显色剂形成更稳定的配合物，使显色反应不能进行完全。

在实际测定中，可采用以下方法消除上述干扰。

1. 控制酸度　根据生成配合物稳定性不同，利用控制酸度的方法提高反应的选择性，以保证主反应进行完全。二硫腙能与 Hg^{2+}、Pb^{2+}、Cu^{2+}、Ni^{2+}、Cd^{2+} 等十多种金属离子形成有色配合物，其中与 Hg^{2+} 生成的配合物最稳定，在 $0.5mol/L$ H_2SO_4 介质中仍能定量进行，而上述其他离子在此条件下不发生反应。

2. 选择适当的掩蔽剂　使用掩蔽剂是消除干扰最常用的方法，选择掩蔽剂的条件是其不与待测离子发生作用，掩蔽剂以及它与干扰物质形成的配合物的颜色不应干扰待测物质的测定。

3. 选择适当的测定波长　如在 $K_2Cr_2O_7$ 存在下测定 $KMnO_4$ 时，不应选 λ_{max}（525nm），而应选545nm，在此波长下测定 $KMnO_4$ 溶液的吸光度，$K_2Cr_2O_7$ 就不干扰了。

4. 分离　若上述方法均不宜采用时，应使用预先分离的方法，如沉淀、萃取、离子交换、蒸发、蒸馏以及色谱分离法等。

此外，还可以利用计算分光光度法，将测量物与干扰物的响应信号分离，实现单组分测定或多组分同时测定。

第三节　紫外-可见分光光度计

一、紫外-可见分光光度计的主要部件

紫外-可见分光光度计（ultraviolet-visible spectrophotometer）是在紫外-可见光区选择任意波长来测定吸光度的仪器。各种型号的紫外-可见分光光度计都由光源、单色器、吸收池、检测器、信号处理与显示器等五个主要部件组成，如图10-3所示。

图10-3　紫外-可见分光光度计基本结构示意图

（一）光源

分光光度计对光源的要求是：能在仪器操作所需的光谱区域内，发射出连续的具有足够强度和稳定的辐射，且使用寿命长。紫外区和可见区通常分别使用钨灯和氢灯两种光源。

1. 钨灯和卤钨灯　钨灯是固体炽热发光电源，又称白炽灯。发射光谱的波长覆盖较宽，但紫外区很

弱。通常取其波长大于350nm的光作为可见区光源。卤钨灯的发光强度比钨灯高,灯泡内含碘和溴的低压蒸气,可延长钨丝的寿命。白炽灯的发光强度与供电电压的3~4次方成正比,所以以供电电压要稳定。

2. 氢灯和氘灯 氢灯是一种气体放电发光的光源,发射自150nm至约400nm左右的连续光谱。氘灯比氢灯昂贵,但发光强度和灯的寿命比氢灯增加2~3倍,因此,现在仪器多用氘灯。气体放电发光需先激发,同时应控制稳定的电流,所以都有专用的电源装置。

(二)单色器

单色器的作用是将来自光源的连续光谱按波长顺序色散,并提供测量所需要的单色光,通常由进光狭缝、准直镜、色散元件、出光狭缝组成,如图10-4所示。进光狭缝用于限制杂散光进入单色器,准直镜将入射光束变为平行光束进入色散元件。后者将复合光分解为单色光,再经与准直镜相同的聚光镜色散后的平行光聚集于出光狭缝上,形成按波长依序排列的光谱。转动色散元件或准直镜方位即可任意选择所需波长的光从出光狭缝分出。

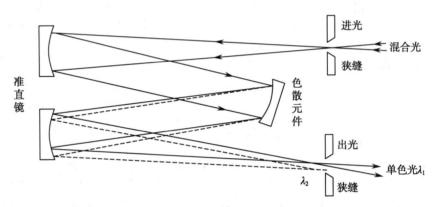

图10-4 单色器光路示意图

1. 色散元件 色散元件有棱镜和光栅,早期生产的仪器多用棱镜。

(1)棱镜:棱镜的色散作用是由于棱镜材料对不同的光有不同的折射率,因此可将复合光由长波到短波色散为一个连续光谱。折射率差别愈大,色散作用愈大。棱镜分光得到的光谱按波长排列是疏密不均的,长波长区密,短波长区疏,棱镜材料有玻璃和石英,因玻璃吸收紫外光,故紫外光区用石英材料的棱镜,如图10-5所示。

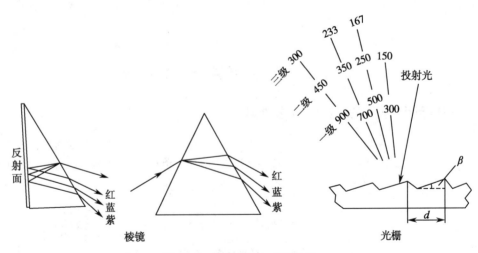

图10-5 棱镜色散与光栅色散

(2)光栅:光栅是利用光的衍射与干涉作用制成的,在整个波长区有良好的、几乎均匀一致的分辨能力,具有色散波长范围宽、分辨率高、成本低等优点。缺点是各级光谱会重叠而产生干扰。实用的光栅是一种称为闪耀光栅的反射光栅,其刻痕是有一定角度(闪耀角β)的斜面,刻痕的间距d称为光栅常数,d愈小色散率愈大,但d不能小于辐射的波长。这种闪耀光栅可使特定波长的有效光强度集中于一级的衍射光谱上。用于紫外区的光栅以铝作反射面,在平滑玻璃表面上,每毫米刻槽一般为600～1 200条,如图10-5所示。

2. 准直镜 准直镜是以狭缝为焦点的聚光镜。可将进入单色器的发散光变成平行光,又用作聚光镜,将色散后的平行单色光聚集于出光狭缝。

3. 狭缝 狭缝宽度直接影响单色光的纯度,狭缝过宽,单色光不纯,狭缝过窄,光通量过小,灵敏度降低。所以狭缝宽度要适当,通常用于定量分析时,主要考虑光通量,宜采用较大的狭缝宽度,但以误差小为前提;用于定性分析时,更多地考虑光的单色性,宜采用较小的狭缝宽度。

(三)吸收池

在紫外-可见分光光度法中,通常测定液体试样,试样放在光束通过的液体池中。要求吸收池能透过相关辐射线。光学玻璃制成的吸收池,只能用于可见光区。用熔融石英(氧化硅)制成的吸收池,既适用于紫外光区,也可用于可见光区。

为减小反射光的损失,吸收池的窗口应完全垂直于光束。典型的可见光和紫外光吸收池的光程长度一般为1cm,但变化范围可由几十毫米到10cm甚至更长。

由于测得的吸光度数据主要取决于吸收池的匹配情况和被污染的程度,因此在测定时应注意以下几点:①参比池和样品池应是一对经校正的匹配吸收池;②在使用前后都应将吸收池洗净,测量时不能用手接触窗门;③已匹配好的吸收池不能用炉子或火焰干燥,以免引起光程长度上的改变。

(四)检测器

紫外-可见光区常用光电效应检测器,可将接收到的光信号转变为电信号,常用的有光电池、光电管、光电倍增管。近几年来采用了光多道检测器,在光谱检测技术中,出现了重大革新。

1. 光电池 光电池是一种光敏半导体元件,光照产生的光电流,在一定范围内与照射强度成正比,可直接用微电流计测量。常用的光电池有硒光电池和硅光电池,硒光电池只适用于可见光区,硅光电池可同时适用于紫外光区和可见光。光电池对光的响应速度较慢,不适用于测量弱光,且光电池内阻小,产生的电流不易放大,所以只适用于低级仪器,作为谱带较宽的透过光的检测器。此外,光电池受强光照射或连续使用时会产生疲劳,灵敏度降低,所以使用时应注意勿使强光长时间照射。

2. 光电管 光电管的结构是以一弯成半圆柱形的金属片为阴极,阴极的内表面镀有碱金属或碱金属氧化物等光敏层,在圆柱形的中心置一金属丝为阳极,接受阴极释放出的电子。两电极密封于玻璃管或石英管内并抽成真空。目前国产光电管有紫敏光电管,为铯阴极,适用于200～625nm;红敏光电管为银氧化铯阴极,适用于625～1 000nm。

3. 光电倍增管 光电倍增管的原理和光电管相似,结构上的差别是光敏金属的阴极和阳极之间还有几个倍增级(一般是九个),各倍增级的电压依次增高90V。阴极遇光发射电子,此电子被高于阴极90V的第一倍增级加速吸引,当电子打击此倍增级时,每个电子使倍增极发射,然后电子再被电压高于第一倍增极90V的第二倍增极加速吸引,每个电子又使此倍增极发射出多个新的电子。这个过程一直重复到第九个倍增极,发射出的电子已比第一倍增极放射出的电子数大大增加,然后被阳极收集,产生较强的电流,此电流可以进一步放大,提高了仪器测量的灵敏度。光电倍增管响应时间短,能检测弱光,灵敏度比光电管高得多,但不能用来测定强光,如图10-6所示。

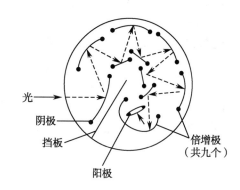

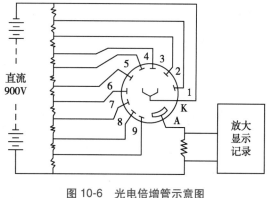

图10-6 光电倍增管示意图

4. 光二极管阵列检测器 光二极管阵列检测器属光学多道检测器,可在极短的时间获得吸收光谱。光二极管阵列是在晶体硅上紧密排列一系列光二极管检测器。如 HP8453 型光二极管阵列,由1 024 个二极管组成。当光透过晶体硅时,二极管输出的电讯号强度与光强度成正比。每一个二极管相当于一个单色器的出光狭缝,两个二极管中心距离的波长单位称为采样间隔,因此光二极管阵列分光光度计中,二极管数目愈多,分辨率愈高。HP8453 型紫外分光光度计可在 1/10s 内获得 190~820nm 范围内的全光光谱。

(五)信号处理与显示器

光电管输出的电信号很弱,需经过放大才能以某种方式将测量结果显示出来,讯号处理过程也包含一些数学运算,如对数函数,浓度因素等运算乃至微分积分等处理。显示器可由电表指示,数字指示、荧光屏显示、结果打印及曲线扫描等。显示方式一般有透光率与吸光度两种,有的还可转换成浓度、吸光系数等。

请您说出分光光度计的主要部件及其各部件的主要作用。
请说明为什么在紫外光区不能用光学材质的玻璃吸收池。

二、紫外-可见分光光度计的类型

(一)单波长单光束分光光度计

单光束分光光度计(single beam spectrophotometer)是指经单色器分光后的一束平行光,轮流通过参比溶液和试样溶液进行测量的仪器。这种简易型分光光度计结构简单,操作方便,维修容易,适用于常规分析。单光束分光光度计的缺点是测量结果受电源波动影响大,容易给定量结果带来较大误差,因此要求光源和检测系统稳定度高。

(二)单波长双光束分光光度计

双光束分光光度计(double beam spectrophotometer)是指经单色器分光后,再由反射镜分解为强度相等的两束光,一束通过参比池、一束通过样品池而进行测量的仪器。光度计能自动比较两束光强的比值,即试样的透射比,将其转换成吸光度并作为波长的函数记录下来。由于两束光同时分别通过参比池和样品池,还能自动消除由光源强度变化所引起的误差。单波长双光束分光光度计的光路如图10-7 所示。

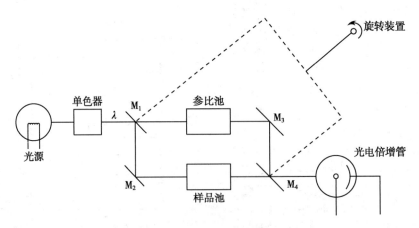

M_1, M_2, M_3, M_4,均为反射镜。

图 10-7 单波长双光束分光光度计光路示意图

（三）双波长分光光度计

双波长分光光度计（double wavelength spectrophotometer）是由同一光源发出的光被分成两束，分别经过两个单色器，从而得到两个不同波长（λ_1 和 λ_2）的单色光，交替照射同一溶液，然后通过光电倍增管和电子控制系统，得到两波长处吸光度之差 $\Delta A = A_{\lambda_1} - A_{\lambda_2}$，依据此吸光度之差进行测量的仪器。双波长分光光度计的光路如图 10-8 所示。

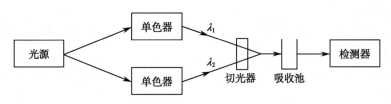

图 10-8 双波长分光光度计光路示意图

双波长分光光度计既可以测定高浓度试样，多组分混合试样，而且还可以测定浑浊试样。双波长法测定相互干扰的混合试样时，不仅操作比单波长法简单，而且精确度高。用双波长法测量时，两个波长的光通过同一吸收池可以消除由吸收池的参数、位置、污垢及参比溶液所造成的误差，使测量准确度显著提高。此外，双波长分光光度计是由同一光源得到的两束单色光，因此可降低因光源电压变化产生的影响，得到高灵敏度和低噪声的信号。

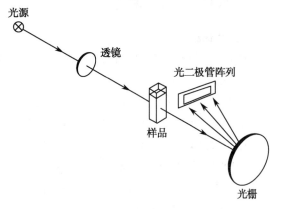

图 10-9 多道分光光度计光路示意图

（四）多道分光光度计

多道分光光度计（multichannel spectropho-tometer）是由光源发出的复合光通过样品池后再经全息光栅色散，色散得到的单色光由光二极管阵列中的光二极管接收，能同时在 190～900nm 波长范围内检测，能在极短的时间内给出整个光谱全部信息的仪器，其光路如图 10-9 所示。这种光度计特别适用于进行快速反应动力学研究和多组分混合物的分析，已被用作高效液相色谱和毛细管电泳仪的检测器。

不同类型的紫外-可见分光光度计

三、分光光度计的光学性能

紫外-可见分光光度计型号很多，改进速度很快，每种分光光度计都有自己的光学性能，通常从以下几个方面进行考察和比较。

（一）测定方式

指仪器显示的数据测定结果，如透光率、吸光度、浓度、吸光系数等。

（二）波长范围

指仪器可以提供测量光波的波长范围。可见分光光度计的波长范围一般为 400～1 000nm，紫外-可见分光光度计的波长范围一般为 190～1 100nm。

（三）狭缝或光谱带宽

是仪器单色光纯度指标之一，中档仪器的最小谱带宽度一般小于 1nm。棱镜仪器的狭缝连续可调，光栅仪器的狭缝常常固定或分档调节。

（四）杂散光

通常以光强度较弱处（如 220nm 或 340nm 处）所含杂散光强度的百分比作为指标。中档仪器一般不超过 0.5%。

（五）波长准确度

指仪器显示的波长数值与单色光实际波长之间的误差，高档仪器可低于 ±0.2nm，中档仪器大约为

±0.5nm,低档仪器可达±5nm。

（六）吸光度范围

指吸光度的测量范围。中档仪器一般为-0.173~2.00。

（七）波长重复性

指重复使用同一波长时,单色光实际波长的变动值。此值大约为波长准确度的二分之一。

（八）测光准确度

常以透光率误差范围表示,高档仪器可低于±0.1%,中档仪器不超过±0.5%,低档仪器可达±1%。

（九）光度重复性

指在相同测量条件下,重复测量吸光度值的变动性。此值大约为测光准确度的二分之一。

（十）分辨率

指仪器能够分辨出最靠近的两条谱线间距的能力。高档仪器可低于0.1nm,中档仪器一般小于0.5nm。

四、分光光度计的校正

（一）波长的校正

氢灯或氘灯的发射谱线中有几根原子谱线可用作波长校正,常用的有486.13nm（F线）和656.28nm（C线）。

稀土玻璃（如镨钕玻璃、钬玻璃）在相当宽的波长范围内有特征吸收峰,可以用来检查和校正分光光度计的波长读数。某些元素辐射产生的强谱线也可以用于检查和校正波长,如汞灯的546.1nm是强绿色谱线,钾的776.5nm,铷的780.0nm以及铯的852.1nm都可应用。在可见光区校正波长的最简便方法是绘制镨钕玻璃的吸收光谱。

苯蒸气在紫外光区有特征吸收峰,可用它来校正波长。只要在吸收池内滴一滴液体苯,盖上吸收池盖,待苯蒸气充满整个吸收池后,即可测绘苯蒸气的吸收光谱。

（二）吸光度的校正

硫酸铜、硫酸钴铵、铬酸钾等的标准溶液,可用来检查或校正分光光度计的吸光度标度。其中以铬酸钾溶液最普遍,《中国药典》（2020年版）附录采用重铬酸钾的硫酸溶液（0.005mol/L）。

（三）吸收池的校正（配对）

在吸收池A内装入试样溶液,吸收池B内装入参比溶液,测量试液的吸光度,然后倾出吸收池内的溶液,洗净吸收池。再分别在吸收池A内装入参比液,在吸收池B内装入试样溶液,测量吸光度。要求前后两次测得的吸光度差值应小于1%。在校正吸收池时,应选择多个波长测量吸光度,得到的校正值可供以后实验使用。

视域拓展

紫外-可见分光光度计在医学检验中的应用

自动生化分析仪是临床生物化学检验实验室常用的重要仪器之一。该仪器对血糖、血清蛋白质、血清总胆固醇的含量测定和血清丙氨酸转氨酶活性的测定等,都是通过测定试样溶液的吸光度而完成的。

酶标仪即酶联免疫检测仪,是酶联免疫吸附试验的专用仪器,其主要结构、工作原理与紫外-可见分光光度计基本相同,广泛用于临床免疫学检验（分析抗原或抗体的含量）和药物残留的快速检测。

在卫生分析中,直接用紫外-可见分光光度计来测定食品、饮水和空气等试样中的有毒有害物质。

第四节 紫外-可见分光光度法的分析方法

一、定性分析

利用紫外-可见分光光度法对有机化合物进行定性鉴别的依据是多数有机化合物的吸收光谱形状、吸收峰数目、各吸收峰的波长位置、强度和相应的吸光系数值等是极具特点的。其中,最大吸收波长 λ_{max} 及相应的 ε_{max} 是定性鉴定的主要参数。因为有机化合物选择吸收的波长和强度,主要取决于分子中的生色团、助色团及其共轭情况,结构完全相同的化合物应有完全相同的吸收光谱,但吸收光谱相同的化合物却不一定是同一化合物。

下面介绍几种常用的定性方法。

(一)对比吸收光谱特征数据

光谱特征数据常用于鉴别的是吸收峰所在波长(λ_{max})。若一个化合物中有多个吸收峰,并存在谷或肩峰,均应作为鉴定依据,以显示光谱特征的全面性。具有不同或相同吸收基团的不同化合物,可有相同的 λ_{max} 值,但它们的摩尔质量一般不同,因此它们的 ε 或 $E_{1cm}^{1\%}$ 值常有明显差异,所以吸光系数值也常用于化合物的定性鉴别。例如,甲羟孕酮(别名安宫黄体酮)和炔诺酮,分子中均存在 α、β 不饱和羰基的特征吸收结构,最大吸收波长相同,但吸收系数存在差别。

(二)对比吸光度(或吸光系数)的比值

不止一个吸收峰的化合物,可用不同吸收峰(或峰与谷)处测得的吸光度的比值作为鉴别的依据,因为用的是同一浓度的溶液和同一厚度的吸收池,取吸光度比值也就是吸光系数比值可消去浓度与厚度的影响。

$$\frac{A_1}{A_2} = \frac{E_1 cL}{E_2 cL} = \frac{E_1}{E_2} \tag{10-13}$$

例如,《中国药典》(2020 年版二部)对维生素 B_{12} 注射液采用下述方法鉴别:将本品按规定方法配成 $25\mu g/ml$ 的溶液,在 361nm 和 550nm 处有最大吸收,361nm 波长处的吸光度与 550nm 波长处的吸光度比值应为 3.15 ~ 3.45。

(三)对比吸收光谱的一致性

用上述方法进行鉴别,有时不能发现吸收光谱曲线中其他部分的差异。必要时,需将试样与已知标准品配制成相同浓度的溶液,在同一条件下分别描绘吸收光谱,核对其一致性,也可利用文献所载的标准图谱进行核对。只有在光谱曲线完全一致的情况下才有可能是同一物质。若光谱曲线有差异,则一定不是同一物质。

二、纯度检查

(一)杂质检查

若化合物在紫外-可见光区无明显吸收,而所含杂质有较强吸收,那么含有少量杂质即可检查出来。例如,乙醇和环己烷中若含少量杂质苯,苯在 256nm 处有吸收峰,而乙醇和环己烷在此波长处无吸收,因此,即使乙醇中含苯量低达 0.001% 也可由光谱中检查出来。

(二)杂质限量检查

药物中的杂质常需制定一个允许其存在的限度,杂质的限量一般以两种方式表示。

1. 以某一波长的吸光度值表示　如肾上腺素在合成过程中生成的中间体肾上腺酮可影响肾上腺素疗效,因此,肾上腺酮的量必须有一限量。在 HCl 溶液(0.05mol/L)中于 310nm 处测定,发现肾上腺酮有吸收峰,而肾上腺素没有吸收。因此,可利用 310nm 检测肾上腺酮的混入量。

2. 以峰谷吸光度的比值表示　如碘解磷定有很多杂质,在碘解磷定的最大吸收波长 294nm 处,这些杂质几乎没有吸收,但在碘解磷定的吸收谷 262nm 处有吸收,因此可利用碘解磷定的峰谷吸光度之比作为杂质的限量检查指标。

三、定量分析

根据朗伯-比尔定律,物质在一定波长下的吸光度与浓度呈线性关系。因此,只要选择一定波长测定溶液的吸光度,即可求出浓度。通常选被测物质吸收光谱中的吸收峰处,以提高灵敏度并减少测量误差。若被测物有多个吸收峰,应选无其他物质干扰且较高的吸收峰,一般不选末端吸收峰。许多溶剂本身在紫外光区有吸收,所以选用的溶剂应不干扰被测组分的测定。

(一)单组分溶液的定量方法

1. **标准曲线法**　先配制一系列浓度不同的标准溶液(或称对照品溶液),以不含被测组分的空白溶液为参比,在一定条件下分别测定其吸光度,然后以标准溶液的浓度为横坐标,以对应的吸光度为纵坐标,绘制 A-c 关系图,若符合朗伯-比尔定律,可获得一条通过原点的直线,称为标准曲线(或校正曲线)。最后,在相同条件下测定试样溶液的吸光度,从标准曲线中查出待测溶液的浓度。需要注意的是,定量测定应在线性范围(符合朗伯-比尔定律的浓度范围)内进行。

测定的数据还可用 Excel 表来处理,具体方法是:以标准系列的浓度 c 对应的吸光度 A 作为两个变量,在 Excel 中选定表示样本的两个变量的所有数据,在插入菜单中找到"图表"选中"XY 散点图",勾选"平滑线散点图"得到工作曲线。右击工作曲线,弹出对话框,单击"添加趋势线",在对话框中单击"选项",选定"显示公式"和"显示 R 的平方值",最后单击"确定",得到直线回归方程和相关系数。将试样溶液的吸光度代入回归方程,求得试样溶液的浓度。

2. **吸光系数法**　若吸光系数(ε 或 $E_{1cm}^{1\%}$)已知,或能在手册及文献中查到,就可以在完全相同的条件下测定溶液的吸光度 A,根据朗伯-比尔定律 $A=KcL$ 求出被测物的浓度 c。

$$c = \frac{A}{K \cdot L} \tag{10-14}$$

若用 $E_{1cm}^{1\%}$ 进行计算,则计算结果是每 100ml 溶液中所含溶质的克数;若用 ε 计算,则计算结果是每升溶液中所含溶质的物质的量。

3. **标准对照法**　在相同条件下配制标准溶液和待测溶液,在选定波长处,分别测定吸光度 A_s 和 A_x,根据朗伯-比尔定律得:

$$A_s = Kc_sL \tag{10-15}$$

$$A_x = Kc_xL \tag{10-16}$$

因为吸光性物质相同,测定条件相同,故 K 和 L 相等,联立式 10-15 和式 10-16 计算出被测物的浓度 c_x。

$$c_x = \frac{A_x}{A_s} \cdot c_s \tag{10-17}$$

只有在线性范围内测定,并且 c_s 和 c_x 很接近时,才能得到较为准确的结果。

请您回答:工作曲线不成直线的主要原因有哪些?

请您想一想:对照法与吸光系数法有何区别?

(二)双组分溶液的定量方法

在同一试样中若有两种组分共存时,应根据各组分吸收光谱相互重叠的情况分别考虑测定方法,通常有如下三种情况。

第一种情况:在一个组分的最大吸收波长处,另一个组分没有吸收,如图 10-10(a)所示,可按单组分的测定方法分别在 λ_1 处测定 a 组分的浓度,在 λ_2 处测定 b 组分的浓度。

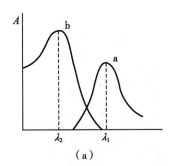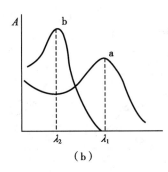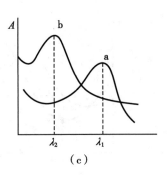

图 10-10 多组分的吸收光谱

第二种情况:两个组分的吸收光谱有部分重叠,如图 10-10(b)所示,在 a 组分的最大吸收波长 λ_1 处,b 组分没有吸收,而在 b 组分的最大吸收波长 λ_2 处 a 组分却有吸收,则可先在 λ_1 处按照单组分定量方法测定混合物溶液中 a 组分的浓度 c_a,再在 λ_2 处测定混合物溶液的吸光度 A_2^{a+b},即可根据吸光度的加和性计算出 b 组分的浓度 c_b。

由 $A_2^{a+b}=A_2^a+A_2^b=K_2^a \cdot c_a L+K_2^b \cdot c_b L$ 可得:

$$c_b=\frac{(A_2^{a+b}-K_2^a \cdot c_a L)}{K_2^b L} \tag{10-18}$$

第三种情况:两个组分的吸收光谱相互干扰,如图 10-10(c)所示,在每个组分的最大吸收波长处,另一个在组分也有较强的吸收。在这种情况下,可采取以下三种方法进行定量测定。

1. 解方程组法 分别测得组分 a 和组分 b 在最大吸收波长 λ_1 与 λ_2 处的吸光系数 K_1^a、K_2^a、K_1^b、K_2^b 值,以及待测混合溶液的吸光度 A_1^{a+b}、A_2^{a+b},若液层厚度 $L=1cm$,则:

$$A_1^{a+b}=A_1^a+A_1^b=K_1^a c_a+K_1^b c_b \tag{10-19}$$

$$A_2^{a+b}=A_2^a+A_2^b=K_2^a c_a+K_2^b c_b \tag{10-20}$$

联立式 10-19 和式 10-20 解方程组得:

$$c_a=\frac{A_1^{a+b} K_2^b-A_2^{a+b} K_1^b}{K_1^a K_2^b-K_2^a K_1^b} \tag{10-21}$$

$$c_a=\frac{A_1^{a+b} K_1^a-A_2^{a+b} K_2^a}{K_1^a K_2^b-K_2^a K_1^b} \tag{10-22}$$

 知识链接

多组分溶液的定量方法

根据解方程组法对双组分溶液进行定量测定的基本原理,待测溶液中存在 n 个组分,就可以得到 n 个方程,可以通过解 n 元一次方程组求得各个组分的浓度。但是,共存组分越多,误差越大。必要时,经分离之后再进行测定。

2. 双波长消去法 试样中两个组分 a 和 b 的相互干扰比较严重时,用解线性方程法测定,会产生较大误差。

若要测定组分 b,应设法消除组分 a 的吸收干扰。首先选择待测组分 b 的最大吸收波长 λ_2 作为测量波长,然后用作图的方法选择参比波长 λ_1,使组分 a 在这两个波长处的吸光度相等,即 $A_1^a=A_2^a$,且使待测组分 b 在这两个波长处的吸光度有尽可能大的差别,如图 10-11(a)所示。

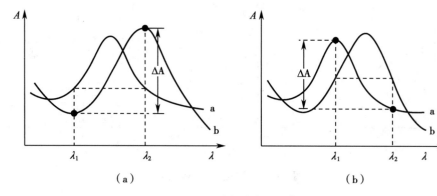

图 10-11 双波长消去法示意图

根据吸光度的加和性,试样溶液在 λ_2 和 λ_1 波长处的吸光度分别为:

$$A_2^{a+b} = A_2^a + A_2^b \tag{10-23}$$

$$A_1^{a+b} = A_1^a + A_1^b \tag{10-24}$$

因组分 a 在 λ_2 和 λ_1 两个波长处的吸光度相等,故根据朗伯-比尔定律可得:

$$\Delta A = A_2^{a+b} - A_1^{a+b} = (K_2^b - K_1^b) Lc_b \tag{10-25}$$

式 10-25 表明,试样溶液在 λ_2 和 λ_1 两个波长处的吸光度之差,只与待测组分 b 的浓度成正比,而与组分 a 的浓度无关。

双波长分光光度计的输出信号是 ΔA,而 ΔA 与干扰组分 a 无关,只与待测组分 b 的浓度呈正比,即消除了组分 a 的干扰,可以求得待测组分 b 的浓度。

若要测定组分 a,而组分 b 有干扰时,如图 10-11(b)所示,可用上述类似的方法,选择待测组分 a 的最大吸收波长 λ_1 作为测量波长,用作图的方法选择参比波长 λ_2,使组分 b 在这两个波长处的吸光度相等,用双波长分光光度计测定试样溶液在 λ_1 和 λ_2 波长处的吸光度之差,从而求得待测组分 a 的浓度。

3. **系数倍率法** 当干扰组分不存在吸光度相等的两个波长,如图 10-12 所示,双波长法不能测量待测组分时,可用系数倍率法进行测定。若要测定组分 b,应设法消除组分 a 的吸收干扰。设组分 a 在 λ_1 和 λ_2 处的吸光度分别为 $A_{\lambda_1}^a$ 和 $A_{\lambda_2}^a$,则倍率系数 $\beta = \dfrac{A_{\lambda_2}^a}{A_{\lambda_1}^a}$。若使用倍率系数仪将 $A_{\lambda_1}^a$ 的值扩大 β 倍,则有 $\beta A_{\lambda_1}^a = A_{\lambda_2}^a$,与双波长消去法类似,组分 a 的干扰被消除。

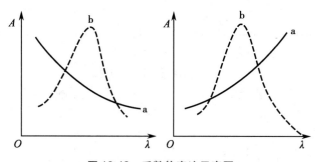

图 10-12 系数倍率法示意图

(三)示差分光光度法

当待测组分含量过高时,吸光度超出了准确测量的读数范围,会造成较大的误差,可以采用示差分光光度法,弥补这一缺点。差示光度法是用一个比试样溶液浓度稍低的标准溶液作为参比溶液,将分光光度计调零(透光率 100%),测得的吸光度就是被测试样溶液试液与参比溶液的吸光度差值(相对吸光度）。根据朗伯-比尔定律得：

$$\Delta A = A_x - As = KL(c_x - c_s) \tag{10-26}$$

式 9-26 表明，待测溶液与参比溶液的吸光度差值与两溶液的浓度之差成正比，这就是差示分光光度法的基本原理。

第五节　紫外-可见吸收光谱与分子结构的关系

紫外-可见吸收光谱是分子的价电子在不同的分子轨道之间跃迁而产生的。根据分子轨道理论，有机化合物中的原子形成化学键时，参与成键的电子组成分子轨道：一个成键的 σ 轨道一定有一个相应的具有较高能量的 σ^* 反键轨道；一个成键的 π 轨道也一定有一个相应的具有较高能量的 π^* 反键轨道。分子中没有参加成键的电子称为非键电子或 n 电子。有机化合物分子吸收紫外-可见光后，电子从低能量轨道跃迁至较高能量轨道，从而产生紫外-可见吸收光谱。

一、电子跃迁的类型

电子跃迁的类型主要有 $\sigma \to \sigma^*$ 跃迁、$\pi \to \pi^*$ 跃迁、$n \to \sigma^*$ 跃迁、$n \to \pi^*$ 跃迁等，如图 10-13 所示。电磁辐射不同，能量也不同，引起电子跃迁的类型就不同，产生的吸收光谱随之不同。反过来讲，吸收光谱不同，反映了待测物质具有不同的分子结构。

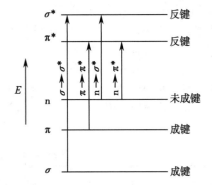

图 10-13　分子中价电子能级及跃迁类型

（一）$\sigma \to \sigma^*$ 跃迁

由于分子中 σ 键较为牢固，故处于 σ 成键轨道上的电子吸收光能后跃迁到 σ^* 反键轨道所需能量多。因此 $\sigma \to \sigma^*$ 跃迁吸收峰在远紫外区，吸收峰波长一般小于 150nm。饱和烃类的—C—C—键是这类跃迁的典型例子，如乙烷的 λ_{max} 在 135nm。

（二）$\pi \to \pi^*$ 跃迁

在含有不饱和键的有机化合物中，由处于 π 成键轨道上的电子跃迁到 π^* 反键轨道上形成 $\pi \to \pi^*$ 跃迁，跃迁所需能量比 $\sigma \to \sigma^*$ 跃迁少，一般发生在波长 200nm 左右，吸光系数 ε 较大（$10^3 \sim 10^4$），为强吸收。如乙烯的 λ_{max} 在 165nm，ε 为 10^4。具有共轭双键的化合物，$\pi \to \pi^*$ 跃迁所需能量较低，吸收较强，且共轭键越长所需能量越低，吸收越强，如丁二烯的 λ_{max} 在 217nm（ε 为 21 000）。

（三）$n \to \pi^*$ 跃迁

产生 $n \to \pi^*$ 跃迁的多为含有杂原子的不饱和基团（如 >C=O、>C=S、—N=N—等）的化合物。其特点是吸收峰一般在紫外区（200~400nm），谱带强度弱，吸光系数小，一般小于 10^2。如丙酮的 λ_{max}=279nm，ε 为 10~30。

（四）$n \to \sigma^*$ 跃迁

$n \to \sigma^*$ 跃迁发生在含有杂原子饱和基团（如—OH、—NH$_2$、—X、—S 等）的化合物中。可由 150~250nm 区域内的辐射引起，但吸收峰大多出现在低于 250nm 处。如 CH_3OH 和 CH_3NH_2 的 $n \to \sigma^*$ 跃迁波长分别为 183nm 和 213nm。

二、吸收带与分子结构的关系

吸收带可用来描述吸收峰在紫外-可见光谱中的位置。根据电子和轨道种类，可把吸收带分为四类，分别是 R 带、K 带、B 带、E 带等。

（一）R 带

R 带从德文 radikal（基团）得名。是由 $n \to \pi^*$ 跃迁引起的吸收带，是杂原子不饱和基团（如 >C=O、—N=N—、—NO—、—NO$_2$ 等）的特征吸收带。其特点是处于较长波长范围（约 300nm），ε 一般在 100

以内,吸收弱。若溶剂极性增强,R 带将短移。此外,当有强吸收峰在附近时,R 带有时出现长移,有时被掩盖。

（二）K 带

K 带从德文 konjugation(共轭作用)得名。是由共轭双键中 $\pi \to \pi^*$ 跃迁所产生的吸收带,其特点是 ε 一般大于 10^4,为强带。苯环上若有发色团取代,并形成共轭,也会出现 K 带。

（三）B 带

B 带从德文 benzenoid(苯的)得名。是芳香族化合物的特征吸收带。苯蒸气在 $230 \sim 270\,nm$ 处出现精细结构的吸收光谱,此为苯的多重吸收带。由于在蒸气状态下分子间彼此作用小,可反映出孤立分子振动、转动能级跃迁;在苯的异丙烷溶液中,因分子间作用加大,转动消失仅出现部分振动跃迁,因此谱带较宽,如图 10-14 所示;在极性溶剂中,溶剂和溶质间相互作用更大,振动光谱表现不出来,因此精细结构消失,B 带出现一个宽峰,其重心在 256nm 附近,ε 在 200 左右。

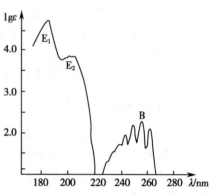

图 10-14　苯的异丙烷溶液的紫外吸收光谱

（四）E 带

E 带也是芳香族化合物的特征吸收带,是由苯环结构中三个乙烯的环状共轭体系的 $\pi \to \pi^*$ 跃迁所产生,分为 E_1 带和 E_2 带,如图 10-14 所示。E_1 带的吸收峰约在 180nm,ε 约为 4.7×10^4;E_2 带的吸收峰在 200nm,ε 为 7 000 左右,均属强吸收带。

根据以上各种类型跃迁的特点,可以根据化合物的电子结构,判断有无紫外吸收;若有紫外吸收,还可进一步预测该化合物可能出现的吸收带类型及波长范围。一些化合物的电子结构,跃迁类型和吸收带的关系,见表 10-2。

表 10-2　一些化合物的电子结构、跃迁和吸收带

化合物	电子结构	跃迁	λ_{max}/nm	ε_{max}	吸收带
乙烷	σ	$\sigma \to \sigma^*$	135	10 000	
1-己硫醇	n	$n \to \sigma^*$	224	120	
碘丁烷	σ	$n \to \sigma^*$	257	486	
乙烯	π	$\pi \to \pi^*$	165	10 000	
乙炔	π	$\pi \to \pi^*$	173	6 000	
丙酮	π 和 n	$\pi \to \pi^*$	约 160	16 000	
		$n \to \sigma^*$	194	9 000	
			279	15	R
$CH_2 = CH - CH = CH_2$	$\pi-\pi$	$n \to \pi^*$	217	21 000	K
$CH_2 = CH - CH = CH - CH = CH_2$	$\pi-\pi$	$\pi \to \pi^*$	258	35 000	K
$CH_2 = CH - CHO$	$\pi-\pi$ 和 n	$\pi \to \pi^*$	210	11 500	K
		$n \to \pi^*$	315	14	R
苯	芳香族 π	芳香族 $\pi \to \pi^*$	约 180	60 000	E_1
		同上	约 200	8 000	E_2
		同上	255	215	B

笔记

化合物	电子结构	跃迁	λ_{max}/nm	ε_{max}	吸收带
⬡—CH=CH₂	芳香族 π-π	芳香族 π→π*	244	12 000	K
		同上	282	450	B
⬡—CH₃	芳香族 π-σ	芳香族 π→π*	208	2 460	E₂
		同上	262	174	B
⬡—C(O)CH₃	芳香族 π-π,n	芳香族 π→π*	240	13 000	K
		同上	278	1 110	B
⬡—OH	芳香族 π,n	n→π*	319	50	R
		芳香族 π→π*	210	6 200	E₂
		同上	270	1 450	B

三、影响紫外-可见光谱的因素

分子结构、测定条件等多种因素均可影响紫外-可见吸收光谱吸收带的位置，使其在较宽的波长范围内变动，其实质是影响分子中电子共轭结构。

（一）位阻影响

空间位阻（steric hindrance）是指妨碍分子内共轭的生色团处于同一平面，使共轭效应减小甚至消失，从而影响吸收带波长的位置。例如二苯乙烯，因为顺式结构有立体阻碍，苯环不能与乙烯双键在同一平面上，不易产生共轭，因此，反式结构的 K 带 λ_{max} 比顺式明显长移，且吸光系数也增加，如图 10-15 所示。

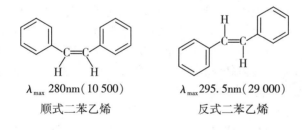

λ_{max} 280nm（10 500）　　　λ_{max}295.5nm（29 000）

顺式二苯乙烯　　　　　　反式二苯乙烯

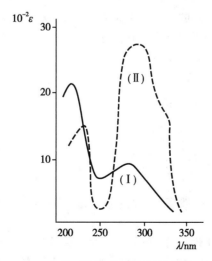

Ⅰ．顺式；Ⅱ．反式。

图 10-15　二苯乙烯顺反异构体的紫外吸收光谱

（二）跨环效应

指两生色团虽不共轭,但由于空间排列,使两者的电子云仍能相互影响,从而改变 λ_{max} 和 ε_{max}。例如 H_2C⟨◇⟩$=O$,在214nm处出现一中等强度吸收带,且在284nm处出现R带。

（三）溶剂的影响

溶剂可影响吸收峰位置、吸收强度及光谱形状,因此,应注明所用溶剂。极性溶剂不但使光谱精细结构全部消失,且使 $\pi \rightarrow \pi^*$ 跃迁吸收峰向长波方向移动,使 $n \rightarrow \pi^*$ 跃迁吸收峰向短波方向移动,且后者移动程度一般比前者大。异丙叉丙酮的溶剂效应见表10-3。

表10-3　溶剂极性对异丙叉丙酮两种跃迁吸收峰的影响

跃迁类型	正己烷	氯仿	甲醇	水	迁移
$\pi \rightarrow \pi^*$	230nm	238nm	237nm	243nm	长移
$n \rightarrow \pi^*$	329nm	315nm	309nm	305nm	短移

在 $\pi \rightarrow \pi^*$ 跃迁中,激发态的极性比基态大,激发态与极性溶剂之间相互作用所降低的能量大,造成跃迁所需能量变小,使吸收峰长移。而在 $n \rightarrow \pi^*$ 跃迁中,基态极性大,非键电子与极性溶剂之间能形成较强的氢键,使基态能量降低大于反键轨道与极性溶剂间相互作用所降低的能量,因而跃迁所需能量变大,使吸收峰短移。

（四）体系 pH 的影响

体系的pH对酸性、碱性或中性物质的紫外吸收光谱都有明显的影响。由于体系的pH不同,导致其解离情况发生变化,从而产生不同的吸收光谱。

四、有机化合物的结构分析

（一）由吸收光谱初步推断基团

如果化合物在220~800nm范围内无吸收($\varepsilon<1$),则可能是脂肪族饱和碳氢化合物、胺、腈、醇、醚、氯代烃和氟代烃,不含直链或环状共轭体系,没有醛、酮等基团。如果在210~250nm有吸收带,可能含有两个共轭单元;在260~300nm有强吸收带,可能含有3~5个共轭单元;250~300nm有弱吸收带表示羰基的存在;在250~300nm有中等强度吸收带,且含有振动结构,表示有苯环存在;若化合物有颜色,分子中一般含有5个以上的共轭生色团。

（二）异构体的推定

1. 结构异构体 许多结构异构体之间可利用其双键的位置不同,应用紫外吸收光谱推定结构。例如松香酸（Ⅰ）和左旋松香酸（Ⅱ）的 λ_{max} 分别为238nm和273nm,相应 ε 值分别为15 100和7 100。这是因为Ⅱ为同环双烯,共轭体系的共平面性好,因此Ⅱ的 λ_{max} 比Ⅰ的 λ_{max} 长;对于共轭体系而言,Ⅱ的立体障碍更严重,因此Ⅰ型的 ε 比Ⅱ型的 ε 大得多。

（Ⅰ）　　　　（Ⅱ）

2. 顺反异构体 顺式异构体一般都比反式的波长短,且 ε 小,这是由立体障碍造成的。如顺式和反式1,2-二苯乙烯（见第一节）。

3. 化合物骨架的推定 未知化合物与已知化合物的紫外吸收光谱一致时,可以认为两者具有同样的生色团,根据这个原理可以推定未知化合物的骨架。例如维生素 K_1 有吸收带: λ_{max} 249nm（lgε 4.28）、260nm（lgε 4.26）、325nm（lgε 3.28）。查阅文献与1,4-萘醌的吸收带 λ_{max} 250nm（lgε 4.6）、λ_{max} 330nm（lgε 3.8）相似,因此将维生素 K_1 与几种已知1,4-萘醌的光谱进行比较,发现其与2,3-二烷基-1,4-萘醌的吸收带很相近,由此推定了维生素 K_1 的骨架。

维生素 K_1

2,3-二烷基-1,4 萘醌

需要说明的是,有机化合物的紫外-可见吸收光谱是由待测物质的官能团选择性吸收电磁辐射、发生电子能级跃迁而产生的,主要官能团相同的化合物,往往会产生非常相似、甚至相同的光谱,谱图比较简单,特征性不强。在有机化合物的定性鉴定及结构分析中,紫外-可见吸收光谱一般用于初步判断,只有与红外光谱、磁共振谱和质谱等相互印证后,才能得出正确结论。

学习小结

　　光的本质是电磁辐射(也叫电磁波),所有电磁辐射都具有波动性和粒子性,电磁辐射与物质相互作用时伴随有能量交换,只有当光子的能量($h\nu$)与吸光性物质发生能级跃迁前后的能量差(ΔE)恰好相等时,才能被吸收,即物质对光的吸收具有选择性。

　　当一束平行的单色光通过某溶液时,透射光强度 I_t 与入射光强度 I_0 的比值称为透光率,常用 T 表示。对透光率的倒数取对数,称为吸光度,常用 A 表示。

　　用不同波长的入射光分别测定某种溶液的吸光度,以波长 λ 为横坐标,吸光度 A 为纵坐标所描绘的曲线,称为吸收曲线,亦称为吸收光谱,由此可以找到该物质的最大吸收波长 λ_{max}。吸收光谱是紫外-可见分光光度法进行定性分析的依据。

　　当一束平行的单色光通过均匀、无散射的含有吸光性物质的溶液时,在入射光的波长、强度及溶液的温度等条件不变的情况下,该溶液的吸光度 A 与溶液的浓度 c 及液层厚度 L 的乘积成正比,即:$A=KcL$,这一结论称为朗伯-比尔定律,也称为光的吸收定律。式中的 K 称为吸光系数,通常用两种方法来描述,即摩尔吸光系数 ε 和比吸光系数 $E_{1cm}^{1\%}$,二者的换算关系是:$\varepsilon=E_{1cm}^{1\%}\times\dfrac{M}{10}$。朗伯-比尔定律是紫外-可见分光光度法进行定量分析的理论基础。

　　紫外-可见分光光度计是在可见光区(400~760nm)或近紫外光区(200~400nm)测定溶液的吸光度(或透光率)的仪器,由光源、单色器、吸收池、检测器、信号处理与显示器等五个主要部件所组成。根据光学系统的不同,可以分为单波长分光光度计和双波长分光光度计两大类;单波长分光光度计又可分为单光束分光光度计和双光束分光光度计两类。

　　对单组分溶液进行定量分析的常用方法有标准曲线法、吸光系数法和标准对比法等。对双组分溶液进行定量分析的常用方法有解线性方程组法、双波长消去法和系数倍率法等。当待测组分含量过高时,可以采用差示分光光度法。

扫一扫,测一测

达标练习

一、多项选择题

1. 光子的能量正比于电磁辐射的（　　）
   A. 频率　　　　　　　　　　B. 波长　　　　　　　　　　C. 波数
   D. 光速　　　　　　　　　　E. 以上都不正确

2. 在可见光区测定吸光度时,吸收池的材质可用（　　）
   A. 彩色玻璃　　　　　　　　B. 光学玻璃　　　　　　　　C. 石英
   D. 溴化钾　　　　　　　　　E. 以上均可

3. 在紫外-可见分光光度法中,影响吸光系数的因素是（　　）
   A. 溶剂的种类和性质　　　　　　　　　　B. 溶液的物质的量浓度
   C. 物质的本性和光的波长　　　　　　　　D. 吸收池大小
   E. 待测物的分子结构

4. 紫外-可见分光光度法常用的定量分析方法有（　　）
   A. 间接滴定法　　　　　　　B. 标准对比法　　　　　　　C. 标准曲线法
   D. 直接电位法　　　　　　　E. 吸光系数法

5. 紫外-可见分光光度计的主要部件是（　　）
   A. 光源　　　　　　　　　　B. 单色器　　　　　　　　　C. 吸收池
   D. 检测器　　　　　　　　　E. 显示器

6. 分光光度计常用的色散元件是（　　）
   A. 钨丝灯　　　　　　　　　B. 棱镜　　　　　　　　　　C. 饱和甘汞电极
   D. 光栅　　　　　　　　　　E. 光电管

7. 紫外-可见分光光度法可用于某些药物的（　　）
   A. 定性鉴别　　　　　　　　B. 纯度检查　　　　　　　　C. 毒理实验
   D. 含量测定　　　　　　　　E. 药理检查

8. 偏离 Lambert-Beer 定律的光学因素是（　　）
   A. 杂散光　　　　　　　　　B. 散射光　　　　　　　　　C. 非平行光
   D. 荧光　　　　　　　　　　E. 反射光

9. 结构中存在 $n \rightarrow \pi^*$ 跃迁的分子是（　　）
   A. 酮　　　　　　　　　　　B. 氯仿　　　　　　　　　　C. 硝基苯
   D. 甲醇　　　　　　　　　　E. 乙烯

10. 紫外-可见分光光度法中,选用 λ_{max} 进行含量测定的原因是（　　）
    A. 被测溶液的 pH 不影响测定结果
    B. 可随意选用空白溶液
    C. 浓度的微小变化能引起吸光度的较大变化
    D. 仪器波长的微小变化不会引起吸光度的较大变化
    E. 测定时灵敏度最高

二、辨是非题

1. 透光率的倒数称为吸光度。（　　）

2. 符合朗伯-比耳定律的有色溶液稀释时,其最大吸收峰的波长位置不移动,但吸收峰降低。（　　）

3. 吸光系数的数值越大,表明溶液对光越容易吸收,测定的灵敏度越高。（　　）

4. 朗伯-比尔定律是指在液层厚度一定的条件下,溶液的吸光度与浓度成反比。（　　）

5. 为了减小测定的相对误差,当吸光度读数太大时,可将溶液稀释或改用液层厚度较薄的吸收池。（　　）

6. 影响显色反应的因素有显色剂的用量、溶液的酸碱度、显色时间和显色温度等。（　　）

7. 测定溶液的吸光光度时,一般选择最大吸收波长的光作为入射光。(　　)

8. 摩尔吸光系数与物质的量浓度有关,物质的量浓度越大,摩尔吸光系数越大。(　　)

9. 在进行紫外-可见分光光度测定时,应该用手捏住比色皿的四个面。(　　)

10. 结构完全相同的物质吸收光谱完全相间,但吸收光谱完全相同的物质却不一定是同一物质。(　　)

三、填空题

1. 紫外分光光度法中的增色效应指_____,减色效应指_____。

2. 紫外-可见分光光度法进行定量分析时,常选用_____作入射光,此时测定的_____最高。

3. 可见-紫外分光光度计的光源,可见光区用_____灯,吸收池可用_____材料的吸收池,紫外光区光源用_____灯,吸收池必须用_____材料的吸收池。

4. 测定吸光度时,当空白溶液置于光路时,应使 T=_____,此时 A =_____。

5. 为提高测定准确度,溶液的吸光度读数范围应调节在 0.2~0.7 为宜。可通过调节溶液的_____和_____来实现。

6. 分光光度法的定量原理是_____定律,它的适用条件是_____和_____,影响因素有主要有_____、_____。

7. 某物质相对分子量为 150,已知浓度为 0.01mg/ml 时,测其透光率为 50%,它的摩尔吸光系数为_____。

8. 紫外-可见分光光度法中,吸收曲线表示的是_____和_____间的关系,而工作曲线表示了_____和_____间的关系。

四、简答题

1. 光谱分析法有哪些类型?

2. 吸收光谱法和发射光谱法有何异同?

3. 电子跃迁有哪些类型? 各种跃迁需要能量的大小顺序如何?

4. 朗伯-比尔定律的具体内容是什么?

5. 紫外-可见分光光度计的主要部件是什么?

6. 为什么最好在 λ_{max} 处测定化合物的含量?

7. 紫外-可见分光光度计的主要部分及其作用是什么?

五、计算题

1. 钯(Pd)与硫代米蚩酮反应生成 1∶4 的有色配位化合物,用 1cm 吸收池在 520nm 处测得浓度为 $0.200×10^{-6}$g/ml 的 Pd 溶液的吸光度为 0.390,试求钯-硫代米蚩酮配合物的 $E_{1cm}^{1\%}$ 及 ε 值。(钯-硫代米蚩酮配合物的相对分子量为 106.4)

2. 取 1.000g 钢样溶解于 HNO_3 中,其中的 Mn 用 KIO_3 氧化成 $KMnO_4$ 并稀释至 100ml,用 1cm 吸收池在波长 545nm 测得此溶液的吸光度为 0.700。用 $1.52×10^{-4}$ mol/L $KMnO_4$ 作为标准,在同样条件下测得的吸光度为 0.350,计算钢样中 Mn 的百分含量。

3. 取咖啡酸试样,在 105℃ 干燥至恒重,精密称取 10.00mg,加少量乙醇溶解,转移至 200ml 量瓶中,加水至刻度,取出 5.00ml 置于 50ml 量瓶中,加 6mol/L HCl 4ml,加水至刻度。取此溶液于 1cm 石英吸收池中,在 323nm 处测得吸光度为 0.463,已知咖啡酸 $E_{1cm}^{1\%}$ = 927.9,求咖啡酸的质量分数。

4. 称取含 Fe^{3+}(Fe 的式量为 58.85)约 0.5% 的某药物适量,溶解后,加入显色剂 KSCN 溶液,能够定量生成红色配合物,用 1cm 吸收池在 420nm 波长处测定,ε 值为 $1.8×10^4$。欲配制 50ml 试液,在相同条件下测定,为使测定相对误差最小,应称取该药物多少克?

5. 已知化合物 a 在波长 282nm 和 238nm 处的吸光系数 $E_{1cm}^{1\%}$ 值分别为 720 和 270。今有含 a 和 b 两种化合物的混合溶液,用 1cm 吸收池测定吸光度,测得 282nm 处的吸光度为 0.442,238nm 处的吸光度为 0.278。若化合物 b 在上述两波长处的吸光度相等,试求混合物中 a 的浓度(mg/100ml)。

(陈建平)

第十一章

荧光分析法

 学习目标

1. 掌握荧光分析法的基本原理及荧光强度与物质浓度的关系。
2. 熟悉激发光谱和发射光谱的概念；分子结构与荧光的关系；影响荧光强度的因素；荧光定量分析的方法；荧光分光光度计的结构。
3. 了解荧光分析法的应用。
4. 学会荧光分光光度计的操作技术。

有些物质受到光照射时，除吸收某种波长的光之外，还会发射出比原来所吸收光的波长更长的光，这种现象称为光致发光。荧光就是一种常见的光致发光现象。荧光(fluorescence)是物质分子吸收光子能量被激发后，从激发态的最低振动能级返回到基态时发射出的比原来吸收波长更长的光。根据荧光谱线位置及强度对物质进行定量和定性分析的方法称为荧光分析法(fluorometry)。荧光分析法的主要优点：①灵敏度高：最低检出浓度低至 $10^{-9} \sim 10^{-7}$ g/ml，有时可达 10^{-12} g/ml；②选择性好：荧光物质的分子结构不同，其吸收激发光的波长和发射荧光的波长均不同。目前，随着激光、微处理机和电子学等技术的引入，荧光分析法不断朝着高效、痕量、微观和自动化的方向发展，广泛应用于医学检验、卫生检验、药物分析、食品分析及环境监测等领域。

第一节 荧光分析法的基本原理

一、荧光的产生

(一)分子的激发

大多数有机物分子含有偶数个电子。在基态时，电子成对地填充在能量最低的各个原子或分子轨道中。根据保里(Pauli)不相容原理，在同一轨道中的两个电子必须自旋相反(自旋配对)。基态分子中所有的电子都自旋配对，此时分子所处的电子能态称为基态单重态，用符号 S_0 表示，如图 11-1a 所示。

当分子吸收一定的能量后，就可能会发生能级跃迁，到达激发态。处于基态的分子在光照下，其配对电子的一个电子吸收光辐射被激发而跃迁到较高的电子能级。在这个过程中，电子的自旋方向通常不变，与处于基态的电子自旋方向仍相反，则分子处于激发单重态，用符号 S 表示(如 S_1、S_2 等)，如图 11-1b 所示。如果电子被激发后自旋方向也发生改变，与处于基态的电子自旋方向相同，则分子处于激发三重态，用符号 T 表示(如 T_1、T_2 等)，如图 11-1c 所示。激发单重态与相应的三重态的区别

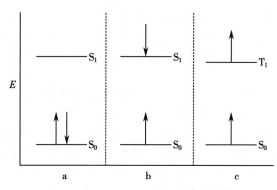

图 11-1　单重态与三重态的激发示意图
a. 基态单重态(S_0);b. 激发单重态(S);c. 激发三重态(T)。

除了电子自旋方向不同外,激发三重态的能级稍低于单重态。

当吸收了紫外-可见光后,基态分子中的电子只能跃迁到激发单重态的各个不同振动-转动能级,根据自旋禁阻规律,不能直接跃迁到激发三重态的各个不同振动-转动能级。

(二)荧光的产生

处于激发态的分子不稳定(平均寿命大约 10^{-8}s),会很快释放多余的能量再回到基态,这一过程称为去激发过程。去激发过程释放能量的方式有两种:无辐射跃迁和辐射跃迁。无辐射跃迁是指以热能形式释放多余的能量,它包括振动弛豫、内部转移、系间跨越、外部转移等;辐射跃迁主要是发射荧光或磷光。各种跃迁方式发生的可能性及其程度,既和物质分子结构有关,也和激发时的物理和化学环境等因素有关。

分子由激发态去激发回到基态可能的途径如下所述,相应的示意图见图 11-2,图中 S_0、S_1 和 S_2 分别表示分子的基态、第一和第二电子激发的单重态,T_1 表示第一电子激发的三重态。

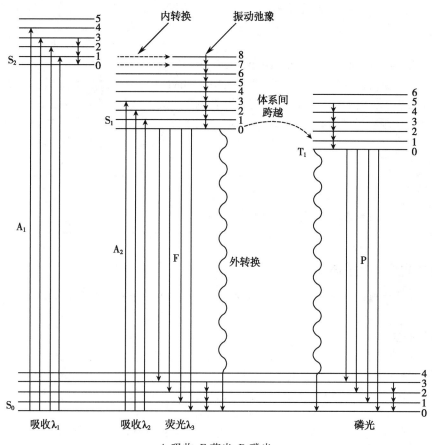

A-吸收;F-荧光;P-磷光。
⟶振动弛豫;---→体系间跨越;〜〜〜➤外转换;----→内转换。

图 11-2　荧光和磷光产生的示意图

1. 振动弛豫(vibrational relaxation,VR)　处于基态(S_0)的分子吸收不同波长的光被激发到不同电子激发态(如 S_1 和 S_2)的不同振动能级上。处于激发态的分子通过与溶剂分子相碰撞,把多余的振动能量极为迅速地($10^{-14} \sim 10^{-11}$s)以热的形式传递给周围的分子,而自身返回该电子能级的最低振动能级,此过程为振动弛豫。振动弛豫只能在同一电子能级内进行,属于无辐射跃迁。

2. 内部转移(internal conversion, IC)　当两个电子激发态之间能量相差较小,以致其振动能级有重叠时,常发生电子从较高电子能级以无辐射跃迁方式转移至较低电子能级,此过程称为内部转移,又称内转换。如图 11-2 所示, S_1 的较高振动能级与 S_2 的较低振动能级的能量非常接近,内部转移过程($S_2 \rightarrow S_1$)很容易发生。

3. 荧光发射(fluorescence emission, FE)　当激发态分子通过内部转移和振动弛豫到达第一激发单重态(S_1)的最低振动能级后,再以辐射形式发射光量子而返回基态 S_0 的任意振动能级,这一过程称为荧光发射,这时发射的光量子即为荧光(fluorescence)。由于振动弛豫和内部转移损失掉部分能量,因此发射光量子的总能量小于激发能量,即荧光波长总比吸收波长更长。发射荧光的过程为 $10^{-9} \sim 10^{-7}$ s,这个时间与单重态的平均寿命一致,也代表荧光的寿命。由于电子返回基态时可以停留在任一振动能级上,因此得到的荧光光谱有时呈现几个靠近的小峰。通过进一步的振动弛豫,这些电子都很快地回到基态的最低振动能级。

4. 外部转移(external conversion, EC)　激发态分子与溶剂分子或其他溶质分子之间相互作用(如碰撞),以热能的形式释放出多余能量返回基态的过程称为外部转移,又称外转换。如图 11-2,外部转移常发生在第一激发单重态(S_1)或激发三重态(T_1)的最低振动能级向基态转换的过程中。外部转移会使荧光强度减弱甚至消失。

5. 体系间跨越(intersystem crossing, ISC)　处于激发态分子的电子发生自旋反转而使分子的多重性发生变化的过程称为系间跨越。它是不同多重态间的无辐射跃迁,和内转换一样,若两电子能态的振动能级重叠,将会使这一跃迁概率增大。如图 11-2 所示, S_1 的最低振动能级同 T_1 的最高振动能级重叠,则有可能发生系间跨越($S_1 \rightarrow T_1$)。分子由激发单重态跨越到激发三重态后,荧光强度减弱甚至熄灭。

6. 磷光发射(phosphorescence emission, PE)　由第一激发三重态 T_1 的最低振动能级返回至基态 S_0 的各个振动能级上所发出的光辐射就是磷光(phosphorescence)。磷光的波长比荧光更长。由于荧光物质分子与溶剂分子间相互碰撞等因素的影响,处于激发三重态的分子常通过无辐射过程回到基态,因此在室温下很少呈现磷光,只有通过冷冻或固定化而减少能量外部转移才能检测到磷光。

课堂互动

想一想,荧光发射和磷光发射过程有何不同?

二、激发光谱与发射光谱

任何发射荧光的物质分子都具有两个特征光谱,即激发光谱(excitation spectrum)和发射光谱(emission spectrum)。

(一)激发光谱

表示不同激发波长的辐射引起物质发射某一波长荧光的相对效率。绘制激发光谱时,固定测量波长为荧光最大发射波长,然后改变激发光波长,测定不同激发光波长下的荧光强度。以激发光波长(λ_{ex})为横坐标,以荧光强度(F)为纵坐标作图,就得到该荧光物质的激发光谱(图 11-3 虚线部分)。激发光谱曲线上最大荧光强度所对应的波长叫做最大激发波长($\lambda_{ex,max}$),是激发产生荧光最灵敏的波长。激发光谱曲线的形状与测量时选择的荧光波长无关,但其相对强度与所选择的荧光波长有关。

(二)发射光谱

又称为荧光光谱(fluorescence spectrum),表示物质在所发射的荧光中各波长的相对强度。绘制荧光光谱时,将激发波长固定在物质的最大激发波长处,测定不同发射波长下的荧光强度。以发射波长(λ_{em})为横坐标,以荧光强度(F)为纵坐标作图,就得到该荧光物质的发射光谱(图 11-3 实线部分)。发射光谱曲线上最大荧光强度所对应的波长叫做最大荧光波长($\lambda_{em,max}$)。荧光光谱曲线的形状与测量时选择的激发波长无关,但其相对强度与所选择的激发波长有关。在荧光的产生过程中,由于存在各种形式的无辐射跃迁,损失了一部分能量,所以荧光分子的发射波长总是大于激发波长。

激发光谱和荧光光谱可用来鉴别荧光物质,也是选择测定波长的依据。荧光物质的最大激发波

笔记

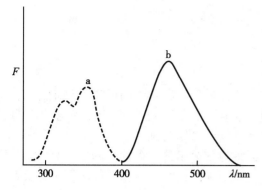

图 11-3　硫酸奎宁的激发光谱（虚线）和荧光光谱（实线）

长和最大发射波长是鉴定物质的依据,也是定量测定时最灵敏的光谱条件。图 11-3 是硫酸奎宁的激发光谱和荧光光谱。

三、荧光与分子结构

（一）荧光物质的必要条件

荧光的产生涉及基态分子吸收能量和激发态分子发射能量两个过程,因此,能够发射荧光的物质必须同时具备以下两个条件。

1. 能够强烈吸收紫外-可见光　物质的分子必须具有能吸收紫外-可见光的结构,即共轭双键结构。

2. 具有足够的荧光效率　物质发射荧光的光量子数和所吸收的激发光的光量子数的比值称为荧光效率(fluorescence efficiency),用 φ_f 表示:

$$\varphi_f = \frac{\text{发射荧光的光量子数}}{\text{吸收光的光量子数}} = \frac{\text{发射荧光的分子数}}{\text{吸收光的分子数}}$$

如果受激发分子在去激发回到基态的过程中没有无辐射跃迁过程,那么这一体系的荧光效率就等于 1。实际上,无辐射跃迁是客观存在的,一般物质的荧光效率在 0~1 之间。例如荧光素钠在水中 $\varphi_f = 0.92$;荧光素在水中 $\varphi_f = 0.65$;蒽在乙醇中 $\varphi_f = 0.30$;菲在乙醇中 $\varphi_f = 0.10$。许多对光有吸收的物质并不一定能发射荧光,因为激发态分子释放能量的方式,除发射荧光以外,还有许多无辐射跃迁过程与之竞争。

（二）分子结构与荧光的关系

在现存的大量有机化合物中,仅有一小部分能发射强的荧光,这与有机化合物的结构密切相关,能发射强荧光的有机化合物通常具有以下的结构特征。

1. 共轭 π 键结构　实验表明,大多数能发射荧光的物质都含有芳香环或杂环,这些分子具有共轭的 $\pi \to \pi^*$ 跃迁,分子体系共轭程度越大,荧光效率越高,荧光强度越大,而荧光波长也长移。如下面三个化合物的共轭结构与荧光的关系:

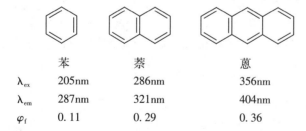

	苯	萘	蒽
λ_{ex}	205nm	286nm	356nm
λ_{em}	287nm	321nm	404nm
φ_f	0.11	0.29	0.36

2. 刚性平面结构　实验发现,多数具有刚性平面结构的有机化合物分子都具有较强的荧光发射。因为这种结构可以减少分子的振动,即减少能量外部转移的损失,有利于荧光发射。例如荧光黄与酚酞的结构十分相近,由于荧光黄分子中的氧桥使其具有刚性平面结构,在 0.1mol/L NaOH 溶液中,荧光效率达 0.92,是强荧光物质。而酚酞由于没有氧桥的作用,分子不易保持平面,没有荧光。萘与维生素 A 都具有 5 个共轭的 π 键,前者为平面刚性结构,而后者为非刚性结构,因而前者的荧光强度为后者的数倍。

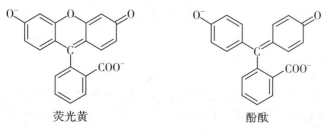

荧光黄　　　　　　　　　　　　酚酞

萘　　　　　　　　　　　　　　维生素 A

本来不发生荧光或荧光较弱的物质与金属离子形成配位化合物后,如果刚性和共平面性增加,那么就可以发射荧光或增强荧光。例如,2,2′-二羟基偶氮苯本身无荧光,但与 Al^{3+} 形成配合物后,便能发射荧光;8-羟基喹啉是弱荧光物质,与 Mg^{2+}、Al^{3+} 形成配合物后,荧光增强。

相反,如果原来结构中共平面性较好,但由于位阻效应使分子共平面性下降后,则荧光减弱。例如,1-二甲氨基萘-7-磺酸盐的 $\varphi_f = 0.75$,1-二甲氨基萘-8-磺酸盐的 $\varphi_f = 0.03$,这是因为后者的二甲氨基与磺酸基之间的位阻效应,使分子发生了扭转,两个环不能共平面,因而使荧光大大减弱。

对于顺反异构体,顺式分子的两个基团在同一侧,由于位阻效应使分子不能共平面而没有荧光。例如,1,2-二苯乙烯的反式异构体有强烈荧光,而其顺式异构体没有荧光。

3. **取代基**　取代基的性质(尤其是发色基团)对荧光物质的荧光特性和强度均有较强的影响。在芳香族化合物的芳环上,连有不同取代基时,其荧光强度和荧光光谱有很大不同。按照影响规律不同可将取代基分为三类:第一类为给电子取代基,使荧光加强。属于这类基团的有—NH_2、—NHR、—NR_2、—OH、—OCH_3、—CN 等。这类基团能增加分子的 π 电子共轭程度,常使荧光效率提高,导致荧光增强;第二类为吸电子基,使荧光减弱。属于这类基团的有—COOH、—CHO、—NO_2、—F、—Cl、—I 等。这类基团能减弱分子的 π 电子共轭程度,使荧光减弱甚至熄灭;第三类为取代基,对 π 电子共轭体系作用较小,如:—R、—SO_3H 等,对荧光的影响也不明显。

课堂互动

想一想,为什么有的物质分子能够发射荧光,有的不能? 荧光物质的分子结构有什么特点?

四、影响荧光强度的外部因素

影响荧光强度的因素除了荧光物质的本身结构及其浓度以外,外部环境也是一个很重要的因素,主要有溶剂、温度、酸度、荧光猝灭等。了解和利用这些因素的影响,可以提高荧光分析的灵敏度和选择性。

(一) 溶剂的影响

同一荧光物质在不同溶剂中,其荧光光谱的特征和强度都可能会有显著的差别。一般情况下,荧光波长随着溶剂极性的增大而长移,荧光强度也有增强。

溶剂黏度降低时,分子间碰撞机会增加,使无辐射跃迁增加,而荧光减弱。故荧光强度随溶剂黏度的降低而减弱。

(二) 温度的影响

温度对于荧光物质的荧光强度有显著的影响。一般情况下,随着温度的升高,荧光物质溶液的荧光效率和荧光强度降低。这是因为温度升高时,溶剂黏度减小,分子运动速率加快,从而使荧光分子与溶剂分子或其他分子的碰撞概率增加,使无辐射跃迁增加,从而降低了荧光效率。因此降低温度有利于提高荧光效率和荧光强度。例如,荧光素钠的乙醇溶液,在 0℃ 以下,温度每降低 10℃,φ_f 增加 3%,在 -80℃ 时 φ_f 为 1。

(三) 酸度的影响

酸度对荧光强度的影响主要表现在以下两个方面。

1. **影响荧光物质的存在形式**　荧光物质本身是弱酸或弱碱时,溶液的酸度对其荧光强度有较大影响。这是因为在不同酸度条件下,荧光物质的分子和离子间的平衡会改变,荧光物质会出现不同的存在形式,而不同的存在形式下其荧光光谱和荧光强度也不同。每一种荧光物质都有它最适宜的发射荧光的存在形式,也就是有它最适宜的 pH 范围。所以在荧光分析中一般都要严格控制溶液的酸度。例如,苯胺分子和离子有下列平衡关系:

在 pH 7~12 的溶液中,苯胺主要以分子形式存在,由于—NH_2 是提高荧光效率的取代基,故苯胺分子能产生蓝色荧光;但在 pH<2 和 pH>13 的溶液中,苯胺均以离子形式存在,不能发射荧光。

2. 影响荧光配合物的组成　对于金属离子与有机试剂生成的荧光配合物,溶液酸度的改变会影响配合物的组成和稳定性,从而影响它们的荧光性质。例如 Mg^{2+} 与 8-羟基喹啉-5-磺酸钠,在 pH>8 时能形成有荧光的配合物,而在 pH<5.7 时,配合物解离,荧光也因此消失。

(四)荧光猝灭

荧光物质分子与溶剂或其他溶质分子相互作用引起荧光强度下降或荧光强度与浓度不呈线性的现象称为荧光猝灭(fluorescence quenching),也称荧光熄灭。引起荧光猝灭的物质叫荧光猝灭剂(quenching medium),如卤素离子、重金属离子、氧分子、硝基化合物、重氮化合物等。引起荧光猝灭的主要原因有:①激发态荧光物质分子与猝灭剂分子碰撞,发生能量转移,荧光分子以无辐射跃迁的方式回到基态,产生猝灭作用。②荧光物质分子与猝灭剂分子作用,生成本身不发光的配合物,造成猝灭。③荧光物质分子中引入溴或碘,易发生系间跨越,由单重态跃迁到三重态,而无荧光发射,引起猝灭。④溶解氧使荧光物质氧化,引起荧光猝灭。⑤当荧光物质的浓度较高时,由于荧光物质分子间碰撞的概率增加,形成二聚体或多聚体,产生荧光自猝灭现象。溶液浓度越高,自猝灭现象越严重。

荧光猝灭在荧光分析中是个不利因素,在荧光物质中引入荧光猝灭剂会使荧光分析产生误差。但是,如果一个荧光物质在加入某种猝灭剂后,荧光强度的减小和荧光猝灭剂的浓度呈线性关系,则可利用这一性质测定猝灭剂的含量,这种方法称为荧光猝灭法(fluorescence quenching method)。荧光猝灭法比直接荧光法更灵敏、更有选择性。例如铝-桑色素配合物的荧光强度因微量氟离子的存在而引起荧光猝灭,溶液的荧光强度和氟离子浓度成反比,利用这一性质可测定样品中微量氟离子的含量。

(五)散射光的影响

当平行单色光照射样品溶液时,大部分入射光被吸收和透过,小部分光子和物质分子相互碰撞,使光子的运动方向发生改变而向不同角度散射,这种光称为散射光(scattering light)。在荧光分析中,干扰荧光测定的散射光主要有瑞利散射光(Rayleigh scattering light)和拉曼散射光(Raman scattering light)两种。

1. 瑞利散射光　光子与物质分子发生弹性碰撞时,不发生能量交换,只是光子运动的方向发生了改变,其波长与激发光波长相同,这种散射光称为瑞利散射光。它的强度与波长的四次方成反比,即波长越短,瑞利散射光越强。因瑞利散射光的波长与激发光波长相同,所以只要选择适当的荧光测定波长即可消除瑞利散射光对测定的影响。

2. 拉曼散射光　光子与物质分子发生非弹性碰撞时,在光子运动方向发生改变的同时,光子与物质分子还发生能量交换,使光子的能量减小或者增加,光的波长增长或变短,这种散射光称为拉曼散射光。其中波长较长的拉曼散射光因其波长与物质的荧光波长相接近,故对荧光测定的干扰比较大。由于拉曼散射光波长随激发光波长的改变而变化,而物质的荧光波长与激发光波长无关,故通过选择适当的激发光波长即可消除拉曼散射光的干扰。以硫酸奎宁为例,从图 11-4a 可见,无论选择 320nm 或 350nm 为激发光,荧光峰总是在 448nm。将空白溶剂分别在 320nm 及 350nm 激发光照射下进行测定,从图 11-4b 可见,当激发波长为 320nm 时,溶剂的拉曼散射光波长是 360nm,对荧光测定无干扰;当激发波长为 350nm 时,溶剂的拉曼光波长是 400nm,对荧光测定有干扰,因而应选择 320nm 为激发波长。

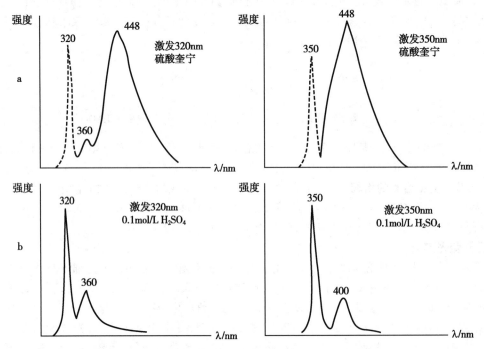

图 11-4 硫酸奎宁在不同激发波长下的荧光光谱(a)与散射光谱(b)

五、荧光强度与物质浓度的关系

荧光是物质吸收了一定波长的光后所产生的发射光。因此,荧光物质溶液的荧光强度与该物质吸收光能的强度和荧光效率有关。

当强度为 I_0 的入射光激发荧光物质溶液后,可以从溶液的各个方向观察到荧光,但由于激发光的一部分可透过溶液,因此不适合在透射光方向观察荧光,为了消除透射光的影响,一般是在与激发光光源垂直的方向上观测,如图 11-5 所示。

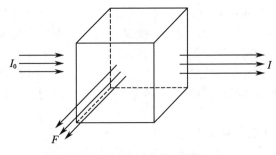

图 11-5 溶液的荧光测定

假设强度为 I_0 的入射光,照射到浓度为 c、液层厚度为 b 的荧光物质溶液上,物质的吸光系数为 a,透射光强度为 I,被溶液吸收光强度为 I_0-I,溶液中荧光物质的荧光效率为 φ_f,荧光强度为 F。根据光吸收定律:

$$\frac{I}{I_0}=10^{-abc} \tag{11-1}$$

则
$$I=I_0 10^{-abc} \tag{11-2}$$

可得
$$I_0-I=I_0-I_0 10^{-abc}=I_0(1-10^{-abc}) \tag{11-3}$$

由于溶液的荧光强度 F 与溶液吸收光强度及荧光效率成正比,则

$$F=k\varphi_f I_0(1-10^{-abc})=k\varphi_f I_0(1-e^{-2.303abc}) \tag{11-4}$$

式 11-4 中 k 为比例常数。

由于 $e^{-2.303abc}$ 的展开式为:

$$e^{-2.303abc}=1+(-2.303abc)+\frac{(-2.303abc)^2}{2!}+\frac{(-2.303abc)^3}{3!}+\cdots\cdots+\frac{(-2.303abc)^n}{n!}$$ 如果溶液浓度 c 很

小,当 abc≤0.05 时,则展开式的高次项可忽略,即

$$e^{-2.303abc} = 1 - 2.303abc$$

则 $$F = 20\ 303k\varphi_f I_0 abc \tag{11-5}$$

式 11-5 表明,在低浓度时,溶液的荧光强度与荧光物质的荧光效率、入射光强度、物质的吸光系数以及溶液浓度成正比。对于一定的荧光物质,当 I_0 及 b 固定时,式 11-5 可写为:

$$F = Kc \tag{11-6}$$

对于某一物质的稀溶液,在一定温度下,当激发光波长、强度和液层厚度恒定时,物质发出的荧光强度与该溶液的浓度成正比。这就是荧光分析法定量分析的依据。

荧光分析测定的是在很弱背景上的荧光强度 F,且其测定的灵敏度取决于检测器的灵敏度和激发光的强度。所以改进光电倍增管和放大系统,使极微弱的荧光也能被检测到,就可以测定很稀的溶液;同时增加入射光的强度,荧光的强度也会相应增大,因此荧光分析法的灵敏度很高。而在紫外-可见分光光度法测定的是透过光强和入射光强的比值,即 I/I_0,当浓度很低时,检测器难以检测两个大讯号(I 和 I_0)之间的微小差别,而且即使将光强信号放大,由于透过光强和入射光强都被放大,比值仍然不变,对提高检测灵敏度不起作用,故紫外-可见分光光度法的灵敏度不如荧光分析法高。

第二节　荧光分光光度计

荧光分光光度计与紫外-可见分光光度计的基本组成部件相同,即有光源、单色器、样品池、检测器和记录显示装置五个部分。荧光分光光度计的单色器有两个,分别用于选择激发光波长和荧光波长。除了基本部件的性能不同外,荧光分光光度计与紫外-可见分光光度计的最大不同是荧光的测量方向通常在与激发光垂直的方向上进行,以消除透射光和散射光对荧光测量的影响。荧光分光光度计的结构如图 11-6 所示。

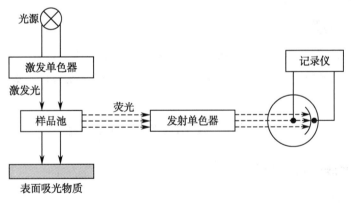

图 11-6　荧光分光光度计结构示意图

一、光源

荧光的激发光源应具有稳定性好、强度大、适用波长范围宽并且在整个波段范围内强度一致等特点。因为光源的稳定性将直接影响测定结果的重现性和精确度,而光源的强度直接影响测定的灵敏度。常用的光源有高压汞灯、氙灯、卤钨灯和可调谐染料激光器。

高压汞灯是以汞蒸气放电发光的一种光源,产生强烈的线光谱,主要有 365nm、405nm 和 436nm 三条谱线,尤以 365nm 谱线最强,一般滤光片式荧光光度计多采用它为激发光源。

氙灯是目前荧光分光光度计中应用最广泛的一种光源。它是一种短弧气体放电灯,外套为石英,内充氙气,通电后氙气电离,同时产生较强的连续光谱。氙灯具有光强度大,在 $250\sim700nm$ 范围内发射连续光谱的特点。由于氙灯的启动电压高($20\sim40kV$),使用时一定要注意安全,当仪器配有计算机时,应使氙灯点着稳定后再开机。

可调谐染料激光器是荧光分析中的理想光源,是用有机荧光染料溶液作为活性介质,用其他光源进行激发的激光器。它不仅功率强大,而且单色性好,热能低,可极大地提高荧光分析的灵敏度。

二、单色器

荧光分光光度计有两个单色器,即第一单色器(激发单色器)和第二单色器(发射单色器)。第一单色器在光源与样品池之间,其作用是选择特定波长的激发光;第二单色器在样品池与检测器之间,通常与激发光源呈90°的位置,以消除透射光对荧光测量的影响。它的作用是把容器的反射光、溶剂的散射光以及溶液中杂质所产生的荧光除去,只让特征波长的荧光通过。荧光分光光度计常用光栅单色器。

三、样品池

普通玻璃会吸收320nm以下的紫外光,不适用于紫外光区激发的荧光分析,所以,荧光测定用的样品池通常用石英材料制成。常用散射光较少的正方形样品池,并且四面均透光,便于在激发光方向的垂直方向(二者成90°)测量荧光强度,以消除入射光的背景干扰。低温荧光测定时,可在石英样品池外套一个盛放液氮的石英真空瓶来降低温度。

四、检测器

用紫外-可见光作为激发光源时所产生的荧光多为可见光,荧光强度较弱,因此要求检测器有较高的灵敏度。荧光分光光度计一般采用光电倍增管作检测器。检测器的方向应与激发光的方向成直角,以消除样品池中透射光和杂散光的干扰。

当有些物质的荧光发射强度较弱时,光量子计数器会被用作荧光分光光度计的检测器,以获得灵敏的检测效果。此外,在有些情况下,二极管阵列检测器也被用作荧光分光光度计的检测器,它具有检测效率高、动态范围宽、线性响应好、坚固耐用和寿命长等优点。二极管阵列检测器的检测灵敏度不如光电倍增管,但能够同时接受荧光物质的整个发射光谱,有利于进行定性分析。

五、记录显示装置

电信号经放大器放大,再经模/数转换后,可由表头指示或数字显示荧光强度。现代分析仪器都配有计算机和响应的操作软件,进行仪器参数的自动控制和荧光光谱数据的采集处理。

第三节　荧光定量分析方法

一、单组分溶液的定量方法

(一)标准曲线法

标准曲线法是荧光分析中最常用的定量方法。取已知量的标准品按试样相同方法处理后,配成一系列不同浓度的标准溶液。在最佳实验条件下,分别测定标准溶液的荧光强度(F)和空白溶液的荧光强度(F_0);扣除空白值(F_0)后,以荧光强度为纵坐标、标准溶液的浓度为横坐标,绘制标准曲线。然后将处理后的试样配成一定浓度的待测溶液,在同一条件下测定其荧光强度,扣除空白值(F_0)以后,从标准曲线求出荧光物质的含量。

(二)直接比较法

如果荧光物质的标准曲线通过零点,就可选择在其线性范围内,用直接比较法进行测定。配制一个浓度(c_s)在线性范围内的标准溶液,测定其荧光强度(F_s)。然后,在相同条件下,测定试样溶液的荧光强度(F_x)。分别从F_x和F_s值中扣除空白值(F_0)后,按比例关系计算试样溶液中荧光物质的浓度,求得试样中荧光物质的含量。

$$\frac{F_s - F_0}{F_x - F_0} = \frac{c_s}{c_x} \qquad\qquad c_x = \frac{F_x - F_0}{F_s - F_0} c_s$$

二、多组分溶液的定量方法

在荧光分析中,也可以像紫外-可见分光光度法一样,从混合物中不经分离同时测定多个组分的含量。

如果混合物中各组分荧光发射峰相距较远,而且相互之间无显著干扰,则可分别在不同波长处测定各个组分的荧光强度,从而利用标准曲线法或直接比较法求出各个组分的含量。如果荧光峰相互干扰,但激发光谱有显著差别,其中一个组分在某一激发波长下不吸收光,不产生荧光,则可选择不同的激发光进行测定。如果不同组分的荧光光谱相互重叠,则需要利用荧光强度的加和性,在适宜的荧光波长处,测定混合物的荧光强度,再根据各组分在该荧光波长处的最大荧光强度,列出联立方程式,求算各个组分的含量。

第四节　荧光分析法的应用

一、无机化合物的荧光分析

无机离子能直接产生荧光并用于测定的不多,但与有机试剂形成配合物进行荧光分析的达到 60 余种,其中铝、铍、镓、硒、钙、镁及某些稀土元素可用荧光分析法测定。

用荧光分析法测定溶液中的无机离子,常采用直接荧光法和荧光猝灭法。直接荧光法是将无机离子溶液加适当的无机试剂,直接检测离子的化学荧光;或与一种无荧光的有机配体生成高荧光的金属配合物,再进行测定。常用的有机配体荧光试剂有:8-羟基喹啉(用于 Al、Zn、Be 等)、茜素紫酱 R(用于 Al、F 等)、二苯乙醇酮(用于 B、Zn、Ge、Si 等)。荧光猝灭法采用本身有荧光的有机配体与金属离子配位,使荧光强度减弱,测量荧光减弱的程度,间接测出离子浓度。如 2,3-萘氮杂茂的水溶液有强烈紫色荧光,但其荧光强度可随溶液中银离子含量的增大而减弱,据此可进行银离子的荧光分析。

二、有机化合物的荧光分析

具有高度共轭体系的有机化合物(芳香族和杂环化合物等),大多数能发射荧光,可以直接进行荧光测定。如:多环胺类、萘酚类、嘌呤类、吲哚类、多环芳烃类化合物和具有芳环或芳杂环结构的氨基酸及蛋白质等,约有 200 多种。为了提高测定方法的灵敏度和选择性,常通过液相色谱分离-荧光检测实现多种有机化合物的分离分析。

对于某些弱荧光物质进行测定时,为了提高测定的灵敏度,通常加入荧光试剂与其反应生成强荧光的产物进行测定。常用的荧光试剂有荧胺试剂、1,2-萘醌-4-磺酸钠(NAS)、1-二甲氨基-5-氯化磺酰萘、邻苯二甲醛等。

荧光分析法
检测酶

在生命科学研究工作及医疗工作中,所遇到的分析对象常常是分子庞大而结构复杂的有机化合物,如维生素、氨基酸和蛋白质、胺类和甾族化合物、酶和辅酶以及各种药物、毒物和农药等,这些复杂化合物大多数都能发射荧光,可以用荧光分析法进行测定或研究其结构及生理作用机制。

三、细胞和基因的研究与检测

（一）流式细胞术

流式细胞术(flow cytometry,FC)是一种对处在液流中的细胞或其他微粒进行多参数快速分析或分选的技术。它的研究范围包括真核细胞、细菌、病毒、微生物、寄生虫等生物体以及其中的染色体、蛋白或其他分子等。

流式细胞术是近年来发展起来的研究细胞的一种新技术,它可以对细胞膜上、细胞质中蛋白、细胞因子和其他各种特异标志,以及细胞核中的 DNA、RNA 和蛋白等进行分析,上述所要分析的各种细胞成分需要用带有荧光素的特异抗体或染料进行染色才能检测到。流式细胞仪(flow cytometer,FCM)是现代临床检验领域先进的分析仪器之一,其工作原理是:将染色后细胞通过上样装置注入液流系统,液流中的鞘液带着细胞或其他颗粒成单个串状排列流经检测区,细胞及与其结合的荧光素被激光

笔记

照射后折射散射光或发出荧光。通过检测液流内细胞的散射光信号和荧光信号来分析细胞的各种理化特征,如细胞的大小、颗粒度和抗原分子的表达情况等信息。流式细胞术不仅具有分析功能,尤为重要的是,还具有高速分选功能,可以从大量细胞中挑选出感兴趣的目标细胞。在收集大量细胞的基础上,流式细胞仪还可以根据细胞荧光强度的差异,从混合细胞群中鉴别出不同亚群,并对每一亚群的比例做出精确定量。

流式细胞术具有分析速度快、检测参数多、结果客观全面等特点,近年来已经广泛应用于生命科学研究以及血液病、感染和肿瘤等临床疾病的分析检测中。

(二)实时荧光定量 PCR 技术

实时荧光定量 PCR(real-time quantitative polymerase chain reaction,Real-time PCR)是一种基于普通 PCR,利用实时监测平台将核酸扩增及检测融合在一起,同时能够对模板(DNA/RNA)进行精确定量的技术手段。

Real-time PCR 技术从 mRNA 水平监测基因的表达,通过在 PCR 反应体系中加入荧光染料或荧光探针,利用连续监测荧光信号出现的先后顺序以及信号强弱的变化,即时分析目的基因的初始量,通过与加入已知量的标准品进行比较,可实现实时定量。

Real-time PCR 技术是近年来发展起来的一种新的基因检测技术,具有特异型强、灵敏度高、快速准确、可实时监测、自动化程度高等优点,因而被广泛应用于生命科学研究以及临床医学诊断领域。

学习小结

  本章在介绍了荧光的形成过程、激发光谱和发射光谱的概念的基础上,重点介绍了物质产生荧光必须具备的条件、分子结构与荧光的关系、影响荧光强度的因素、荧光强度与物质浓度的关系以及荧光定量分析方法等内容,其中,荧光强度与物质浓度的关系是本章学习的难点。我们必须要深入理解荧光分析法的基本原理,熟练掌握荧光分析法定量的依据、学会运用荧光定量分析方法,以突破难点,完成学习目标。

扫一扫,测一测

达标练习

一、多项选择题

1. 下列说法正确的是( )
  A. 分子的刚性平面有利于荧光的产生
  B. 荧光的波长比磷光短
  C. 物质有较强的紫外吸收一定能发射荧光
  D. 外部转移会使荧光强度减弱
  E. 最大激发波长和最大发射波长是定量测定最灵敏的光谱条件

2. 下列因素,对荧光强度有影响的是( )
  A. 温度   B. 溶剂   C. 溶液的酸度
  D. 荧光猝灭剂   E. 显示器

3. 下列取代基可使荧光体的荧光增强的是( )
  A. —NH_2 B. —COOH   C. —NO_2

D. —OH   E. —OCH₃

二、辨是非题

1. 凡是能够吸收紫外-可见光的物质就能产生荧光。（   ）
2. 荧光分析中,发射单色器放在与激发光垂直的方向。（   ）
3. 荧光物质的荧光强度随着溶液温度的升高而增强。（   ）
4. 振动弛豫属于辐射跃迁。（   ）
5. 荧光光谱曲线的形状与测量时选择的激发波长无关。（   ）

三、填空题

1. 荧光分析可利用_____和_____可用来鉴别荧光物质,也是选择测定波长的依据。

2. 分子π电子共轭程度越大,则荧光强度越_____,荧光波长向_____波长方向移动;吸电子取代基将使分子的荧光强度_____。

3. 荧光物质的_____和_____是定量测定时最灵敏的条件。

4. 能够发射荧光的物质必须具备的两个条件是:物质分子有强的_____;物质分子有较高的_____。

5. 在荧光分析法中,增加入射光的强度,测量灵敏度_____,原因是_____。

6. 影响荧光强度的外部因素有_____、_____、_____、_____、_____。

四、简答题

1. 名词解释

（1）激发光谱   （2）发射光谱
（3）荧光猝灭   （4）荧光效率

2. 写出荧光强度与物质浓度之间的关系式,该式的应用前提是什么?

3. 为什么荧光分析法的灵敏度高于紫外-可见分光光度法?

五、计算题

1. 用荧光法测定复方炔诺酮片中炔雌醇的含量时,取本品20片(每片含炔诺酮应为0.54~0.66mg,含炔雌醇应为31.5~38.5μg),研细溶于无水乙醇中,稀释至250ml,过滤,取滤液5ml,稀释至10ml,在激发波长285nm和发射波长307nm处测定荧光强度。如果炔雌醇标准品的乙醇溶液(1.4μg/ml)在同样测定条件下荧光强度为65,问:合格片的荧光强度应在什么范围之间?

2. 用荧光法测定利血平片中利血平分子的含量时,精密称取利血平标准品10mg,加入10ml氯仿溶解后,再用乙醇稀释至100ml,精密量取2ml该溶液至100ml容量瓶,加乙醇稀释到刻度,摇匀,测得标准品溶液荧光强度为200。取供试品20片(标示量——每片0.1mg)质量为1.520g,研细,精密称取适量(相当于利血平分子0.5mg),加10ml热水,10ml氯仿,再用乙醇稀释至100ml,过滤后精密量取滤液20ml,至50ml容量瓶,摇匀,测得供试品溶液荧光强度为350。试计算利血平片中有效药物——利血平分子的含量。

3. 用荧光法测定食品中维生素 B₂ 的含量:称取 2.00g 食品,用 10ml 氯仿萃取(萃取效率100%),取上清液 2ml,再用氯仿稀释至 10ml。维生素 B₂ 标准品溶液的浓度为 0.100μg/ml,测得空白溶液、标准品溶液和样品溶液的荧光强度分别为:$F_0 = 1.5$,$F_s = 69.5$,$F_x = 61.5$,求该食品中维生素 B₂ 的含量(μg/g)。

（张学东）

学习目标

1. 掌握原子吸收分光光度法的基本原理和定量方法。

2. 熟悉原子吸收分光光度计的基本部件及其作用;原子吸收分光光度法的分析过程及分析条件的选择。

3. 了解原子吸收分光光度法在医学检验中的应用;原子吸收光谱法干扰的类型及抑制方法。

4. 学会原子吸收分光光度计的正确操作方法、日常维护与保养。

第一节　概　　述

原子吸收分光光度法(atomic absorption spectrophotometry,AAS)简称原子吸收法,有时也称为原子吸收光谱法(atomic absorption spectrometry),它是基于待测元素的基态原子蒸气对特定谱线(通常是待测元素的特征谱线)的吸收现象来进行定量分析的方法。

一、原子吸收分光光度法的流程

以火焰原子吸收光谱法测定血清中的铜为例,原子吸收分光光度法基本流程如图 12-1 所示。将含有待测元素铜的试样溶液通过负压吸入雾化器中,与燃气混合后喷射成雾状进入燃烧火焰,铜盐雾滴在火焰中挥发并离解成铜原子蒸气,以铜空心阴极灯为光源,发射出一定强度的波长为 324.8nm 的铜特征谱线,当含有特征谱线的光通过一定厚度的铜原子蒸气时,其中一部分特征谱线的光被蒸气中

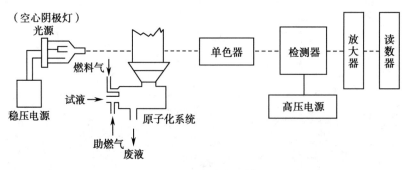

图 12-1　火焰原子吸收分光光度法流程示意图

基态铜原子吸收而减弱,未被吸收的光经单色器照射到检测器上被检测,根据该特征谱线光强度被减弱的程度,即可求得试样中铜的含量。

原子吸收分光光度法和紫外-可见分光光度法都属于吸收光谱分析,但两者吸光物质的状态不同、吸收光谱不同、使用的光源不同,应用范围也不同。前者是基态原子蒸气对光的吸收,是原子吸收光谱,为线状光谱,使用的是锐线光源,主要用于金属元素的定量分析;后者是溶液中分子或离子对光的吸收,是分子吸收光谱,为带状光谱,使用的是连续光源,常用于定性和定量分析。

二、原子吸收分光光度法的优缺点

原子吸收分光光度法是测定痕量和超痕量金属元素的有效方法之一,具有以下特点:

（一）原子吸收分光光度法的优点

1. **灵敏度高、检测限低** 火焰原子吸收分光光度法对多数元素检测限可达 10^{-9} g/ml,石墨炉原子吸收分光光度法得检测限可达 $10^{-14} \sim 10^{-13}$ g/ml。

2. **准确度高** 火焰原子吸收分光光度法的相对误差小于 1%,石墨炉原子吸收分光光度法的相对误差为 3% ~ 5%。

3. **选择性好、抗干扰能力强** 大多数情况下共存元素对测定元素不产生干扰,若实验条件合适一般可以在不分离共存元素的情况下直接测定,这是由于原子吸收光谱是元素的固有特征且原子吸收线数目少,一般不存在共存元素的光谱重叠干扰。

4. **分析速度快** 在准备工作做好后,一般 3~5min 即可完成一种元素的测定。若利用自动原子吸收分光光度计可在 35min 内连续测定 50 个试样中的 6 种元素。

5. **应用范围广** 原子吸收光谱法被广泛应用各领域中,它可以直接测定 70 多种金属元素,也可以用间接方法测定一些非金属和有机化合物。不但可以直接和间接用于元素成分分析,还可以利用联用技术进行元素的形态分析和同位素分析;不但可以用于化学成分分析,还可以用来测定气体扩散系数、振子强度等物理常数。

（二）原子吸收分光光度法的不足

由于分析不同元素,必须使用不同的元素灯,因此多元素同时测定尚有困难;有些元素的灵敏度还比较低(如钍、铪、银、钽等);对于复杂样品仍需要进行复杂的化学预处理,否则干扰比较严重。

原子吸收分光光度法的发展历程

原子吸收分光光度法作为一种实用的分析方法是从 1955 年开始的,但是原子吸收现象的发现却可以追溯到 19 世纪,早在 1802 年,伍朗斯顿(W. H. Wollaston)在研究太阳连续光谱时就发现了太阳连续光谱中出现的暗线,但没能给出其科学的解释。直到 1955 年,澳大利亚科学家的瓦尔西(A. Walsh)发表了他的著名论文《原子吸收光谱在化学分析中的应用》,指出吸光度与试样中被测元素的浓度具有线性关系,建议采用峰值测量法,并指出该方法可以用于所有能蒸发产生自由原子的元素的测定。瓦尔西也因此被公认为原子吸收光谱分析的奠基人。1959 年,俄罗斯科学家里沃夫(B. V. L'vov)发表了电热原子化技术的第一篇论文,他用坩埚石墨炉原子化法测了多种元素,绝对灵敏度可达 $10^{-14} \sim 10^{-13}$ g,使原子吸收光谱法的发展出现了一个飞跃。

近年来,随着其他科学技术的发展,原子吸收分光光度法也获得了飞速发展。使用连续光源和中阶梯光栅,结合使用光导摄像管、二极管阵列多元素分析检测器,设计出了微机控制的原子吸收分光光度计,为解决多元素同时测定开辟了新的前景。在分析技术方面,诸如固体进样和在线进样、冷原子捕集、平台和探针原子化、氢化物发生、背景校正、稳定温度平台石墨炉(STPF)技术等都有了迅速的发展。特别是 STPF 技术能有效地克服基体干扰,为复杂样品的分析和实现无标分析开辟了广阔的前景。另外,联用技术(色谱-原子吸收联用、流动注射-原子吸收联用)发展潜力很大,日益受到人们的重视。如色谱-原子吸收联用,不仅在解决元素的化学形态分析方面,而且在测定有机化合物的复杂混合物方面,都有着重要的用途。

第二节 原子吸收分光光度法的基本原理

当用很窄的锐线光源时,蒸气中元素基态原子能吸收一定能量的特征光谱线(灵敏线)产生具有一定宽度的吸收光谱曲线,谱线积分吸收或峰值吸收系数与蒸气中基态原子总数成线性关系;而在给定实验条件下,溶液中待测元素含量与蒸气相中总原子数保持一定的比例关系,蒸气相中基态原子数近似等于总原子数,根据朗伯-比尔定律,无论采用积分吸收法还是峰值吸收系数法测得的吸光度均与蒸气相中待测元素的基态原子数成简单线性关系,具体阐述如下:

一、共振线与吸收线

近代光谱学认为原子核外电子可在核外不同轨道上运动,电子运动时具有一定的能量,一个原子可具有多种能级状态如图 12-2 所示。

能量最低的称为基态(E_0),其余的称为激发态(E_j),能量最低状态也是最稳定的状态。通常情况下,元素原子总是处于能量最低状态(E_0),处于能量最低状态的原子称为基态原子(N_0)。当基态原子受到外界能量激发时,最外层电子可跃迁到能量较高的能级,处于较高能级状态的原子称为激发态原子(N_j),其中能量最低的激发态被称为第一激发态。原子基态只有一种,受到外界能量激发时最外层电子可能跃迁到不同能级,因此可能会具有多种激发态。显然,原子处于激发态是一种不稳定的状态,在很短时间内就可能会跃迁回低能级的激发态直至最稳定状态(即基态),此过程中会辐射出一定频率的光子。辐射出的光子频率与基态原子跃迁到一定激发态时吸收的辐射光子频率相同,辐射或吸收的光子频率与两能级之间能量差符合以下关系:

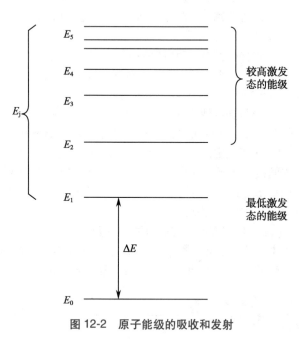

图 12-2 原子能级的吸收和发射

$$\Delta E = E_j - E_0 = h\nu = h\frac{c}{\lambda} \qquad (12\text{-}1)$$

在式 12-1 中,ΔE 是两能级的能量差,单位 eV($1eV = 1.602 \times 10^{-19}$J);$\lambda$ 是波长,单位 nm;ν 是频率,单位 s^{-1};c 是光速,单位 cm·s^{-1};h 是普朗克常数,6.63×10^{-34}J·s。

每种元素的特定原子只能在特定的能级之间跃迁。原子吸收一定频率的辐射从基态跃迁至激发态,所产生的吸收线称为共振吸收线,当原子从激发态再跃迁返回基态时,发射相同频率的辐射,称为共振发射线。通常将共振吸收线和共振发射线都统称为共振线。由于电子可在基态和第一激发态及其他能量较高的激发态之间跃迁,相应的就有许多的发射线和吸收线。

一般来说,不同元素的原子结构和外层电子排布各不相同,所以"共振线"也就不同,各有特征,又称元素的特征谱线。由于第一激发态的能量最低,电子在第一激发态和基态间的跃迁最容易,相应的共振吸收线和共振发射线也是最强的,对大多数元素来说,这条共振线也就是最灵敏的谱线(简称灵敏线)。原子吸收分光光度法就是利用待测元素原子的特征吸收线进行分析的,因此具有很强的选择性。

二、谱线轮廓与谱线变宽

原子吸收光谱是由元素原子最外层电子能级的跃迁产生的仅有 10^{-3}nm 极窄的吸收谱线,具有一定的轮廓,原子吸收光谱特征可以用吸收线的频率、谱线宽度和强度(两能级之间的跃迁概率决定)来表征。谱线轮廓就是指谱线强度随频率的变化曲线,可用 I_ν-ν 或 K_ν-ν 曲线表示。若以透过光强(I_ν)对频率 ν 作图,得 I_ν-ν 曲线,如图 12-3 所示,图中 ν_0 称为中心频率,中心频率由原子能级决定, ν_0 处透过光强最小、吸收最大。

若以吸收系数 K_ν 对频率 ν 作图,得 K_ν-ν 曲线,如图 12-4 所示,图中 K_ν 为元素原子对频率为 ν 的辐射吸收系数,中心频率 ν_0 处吸收系数有极大值,称为峰值吸收系数(K_0)。吸收线的半宽度($\Delta\nu$)是吸收系数等于极大值的一半($K_0/2$)处对应谱线轮廓上两点间频率差,因此,可用中心频率 ν_0 和半宽度 $\Delta\nu$ 表征原子吸收线的轮廓特征,前者由原子的能级分布特征决定,后者除谱线本身具有的自然宽度外,还受多种因素的影响。

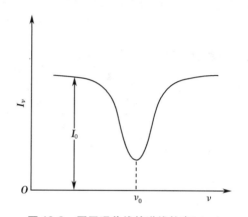

图 12-3　原子吸收线的谱线轮廓(I_ν-ν)

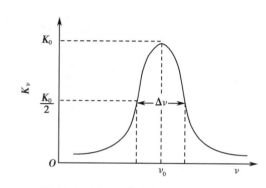

图 12-4　原子吸收线的谱线轮廓(K_ν-ν)

在无外界条件影响下,原子吸收线轮廓固有的宽度称为自然宽度(natural width),它与原子发生能级跃迁的激发态原子的有限寿命有关。不同谱线有不同的自然宽度。激发态原子的寿命越短,吸收线的自然宽度越宽。多数情况下,自然宽度约为 10^{-5}nm 数量级。

由于某些因素可导致该自然宽度变宽使得原子吸收线的 $\Delta\nu$ 通常在 0.001~0.005nm 之间。常见的两种导致自然宽度变宽的因素有多普勒变宽(Doppler broadening)和碰撞变宽(collisional broadening)。

多普勒变宽是由于基态原子处于高温环境下的无规则热运动产生的,又称为热变宽,通常热变宽($\Delta\nu_D$)为 10^{-3}nm 数量级,是谱线变宽的主要因素,其原理如下:当一些粒子向着检测器运动时,呈现出比原来更高的频率;当粒子背向检测器运动时,呈现出比原来更低的频率,这就是多普勒效应;对于检测器而言,接收到的则是频率或波长略有不同的光,表现出原子吸收线的变宽。测定温度越高,待测元素原子质量越小,原子的相对热运动越剧烈,热变宽越大。

碰撞变宽是由于吸光原子与蒸气中其他粒子(分子、原子、离子和电子等)间相互碰撞而引起能级的微小变化,使得发射或吸收的光子频率改变而导致变宽。碰撞变宽与吸收区气体的压力有关,压力升高时,粒子间相互碰撞概率增大,谱线变宽严重。根据与吸光原子碰撞的粒子不同,又可分为共振变宽(resonance broadening)和劳伦兹变宽(Lorentz broadening)两类,由被测元素的基态原子与激发态原子间碰撞引起的谱线变宽称为共振变宽或赫鲁兹马克变宽(Holtsmark broadening),它随试样原子蒸气浓度的增加而增加;由被测元素原子与其他外来粒子碰撞而引起的变宽称为劳伦兹变宽,它不仅随原子区内气体压力增加和温度升高而增大,而且还随其他元素性质的不同而不同。此外,影响谱线变宽的因素还有电场变宽、磁场变宽、自吸变宽等,通常条件下,吸收线轮廓主要受多普勒变宽和劳伦兹变宽的影响。谱线变宽往往会导致测定的灵敏度下降。

三、原子吸收分光光度法的定量基础

(一)基态原子数和激发态原子数的关系

在进行原子吸收测定时,试液在高温下挥发并解离成原子蒸气,其中有一部分基态原子进一步被激发成激发态原子,在一定温度下,处于热力学平衡时,激发态原子数 N_j 与基态原子数 N_0 之比服从

Boltzmann（波尔兹曼）分布定律：

$$\frac{N_0}{N_j} = \frac{G_j}{G_0} \cdot e^{\frac{E_j}{KT}} \tag{12-2}$$

在式 12-2 中，G_j、G_0 分别代表激发态和基态原子的统计权重；E_j 是激发态能量；K 为波尔兹曼常数（1.83×10^{-23} J/K）；T 为热力学温度。

在原子吸收光谱中，一定波长谱线的 G_j/G_0 和 E_j 都是已知值，不同 T 的 N_j/N_0 可用式 12-2 求出，表 12-1 列出了某些元素激发态与基态原子数的比值 N_j/N_0。在火焰温度（T）范围内，大多数元素的激发态原子数和基态原子数的比值 N_j/N_0 都很小，不超过 1%，即基态原子数 N_0 比 N_j 大得多，占总原子数的 99% 以上，通常情况下可忽略不计，则可用基态原子数代表吸收辐射的被测元素的原子总数，即：

$$N_0 \approx N \tag{12-3}$$

表 12-1　某些元素激发态与基态原子数的比值 N_j/N_0

元素	共振线/nm	G_j/G_0	激发能/eV	N_j/N_0 2 000K	N_j/N_0 3 000K
Na	589.0	2	2.104	0.99×10^{-5}	5.83×10^{-4}
Sr	467.0	3	2.690	4.99×10^{-7}	9.07×10^{-5}
Ca	422.7	3	3.932	1.22×10^{-7}	3.55×10^{-5}
Fe	372.0	-	3.382	2.99×10^{-9}	1.31×10^{-6}
Ag	328.1	2	3.778	6.03×10^{-10}	8.99×10^{-7}
Cu	324.8	2	3.817	4.82×10^{-10}	6.65×10^{-7}
Mg	285.2	3	4.346	3.35×10^{-11}	1.50×10^{-7}
Pb	283.3	3	4.375	2.83×10^{-11}	1.34×10^{-7}
Zn	213.9	3	5.795	7.45×10^{-11}	5.50×10^{-10}

（二）积分吸收

原子吸收光谱通过测定基态原子蒸气对其特征谱线的吸收程度来测定待测元素的含量。若将一束不同频率，强度为 I_0 的平行光通过厚度为 l 的原子蒸气时，一部分光被吸收，则根据朗伯-比尔定律：

$$I_\nu = I_0 e^{-K_\nu l} \tag{12-4}$$

$$A = \lg \frac{I_0}{I_\nu} = \lg \frac{\int_0^{\Delta\nu} I_0 d\nu}{\int_0^{\Delta\nu} I_0 e^{-K_\nu l} d\nu} = \lg \frac{\int_0^{\Delta\nu} I_0 d\nu}{e^{-K_\nu l} \int_0^{\Delta\nu} I_0 d\nu} = 0.434 K_\nu l \tag{12-5}$$

在式 12-4 和 12-5 中，I_0 为入射光光强度；I_ν 为透射光光强度；l 是原子吸收层厚度；K_ν 是基态原子对频率为 ν 的光的吸收系数。

原子吸收光谱是由基态原子蒸气对共振线的吸收产生的，而原子吸收谱线具有一定的轮廓。吸收谱线轮廓内吸收系数 K_ν 的积分面积代表了基态原子蒸气所吸收的全部辐射能量，称为积分吸收（integrated absorption）。谱线积分吸收与气态基态原子数成正比，数学表达式为：

$$\int K_\nu d\nu = \frac{\pi e^2}{mc} N_0 f \tag{12-6}$$

在式 12-6 中，e 为电子电荷；m 为电子质量；c 为光速；N_0 为单位体积原子蒸气中吸收辐射的基态原子数；f 为振子强度，表示能被入射辐射激发的每个原子的电子平均数，与能级间跃迁概率有关，反映吸收谱线的强度，对于特定元素而言，在一定条件下 f 可视为一定值。当分析线确定后，式 12-6 中

$\dfrac{\pi e^2}{mc}f$ 为常数,可用 k 表示,因此式 12-6 可简化为:

$$\int K_\nu d\nu = \frac{\pi e^2}{mc}N_0 f = kN_0 \tag{12-7}$$

式 12-7 是原子吸收分光光度法的定量基础。根据 Boltzmann 分布定律,气态基态原子数 N_0 约等于待测元素气态原子总数 N,因此,积分吸收与被测元素气态原子总数 N 成正比,而给定条件下,溶液中待测元素浓度与被测元素气态原子总数保持一定的比例关系,所以,如能准确测量积分吸收即可求算待测元素含量。

积分吸收的局限性

若能求出得积分吸收值 $\int K_\nu d\nu$,则可求得基态原子数 N_0,进而就能求得试样中待测元素的浓度。然而,在实际应用中还存在一定的困难。要测量出半宽度 $\Delta\nu$ 只有 $0.001\sim0.005nm$ 的原子吸收线轮廓的积分吸收值,所需单色器的分辨率要高达 50 万,这实际上是很难达到的。若采用连续光源,把半宽度如此窄的原子吸收轮廓叠加在半宽度很宽的光源发射线上,实际被吸收的能量相对于发射线的总能量来说极其微小(小于 0.5%),在这种条件下要准确记录信噪比是十分困难的,也就是说,难以实现积分吸收的测量,这也是发现原子吸收现象长达 100 多年一直未能在分析上得到实际应用的主要原因。

(三)峰值吸收

澳大利亚物理学家瓦尔什(Walsh)1955 年提出了峰值理论,以锐线光源为激发光源来测量峰值吸收系数(K_0),代替积分吸收($\int K_\nu d\lambda$),成功地解决了积分吸收不易测量的难题。基态原子蒸气对吸收线中心波长处的吸收系数(K_0)为峰值吸收系数,简称峰值吸收(peak absorption)。能发射出谱线半宽度很窄的发射线的光源称为锐线光源。锐线光源应当满足以下条件:①光源发射线的半宽度必须小于吸收线的半宽度,一般为吸收线的半宽度的 $1/10\sim1/5$;②光源发射线的中心频率与原子吸收的中心频率完全一致。常用的锐线光源是空心阴极灯,即用一个与待测元素相同的纯金属制成,灯内是低电压,压力变宽基本消除;灯电流仅几毫安,温度很低,热变宽也很小。在确定的实验条件下,用空心阴极灯进行峰值吸收 K_0 测量时,也遵守朗伯-比尔定律,则:

$$A = \lg \frac{I_0}{I_\nu} = 0.434 K_0 l \tag{12-8}$$

峰值吸收系数 K_0 与谱线宽度有关,若仅考虑多普勒宽度 $\Delta\nu_D$,则:

$$K_0 = \frac{2}{\Delta\nu_D}\sqrt{\frac{\lg 2}{\pi}} \cdot \frac{\pi e^2}{mc} \cdot N_0 f \tag{12-9}$$

峰值吸收系数 K_0 与单位体积原子蒸气中待测元素的基态原子数 N_0 成正比,则:

$$A = 0.434 \cdot \frac{2}{\Delta\nu_D}\sqrt{\frac{\lg 2}{\pi}} \cdot \frac{\pi e^2}{mc} \cdot N_0 f l \tag{12-10}$$

在实验条件一定时,对于特定的元素测定,式 12-10 等号右侧除了被测元素的基态原子数外其余各项均为常数,则:

$$A = K \cdot N_0 \tag{12-11}$$

在式 12-11 中,K 为比例系数。可见,在一定条件下,当使用锐线光源时,吸光度 A 与单位体积原子蒸气中待测元素的基态原子数 N_0 成正比。根据式 12-3 可知,可用基态原子数代表吸收辐射的被测元素的原子总数,若控制条件使进入火焰的试样保持一个恒定的比例,则 A 与溶液中待测元素的浓度成正比,因此,在一定浓度范围内:

$$A = K' \cdot c \tag{12-12}$$

在式 12-12 中,c 为待测元素的浓度,K' 为与实验条件有关的比例系数。式 12-12 表明,在一定实验条件下,被测元素试样的吸光度(A)与试样中待测元素的浓度(c)呈线性关系,这是原子吸收分光光度法定量分析的理论依据。

第三节 原子吸收分光光度计

一、原子吸收分光光度计的结构

原子吸收分光光度计又称为原子吸收光谱仪,是原子吸收分光光度法测定原子蒸气吸光度的仪器,主要由光源、原子化系统、分光系统和检测系统等四部分组成,如图 12-5 所示。有些仪器还配有背景校正系统和自动进样系统。

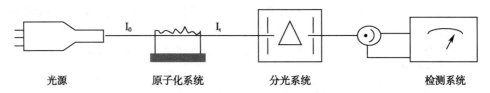

图 12-5 原子吸收分光光度计基本构造示意图

（一）光源

光源的作用是发射被测元素基态原子所吸收的特征辐射。用于原子吸收的光源应符合以下要求:发射线与吸收线的中心频率一致,发射的共振辐射的半宽度要明显小于吸收线的半宽度,即提供锐线光谱,故称锐线光源;辐射的强度大且发射背景小;辐射光强稳定,使用寿命长等。空心阴极灯是符合上述要求的理想光源,目前应用最广泛。无极放电灯是原子吸收分光光度计中的另一种锐线光源,但其稳定性差,价格高,还需专用电源,大多数元素的蒸气压较低难以制成无极放电灯,所以在原子吸收光谱中的应用受到了一定限制。

空心阴极灯是由玻璃管制成的封闭着低压气体的放电管,基本构造如图 12-6 所示,主要是由一个阳极和一个空心阴极组成。阴极为空心圆柱形,由待测元素的高纯金属和合金直接制成。阳极为钨棒,上面装有钛丝或钽片作为吸气剂。灯的光窗材料根据所发射的共振线波长而定,在可见波段用硬质玻璃,在紫外波段用石英玻璃。制作时先抽成真空,然后再充入少量氖或氩等惰性气体。

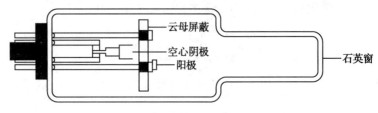

图 12-6 空心阴极灯结构示意图

空心阴极灯在高压电场(300~500V)作用下,电子由阴极高速射向阳极并与管内气体原子碰撞使之电离成正离子,正离子向阴极运动并轰击阴极表面使阴极表面物质溅射,溅射出的阴极元素的原子,与灯内的电子、惰性气体分子、离子等相互碰撞而被激发,激发态原子返回基态时发射阴极元素的特征共振线。

空心阴极灯一般是单元素灯,即只能提供某单一被测元素的共振谱线,这就给测定工作带来一定的麻烦,即每测定一种元素就需要更换一种灯。现在也有厂家开发出了多元素空心阴极灯,这种灯的阴极是把几种不同的金属(通常为2~6种)做成圆环衬于支持电极内,也可用金属或金属化合物的粉末烧结在一起制成阴极。但这种多元素灯强度较弱且容易产生光谱干扰,寿命也不如单元素灯,所以应用受到一定限制。

(二)原子化系统

原子化系统是原子吸收分光光度计的核心部分,其作用是提供能量,使试样干燥、蒸发并使被测元素转化为气态的基态原子。原子吸收分光光度计原子化系统应满足以下要求:足够高的原子化效率、记忆效应小、噪声低、良好的稳定性和重现性、操作简单。常用的原子化系统有火焰原子化系统和非火焰原子化系统两种类型,非火焰原子化系统中最常用的是石墨炉原子化系统。

1. 火焰原子化系统　由化学火焰提供能量使被测元素原子化,常用火焰原子化系统是预混合型原子化系统,它由雾化器、雾化室和燃烧器三部分组成,液体试样经雾化器形成雾滴,这些雾滴在雾化室中与气体(燃气与助燃气)均匀混合,除去大液滴后送入火焰,火焰的能量将试样溶液蒸发并产生气态的基态原子,如图12-7所示。

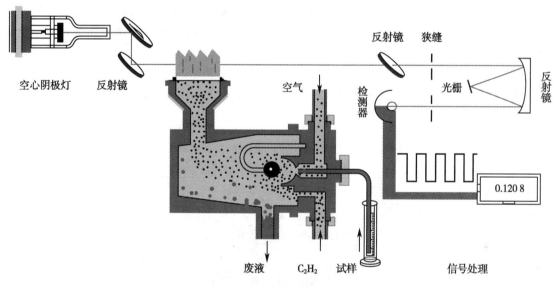

图 12-7　火焰原子化器结构示意图

雾化器是火焰原子化器的核心部件,其作用是吸入试样溶液并将其雾化形成雾滴。利用一定压力的助燃气高速流过时在喷嘴处产生的负压将试液吸入并由喷嘴喷出,同时被高速气流分散成小雾滴,在撞击球的碰撞下进一步细化。雾滴越细、越多,在火焰中生成的基态自由原子就越多,就越有利于试样的原子化。原子吸收分析的灵敏度和精密度在很大程度上就取决于雾化器的工作状态。

雾化室又称预混合室,其作用是进一步细化雾滴并与燃气、助燃气充分混匀后送入燃烧器,同时使一定数量的大雾滴沉降、凝聚并从废液口排出。因此,一个合乎要求的雾化室,应当具有细化雾滴作用大,输送雾滴平稳,记忆效应小,排出废液快,噪声低等性能。

燃烧器的作用是产生火焰,使进入火焰的试液经过干燥、熔化、蒸发和离解等过程后,产生大量的基态自由原子及少量的激发态原子、离子和分子。通常要求燃烧器的原子化程度高、火焰稳定、吸收光程长、噪声小等。燃烧器有单缝和三缝两种。燃烧器的缝长和缝宽,应根据所用燃料确定。目前,以单缝燃烧器应用最广,其产生的火焰较窄,使部分光束在火焰周围通过而未能被吸收,从而使测量灵敏度降低。燃烧器的制造材料多为不锈钢,高度可以上下调节,以便选取适宜的火焰部位测量。为了改变吸收光程,扩大测量浓度范围,燃烧器还可以旋转一定的角度。

火焰的作用是提供能量使待测物质分解为基态自由原子,它由燃气(还原剂)和助燃气(氧化剂)在一起发生燃烧而形成的,也称为化学火焰。火焰的种类有空气-乙炔火焰、氧化亚氮-乙炔火焰、空气-氢气火焰、空气-丙烷火焰等,其中应用最广泛的是空气-乙炔火焰。试液雾粒在火焰中经历蒸发、干燥、熔化、离解、激发和化合等复杂的物理化学过程,为使试液尽可能多地转化为基态自由原子,同时又避免产生很少量的激发态原子、离子和分子等不吸收辐射的粒子,应正确地选择和使用火焰。按照助燃比(助燃气与燃料气的物质的量之比)的不同,可将火焰分为三类:化学计量火焰、富燃火焰和贫燃火焰。当燃助比与化学反应计量关系相近,称其为化学计量火焰(也称中性火焰),此火焰燃烧充分,可达到的温度最高,并且燃烧稳定、干扰小、背景低,可用于大多数元素的测定。当燃助比大于化学计量时,其火焰称为富燃火焰(也称还原性火焰)。这种火焰燃烧的不完全,火焰呈黄色,层次模糊,温度稍低,火焰的还原性较强,适合于易形成难离解氧化物元素的测定,如 Cr、Ba、Mn 等。当燃助比小于化学计量时,其火焰称为贫燃火焰(也称氧化性火焰)。这种火焰燃烧充分,氧化性较强,火焰呈略带橙黄的浅蓝色,温度较低,适于易离解、易电离元素且不易生成难解离氧化物的元素测定,如碱金属等。

2. 石墨炉原子化系统　石墨炉原子化的过程是将试样注入石墨管中间位置,用大电流通过石墨管以产生高达 2 000~3 000℃的高温使试样原子化。与火焰原子化法相比,石墨炉原子化法具有如下优点:灵敏度高提高了百倍以上,绝对检出量达到 pg 级;用样量少,通常固体样品为 20~40μg,液体试样为 5~50μl;排除了火焰原子化法中存在的火焰组分与被测组分之间的相互作用,减少了由此引起的化学干扰;可以测定共振吸收线位于真空紫外区的非金属元素 I、P、S 等。但石墨炉产生的总能量比火焰小,因此基体干扰较严重,测量的精密度比火焰原子化法差,通常为 2%~5%,另外设备比较复杂,成本比较高。

石墨炉原子化法测定时,通过电控系统使石墨炉中作为电阻的石墨管按照预先设定的温度及时间程序升温,依次进行干燥、灰化、原子化及石墨管净化,如图 12-8 所示。

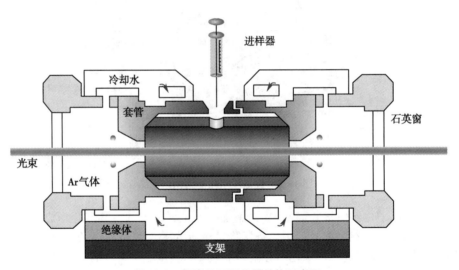

图 12-8　石墨炉原子化器结构示意图

（1）干燥:干燥的目的是除去试样中的溶剂。通过加热使试样中的水分或溶剂蒸发掉的温度称为干燥温度,一般建议选择接近溶剂沸点的温度(80~120℃),对于有机试样最高选择在 130℃左右。干燥温度如果选择过低,水分或有机溶剂在干燥阶段就不能蒸发,导致分析测试结果不理想。干燥时间应根据样品的体积(进样体积)而定,一般控制在每微升试样耗时 2~5s。但是要注意,干燥时间与石墨炉的结构、加热方式、升温模式等有关,也不能千篇一律。

（2）灰化:灰化的作用是为了在原子化前除去可挥发的基体和有机物质,以减少分子吸收。理论上讲温度越高,灰化越完全,但过高的温度也会使被测元素蒸发而损失,所以应该在保证被测元素不损失的前提下尽量选择较高的灰化温度以缩短灰化时间。灰化温度一般在 300~500℃,灰化时间一般在 10~60s。一些高温元素的测定,可选择高达 1 000℃的灰化温度。另外,为了防止或减少被测元素在灰化过程中的损失以及消除基体的干扰,可以在试样中加入某种物质以降低被测元素的挥发性或增加基体成分的挥发性,这种类型的化合物被称为基体改进剂。

（3）原子化:原子化过程是将试样气化成基态原子蒸气。原子化温度是由元素及其化合物的性质所决定的。最佳的原子化温度应该是在刚好出现最大吸光度时对应的温度。原则上应选择较高的原子化温度或吸光度最大值范围处的原子化温度。但是,原子化的温度太高就会影响原子化器和石墨炉的寿命,太低就又不能实现理想的原子化,影响分析效果。因此,原子化温度选择的原则是:能得到最大吸收信号时的最低温度。而原子化时间选择的原则是:必须使吸收信号能在原子化阶段回到基线。从开始到回到基线的整个时间,就是最佳原子化时间。原子化时间若太短,会造成峰形拖尾。一般,在保证样品完全原子化的前提下,原子化时间越短越好。另外在原子化阶段应当将管内 Ar 气暂停,以延长原子蒸气在管内的停留时间,以利于对光产生吸收,还可以减小试样被 Ar 气稀释,提高分析的灵敏度。

（4）净化:净化过程是通过高温灼烧及吹气,将残留于石墨管中的难挥发杂质进一步除去,以避免记忆效应对下次测定的干扰。净化温度一般比原子化温度要高 200~400℃。通常用较短的净化时间(2~5s),以延长石墨管的寿命。可以通过测定空白值来观察是否已经把石墨管清理干净。

（三）分光系统

分光系统的作用是将待测元素的共振线与邻近谱线分开,只允许待测元素共振线通过,又称为单色器,主要部件包括色散元件、入射和出射狭缝、反射镜等,通常配置在原子化系统后。色散元件是分光系统关键部件,通常采用适当的光栅和适合的狭缝相配合,这样既能满足光强度的要求,又能满足阻止干扰光谱进入的要求。

（四）检测系统

检测系统将光信号转换成电信号进而读出吸光度值。检测系统主要由检测器、放大器、读数和记录系统等组成,作用是将经过原子蒸气吸收和单色器分光后的待测元素共振线的光强度信号转换为电信号,并具有不同程度的放大作用,常用光电倍增管作光电转换元件,将单色器分出的光信号转变成电信号。现代原子吸收分光光度计均配有计算机工作站,可完成数据的采集和统计处理,直接给出分析结果。

二、原子吸收分光光度计的分类

原子吸收分光光度计按光束形式分为单光束与双光束型原子吸收分光光度计;按波道数分为单道、双道和多道型原子吸收分光光度计。常用的有单道单光束型和单道双光束型。

单道单光束原子吸收分光光度计是指仪器只有一个空心阴极灯、一个单色器和一个检测器,一次分析只能测定一种元素,如图 12-9 所示,这种仪器结构简单,灵敏度较高,操作方便,应用最多。但缺点是光源辐射不稳定引致基线漂移,影响测定的精密度和准确度,因此在测定过程中,空心阴极灯需预热,还需校正零点,以补偿基线不稳。

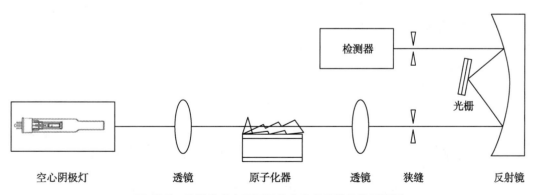

图 12-9　单道单光束原子吸收分光光度计结构示意图

单道双光束原子吸收分光光度计利用旋转切光器将光源发射的共振线分成强度相等的两个光束(图 12-10),一束为样品光束直接通过原子化器,另一束是参比光束,不通过原子化器。两光束在切光器 2 处相会,并交替进入单色器,得到了与切光器同步的一定频率的两束脉冲。检测系统将接收到两束脉冲信号进行同步检波放大,并经运算、转换,最后由读数装置显示出来。由于两光束均由同一光源辐射,检测系统输出的信号是这两束光的信号差,因此,光源的任何波动都由参比光束的作用而得到补偿,给出一个稳定的输出信号,使仪器具有较高的信噪比,消除了光源不稳定造成的基线漂移,检出限和精密度都有所改善,但不能消除火焰的扰动和背景吸收的干扰。

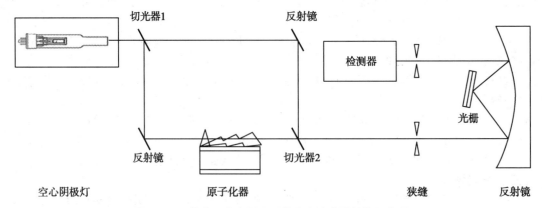

图 12-10　单道双光束原子吸收分光光度计结构示意图

双道单光束原子吸收分光光度计是指仪器有两个不同光源、两个单色器、两个检测显示系统而光束只有一路,两种不同元素的空心阴极灯发射出不同波长的共振发射线,两条谱线同时通过原子化器被两种不同元素的基态原子蒸气吸收,利用两套各自独立的单色器和检测器对两路光进行分光和检测,同时给出两种元素检测结果,一次可测定两种元素并可进行背景吸收扣除。

双道双光束原子吸收分光光度计采用两套独立的单色器和检测显示系统,每一光源发射出的光都分为两个光束,一束为通过原子化器的试样光束,一束为不通过原子化器的参比光束,两个光源发射的辐射同时通过原子化器被不同元素的原子所吸收,仪器可同时测定两种元素,准确度高、稳定性好、能消除光源强度波动的影响和原子化系统的干扰。

原子吸收分光光度计的维护保养

原子吸收光谱仪是一种高精密度的光学仪器,合理的维护与保养能延长仪器的使用寿命。仪器的原子化器暴露在外面,需要经常清洁。

火焰分析时,每天测试完毕要吸 200ml 以上的去离子水,以清洗火焰原子化器,尤其是含有有机溶剂及高盐溶液样品,每一到两周要拆开雾化器用超声波振荡器清洗,以保证其良好的性能。

石墨炉原子化器如每天使用,20~30d 要清洁一次石墨锥和石英窗。经常检查石墨管,尤其是内壁及平台,有破损或麻点者不能使用。

长时间不用的仪器应 1~2 个月开机一次,以驱除仪器内部的潮气,让电子元器件保持良好的工作状态,尤其是电解电容,经常通电可防止电解液干枯。长时间不用的元素灯,也应每半年点灯工作半小时,或用元素灯激活器处理。

第四节　原子吸收分光光度法的干扰及其消除方法

与紫外-可见分光光度法相比,原子吸收分光光度法受到的干扰较少,但也不可避免地存在着某些干扰,特别是石墨炉法测定痕量元素时干扰较大。根据干扰的性质和产生原因,可将其分为四类:电离干扰、物理干扰、化学干扰和光谱干扰。

一、电离干扰与消除方法

电离干扰指某些易电离的元素在火焰中电离而使原子吸收的基态原子数减少,导致吸光度下降。这种现象主要存在于碱金属和碱土金属等元素的火焰原子化过程中,火焰温度越高,元素的电离电位越低,则电离度越大。

消除电离干扰的方法是加入过量的消电离剂。消电离剂是比被测元素电离电位低的其他元素,相同条件下消电离剂首先电离,产生大量的电子,抑制被测元素的电离。常见的消电离剂有 CsCl、KCl、NaCl 等。例如,测定钙时可加入过量的 KCl 溶液消除电离干扰。钙的电离电位为 6.1eV,钾的电离电位为 4.3eV。由于 K 电离产生大量电子,使钙离子得到电子而生成原子。

二、物理干扰与消除方法

物理干扰是指试样在转移、蒸发和原子化过程中,由于试样黏度、密度、表面张力等物理性质的变化而引起原子吸收信号强度变化的效应。物理干扰一般都是负干扰,最终影响火焰分析体积中的原子密度。

消除物理干扰的方法:配制与待测试液基体相似的标准溶液,这是最常用的方法;当配制其基体与试液相似的标准溶液有困难时,需采用标准加入法;当被测元素在试液中的浓度较高时,可用稀释溶液的方法来降低或消除物理干扰。

三、化学干扰与消除方法

化学干扰是指试样溶液转化为自由基态原子的过程中,待测元素与其他组分之间的化学作用而引起的干扰效应。它主要影响待测元素化合物的熔融、蒸发和解离过程,这种效应可以是正效应,增强原子吸收信号;也可以是负效应,降低原子吸收信号。

常用的消除化学干扰的方法有:①选择合适的原子化条件:火焰温度直接影响着样品的熔融、蒸发和解离过程,许多在低温火焰中出现的干扰,在高温火焰中可部分或完全消除。例如:在空气-乙炔火焰中测定钙,有磷酸根时,因其和钙形成稳定的焦磷酸钙而干扰钙的测定,若改用氧化亚氮-乙炔火焰,这些干扰可以得到有效抑制。②加入释放剂:待测元素和干扰元素在火焰中形成稳定的化合物时,加入另一种物质使之与干扰元素反应,生成更难挥发的化合物,从而使待测元素从干扰元素的化合物中被释放出来,加入的这种物质称为释放剂。例如,磷酸根干扰钙的测定,可在试液中加入镧、锶盐,镧、锶与磷酸根首先生成比钙更稳定的磷酸盐,就相当于把钙释放出来。③加入保护剂:加入一种试剂使待测元素不与干扰元素生成难挥发的化合物,可保证待测元素不受干扰,这种试剂称为保护剂。例如:以 EDTA 作保护剂抑制磷酸根对钙的干扰;以 8-羟基喹啉作保护剂可抑制铝对镁的干扰。此外,葡萄糖、蔗糖、乙二醇、甘油、甘露醇都可以用作保护剂。④加入基体改进剂:基体改进剂一般可分为无机化合物、有机化合物和活性气体三大类。常见的有硝酸铵、硝酸镁、硝酸钯、磷酸二氢铵等。其中,金属钯是中国科学家在国际上首先提出的一种通用基体改进剂,它解决了石墨炉原子吸收难以测定挥发性元素的难题。

四、光谱干扰与消除方法

光谱干扰指被测元素吸收线与其他吸收线或辐射不能完全分离而产生的干扰,主要来源于原子化器和光源,包括谱线干扰和背景干扰。

(一)谱线干扰

谱线干扰有两种情况:①所选光谱通带内存在非吸收线而引起的干扰。非吸收线主要包括待测元素的其他谱线、空心阴极灯内充惰性气体或阴极材料中的杂质所发射的谱线。此类干扰可通过减小狭缝宽度、更换空心阴极灯内充惰性气体的种类或者采用高纯度阴极材料的灯等措施加以消除或抑制。②试样中共存元素的吸收线与待测元素的分析线接近或重叠而引起的干扰。当共存元素的吸收线波长与待测元素的共振线波长之差小于 0.01nm 时,谱线之间相互重叠而引起干扰,导致测量结果偏高。可以通过选择其他共振线作为分析线加以消除,有时也可采用化学分离的方法。

(二)背景干扰

背景干扰主要包括分析吸收和光散射。分子吸收是指在原子化过程中形成的某些分子或原子团,其吸收光谱会覆盖待测元素的共振线,引起吸收增加。光散射是指这些分子或原子团进入原子化器后,形成固体颗粒对光产生散射作用,被散射的光偏离光路而不被检测器所检测。石墨炉法的背景干扰比火焰法严重。现在的原子吸收分光光度计大多都配有背景吸收校正装置,常见的有氘灯校正法、塞曼效应校正法、自吸效应校正法等。

知识链接

塞曼效应校正法

塞曼效应是1896年荷兰科学家发现的(Zeeman),指将光源置于强大的磁场中时,光源发射的谱线在强磁场作用下,因原子中能级发生分裂而引起光谱线分裂的效应。塞曼背景校正法是1969年由普鲁格(M. Prugger)和托尔格(R. Torge)首次提出的。谱线在磁场中分裂成 π 成分和 σ 成分的偏振光,利用偏振器可将它们分开。用 π 成分测定背景及原子吸收值,σ 成分测定背景吸收值,两束光强度的比值同试样中待测元素的含量有关,因此可以将背景值扣除。塞曼效应背景校正使用的是同一光源,又在同一波长下进行测量,因此比氘灯背景校正优越,可在各波长范围内进行,背景校正的准确度也较高。

第五节　测量条件与技术评价

一、测量条件的选择

（一）分析线

通常选用被测元素的共振线作为分析线。但是当被测元素的共振线受到其他谱线干扰或被测元素含量过高时,就不宜选择共振线为分析线。如测定 Pb 时 217.0nm 谱线灵敏度高,但受到火焰及背景吸收的干扰较大,所以常选择它的次灵敏线 283.3nm 作为分析线。另外 As、Se、Hg 等共振线位于200nm 以下远紫外区的元素,因火焰组分对其有明显吸收。最适宜的分析线应通过实验确定。

（二）狭缝宽度

狭缝宽度决定了光谱通带的宽窄,直接影响到谱线的纯度和光强度,进而影响到测定的灵敏度和线性范围。较宽的狭缝有利于提高信噪比和降低检出限。但狭缝过宽,入射辐射的频率范围变宽,单色器分辨率降低,使得邻近分析线的其他辐射背景增强,从而使工作曲线弯曲。对于多谱线元素(如稀土元素等)或有连续背景时,宜选择较窄的狭缝,以减少干扰。最佳的狭缝宽度应通过实验确定。实际工作中,可调节不同的狭缝宽度测定吸光度随狭缝宽度的变化,选取不引起吸光度减小的最大狭缝宽度。

（三）空心阴极灯工作电流

选用空心阴极灯工作电流的原则是在保证发光强度稳定、强度合适的情况下,尽量选用较低的工作电流,以减少多普勒变宽和自吸效应,通常以空心阴极灯上标明额定电流的 1/2～2/3 为工作电流。空心阴极灯电流过小放电不稳定,空心阴极灯电流过大溅射作用增强,甚至引起自吸发射谱线变宽,导致灯寿命缩短、灵敏度下降、灯寿命缩短。空心阴极灯一般需要预热 10～30min 才能达到稳定输出。

（四）进样量

在保证燃气和助燃气之间一定比例和一定总气流量的条件下,测定吸光度随进样量的变化达到最大吸光度的试样喷雾量即为最合适进样量。在一定范围内,进样量增加原子蒸气的吸光度随之增大;但超过一定范围,对火焰会产生冷却效应吸光度反而下降,在石墨炉原子化法中也会增加除残的困难。

（五）火焰原子化的条件

火焰的选择与调节是影响原子化效率的重要因素,应依据待测元素的性质和火焰本身的性质选择火焰种类、燃助比和火焰高度(燃烧器高度)。对于低温、中温火焰,适合的元素可使用乙炔-空气火焰;在火焰中易生成难离解的化合物及难溶氧化物的元素,宜用乙炔-氧化亚氮高温火焰;分析线在220nm 以下的元素,可选用氢气-空气火焰。火焰类型选定以后,须调节燃气与助燃气比例,以得到所需特点的火焰。易生成难离解氧化物的元素,用富燃火焰;氧化物不稳定的元素,宜用化学计量火焰或贫燃火焰。合适的燃助比和火焰高度应通过实验确定。燃烧器的高度和角度是控制光源光束通过火焰区域的。在固定助燃气流量条件下不断改变燃气流量,将配制的标准溶液喷入火焰,测出吸光度值,吸光度最大时的燃气流量即为最佳燃气流量;调节燃烧器高度,测出吸光度值,吸光度最大时的燃烧器高度即为最佳火焰高度。

(六)石墨炉原子化的条件

石墨炉原子化法要合理选择干燥、灰化、原子化及净化等阶段的温度和时间。干燥以蒸尽溶剂而又不发生迸溅为原则,一般选择略高于沸点的温度,此外还可以采用更有利于干燥的斜坡升温。灰化要选择能除去试样中基体与其他组分而被测元素不损失的情况下,尽可能高的温度。原子化温度和时间的选择原则是在保证最大原子化效率并使吸收信号回到基线的前提下,选用最低的原子化温度和最短的原子化时间。净化阶段的温度应高于原子化温度,时间仅为 3~5s,以便消除试样的残留物产生的记忆效应。

试述如何以试验方法选定原子吸收狭缝宽度、进样量和火焰高度?

二、灵敏度和检测限

灵敏度和检出限是衡量分析方法和仪器性能的重要指标。

(一)灵敏度

国际纯粹化学与应用化学协会(IUPAC)规定:灵敏度(sensitivity,S)是在一定条件下,被测物质浓度或含量改变一个单位时所引起测量信号的变化程度。灵敏度有绝对灵敏度和相对灵敏度之分,绝对灵敏度是以质量单位表示的待测元素的最小检出量,相对灵敏度是在给定的条件下该元素的最小检出浓度。

在火焰原子吸收法中,用相对灵敏度比较方便,以能产生 1% 净吸收即吸光度值 A 为 0.004 34(99%T)所需被测元素的浓度(称为特征浓度)来表示(如式 12-13)。

$$S = \frac{0.004\ 34 \times c}{A}(\mu g/ml) \tag{12-13}$$

在石墨炉原子吸收法中,灵敏度决定于石墨炉原子化器中试样的加入量,常用绝对灵敏度来表示。绝对灵敏度指产生 1% 吸收或 0.004 34 吸光度时所对应的被测元素的质量(称为特征质量)来表示(如式 12-14)。

$$S = \frac{0.004\ 34 \times m}{A}(\mu g) \tag{12-14}$$

因未考虑仪器的噪声,所以灵敏度并不能指出可测定元素的最低浓度或最小量,而需要依靠检出限来表示。

(二)检测限

检测限(determination limit,DL)又称检出限,是指能被仪器检出的元素的最低浓度或最低质量。只有存在量达到或高于检出限,才能可靠地将有效分析信号和噪声信号区分开。"未检出"就是指被测元素的量低于检出限。检出限的表示以被测元素能产生三倍于标准偏差的读数时的浓度(μg/ml)或质量(g 或 μg)来表示,即式 12-15。

$$D.L. = \frac{c \times 3S}{\bar{A}}(\mu g/ml) \tag{12-15}$$

在式 12-15 中,c:试液浓度(μg/ml);$\bar{A}$:空白溶液吸光度平均值(至少 10 次);S:灵敏度,即分析校正曲线的斜率。

检出限考虑了噪声的影响,其意义比灵敏度更明确。同一元素在不同仪器上有时灵敏度相同,但由于两台仪器的噪声水平不同,检出限可相差一个数量级以上。因此,降低噪声,如将仪器预热及选择合适的空心阴极灯的工作电流、光电倍增管的工作电压等等,有利于改进检测限。

第六节　原子吸收分光光度法的定量分析方法

原子吸收法的定量分析方法主要有标准曲线法、标准加入法、直接比较法、内标法等。应用最广泛的是标准曲线法和标准加入法。

一、标准曲线法

标准曲线法是最常用的定量分析方法,具有简便、快速的特点,适合于组分比较简单的试样的分析。用对照品配制一组(一般5~7个点)浓度合适的待测元素的标准溶液及试样溶液(浓度未知),浓度依次为 c_1、c_2、c_3……,在选定的条件下,依次将试剂空白溶液、低浓度到高浓度标准溶液喷入火焰或注入石墨炉中,分别测定其吸光度为 A_1、A_2、A_3……以 A 为纵坐标,c 为横坐标,绘制吸光度-浓度(A-c)曲线;之后在相同条件下,喷入或注入待测的试样溶液测定其吸光度 A_x,从标准曲线上查找求得待测元素的浓度或含量。该方法简单快速,适用于组成简单、干扰较少的批量样品测定。

使用标准曲线法时应注意以下事项:所配标准溶液浓度应在吸光度与浓度呈直线关系的范围内,待测试样浓度应处于标准溶液系列浓度中间,一般应使吸光度在 0.15~0.70 之间为宜;标准系列与待测试样的基体应尽可能一致,且标准溶液与试样溶液应用相同的试剂处理;操作条件在整个分析过程中保持不变;标准曲线会随喷雾效率和火焰状态变动而改变,每次测定前应用标准溶液对吸光度进行检查和校正。

二、标准加入法

标准加入法又称标准增量法、直线外推法。当试样基体影响较大,且又没有纯净的基体空白,或测定纯物质中极微量的元素时采用。

取两份相同浓度(c_x)和体积的未知样品溶液,先测定其中一份试液(c_x)的吸光度 A_x,然后在另一份试液中加入一定量的已知浓度(c_s)的标准溶液,测定其吸光度为 A_s,则:

$$A_x = K \cdot c_x \tag{12-16}$$

$$A_s = K \cdot (c_x + c_s) \tag{12-17}$$

整理以上两式得:

$$c_x = \frac{A_x}{A_s - A_x} \cdot c_s \tag{12-18}$$

实际测定时,通常采用作图外推法。在 4 份或 5 份相同体积试样中,分别按比例加入不同量待测元素的标准溶液,并稀释至相同体积,然后分别测定吸光度 A。以加入待测元素的标准量为横坐标,相应的吸光度为纵坐标作图可得一直线,此直线的延长线在横坐标轴上交点到原点的距离相应的质量即为原始试样中待测元素的含量,如图 12-11 所示。

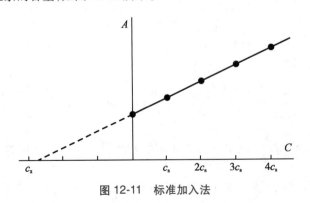

图 12-11　标准加入法

请回答哪种情况下选用标准曲线法？哪种情况下选用标准加入法？

第七节　原子吸收分光光度法的应用

原子吸收分光光度法广泛用于各个分析领域,是金属元素分析的最有力的手段之一。在医学检验分析中,测定的标本包括尿、血(全血、血清、血浆)、软组织、头发等;测定的元素通常包括宏量元素如钙、钾、钠等,微量元素如镁、锌、铜、铁等和一些有毒金属元素如铅、镉等。原子吸收分光光度法常作为评估其他方法的参考方法,如镁元素的测定参考方法等。

学习小结

原子吸收分光光度法是基于待测元素的基态原子蒸气对特定谱线(通常是待测元素的特征谱线)的吸收现象来进行定量分析的方法。分为火焰原子化法和非火焰原子化法。

通常情况下原子处于能量最低的状态(最稳定态),称为基态。当原子吸收外界能量(如光能、电能)被激发时,其最外层电子可能跃迁到较高的能级轨道,称为激发态。当电子从基态跃迁到第一激发态时,所产生的吸收谱线称为共振吸收线。从第一激发态返回基态时所发出的频率相同的谱线称为共振发射线。通常将共振吸收线和共振发射线都称为共振线。

原子吸收分光光度计由光源、原子化器、分光系统和检测系统组成。光源的作用是发射被测元素基态原子所吸收的特征共振线。原子化系统是原子吸收分光光度计的核心部分,其作用是提供能量,使试样干燥、蒸发并使被测元素转化为气态的基态原子。分光系统的作用是将待测元素的共振线与邻近谱线分开,只允许待测元素共振线通过。检测系统的作用是将经过原子蒸气吸收和单色器分光后的待测元素共振线的光强度信号转换为电信号,并具有不同程度的放大作用。

原子吸收分光光度法定量的理论依据是 $A = K' \cdot c$,符合朗伯-比尔定律,常用的定量方法是标准曲线法和标准加入法。

原子吸收分光光度法中的干扰类型主要有电离干扰、物理干扰、化学干扰和光谱干扰。

扫一扫,测一测

达标练习

一、多项选择题

1. 下列哪些属于碰撞变宽(　　)

　　A. 劳伦兹变宽　　　　　　　B. 自然变宽　　　　　　　C. 赫鲁兹马克变宽

　　D. 多普勒变宽　　　　　　　E. 热变宽

2. 原子吸收分光光度法,常见的干扰有(　　)

　　A. 电离干扰　　　　　　　　B. 物理干扰　　　　　　　C. 化学干扰

　　D. 谱线干扰　　　　　　　　E. 背景干扰

3. 石墨炉原子化时一种常用的原子化方法,按照预先设定的温度及时间升温需要依次经历哪四个阶段(　　)

A. 干燥　　　　　　　　B. 灰化　　　　　　　　　C. 原子化

D. 分子化　　　　　　　E. 净化

4. 原子吸收测定中,以下叙述和做法错误的是(　　)

A. 一定要选择待测元素的共振线作分析线,绝不可采用其他谱线作分析线

B. 在维持稳定和适宜的光强条件下,应尽量选用较低的灯电流

C. 对于碱金属元素,一定要选用富燃火焰进行测定

D. 消除物理干扰,可选用高温火焰

E. 测定的灵敏度越高,检出限也越高

二、辨是非题

1. 原子吸收光谱法是基于待测元素的激发态原子对特征谱线的吸收现象来进行定量分析的方法。(　　)

2. 在火焰原子化器中,雾化器的主要作用是使试液雾化成均匀细小的雾滴。(　　)

3. 为保证空心阴极灯的寿命,在满足分析灵敏度的前提下,灯电流应尽可能的小。(　　)

4. 原子吸收分析中,由被测元素原子基态与激发态原子间碰撞引起的谱线变宽称为劳伦兹变宽。(　　)

5. 在原子吸收分光光度法的定量分析中,标准加入法可以消除基体带来的干扰。(　　)

6. 任何情况下,原子吸收分光光度计中的狭缝一定要选择较大的值。(　　)

7. 为使分析结果的浓度测量误差在允许的范围内,试液的吸光度必须控制在 0.15~0.70。(　　)

三、填空题

1. 通常情况下,将处于能量最低状态的原子称为＿＿＿＿原子,当其受到外界能量激发时,最外层电子可跃迁到能量较高的能级,处于较高能级状态的原子称为＿＿＿＿原子。

2. 原子吸收分光光度计是应用原子吸收分光光度法对物质的化学组成进行定量分析的仪器,主要由＿＿＿＿、＿＿＿＿、＿＿＿＿和＿＿＿＿四部分组成。

3. 火焰原子化系统是由＿＿＿＿、＿＿＿＿和＿＿＿＿三部分组成。

4. 石墨炉中作为电阻的石墨管按照预先设定的温度及时间程序升温,依次进行＿＿＿＿、＿＿＿＿、＿＿＿＿和＿＿＿＿四个阶段。

5. 在原子吸收分光光度法中,将燃助比与化学反应计量关系相近的火焰称为＿＿＿＿,可用于大多数元素的测定。当燃助比大于化学计量时,其火焰称为＿＿＿＿。当燃助比小于化学计量时,其火焰称为＿＿＿＿。

四、简答题

1. 原子吸收中的干扰有哪些类型?如何消除?

2. 简述火焰原子吸收分光光度计的主要部件及作用。

3. 火焰按燃料气与助燃气的比值可分为几类?其特点各是什么?

五、计算题

1. 原子吸收分光光度法测定镁的灵敏度时,若配制浓度为 2μg/ml 的水溶液,测得其透光度为 50%,试计算镁的灵敏度。(lg0.5 = -0.301 0)

2. 用标准加入法测定某样品溶液中镉的浓度,各试液在加入镉标准溶液(10μg/ml)后,用水稀释至 50ml,测得吸光度如下,求试样中镉的浓度。

序号	试液/ml	加入镉对照品溶液/ (10μg·ml⁻¹)的毫升数	吸光度
1	20	0	0.042
2	20	1	0.080
3	20	2	0.116
4	20	4	0.190

（杜兵兵）

13章 PPT

第十三章　经典色谱法

学习目标

1. 掌握色谱法的基本过程;液-固吸附色谱法和液-液分配色谱法的分离机制;选择固定相和流动相的基本原则。
2. 熟悉色谱法的分类。
3. 了解离子交换色谱法和空间排阻色谱法的分离机制。
4. 学会柱色谱、薄层色谱、纸色谱的操作方法。

　　色谱法(chromatography)是一种依据物质的物理或物理化学性质(如溶解性、极性、离子交换能力、分子大小等)不同,将试样先进行分离,然后再分析的方法。它具有分离能力强、灵敏度高、选择性好、分析速度快、应用范围广等特点。因此,在分离、分析复杂的多组分混合物方面,色谱法比其他方法更加有效,被广泛用于石油化工、药品食品检验、生理生化检验等领域。

第一节　色谱法的产生与分类

一、色谱法的产生

　　1901 年,俄国植物学家茨维特(Tsweet)在研究植物色素时,将石油醚提取液注入装有碳酸钙的直立玻璃管顶端,让提取液慢慢流下,并不断添加石油醚由上而下冲洗,各种色素随石油醚不断向下移动,由于各种色素成分的化学结构和性质不同,向下移动的速度各不相同,经过一段时间后,各种色素成分被分离开来,玻璃管便呈现一层层不同颜色的色带,依据色带的颜色及其深浅,可以进行定性定量分析。1903 年,茨维特在华沙大学的一次学术会议上作报告时提出"色谱"一词,标志着色谱的诞生。1906 年,茨维特在发表论文时正式将这种现象命名为色谱。之后的学者称这种分离分析方法为柱色谱法或柱层析法,称这种实验装置为色谱柱。

　　在化学上,把物质组成及其理化性质均一的体系称为"相",相与相之间都有一定的界面相互分开,如互不相溶的液-固界面、液-液界面、气-固界面、气-液界面等。在上述茨维特的实验中,玻璃管内填充的碳酸钙是一相,其位置固定不变,对试样起滞留作用,称为固定相(stationary phase);冲洗色谱柱所用的石油醚也是一相,其位置不断改变,携带试样各组分移动,称为流动相(mobile phase);被分离分析的物质称为试样,如植物色素;溶解试样的物质称为溶剂(solvent),溶剂和流动相可以用相同物质,也可以用不同物质,流动相有时可以是气体、液体、超临界流体等;流动相携带试样经过固定相,根据试样中各组分在固定相和流动相中物理或物理化学性质的不同,将试样中组分分离的过程称为色谱

笔记

165

过程。

柱色谱法问世之后，仅限于对有色试样的分离分析，所以没有引起人们的足够重视，直到1931年之后，相继出现了薄层色谱法和纸色谱法，其应用范围进一步扩大，人们才重新审视色谱法，有关的研究成果为随后创立的色谱新技术奠定了基础，所以被称为经典液相色谱法，简称经典色谱法。

现代色谱法

20世纪50年代，采用气体作流动相，创立了气相色谱法（GC），并通过这种技术提出了色谱理论。60年代推出了气相色谱-质谱联用技术；70年代出现了高效液相色谱法（HPLC），弥补了气相色谱法的不足；80年代末出现了超临界流体色谱和高效毛细管电泳色谱等现代色谱技术，解决了DNA、蛋白质和多肽等生物方面的难题，大大拓宽了色谱法的应用范围，这些方法通常称为现代色谱法。

历史上曾经有两项诺贝尔化学奖直接与色谱法有关。一是瑞典科学家梯塞留斯（Tiselius）在研究电泳和吸附分析方面的成果卓著，于1948年获奖。二是英国科学家马丁（Martin）和辛格（Synge）在研究分配色谱理论方面做出了突出贡献，于1952年获奖。

目前，色谱法正朝着色谱-光谱（或质谱）联用、多维色谱和智能色谱方向快速发展。

二、色谱法的分类

色谱法的种类比较多，通常从不同角度进行分类。

（一）按流动相和固定相的状态分类

1. **液相色谱法（liquid chromatography，LC）** 用液体作流动相的色谱法。又可细分为：

（1）液-固色谱法（LSC）：固定相为固体吸附剂。

（2）液-液色谱法（LLC）：固定相为涂在固体（称为担体或载体）上的液体。

2. **气相色谱法（gas chromatography，GC）** 用气体作流动相的色谱法。又可细分为：

（1）气-固色谱法（GSC）：固定相为固体吸附剂。

（2）气-液色谱法（GLC）：固定相为涂在固体（称为担体或载体）或毛细管壁上的液体。

3. **超临界流体色谱法（supercritical fluid chromatography，SFC）** 用超临界状态的流体作流动相的色谱法。

超临界状态的流体不是一般的气体或流体，而是临界压力和临界温度以上高度压缩的气体，其密度比一般气体大得多而与液体相似，故又称为"高密度气相色谱法"。

（二）按操作形式分类

1. **柱色谱法（column chromatography）** 将固定相装在柱管中，使试样沿着一个方向移动而进行分离的色谱法。根据管柱的粗细及固定相填充方式，可分为填充柱色谱法和毛细管柱色谱法等。

柱色谱法的流动相称为洗脱剂或淋洗剂，其操作步骤可分为装柱、加样和洗脱等。试样被分离后，一般需要借助其他分析方法才能进行定性定量分析。

2. **平面色谱法（planer chromatography）** 将固定相涂铺或结合在平面载体上而进行分离分析的液相色谱法。又可细分为：

（1）纸色谱法（PC）：在滤纸上对试样进行分离分析的色谱法。

（2）薄层色谱法（TLC）：将固定相涂铺在平面载体上对试样进行分离分析的色谱法。

平面色谱法所用的仪器设备简单、操作方便、所需试样量少，其流动相也称为展开剂，其操作步骤可分选择色谱滤纸（或制版）、点样、展开、斑点定位（显色）、定性与定量分析等。

（三）按分离机制分类

1. **吸附色谱法（adsorption chromatography）** 以吸附剂作固定相，根据不同组分在两相被吸附、解吸附能力的差异而进行分离的色谱法。如气-固色谱法、液-固色谱法。

2. **分配色谱法（partition chromatography）**　在分离条件下，固定相为液态，根据不同组分在两相之间分配系数的差异进行分离的色谱法。如液-液色谱法、气-液色谱法。

3. **离子交换色谱法（ion exchange chromatography）**　以离子交换树脂为固定相，根据不同组分离子对固定相离子交换能力的差异进行分离的色谱法。

4. **空间排阻色谱法（size exclusion chromatography）**　以多孔性凝胶作固定相，根据不同组分的分子体积大小的差异进行分离的方法，又称凝胶色谱法。

其中，以水溶液作流动相的称为凝胶过滤色谱法，以有机溶剂作流动相的称为凝胶渗透色谱法。

5. **亲和色谱法（affinity chromatography）**　在生物体内，许多大分子与某些分子具有专一可逆性结合的特性。例如，抗原和抗体、酶和底物及辅酶、激素和受体、RNA 和其互补的 DNA 等都具有这种特性。这种生物分子之间特异的结合能力称为亲和力，根据生物分子间的亲和性原理建立起来的色谱法称为亲和色谱法。

（四）按色谱法出现的先后顺序分类

1. **经典液相色谱法**　包括早期出现的柱色谱法、纸色谱法和薄层色谱法等。

2. **现代色谱法**　通常指 20 世纪 50 年代以后出现的气相色谱法、高效液相色谱法、高效毛细管电泳色谱法和色谱联用技术等。

经典液相色谱法和现代色谱法之间、各种色谱法的分离机制之间没有绝对的界限。

第二节　柱色谱法

柱色谱法是将固定相填入色谱柱（玻璃管或不锈钢管）在色谱柱中进行分离分析的色谱法。按流动相不同可分为液相柱色谱法和气相柱色谱法。气相柱色谱法将在气相色谱法中介绍。按分离机制不同（固定相不同），液相柱色谱法可分为吸附柱色谱法、分配柱色谱法、离子交换柱色谱法和分子排阻柱色谱法等。柱色谱法的流动相也称为洗脱剂或淋洗剂。

一、吸附柱色谱法

以适当的固体吸附剂作固定相，制成色谱柱，以适当的溶剂作流动相来分离混合物的分离方法称为吸附柱色谱法。从两相状态看，属于液-固色谱法；从分离机制看，属于吸附色谱法；从操作形式看，属于柱色谱法。这是最早应用的色谱法。

（一）吸附色谱法的分离机制

例如，将含 A、B 两组分的试样溶液加到以氧化铝（吸附剂）为固定相的色谱柱顶端，A、B 均被固定相吸附，呈现 A、B 混合色带，如图 13-1a 所示。当用流动相洗脱（也称为淋洗）色谱柱时，组分 A、B 被流动相解吸重新溶解而随流动相前移；当遇到新的吸附剂再被吸附滞留，新的流动相流过时再被解吸。流动相不断流动，组分 A、B 反复被吸附、解吸。若 B 被固定相吸附的能力弱，被流动相解吸的能力强，则 B 移动速度快；若 A 被固定相吸附的能力强，被流动相解吸的能力弱，则 A 移动速度慢。随着洗脱的进行，B、A 各自所形成的色带逐渐分开且距离越来越远，如图 13-1b 所示，最终依次流出色谱柱，如图 13-1c 所示。

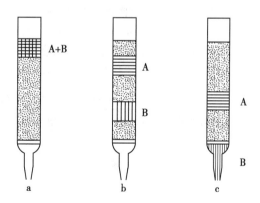

图 13-1　液-固吸附柱色谱示意图

当达到吸附平衡时，组分在固定相中的浓度 c_s 与流动相中的浓度 c_m 之比称为吸附系数，即：

$$K = \frac{c_s}{c_m} \tag{13-1}$$

组分的 K 值越大，组分被吸附的能力越大，移动速度越慢，则该组分后流出色谱柱；K 值越小，组分被解吸的能力越大，移动速度越快，则该组分先流出色谱柱。

可见,吸附色谱法的分离机制是:在色谱过程中,试样各组分在固定相和流动相之间反复进行吸附、解吸、再吸附、再解吸……,由于各组分存在结构和性质差异,被两相吸附、解吸的能力有所不同,从而产生差速迁移,实现分离。

（二）吸附剂及其选择

1. **对吸附剂的要求**　吸附剂用作固定相,是色谱分离的一个重要因素,应该满足下列要求。

（1）吸附剂应有较大的表面积和足够的吸附能力。

（2）对不同组分有不同的吸附能力。

（3）不溶于流动相,不与试样组分和流动相发生化学反应。

（4）粒度均匀,不易破碎,具有一定的机械强度。

2. **常用的吸附剂**　主要有硅胶、氧化铝、活性炭、聚酰胺等。

（1）硅胶:色谱用的硅胶具有硅氧烷交联结构,表面孔穴的硅醇基(Si—OH)可与极性化合物形成氢键而具有吸附活性。硅胶是带有微弱酸性的极性吸附剂,其性能稳定,具有很好的惰性,吸附容量大,容易制成各种不同尺寸的颗粒。

硅胶可用于分离酸性和中性物质,如有机酸、氨基酸、萜类和甾体等。

硅醇基与水分子形成水合硅醇基后,不再具有吸附其他物质的能力。硅胶的含水量大于17%时,其吸附能力变得极低或失去吸附活性,称为失活。如果将失活的硅胶加热到105~110℃,则硅胶表面吸附的水分子能被可逆地除去,使硅胶恢复吸附能力,这一过程称为活化。如果加热温度超过500℃,则硅醇基会不可逆地失去水分子变为硅氧烷结构,彻底失去吸附活性。

（2）氧化铝:由氢氧化铝在300~400℃时脱水制得,吸附能力比硅胶强,有碱性氧化铝、中性氧化铝和酸性氧化铝之分。

碱性氧化铝(pH 9~10),因其中混有碳酸钠等成分而带有碱性,用于分离某些碱性成分,如分离生物碱类颇为理想。碱性氧化铝不宜用于分离醛、酮、酯、内酯等类型的化合物,因为碱性氧化铝可与上述成分发生次级反应,如异构化、氧化、消除反应等。

酸性氧化铝(pH 4~5),是氧化铝用稀硝酸或稀盐酸处理得到的产物,不仅中和了氧化铝中的碱性杂质,而且使氧化铝颗粒表面带有 NO_3^- 或 Cl^-,从而具有离子交换剂的性质,适用于分离酸性化合物,如氨基酸、酸性多肽类、某些酯类、酸性色素等。

中性氧化铝,由碱性氧化铝除去氧化铝中碱性杂质后,再用水冲洗至中性而得到的产物,用于分离挥发油、萜类、油脂、皂苷类、酯类等化合物。中性氧化铝仍属于碱性吸附剂的范畴,不宜用于分离酸性成分。凡是酸性、碱性氧化铝能分离的化合物,中性氧化铝均能分离,所以中性氧化铝最为常用。

硅胶和氧化铝的吸附能力与含水量密切相关,将硅胶和氧化铝的吸附能力(活性)分为五个活性级(Ⅰ~Ⅴ)。Ⅰ级含水量最小,吸附能力最大;Ⅴ级含水量最大,吸附能力最小,详见表13-1。

表 13-1　硅胶、氧化铝的含水量与吸附能力的关系

活性级别	吸附能力	硅胶含水量/%	氧化铝含水量/%
Ⅰ	大	0	0
Ⅱ	↑	5	3
Ⅲ		15	6
Ⅳ		25	10
Ⅴ	小	38	15

新购买或失活的硅胶和氧化铝在使用前必须进行活化,即在适当温度下加热,除去水分。硅胶活化时,应置于105~110℃恒温2h,转置于干燥器冷却、备用。氧化铝活化时,应置于400℃左右恒温6h,转置于干燥器冷却、备用。这样活化后,硅胶和氧化铝的活性可达Ⅰ~Ⅱ级。

如果硅胶和氧化铝的活性太高,则可加入一定量水分,使其活性降低。

（3）活性炭:是使用较多的一种非极性吸附剂,对非极性物质具有较强的吸附能力,其吸附作用

与硅胶和氧化铝相反,在水溶液中吸附力较强,在有机溶剂中较弱,主要用于分离水溶性成分,如氨基酸、糖、苷等。

（4）聚酰胺:是一种高分子聚合物,不溶于水、甲醇、乙醇、乙醚、氯仿及丙酮等常用有机溶剂,对碱较稳定,对酸尤其是无机酸稳定性较差,可溶于浓盐酸、冰醋酸及甲酸。聚酰胺对有机物质的吸附属于氢键吸附,主要用于分离黄酮类、蒽醌类、酚类、有机酸类、鞣质类等成分。

3. 吸附剂的选择　分离弱极性化合物,一般选择吸附活性较大的吸附剂,以免吸附作用太小、组分流出太快,难以分离;分离极性较强的化合物时,一般选用活性较小的吸附剂,以免吸附过于牢固,产生不可逆吸附。分离酸性物质时,一般选择酸性吸附剂;分离碱性物质时,一般选择碱性吸附剂。

（三）流动相及其选择

在液-固吸附色谱法中,可供选择的吸附剂种类不多,选择合适的流动相是分离成败的关键。

1. 对流动相的要求　流动相应该满足下列要求。

（1）流动相的纯度高,化学性质稳定。

（2）对试样各组分有一定溶解度,不与试样及固定相发生化学反应。

（3）黏度小,易流动,有一定挥发性,便于组分的回收。

2. 流动相的选择　流动相洗脱作用的实质是流动相分子与试样组分分子对吸附剂表面吸附点位的竞争。因此,流动相分子的极性越强,占据吸附点位的能力和洗脱能力也越强,组分在固定相滞留的时间则越短。常用溶剂的极性强弱顺序为:

石油醚<环己烷<四氯化碳<苯<甲苯<乙醚<三氯甲烷<乙酸乙酯<正丁醇<丙酮<乙醇<水

选择某种溶剂作流动相时,一般遵循"相似相溶"原理。对极性大的试样选用极性较强的流动相;对极性小的试样选用极性较弱的流动相。

对于难分离的复杂混合物,可以选择两种或两种以上的溶剂组成混合流动相,通过改变其组成和配比达到较好的分离效果。

综上所述,选择吸附色谱的分离条件时,应综合考虑试样、吸附剂和流动相三方面因素。根据试样的极性,选择固定相和流动相的一般原则是:如果试样极性较大,则应选用吸附能力较弱（活性较低）的吸附剂作固定相,选用极性较大的溶剂作流动相。如果试样极性较小,则应选用吸附能力较强（活性较高）的吸附剂作固定相,用极性较小的溶剂作流动相。

用吸附柱色谱分离 Fe^{3+}、Cu^{2+}、Co^{2+} 混合试液,如何选择固定相和流动相?

（四）吸附柱色谱的操作步骤

液-固吸附柱色谱的操作可分为装柱、加样和洗脱等几个步骤。

1. 装柱　是将所选的固定相（吸附剂）装入色谱柱管的操作过程。选择长度与直径比约为20∶1的玻璃管（或用滴定管代替）,垂直固定于支架上,在下端管口处垫以少许脱脂棉或玻璃棉,装入固定相,装柱方法有以下两种。

（1）干法装柱:将已过筛（80~120目）活化后的吸附剂经漏斗慢慢地均匀加入柱管内,中间不要间断,装完后轻轻敲打色谱柱,使填充均匀,然后沿管壁慢慢倒入洗脱剂,使吸附剂中空气全部排出。

（2）湿法装柱:将吸附剂与适当的洗脱剂调成糊状,然后慢慢地连续不断地加入柱内,让吸附剂自由沉降而填实,放出多余的洗脱剂。这是目前常用的装柱方法。

装柱之后,再加一层（厚约5mm）洁净砂子或加一张与柱管内径相符的圆形滤纸,以保持固定相的表面平整,加强分离效果。

2. 加样　是将试样添加到色谱柱顶端的操作过程。先将试样溶于适当的溶剂中制成溶液或制备试样的提取液,备用;再将试样溶液小心地加到柱子的顶部。加到柱子上的试样溶液应浓度高、体积小。加样方法有下列三种。

（1）用吸管将试样浓溶液沿柱子管壁加到固定相上端。

（2）取少量吸附剂与试样浓溶液混合,充分吸附,待溶剂挥发后,加到柱子的顶部。

（3）取一块比柱子内径略小的滤纸浸入试样浓溶液,充分吸附,待溶剂挥发后,将滤纸放到固定相上端。

3. **洗脱** 是用一种溶剂或几种溶剂组成混合溶剂为流动相(洗脱剂)淋洗色谱柱、使试样各组分分离的操作过程。在洗脱过程中,各组分因被吸附和解吸附的能力不同而逐渐分离,依次流出色谱柱,用不同的容器承接不同的组分,然后用其他方法对各组分进行定性或定量分析。

洗脱时应不断添加流动相,保持一定高度的液面,控制流动相的流速不可过快,否则,试样各组分在两项之间达不到吸附、解吸平衡,影响分离效果。

二、分配柱色谱法

将一种液体涂于某种固体(称为载体或担体)颗粒的表面,形成液膜,作为固定相,将这种固定相和载体或担体一起装入柱管中制成色谱柱,以另一种互不相容的液体作流动相来分离混合物的分离方法称为分配柱色谱法。从两相状态和分离机制看,这种方法是液-液分配色谱法。

（一）分配柱色谱法的分离机制

当含 A、B 两组分的试样溶液加到色谱柱上之后,各组分都会有一部分溶解于固定相中,另一部分溶解于流动相中。在低浓度和一定温度下,达到溶解平衡状态时,组分在固定相(s)与流动相(m)中的浓度(c)之比称为分配系数,以 K 表示:

$$K = \frac{c_s}{c_m} \tag{13-2}$$

当流动相携带试样流经固定相时,各组分在两相之间不断进行分配、再分配……,相当于进行连续萃取。由于不同组分的分配系数不同,所以会产生差速迁移,最终实现分离。

试样中分配系数小的组分,在流动相中浓度大,洗脱时移动速度快,先从柱中流出;分配系数大的组分,在固定相中浓度大,洗脱时移动速度慢,后从柱中流出。因此,各组分之间的分配系数相差越大,越易分离。当各组分的分配系数相差较小时,可通过增加柱长来达到较好的分离效果。

（二）载体和固定相

载体又称担体,是能够对固定相(又称固定液)起支撑作用的固体颗粒。因为液体不能直接装于柱管中,必须涂布在固体颗粒的表面上,才能用作固定相、制备色谱柱。载体本身应是惰性的,对试样各组分不产生任何作用。要求载体必须纯净,颗粒大小适宜,具有较大的表面积,能附着足量的固定液。常用的载体有吸水硅胶、多孔硅藻土、纤维素以及微孔聚乙烯小球等。

固定液应该能够溶解试样的各组分,且各组分的溶解度有所不同,不溶或难溶于流动相。为避免固定液因"相互溶解"而被流动相带走,流动相在使用前应事先用固定液饱和。常用的固定液有水、甲醇、甲酰胺、聚乙二醇、辛烷、硅油和角鲨烷等。

（三）流动相

分配柱色谱法要求流动相纯度高、黏度小、不与固定液互溶。流动相与固定相的极性相差较大时,才能互不相溶。流动相极性的微小变化能使试样组分的分配系数出现较大的改变,因此,可通过选择适当的流动相来达到预期的分离效果。

常用的流动相有石油醚、醇类、酮类、酯类、卤代烷及苯或它们的混合物。

选择流动相的一般原则是:根据色谱方法、组分性质和固定相的极性,首先选用对各组分溶解度稍大的单一溶剂作流动相,如分离效果不理想,再改变流动相组成,即用混合溶剂作流动相,以改善分离效果。

由此可见,固定相和流动相的选择范围比较宽,所以分配色谱法的适用范围更广。例如,强极性的化合物能被吸附剂强烈吸附,不易洗脱,不宜用吸附色谱法分离,但可以用分配色谱法。

正相色谱法和反相色谱法

根据固定相和流动相极性的不同,分配色谱法可分为正相色谱法和反相色谱法。

如果固定相的极性强于流动相的极性,称为正相色谱法。固定相常用水以及各种水溶液(酸、碱,以及缓冲液)或甲酰胺、低级醇等强极性溶剂;流动相常用石油醚、醇类、酮类、酯类、卤代烃类及苯或它们的混合物。

如果流动相的极性强于固定相的极性,称为反相色谱法。固定相常用石蜡油等非极性或弱极性液体;流动相常用水、醇等或它们的混合物。

(四)分配柱色谱的操作步骤

分配柱色谱的操作步骤与吸附柱色谱基本相同,操作可分为装柱、加样和洗脱等几个步骤。

装柱、装柱之前需要将固定液涂布于在载体表面,其方法是将固定液与载体充分混合,然后沥干固定液,采用湿法装柱。

加样、洗脱及洗脱剂的收集与处理均与吸附柱色谱相同。

三、离子交换柱色谱法

以离子交换树脂作固定相,以水、酸或碱的水溶液或具有一定 pH 和离子强度的缓冲溶液作流动相,用于分离和提纯离子型化合物的色谱法称为离子交换柱色谱法。

(一)离子交换树脂及其主要性能指标

离子交换树脂是一种高分子聚合物。最常用的是聚苯乙烯型离子交换树脂,它以苯乙烯为单体,二乙烯苯为交联剂聚合而成,具有立体网状结构。在其网状结构的骨架上,可以引入不同的活性基团,如磺酸基、季铵基等。有磺酸基的离子交换树脂经活化后,磺酸基中的氢可以与阳离子交换位置,称为阳离子交换树脂;有季铵基的离子交换树脂经活化后,季铵基结合的氢氧根可以与阴离子交换位置,称为阴离子交换树脂。离子交换树脂有如下两个主要性能指标。

1. 交联度　离子交换树脂中交联剂的含量称为交联度,以质量百分数表示。若交联度大,表明树脂网状结构紧密,网孔小,选择性好,适用于分子量较小的离子性物质分离;若交联度小,则树脂网孔大,选择性差,适用于分子量较大的离子性物质分离。一般选用8%交联度的阳离子交换树脂或4%交联度的阴离子交换树脂为宜。

2. 交换容量　指单位质量的干树脂或单位体积的湿树脂,所能交换离子相当于一价离子的物质的量,其单位为 mmol/g(干树脂)或 mmol/ml(湿树脂)。一般离子交换容量为1~10mmol/g。以此表示树脂交换反应的能力,一般选用离子交换容量为 1~10mmol/g 为宜。

(二)离子交换色谱法的分离机制

当流动相携带被分离的离子型化合物(阴离子和阳离子)经过固定相时,试样中的阴、阳离子分别与阴、阳离子交换树脂发生离子交换。举例如下。

阴离子交换树脂与阴离子的交换反应可用通式表示为:

$$RN^+(CH)_3OH^- + X^- \rightleftharpoons RN^+(CH)_3X^- + OH^-$$

反应式中,X^- 为阴离子,当试样溶液经过色谱柱时,阴离子与树脂中的氢氧根离子发生交换反应,阴离子进入树脂网状结构中,氢氧根离子进入溶液。由于交换反应是可逆过程,所以,如果用适当的碱溶液处理已经使用过的树脂,树脂就会恢复原状,这一过程称为再生。经再生的树脂可重复使用。

阴离子的种类不同,与阴离子交换树脂的交换能力也不同。交换能力弱的移动速度快,交换能力强的移动速度慢,不同的阴离子会产生差速迁移。从而实现分离。

阴离子交换树脂的稳定性不及阳离子树脂高。

阳离子交换树脂与阳离子的交换反应可用通式表示为:

$$RSO_3H+M^+ \Longrightarrow RSO_3M+H^+$$

反应式中,M^+ 为阳离子,当试样溶液经过色谱柱时,阳离子与树脂中的氢离子发生交换反应,阳离子进入树脂网状结构中,氢离子进入溶液。由于交换反应是可逆过程,所以已经使用过的树脂可以用适当的酸溶液再生,重复使用。

与阴离子的分离机制类似,不同种类的阳离子与阳离子交换树脂的交换能力也不同,也会产生差速迁移,从而实现分离。

能否用离子交换树脂除去水中存在的少量可溶性卤化物?

(三)离子交换柱色谱的固定相和流动相

离子交换柱色谱的固定相是离子交换树脂,流动相通常是以水为溶剂的缓冲溶液,有时为了提高选择性而加入乙醇、四氢呋喃、乙腈等。

(四)离子交换柱色谱法的操作步骤

离子交换柱色谱法的操作步骤也与吸附柱色谱基本相同,操作分为装柱、加样和洗脱等几个步骤。

只是在装柱之前需要对树脂进行预处理。商品阴离子交换树脂一般用氢氧化钠溶液浸泡,使之转变为 OH 型,再采用湿法装柱。商品阳离子交换树脂为 Na 型,一般用盐酸浸泡,使之转为 H 型,再采用湿法装柱。

加样、洗脱及洗脱剂的收集与处理均与吸附柱色谱相同。

四、空间排阻柱色谱法

以葡聚糖凝胶为固定相,以水或有机溶剂为流动相,用于分离大分子物质的色谱法称为空间排阻柱色谱法,又称分子排阻色谱法或凝胶色谱法。

(一)空间排阻柱色谱法的分离机制

凝胶表面有很多孔穴,孔径一般为数纳米到数百纳米。当流动相携带试样经过固定相时,不同粒径的组分向凝胶孔穴渗透的能力不同,粒径小的组分能够渗透到凝胶孔穴深处,在固定相滞留的时间长,随流动相移动的速度慢,而粒径大的组分则恰恰相反,从而产生差速迁移,实现分离。

试样各组分在两相之间不是靠其相互作用力的不同进行分离,而是按分子大小进行分离。因此,在凝胶色谱中会有三种情况,一是分子很小,能进入凝胶的所有孔穴;二是分子很大,完全不能进入凝胶的任何孔穴;三是分子大小适中,能进入凝胶的孔穴中孔径大小相应的部分。可见,空间排阻色谱法中,组分的粒径越大,其移动的速度越快。凝胶色谱法主要用于分离蛋白质等大分子物质。

(二)空间排阻柱色谱法固定相

空间排阻柱色谱法固定相多为多孔性凝胶,常用的有葡聚糖凝胶和聚丙烯酰胺凝胶。一般凝胶是干燥的颗粒,当颗粒吸收大量溶剂溶胀后成为凝胶。

(三)空间排阻柱色谱法流动相

空间排阻柱色谱法流动相根据试样进行选择。水溶性试样选择水溶液为流动相,而非水溶性试样选择四氢呋喃、三氯甲烷、甲苯等有机溶剂为流动相。

(四)空间排阻柱色谱法的操作步骤

空间排阻柱色谱法的操作步骤也与吸附柱色谱法基本相同,此不赘述。

亲和色谱法

从分离机制讲,还有一种色谱法是亲和色谱法。在不同基体上键合多种不同特征的配体,作为固定相,用不同 pH 的缓冲溶液作流动相,依据生物分子(氨基酸、肽、蛋白质、核酸、核苷酸、核酸、酶等)与基体上键合的配位体之间的特异性亲和作用的差别,实现对具有生物活性的分子进行分离。亲和色谱法还可用于分离活体高分子物质、过滤病毒及细胞,或用于研究特异性的相互作用。

第三节 纸 色 谱 法

纸色谱法是在滤纸上对试样进行色谱分离分析的色谱法。

一、纸色谱法的分离机制

纸色谱中滤纸中纸纤维相当于载体,能吸附水,也能吸留其他物质,如甲酰胺、各种缓冲液等,用作固定相,纸纤维对固定相起支撑作用。用不能与"水"混溶的有机溶剂作流动相。由于纸色谱法的固定相和流动相均为液体,所以,其分离机制与液-液分配柱色谱相同,即利用试样各组分在两相之间的分配系数不同而实现分离。

二、纸色谱法的固定相和流动相

事实上,滤纸纤维能够吸附 20%~60% 的水分,其中有 6%~7% 通过氢键与纸纤维上的羟基结合成复合物,这一部分"水"能与丙酮、乙醇、丙醇、正丁醇、醋酸等有机溶剂形成类似不相混溶的两相,"水"作为固定相,其极性比较大,可以按照前面介绍的分配色谱法选择适宜的流动相,用于分离极性物质。

如果分离非极性物质,如芳香油等,可用纸纤维吸附极性很小的液状石蜡或硅油作固定相,用水或极性有机溶剂作为流动相。

纸色谱属于平面色谱,流动相从滤纸一端向另一端移动、将混合物分离的过程称为展开,所以,流动相常被称为展开剂。

三、纸色谱法的操作步骤

纸色谱的操作步骤为选择色谱滤纸、点样、展开、定性与定量分析等。

（一）选择色谱滤纸

色谱滤纸应符合下列基本要求。

1. 纸纤维松紧适宜,质地均匀,平整无折痕。

2. 滤纸有一定的机械强度,被溶剂润湿后,仍保持原状。

3. 纸面纯净,大小合适,边缘整齐。

4. 用于定性鉴别,应选用薄型滤纸;用于定量或制备,则选用厚型滤纸。

（二）点样

首先用铅笔在距滤纸一端 1.5~2cm 处轻轻画一条起始线,然后在起始线上每隔 2cm 画一"×"号表示点样位置,再用内径为 0.5mm 的平头毛细管或微量注射器吸取 1~2μl 试样溶液(含试样几到几十微克),轻轻接触点样记号,点样后所形成的斑点直径越小越好,一般不宜超过 3mm。如果想增加试样用量,可待溶剂挥干后再次点样。

（三）展开

首先将展开剂放入密封容器,使容器内被展开剂的蒸气饱和,然后将点有试样的色谱纸一端与展开剂接触(点样处不能接触展开剂)。由于纸纤维的毛细作用,展开剂携带试样组分从滤纸的一端向另一端移动,这一过程称为展开。待溶剂前沿线到达适当位置时,取出滤纸,迅速画出溶剂前沿线的位置。

（四）斑点定位

若待测组分有颜色,则可直接确定斑点位置,用于定性定量分析;若待测组分无色,则可以喷洒适当的显色剂显示其位置。

（五）定性分析

试样展开分离后,根据斑点的位置,测算各组分的比移值或相对比移值,并与标准品的比移值或相对比移值作对比。

1. 比移值(R_f) 原点到斑点中心的距离与起始线到溶剂前沿线的距离之比,称为比移值,用 R_f 表示。

$$R_f = \frac{原点到斑点中心的距离}{原点到溶剂前沿的距离} \tag{13-3}$$

当色谱条件一定时,同一物质的 R_f 值是一常数;物质不同,其结构和极性不同,其 R_f 值也不同。因此,R_f 值是纸色谱法的基本定性参数。

可以看出,R_f 的数值在 0.2~1 之间。一般控制在 0.2~0.8,相邻两个组分的 R_f 应相差 0.05 以上。

2. 相对比移值(R_s) 让试样与对照品在相同条件下展开,试样中某组分移动的距离与对照品移动的距离之比,称为相对比移值,用 R_s 表示。

$$R_s = \frac{原点到样品斑点中心的距离}{原点到对照品斑点中心的距离} \tag{13-4}$$

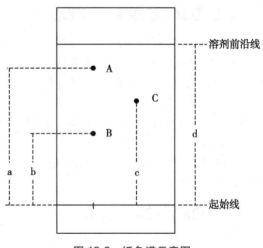

图 13-2 纸色谱示意图

对照品可以选用某一组分,也可以另选。当对照品和色谱条件一定时,同一物质的相对比移值是一常数,因此,R_s 值也是纸色谱法的基本定性参数。

可以看出,R_s 值可能大于 1,也可能小于 1。R_s =1 时,说明该组分与对照品一致。测定 R_s 值时,对照品与试样在同一张滤纸上展开,确保在同一条件下进行操作,消除实验条件的影响,减小误差。

例 将含有 A、B 两组分的试样和对照品 C 的溶液点在同一张滤纸上,用适当的展开剂(流动相)展开后,样点、各组分和对照品的斑点中心、溶剂前沿线的位置如图 13-2 所示,a、b、c、d 表示测量的距离,试列出计算比移值 R_f 和相对比移值 R_s 的关系式。

解:根据 R_f 和 R_s 的定义可得:

$$R_f(A) = \frac{a}{d} \qquad R_f(B) = \frac{b}{d} \qquad R_s(A) = \frac{a}{c} \qquad R_s(B) = \frac{b}{c}$$

试谈谈比移值 R_f 与相对比移值 R_s 的异同。

纸色谱的定量方法有下列几种。

1. 目测法 将标准系列溶液和样品溶液同时点在同一张滤纸上,经展开和显色后,用肉眼直接观察试样斑点的颜色深浅和面积大小,并与标准系列斑点相比较。在点样量相同时,若试样斑点与标准系列的某斑点相同,则二者的浓度相同;若试样斑点介于标准系列的两个斑点之间,则试样浓度等于标准系列两个斑点对应浓度的平均值。

2. **剪洗法**　先将试样色斑剪下,用适当溶剂浸泡、洗脱,再用比色法或分光光度法定量。

3. **吸光度测定法**　用色谱斑点扫描仪分别测定试样斑点和标准品斑点的光密度,对二者进行比较,根据朗伯-比尔定律,即可求算待测组分的含量。

第四节　薄层色谱法

将固定相均匀地涂铺在光洁的玻璃板、塑料板或金属板表面上,形成一定厚度的薄层,在薄层上对试样进行分离分析的色谱法称为薄层色谱法。它是在纸色谱法之后发展起来的,但发展速度比纸色谱更快,应用更广。有人称薄层色谱法是敞开的柱色谱,可作为柱色谱选择分离条件的预备方法。

一、薄层色谱法的分离机制

薄层色谱法与柱色谱法类似,选用不同的固定相时,其分离机制也不同,可分为吸附、分配、离子交换或空间排阻色谱法,其分离机制与对应的柱色谱法的分离机制完全相同。其中,最常用的是以吸附剂为固定相的液-固吸附薄层色谱法,其分离机制与前面介绍的吸附色谱法完全相同。

二、固定相的选择

液-固吸附薄层色谱法的固定相是吸附剂,常用的吸附剂有硅胶和氧化铝等。与液-固吸附柱色谱用的吸附剂相比,吸附剂的颗粒应更小(200 目以上),粒度更均匀,所以分离效能更高。选择固定相的基本原则与液-固吸附柱色谱法完全相同。

在吸附剂中加入一定量的黏合剂,可以增加薄层的机械强度。常用的黏合剂有煅石膏(G)、羧甲基纤维素钠(CMC-Na)等。

三、流动相的选择

在液-固吸附薄层色谱法中,选择流动相(展开剂)时,同样遵循"相似相溶"的一般原则。选择分离条件时,应遵循的基本原则与液-固吸附柱色谱法完全相同,即综合考虑试样、吸附剂和流动相三方面因素:如果试样极性较大,则应选用吸附能力较弱(活性较低)的吸附剂作固定相,选用极性较大的溶剂作流动相。如果试样极性较小,则应选用吸附能力较强(活性较高)的吸附剂作固定相,用极性较小的溶剂作流动相。

四、薄层色谱法的操作步骤

液-固吸附薄层色谱法的操作步骤分为制板、点样、展开、斑点定位、定性与定量分析等。

(一)制板

将吸附剂涂铺在洁净的玻璃板、塑料板或金属板上使成为厚度均匀的薄层称为制板。制板所用的玻璃板等必须表面光滑、平整清洁,其大小与纸色谱相同。常用的有软板和硬板两种。

1. **软板的制备**　吸附剂中不加黏合剂制成的薄板叫软板。首先将吸附剂均匀地撒在洁净的板子上。然后取一根比玻板宽度稍长的玻璃棒,在两端包裹上适当厚度的橡皮膏,双手持玻璃棒从撒有吸附剂的板子一端均匀推向另一端。推动速度不宜太快,中途不应停顿,以免薄层厚度不匀,影响分离效果。所铺薄层厚度视分离要求而定,一般应控制在 0.25~0.5mm。制备软板的方法称为干法制板,如图 13-3 所示。

软板的制备方法简便、快速、随铺随用,展开速度快,但制备的薄层不牢固,吸附剂易被吹散,只能近水平展开,操作时须小心谨慎,分离效果差。

2. **硬板的制备**　吸附剂中加入黏合剂所制成的薄板

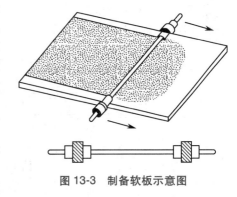

图 13-3　制备软板示意图

叫硬板。常用的黏合剂有煅石膏($CaSO_4 \cdot 1/2H_2O$)和羧甲基纤维素钠等,分别用代号 G 和 CMC-Na 表示。硬板的厚度一般控制在 0.5mm 左右。

商品吸附剂有氧化铝 H、氧化铝 G、氧化铝 HF254、硅胶 H、硅胶 G、硅胶 GF254 等。H 表示不含黏合剂,制板时需另加黏合剂;G 表示吸附剂中含有煅石膏;HF254 表示不含黏合剂而含有一种荧光剂,在 254nm 紫外线下呈强烈黄绿色荧光背景;GF254 表示吸附剂中含有煅石膏和荧光剂。荧光薄层板可用于分离和研究本身不发光且不易显色的物质。

如果吸附剂是氧化铝 G 或硅胶 G,则可直接加水调成糊状进行铺板。用煅石膏作黏合剂制成的硬板,机械强度较差,易脱落,但耐腐蚀,可用浓硫酸试液显色。如果吸附剂是氧化铝 H 或硅胶 H,需要用羧甲基纤维素钠(CMC-Na)作黏合剂制备硬板,可取一定量的吸附剂,按一定比例加入 0.5% ~ 1% 的 CMC-Na 溶液,调成糊状物,然后铺板。这种薄板的机械强度好,能用铅笔在上面作记号,但在使用强腐蚀性显色剂时,要注意显色温度和时间。

这种制备硬板的方法称为湿法制板,常用倾注法、平铺法和机械涂铺法。

倾注法是将糊状物直接倾倒在板子上,用玻棒均匀摊开,轻轻敲击板子,使薄层均匀,置于水平台上晾干。

平铺法是先在适当大的板子两边放置两个玻璃条(厚度为 0.25 ~ 1mm),将吸附剂糊状物倾倒在两个玻璃条中间的板子上,再用有机玻璃板或玻璃棒将糊状物刮平,再轻轻敲击板子,使薄层均匀,置于水平台上晾干。

机械涂铺法是用涂铺器制板,操作简单,得到的薄板厚度均匀一致,适于定量分析,是目前广为应用的方法。由于涂铺器的种类较多,型号各不相同,使用时,应按仪器的说明书操作。

为了提高薄层板的活性、选择性和分离效果,需要对晾干后的薄板进行活化,即放入 105 ~ 110℃ 的烘箱中活化 1h 左右,存入干燥器冷却备用。

(二)点样

将试样溶液或对照品溶液点到薄层上称为点样。点样方法与纸色谱的相同,注意避免划破薄层,还应注意以下两个问题。

1. 试样溶液的制备　尽量避免以水为溶剂溶解试样,因为水溶液点样时,水不易挥发,易使斑点扩散。可用甲醇、乙醇、丙酮、氯仿等挥发性有机溶剂,最好使用与展开剂相似的溶剂。若试样为水溶液,但受热不易破坏,则可边点样边用电吹风加热,促其迅速干燥。

2. 点样量　点样量的多少对分离效果有很大影响。分析型薄层,点样量为几至几十微克;制备型薄层可以点到数毫克。点样量太少,展开后斑点模糊,甚至看不出来;点样量太多,则展开后往往出现斑点过大或拖尾等现象,甚至不能完全分离。

(三)展开

流动相从薄板一端向另一端移动、将混合物分离的过程称为展开。与纸色谱法一样,必须在密闭的容器内进行,但展开方式更多,有近水平展开法、上行展开法、下行展开法、多次展开法、双向展开法等。最常用的是近水平展开法和上行法。待展开距离达薄板长度的 4/5 或 9/10 时,取出薄板,画出溶剂前沿,待溶剂挥干后进行斑点定位。

1. 近水平展开法　应在长方形展开槽内进行。将点好试样的薄板一端垫高,使薄板与水平角度适当,为 15° ~ 30°,密闭饱和后,另一端浸入展开剂约 0.5cm(试样原点不能浸入展开剂中)。展开剂借助毛细作用自下端向上端扩展,如图 13-4(a)所示。该方式展开速度快,适合于软板和硬板。

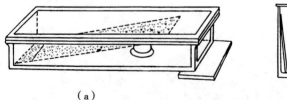

（a）　　　　　　　　　　　　　　　　　　（b）

图 13-4　展开方式示意图
（a）近水平展开法;（b）上行展开法。

2. **上行展开法**　应在色谱缸内进行。将点好试样的薄板直立于色谱缸中,斜靠于色谱缸侧壁,密闭饱和后,薄板下端浸入展开剂约 0.5cm。展开剂借助毛细作用自下而上扩展,如图 13-4b 所示。

3. **多次展开法**　薄板经过一次展开后,让溶剂挥干,再用同一种展开剂或改用其他展开剂按同样的方法进行第二次,第三次……展开,以达到增加分离度的目的。

4. **双向展开法**　薄板经过一次展开后,让溶剂挥干,将薄板旋转 90°后,改用另一种展开剂展开。双向展开所用的薄板规格一般为 20cm×20cm。这种方法常用于分离成分较多、性质接近的复杂试样。

（四）斑点定位

若待测组分有颜色,其斑点可在日光下直接定位测定。若待测组分没有颜色,必须采用以下方法定位测定。

1. **荧光检出法**　在紫外线灯下观察薄板上有无荧光斑点或暗斑。如果被测物质本身在紫外线灯下观察无荧光斑点,则可以借助 F 型薄板来进行检出。荧光薄板在紫外线灯照射下,整个薄板背景呈现黄-绿色荧光,而待测物质由于吸收了 254nm 或 365nm 的紫外线而呈现出暗斑。

2. **化学检出法**　是利用化学试剂(显色剂)与被测物质反应,使斑点产生颜色而定位。这是常用的斑点定位方法。显色剂可分为通用型显色剂和专属型显色剂两种。通用显色剂有碘、硫酸溶液、荧光黄溶液、氨蒸气等。碘对许多有机化合物都可显色,如生物碱、氨基酸等衍生物;硫酸乙醇溶液对大多数有机化合物也能显出不同颜色的斑点;0.05% 的荧光黄甲醇溶液是芳香族与杂环化合物的通用显色剂。专属性显色剂是利用物质的特性反应显色,例如,茚三酮是氨基酸的专用显色剂,三氯化铁-铁氰化钾试剂是含酚羟基物质的显色剂,溴甲酚绿是酸性化合物的显色剂。

显色剂的显色方式,通常采用直接喷雾法或浸渍显色法。硬板可将显色剂直接喷洒在薄板上,喷洒的雾点必须微小、致密和均匀。软板则采用浸渍法显色,是将薄板的一端浸入到显色剂中,待显色剂扩散到整个薄层后,取出,晾干或吹干,即可呈现斑点的颜色。

在实际工作中,应根据被分离组分的性质及薄板的状况来选择合适的显色剂及显色方法。各类组分所用的显色剂可从有关手册或色谱法专著中查阅。

（五）定性分析

确定试样各组分斑点位置之后,用纸色谱类似的方法,计算比移值 R_f 或相对比移值 R_s,与标准品对比进行定性分析。

（六）定量分析

薄层色谱法的定量分析方法与纸色谱类似,具体方法如下。

1. **目视比较法**　与纸色谱的目测定量法相同。

2. **斑点洗脱法**　与纸色谱的剪洗定量法类似,即薄板经过展开、定位之后,将待测组分斑点处的吸附剂定量取下,用合适的溶剂将待测组分定量洗脱,再用其他分析方法测定其含量。

3. **薄层扫描法**　将点有试样的薄板展开、定位之后,用薄层色谱扫描仪检测试样斑点和标准品斑点对光的吸收强弱来确定待测组分的含量。这种方法与纸色谱的光密度扫描法相同。

 知识链接

薄层扫描仪

薄层色谱扫描仪是对薄层色谱进行定量检测分析的专用仪器,当前市场上有两个类型,一类是传统扫描仪,类似于紫外可见分光光度计,能提供 200～800nm 波长范围的可选波长,通过检测试样对光的吸收强弱来确定物质含量。其扫描方式分为单光束扫描、双光束扫描和双波长扫描,每种扫描方式又可分为直线扫描和锯齿扫描。另一类是薄层数码成像分析仪,从技术上可理解为单光源密集扫描,是利用数码成像设备获得薄层板上各斑点的光强度信息,并对获得图像进行分析的薄层分析仪器。

上述的两类薄层色谱扫描仪均可以检测 254nm 或 365nm 紫外照射产生的荧光强度,从而进行特异性检测。

学习小结

　　色谱法是依据物质的物理或物理化学性质不同而建立的分离分析方法。各种色谱法都是根据试样各组分在两相之间存在差速迁移而进行分离的。根据色谱法出现的先后顺序和技术特征不同,可分为经典液相色谱法和现代色谱法,但二者之间没有绝对的界限。

　　本章按照经典液相色谱法的不同操作形式,分别介绍了柱色谱法、纸色谱法和薄层色谱法。柱色谱法的操作步骤一般分为装柱、加样和洗脱等。纸色谱法和薄层色谱法的操作步骤几乎相同,一般分为选择色谱滤纸(或制版)、点样、展开、定性与定量分析等。以色谱法的操作形式为主线,依据对应色谱法出现的先后顺序,介绍了吸附色谱、分配色谱、离子交换色谱、空间排阻色谱和亲和色谱的分离机制。色谱法的固定相和流动相不同,其分离机制也不同。

　　现代色谱法是在经典液相色谱法的基础上建立和发展起来的,广泛用于医学检验、卫生检验、药品分析、食品分析、环境监测等领域。

扫一扫,测一测

达标练习

一、多项选择题

1. 按照操作形式的不同,液相色谱法可分为(　　)
   A. 柱色谱法　　　　　　　　　B. 纸色谱法　　　　　　　　　C. 薄层色谱法
   D. 离子交换色谱法　　　　　　E. 超临界流体色谱法

2. 在平面色谱法中,可用下列参数对试样进行定性分析(　　)
   A. 分配系数　　　　　　　　　B. 比移值　　　　　　　　　　C. 相对比移值
   D. 交换容量　　　　　　　　　E. 交联度

3. 吸附柱色谱法常用的吸附剂有(　　)
   A. 氧化铝　　　　　　　　　　B. 硅胶　　　　　　　　　　　C. 大孔吸附树脂
   D. 活性炭　　　　　　　　　　E. 离子交换树脂

4. 下列有关薄层色谱法叙述正确的是(　　)
   A. 薄层色谱法具有快速、灵敏、仪器简单、操作简便的特点
   B. 薄层色谱法定性分析的主要数据是各斑点的 R_f 值与 R_s 值
   C. 薄层色谱法的分离机制与柱色谱法相似,所以又称敞开的柱色谱法
   D. 薄层色谱法可以实现分离、定性定量分析
   E. 薄层色谱法定量分析的方法有目视比较法、斑点洗脱法和薄层扫描法

5. 在离子交换色谱法中,固定相为(　　)
   A. 离子交换树脂　　　　　　　B. 阳离子交换树脂　　　　　　C. 阳离子交换树脂
   D. 葡聚糖凝胶　　　　　　　　E. 以上说法都正确

6. 液-固吸附薄层色谱法中流动相称为(　　)
   A. 载体　　　B. 吸附剂　　　C. 展开剂　　　D. 溶剂　　　E. 洗脱剂

7. 依据分离机制,纸色谱法不属于(　　)
   A. 离子交换色谱　　　　　　B. 空间排阻色谱　　　　　　C. 液-液吸附色谱
   D. 液-液分配色谱　　　　　　E. 液-固亲和色谱

二、辨是非题

1. 吸附剂氧化铝和硅胶中含水量越高,活性级别越低,吸附能力越强。(　　)

2. 在分配色谱中,所用的固定相与流动相必须事先相互饱和。(　　)

3. 在液-液分配色谱中,固定相是一种固体吸附剂。(　　)

4. 在吸附色谱中,分离极性大的组分,应选用极性大的吸附剂和极性小的洗脱剂。(　　)

5. 在色谱分析中,硅胶可以用作吸附剂,也可以用作载体。(　　)

6. 柱色谱中装柱要均匀,不能有气泡,否则影响分离效果。(　　)

7. 根据分离机制不同,色谱法可分为柱色谱、纸色谱和薄层色谱。(　　)

8. 色谱法也称为层析法,是一种高效萃取分离技术。(　　)

9. 薄层色谱的操作步骤有铺板、活化、点样、展开、斑点定位、定性和定量分析。(　　)

10. 吸附柱色谱的操作步骤有装柱、加样、展开、定性和定量分析。(　　)

三、填空题

1. 按照操作形式的不同,色谱法可分为_____和_____。

2. 液相色谱中,如使用硅胶或氧化铝为固定相,其含水量越高,则活度级数越_____,吸附能力越_____。

3. 液相色谱法选择流动相应遵循的原则是"相似相溶"原则,即流动相的_____、_____与被分离组分的相似时,组分容易被洗脱。

4. 根据试样的极性,选择固定相和流动相的一般原则是:如果试样极性较大,则应选用吸附能力_____的吸附剂作固定相,选择极性较_____的溶剂作流动相。

5. 柱色谱法的操作步骤为_____、_____、_____。

6. 平面色谱法的操作步骤为_____、_____、_____、_____。

四、简答题

1. 在某色谱条件下,A、B两物质的分配系数分别为100和130,试问A、B哪个物质的R_f大?

2. 液-固吸附色谱中,选择固定相和流动相的一般原则是什么?

五、计算题

1. 某物质在薄板上从原点迁移了8.3cm,溶剂前沿线距离起始线16.6cm,试计算该物质的R_f。

2. 用薄层色谱法分离某试样,A、B两种组分的R_f分别是0.50和0.70,欲使分离后两斑点中心距离2cm,溶剂沿线与起始线的距离应为多少?

（袁　勇）

学习目标

1. 掌握气相色谱仪的基本结构;定性分析方法、定量校正因子和定量计算方法;分离度的概念及意义。

2. 熟悉气相色谱法的特点及分类;常用的检测器;气相色谱法的固定相和流动相;气相色谱法中色谱柱及柱温的选择、载气及流速的选择、其他条件的选择。

3. 了解塔板理论、速率理论。

4. 学会气相色谱仪的基本操作技能以及用气相色谱仪测定藿香正气水中乙醇含量的操作技术。

气相色谱法(gas chromatography,GC)是以气体为流动相的色谱方法,适用于测定易挥发的物质。气相色谱法是 1952 年马丁(Mattin)、辛格(Synge)及詹姆斯(James)等首次建立的。早在 1941 年,当马丁等研究液-液分配色谱时就曾提出过气-液色谱法的设想。11 年后,马丁等成功研究了崭新的气-液色谱法,用它分析了脂肪酸、脂肪胺等混合物,同时他们还对气-液色谱法的理论和实验方法做了深入的研究。1954 年,瑞依(Ray)把热导池检测器应用于气相色谱仪,从而扩大了气相色谱法的应用范围。1956 年,荷兰学者范第姆特(Van Deemter)等总结了前人的研究成果,提出了气相色谱的速率理论,为气相色谱法奠定了理论基础。同年,美国的戈雷(Golay)发明了一种分离效能极高的毛细管色谱柱,标志着一个全新的毛细管柱色谱的诞生。此后,随着氢火焰检测器和电子捕获检测器的发明,使色谱柱的分离效能和检测器的灵敏度都大大提高,从而使气相色谱法获得了极为迅速的发展和更广泛的应用。目前,气相色谱法已成为分析化学中极为重要的分离分析方法,在化工、医药、环境检测等领域得到了广泛应用。

第一节　概　　述

一、气相色谱法的特点

气相色谱法是以气体为流动相,将样品气化后经色谱柱分离,然后进行检测分析的方法。由于物质在气相中传递速度快,可选用的固定液种类多,检测器的选择性好、灵敏度高,因此气相色谱法具有分析速度快、样品用量少、选择性高、分离效能高、灵敏度高、应用范围广等特点。随着电子计算机在色谱仪上的应用,气相色谱法能快速准确地处理分析数据,并且能对色谱条件进行自动控制,实现自动化,提高分析工作效率。

据统计,能用气相色谱法直接分析的有机物大约占20%。气相色谱法适用于分析具有一定蒸气压且稳定性好的样品。但不能直接分析分子量大、极性强、在操作温度下难挥发或易分解的物质,缺乏标准试样时做定性分析较困难。

二、气相色谱法的分类

气相色谱法可从不同角度进行分类:按固定相的物态不同,分为气-固色谱法(GSC)和气-液色谱法(GLC);按柱内径粗细不同,分为填充柱色谱法和毛细管柱色谱法;按分离原理不同,分为吸附色谱法和分配色谱法。气-固色谱法属于吸附色谱法;气-液色谱法属于分配色谱法,其中最常用的是气-液分配色谱法。

第二节 气相色谱仪及其工作流程

气相色谱仪是实现气相色谱分离分析的装置。气相色谱仪一般由载气系统、进样系统、分离系统、检测系统和记录系统等五部分组成,如图14-1a～e所示。

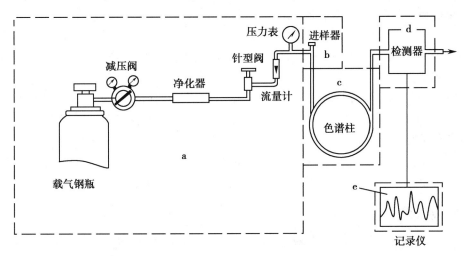

图 14-1 气相色谱仪结构示意图

气相色谱法进行色谱分离分析的一般流程如图14-1所示,由高压钢瓶提供的载气,经减压阀减压后,进入净化器脱水及净化,流入针型阀调节载气的压力和流量,用流量计和压力表来指示载气的柱前流量和压力,再进入进样器,试样如为液体试样,则在气化室瞬间气化为气体,由载气携带试样进入色谱柱,试样中各组分在色谱柱中分离后,依次进入检测器检测,检测信号经放大后,由记录仪记录而得到色谱图。

一、载气系统

气相色谱法中的流动相是气体,称为载气,载气的种类很多,如氢气、氮气、氦气、氩气和二氧化碳等,其中氦气最理想,但价格较高,故一般常用氮气和氢气。气相色谱法中载气的选择,主要取决于选用的检测器、色谱柱以及分析要求。

(一)氢气

氢气的纯度要求在99.9%以上。因它的分子量较小,热导系数较大,黏度小等特点,在使用热导检测器时常被用作载气,在氢焰离子化检测器中也被用作燃气。氢气易燃、易爆,使用时应注意安全。

(二)氮气

氮气的纯度要求在99.9%以上。因它的扩散系数小,使柱效比较高,常用于除热导检测器以外的几种检测器中作载气。

（三）氮气

氮气的纯度要求在99.9%以上。因它相对分子量小、热导系数大、黏度小、使用时线速度大，与氢气相比，更安全，但成本高。常用于气-质联用分析中作载气。

载气以及辅助气体中存在的水分、氧气、烃类等杂质将影响色谱分离和检测，如烃类杂质将增大氢焰离子化检测器的基线噪声，水分和氧气会严重损毁或污染色谱柱和检测器等，降低其灵敏度。为此，在进入气相色谱仪前的管路中应增加净化管，除去载气和辅助气体中的水分、氧气和烃类等。硅胶和分子筛可以除去水分，装有活性铜基催化剂的柱管和装有105型钯催化剂的柱管可降低氧含量，采用5A分子筛净化器可消除微量烃。净化管中的填料应经常更换。

载气流量和压力的控制直接影响分析结果的准确性和重现性，尤其是在毛细管气相色谱法中，载气流量小，如控制不精确，将影响保留时间和分析结果的重现性。中低档仪器常用阀门和转子流量计控制压力和流量，高档仪器基本上采用电子压力传感器和电子流量控制器，通过计算机自动控制。

二、进样系统

进样系统的作用是将试样代入气路，主要有进样器和气化室组成。

（一）进样器

微量注射器（$1\mu l$，$5\mu l$，$10\mu l$，$50\mu l$）、人工或者自动进样，适用于液体试样的进样。若是固体试样，需要先用适当的溶剂制成溶液之后进样。针筒或六通阀适用于气体试样的进样。

（二）气化室

气化室是一根不锈钢管，它的热容量大、死体积小、内壁无任何催化活性。管外绕有加热丝，便于将液体试样瞬间气化为蒸气。

（三）气化温度

气化室温度的选择取决于试样的沸点、稳定性和进样量。气化室温度一般可等于或稍高于试样的沸点，以保证瞬间气化，但温度一般不超过沸点50℃，以防试样分解。气化室温度应高于柱温30~50℃。

三、分离系统

分离系统是将试样各组分分离开来的部件，是气相色谱仪的重要部件之一，其核心是色谱柱。

（一）气-液色谱的固定相

气-液色谱的固定相由载体和固定液构成，试样气液两相间进行多次分配，最后各组分彼此分离。下面分别介绍固定液和载体。

1. 固定液　固定液一般都是高沸点液体，在操作温度下为液态，室温时为固态或液态。

（1）对固定液的要求：①选择性能高，对不同的组分有不同的分配系数；②对样品中各组分有足够的溶解能力；③热稳定性要好；④化学稳定性不好，不与组分发生化学反应；⑤蒸气压低，黏度小，能牢固地附着于载体上。

（2）固定液的分类：固定液常用化学分类和极性分类两种方式。

化学分类是以固定液的化学结构为依据，可分为烃类、硅氧烷类、醇类、酯类等，其优点是便于按被分离组分与固定液的"相似相溶"原则来选择固定液。

极性分类是按固定液的相对极性大小分类。该法规定，极性的 β,β'-氧二丙腈的相对极性为100，非极性的鲨鱼烷的相对极性为0，其他固定液的相对极性在0~100之间。把0~100分成五级，每20为一级，用"+"表示。0或+1为非极性固定液；+2，+3为中等极性固定液；+4，+5为极性固定液。按相对极性对常用气相色谱固定液分类，如表14-1所示。

（3）固定液的选择：选择固定液一般是利用"相似相溶"原则，即按被分离组分的极性或官能团与固定液相似的原则来选择，此时样品组分与固定液之间的相互作用力较强，组分在固定液中的溶解度大，分配系数大，保留时间长，样品组分分离可能性较大。一般规律是：

表 14-1 常用固定液的相对极性

固定液	相对极性	极性级别	最高使用温度/℃	应用范围
鲨鱼烷（SQ）	0	+1	140	标准非极性固定液
阿皮松（APL）	7~8	+1	300	各类高沸点化合物
甲基硅橡胶（SE-30,OV-1）	13	+1	350	非极性化合物
邻苯二甲酸二壬酯（DNP）	25	+2	100	中等极性化合物
三氟丙基甲基聚硅氧烷（QF-1）	28	+2	300	中等极性化合物
氰基硅橡胶（XE-60）	52	+3	275	中等极性化合物
聚乙二醇（PEG-20M）	68	+3	250	氢键型化合物
己二酸二乙二醇聚酯（DEGA）	72	+4	200	极性化合物
β,β'-氧二丙腈（ODPN）	100	+5	100	标准极性固体液

1）分离非极性物质：一般选用非极性固定液，基本上仍按沸点顺序流出色谱柱，沸点低的组分先流出色谱柱。

2）分离中等极性物质：选中等极性固定液，基本上仍按沸点顺序流出色谱柱，但对于沸点相同的组分，极性弱的组分先流出色谱柱。

3）分离强极性化合物：选极性强的固定液，极性弱的组分先流出色谱柱。

4）分离能形成氢键的物质：选用氢键型固定液，形成氢键能力弱的组分先流出色谱柱。

5）分离非极性和极性混合物：一般选用极性固定液；分离沸点相差较大的混合物，则宜选用非极性固定液。

2. 载体 载体又称担体，是一种化学惰性的多孔性固体微粒，其作用是提供一个大的惰性表面，使固定液能以液膜状态均匀地分布在其表面。

（1）对载体的要求：①表面积大；②化学惰性，表面吸附或催化性很小；③热稳定性高；④粒度及孔径均匀，有一定的机械强度。

（2）常用载体：载体分为硅藻土型和非硅藻土型，常用硅藻土型载体，它又因制造方法不同分为红色载体和白色载体。

红色载体由天然硅藻土与黏合剂煅烧而成，因含有氧化铁，呈淡红色，故称为红色载体，红色载体表面孔穴密集，孔径较小，比表面积大，机械强度比白色载体大，但吸附活性和催化活性强。适用于分析非极性或弱极性物质。

白色载体在煅烧硅藻土时加入碳酸钠（助溶剂），煅烧后氧化铁生成了无色的铁硅酸钠配合物，使硅藻土呈白色，白色载体由于助溶剂的存在形成疏松颗粒，表面孔径较粗，比表面积小，机械强度比红色载体差，但吸附活性低，常与极性固定液配合使用，分析极性物质。

（3）载体的钝化：除去或减小载体表面活性中心的作用称为载体的钝化，钝化的步骤是：①酸洗：酸洗能除去载体表面的铁等金属氧化物，用于分析酸类和酯类化合物。方法是用 6mol/L 的盐酸浸泡 20~30min，用水洗至中性，烘干备用。②碱洗：碱洗能除去载体表面的三氧化二铝等酸性作用点，用于分析胺类等碱性化合物。方法是用 5% 的氢氧化钾-甲醇溶液浸泡或回流数小时，用水洗至中性，烘干备用。③硅烷化：硅烷化载体用于分析具有形成氢键能力较强的化合物。方法是将载体与硅烷化试剂反应，除去载体表面的硅醇及硅醚基，消除形成氢键的能力。

（二）气-固色谱的固定相

气-固色谱的固定相有硅胶、氧化铝、石墨化炭黑、分子筛、高分子多孔微球及化学键合相等。在药物分析中应用较多的高分子多孔微球（GDX）。

高分子多孔微球（GDX）是一种人工合成的固定相，它既可作为载体，又可作为固定相，其分离机制一般认为具有吸附、分配及分子筛三种作用。高分子多孔微球的主要特点是：①疏水性强，选择性好，分离效果好，特别适用于分析混合物中的微量水分；②热稳定性好，最高使用温度达 200~300℃，且无流失现象，柱寿命长；③比表面极大，粒度均匀，机械强度高，耐腐蚀性好；④无有害的吸附活性中心,极性组分也能获得正态峰。

化学键合相是新型固定相,即用化学反应的方法将固定液键合到载体表面上(第十五章进一步介绍),具有分配与吸附两种作用,传质快、柱效高,分离效果好、不流失等优点,但价格较贵。

在气相色谱中应用较为普遍的一类色谱柱是填充柱。由于填充色谱柱柱内填充了固定相颗粒或是附着有固定液的载体,载气携带组分通过色谱柱时所经的途径是弯曲与多径的,从而引起涡流扩散,传质阻力也较大,使柱效降低。目前,采用了毛细管色谱柱,较大地提高了气相色谱的柱效能。

(三)毛细管柱

色谱动力学理论认为,可把气-液填充柱看成一束涂了固定液的毛细管,载气通过这束毛细管的途径是弯曲与多径的,从而引起涡流扩散,使柱效降低,而且填充柱的传质阻抗大,也使柱效降低。1957年 Golay(戈雷)根据这个观点,把固定液直接涂在毛细管管壁上,制成了 Golay 柱-开管(空心)毛细管柱,标志着毛细管气相色谱法的诞生。近几年来,毛细管柱制备技术不断发展,新型高效毛细管柱层出不穷,为气相色谱法开辟了新途径。

1. 毛细管色谱柱的分类 按制备方法不同,毛细管色谱柱可分为以下两类。

(1)开管型毛细管:柱内径为 0.1~0.5mm。目前应用的主要是涂壁毛细管柱(WCOT)和载体涂层毛细管柱(SCOT)。涂壁毛细管柱是将固定液直接涂在玻璃或者金属毛细管内壁上而制成。涂层厚度为 0.3~1.5μm,固定液易消失,柱寿命短。载体涂层毛细管柱克服了涂壁毛细管柱的上述缺点,是目前应用最广泛的毛细管色谱柱。近年来出现的交联弹性石英毛细管柱是将固定液交联聚合在毛细管内,减少了固体液流失,柱寿命长,是当前最佳的 SCOT 柱。

(2)填充型毛细管:将载体、吸附剂等松散地装入玻璃管中,然后拉制成毛细管就构成了填充型毛细管柱。一般柱内径≤1.0mm,填料粒度与内径的比值为 0.2~0.3。与普通填充柱相比,它具有分析速度快,柱效高等优点。

2. 开管毛细管柱的特点 与一般填充柱相比较,具有如下特点。

(1)柱渗透性好:可以增加柱长,即增加了色谱柱的塔板数,也可以用高载气流速进行快速分析。

(2)柱效高:一根毛细管柱的理论塔板数最高可达 10^6,最低也有几万,而填充柱仅为几千。柱效高的原因主要有三个:一是无涡流扩散;二是传质阻抗小;三是柱长比填充柱长。

(3)易实现气相色谱-质谱联用:由于毛细管柱的载气流量小,较易维持质谱仪离子源的高真空。

(4)柱容量小:进样量不能太多,进样器需有分流装置。

(5)定量重复性较差:主要是由于进样量甚微。因此,毛细管色谱柱多用于分离和定性,较少用于定量分析。

毛细管柱多用硅氧烷类固定液。开管型毛细管柱尤其是 SCOT 柱是目前使用最多的毛细管柱。

四、检测系统

检测器(detector)是将色谱柱分离后的各组分的浓度(或质量)的变化转换为电信号(电压或电流)的装置,是气相色谱仪的重要组成部分之一,其核心是检测器。

(一)检测器的类型

近年来,由于痕量分析的需要,高灵敏度的检测器不断出现,促进了气相色谱法的发展和应用。根据检测器原理的不同,检测器可分为浓度型和质量型两类。

1. 浓度型检测器(concentration sensitive detector) 测量载气中组分浓度的瞬间变化,检测器的响应值与组分浓度成正比,与单位时间内组分进入检测器的质量及载气流速无关。如热导检测器和电子捕获检测器等。

2. 质量型检测器(mass flow rate sensitive detector) 测量载气中组分进入检测器的质量流速变化,即检测器的响应值与单位时间内进入检测器的组分质量成正比。如氢焰离子化检测器和火焰光度检测器等。

(二)检测器的性能指标

灵敏度高,稳定性好,线性范围宽,噪声低,漂移小,死体积小,响应时间快是对气相色谱仪检测器的主要要求。

1. **噪声和漂移**　在没有样品通过检测器时,由仪器本身及工作条件等偶然因素引起的基线起伏波动称为噪声,基线随时间朝某一方向的缓慢变化称为漂移。

2. **灵敏度(sensitive,S)**　又称响应值或应答值,它是指单位物质的含量(质量或浓度)通过检测器时所产生的信号变化率,浓度型用 Sc 表示,质量型用 Sm 表示。

3. **检测限(D)**　灵敏度未反映检测器的噪声水平,灵敏度虽高,但噪声较大时,微量组分也是无法检测的。检测限综合灵敏度与噪声来评价检测器的性能。检测限定义为某组分的峰高为噪声的两倍时,单位时间内引入检测器中该组分的质量(或浓度)。

(三)常用的检测器

1. **热导检测器(TCD)**　热导检测器是利用被测组分与载气的热导率不同来检测组分的浓度变化。它具有结构简单、稳定性好、线性范围宽、测定范围广,且样品不被破坏特点,易与其他仪器联系,但灵敏度较低,噪声较大。

热导检测器由池体和热敏元件组成。池体用铜块或不锈钢块制成,热敏元件常用钨丝或铼钨丝制成,它的电阻随温度的变化而变化。

将两个材质、电阻完全相同的热敏元件,装入一个双腔池体中即构成双臂热导池,如图 14-2 所示,其中一臂接在色谱柱前只通载气,作为参考臂;另一臂接在色谱柱后,让组分和载气通过,作为测量臂。两臂的电阻分别为 R₁ 和 R₂,将 R₁、R₂ 与两个阻值相等的固定电阻 R₃、R₄ 组成惠斯顿电桥,如图 14-3 所示。

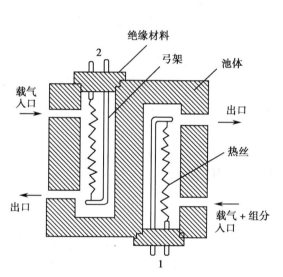

图 14-2　双臂热导池结构示意图

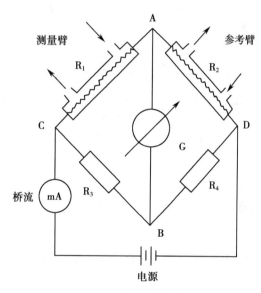

图 14-3　热导检测原理图

如果只有载气通过,则两热丝的温度、电阻值均相同,检流计中无电流通过。当有样品组分随载气进入测量臂时,组分与载气的热导率不同,则测量臂中热丝的温度、电阻值改变,电桥平衡被破坏,检流计指针发生偏转,记录仪上就有信号产生。当组分完全通过测量臂后,电桥又恢复平衡状态。

2. **氢焰离子化检测器(FID)**　氢焰离子化检测器简称氢焰检测器,它是利用在氢焰的作用下,有机化合物燃烧而发生化学电离形成离子流,通过测定离子流强度进行检测。它具有灵敏度高,噪声小,响应快,线性范围宽,稳定性好等优点,但是一般只能测定含碳有机物,而且检测时样品被破坏。

氢焰检测器的主要部件是由不锈钢制成的离子室。离子室下部有气体入口和氢火焰喷嘴,在火焰上方装有圆筒状的收集极(正极)和一端置于下方的环状极化极(负极),两极间加有极化电压,喷嘴附近设有点火线圈,用以点燃火焰,如图 14-4 所示。

工作时,氢气在空气中燃烧,经色谱分离后的组分进入检测器时,在火焰中燃烧产生正负离子,在电场作用下向两极定向移动形成离子流,离子流的强度与单位时间内进入检测器中组分的质量成正比,离子流经放大后,在记录仪上得到色谱峰。当没有组分通过检测器时,在电场作用下,也能产生极微弱的离子流,称为检测器的本底(基流)。

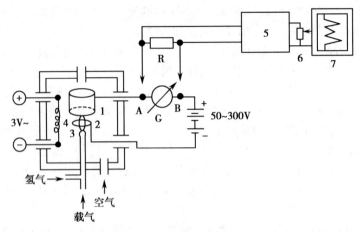

1.收集极;2.极化环;3.氢火焰;4.点火线圈;5.微电流放大器;6.衰减器;7.记录器。

图 14-4 氢焰离子化检测器示意图

请简述热导检测器和氢焰检测器的检测原理,说出它们各属于哪种类型的检测器?

五、信号处理及显示系统

包括数据采集装置和色谱工作站等。其作用是采集并处理检测系统输出的信号,提供试样的定性、定量结果。现代色谱工作站是色谱仪专用计算机系统,还具有对色谱操作条件选择、控制和优化,以及对结果进行智能化处理等功能。

第三节 气相色谱图及相关术语

一、气相色谱图

气相色谱图,又称色谱流出曲线,简称色谱图,是指试样各组分经过检测器时所产生的电压或电流强度随时间变化的曲线。色谱图呈现在电脑显示屏上,如图 14-5 所示。从色谱图中可观察到峰数、峰位、峰宽、峰高或峰面积等参数。

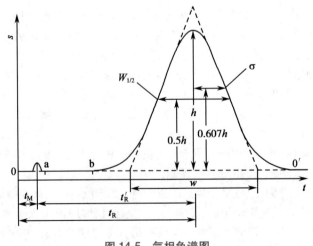

图 14-5 气相色谱图

（一）基线

在操作条件下，没有组分流出时的流出曲线。基线能反映气相色谱仪中检测器的噪声随时间的稳定情况。稳定的基线应是一条平行于横轴的直线。

（二）色谱峰

色谱图上的凸起部分称为色谱峰。正常色谱峰为对称形正态分布曲线。不正常色谱峰有两种：前伸峰及拖尾峰。拖尾峰前沿陡峭，后沿拖尾；前伸峰前沿平缓，后沿陡峭，如图 14-6 所示。峰的对称性可用对称因子 f_s（也称拖尾因子 T）来衡量，对称因子的求算见图 14-6 及式 14-1。

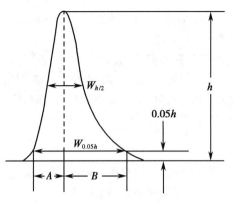

图 14-6　对称因子的求解

$$f_s = \frac{W_{0.05h}}{2A} = \frac{A+B}{2A} \tag{14-1}$$

$f_s = 0.95 \sim 1.05$，为对称峰；$f_s < 0.95$，为前伸峰；$f_s > 1.05$，为拖尾峰。

（三）峰高（ h ）

色谱峰的峰顶至基线的垂直距离称为峰高。

（四）峰面积（ A ）

色谱峰与基线所包围的面积称为峰面积。峰高和峰面积常用于定量分析。

（五）标准差（ σ ）

正态分布曲线上两拐点间距离的一半，正常峰的 σ 为峰高的 0.607 倍处的峰宽之半。σ 越小，区域宽度越小，说明流出组分越集中，柱效越高，越有利于分离。

（六）半峰宽（ $W_{1/2}$ ）

峰高一半处的宽度称为半峰宽。

$$W_{1/2} = 2.355\sigma \tag{14-2}$$

（七）峰宽（ W ）

通过色谱峰两侧拐点作切线，在基线上的截距称为峰宽。

$$W = 4\sigma \ \text{或} \ W = 1.699W_{1/2} \tag{14-3}$$

$W_{1/2}$ 与 W 都是由 σ 派生而来，除用于衡量柱效外，还用于计算峰面积。

一个组分的色谱峰可用峰高（或峰面积）、峰位和峰宽三个参数表达。

二、保留值

保留值是峰位的表达方式，是气相色谱法定性的参数，一般用试样中各组分在色谱柱中滞留的时间或各组分被带出色谱柱所需要载气的体积来表示，见图 14-4。

（一）保留时间（ t_R ）

从进样开始到组分的色谱峰顶点所需要的时间称为该组分的保留时间。

（二）死时间（ t_M ）

气相色谱中通常把出现空气峰或甲烷峰的时间称为死时间，也可以理解为不被固定相吸附或溶解的惰性气体（如空气、甲烷等）的保留时间。死时间与待测组分的性质无关。

（三）调整保留时间或校正保留时间（ t'_R ）

保留时间与死时间之差称为调整保留时间。

$$t'_R = t_R - t_M \tag{14-4}$$

在实验条件（温度、固定相等）一定时，调整保留时间只决定于组分的本性，保留时间和扣除死时间之后，更能反映被测组分在色谱柱中滞留的时间。

（四）保留体积（V_R）

从进样开始到某个组分的色谱峰峰顶的保留时间内所通过色谱柱的载气体积称为该组分的保留体积。

$$V_R = t_R \times F_C \qquad (14-5)$$

式14-5中F_C为载气流速（F_C,ml/min），F_C大时，t_R则变小，两者乘积不变，因此，V_R与载气流速无关。

（五）死体积（V_M）

由进样器至检测器的路途中，未被固定相占有的空间称为死体积。它包括进样器至色谱柱间导管的容积、色谱柱中固定相颗粒间间隙、柱出口导管及检测器内腔容积，与被测物的性质无关，也可以理解为在死时间内流过的载气体积。

$$V_M = t_M \times F_C \qquad (14-6)$$

死体积越大，说明色谱峰越扩张（展宽），柱效越低。

（六）调整保留体积（V'_R）

保留体积与死体积的差称为调整保留体积。

$$V'_R = V_R - V_M = t'_R \times F_C \qquad (14-7)$$

V'_R也与载气流速无关。保留体积中扣除死体积后，更能够合理地反映被测组分的保留特性。

保留值是由色谱分离过程中的热力学因素所控制的，在一定的实验条件下，任何一种物质都有一个确定的保留值，因此，保留值可用作定性参数。

三、容量因子

容量因子是指在一定温度和压力下，组分在固定相与流动相之间的分配达到平衡时的质量之比。它与t'_R的关系可用式14-8表示。

$$k = \frac{t'_R}{t_M} \qquad (14-8)$$

可以看出，k值越大，组分在柱中保留时间越长。

四、分配系数比

分配系数比是指混合物中相邻两组分A、B的分配系数或容量因子或t'_R之比，可用式14-9表示。

$$\alpha = \frac{K_A}{K_B} = \frac{k_A}{k_B} = \frac{t'_{R_A}}{t'_{R_B}} \qquad (14-9)$$

可以看出α越接近1，两组分分离效果越差。

五、分离度

分离度（R）又称分辨率，是分离参数之一，用于衡量分离效果。其定义式如下：

$$R = \frac{t_{R_2} - t_{R_1}}{(W_1 + W_2)/2} = \frac{2(t_{R_2} - t_{R_1})}{W_1 + W_2} \qquad (14-10)$$

式14-10中，t_{R_1}、t_{R_2}分别为组分1、2的保留时间，W_1、W_2分别为组分1、2色谱峰的峰宽。因此相邻二色谱峰峰尖对横轴的垂线间的距离对峰宽均值的倍数为分离度，如图14-7所示。

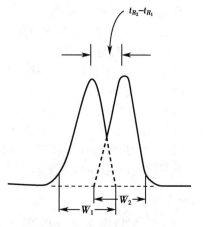

图 14-7 分离度的计算

设色谱峰为正常峰,且 $W_1 \approx W_2 = 4\sigma$。若 $R = 1$,峰间距(Δt_R)为 4σ,此种分离状态称为 4σ 分离,峰基略有重叠,裸露峰面积为 95.4%($t_R \pm 2\sigma$)。若 $R = 1.5$,峰间距为 6σ,称为 6σ 分离,两峰完全分开,裸露面积为 99.7%($t_R \pm 3\sigma$)。在作定量分析时,为了能获得较好的精密度与准确度,应使 $R \geq 1.5$(《中国药典》2020 年版规定)。

第四节　气相色谱法的基本理论

气相色谱法的基本理论包括热力学理论和动力学理论。热力学理论是用相平衡观点来研究分离过程,动力学理论是用动力学观点来研究各种动力学因素对柱效的影响,它们分别以塔板理论和速率理论为代表。

一、塔板理论

马丁和辛格于 1941 年提出了塔板理论。该理论把色谱柱看作一个分馏塔,假想由许多的塔板组成,每一块塔板高度为 H,在塔板内样品混合物在流动相和固定相之间分配并达到平衡。经过多次的分配平衡后,分配系数小(挥发性大)的组分先到达塔顶,即先流出色谱柱。

塔板理论假设:①在塔板内,样品中某组分可以很快达到分配平衡,H 称为理论塔板高度;②流动相间歇式通过色谱柱,每次进入量为一个塔板体积;③样品都加在第"0"号塔板上,并且样品的纵向扩散可以忽略;④分配系数在各塔板上是同一常数。

根据塔板理论基本假设,色谱柱的柱效可用理论塔板数(n)和理论塔板高度来衡量,由塔板理论可以导出塔板数与标准差、半峰宽及峰宽的关系:

$$n = \left(\frac{t_R}{\sigma}\right)^2 = 5.54\left(\frac{t_R}{W_{1/2}}\right)^2 = 16\left(\frac{t_R}{W}\right)^2 \tag{14-11}$$

理论塔板高度可由色谱柱长(L)和理论塔板数来计算:

$$H = \frac{L}{n} \tag{14-12}$$

由于理论塔板高度和理论塔板数计算中未扣除不参与柱中分配的死时间,故不能确切地反映色谱柱分离效能的高低。所以提出用有效塔板数(n_{eff})和有效塔板高度(H_{eff})作为评价柱效的指标。

二、速率理论

塔板理论较成功地解释了色谱流出曲线的形状、浓度极大点的位置(保留值)以及对柱效的评价(塔板数)。但它的某些假设与实际色谱过程不符,只能定性地给出塔板数和塔板高度的概念,不能说明影响柱效的因素。

荷兰学者范第姆特等人沿用塔板理论中的概念,并结合影响塔板高度的动力学因素,于 1956 年建立了色谱过程的动力学理论,即速率理论,导出了塔板高度(H)与载气线速度(u)的关系,提出了范第姆特方程:

$$H = A + \frac{B}{u} + Cu \tag{14-13}$$

式 14-13 中 A、B、C 是常数,它们分别表示涡流扩散项、纵向扩散系数和传质阻力系数,u 为载气线速度,单位为 cm/s。塔板高度越小,柱效越高,峰越尖锐;反之则柱效低、峰扩展。下面分别讨论在 u 一定时各项对柱效的影响。

(一)涡流扩散项

涡流扩散是气体移动中遇到填充物颗粒时,不断改变流动方向,使试样组分在气相中形成类似"涡流"的流动,而造成同组分的分子经过不同路径,而引起色谱峰的扩展。

涡流扩散项 A 可表示为:

$$A = 2\lambda d_P \tag{14-14}$$

式 14-14 中 λ 为填充不规则因子,填充越均匀,λ 越小。d_P 为固定相颗粒的平均直径。使用适当粒度和颗粒均匀的固定相,并尽量填充均匀,可减少涡流扩散,提高柱效。对于空心毛细管柱,涡流扩散项为零。

（二）纵向扩散项

由于样品组分被载气带入色谱柱后,是以"塞子"的形式存在于柱的很小一段空间中,在"塞子"的前后(纵向)存在着浓度差,而形成浓度梯度,因此势必使运动着的分子产生纵向扩散。纵向扩散系数可表示为:

$$B = 2rD_g \tag{14-15}$$

式 14-15 中 r 表示扩散阻碍因子,填充柱 $r<1$,毛细管柱因无扩散障碍 $r=1$。D_g 为组分在载气中的扩散系数。纵向扩散项与分子在载气中停留的时间及扩散系数成正比。组分在载气中的扩散系数与载气分子量的平方根成反比,还受柱温和柱压的影响。因此,采用较高的载气流速,选择分子量大的载气如氮气,可减少纵向扩散项,增加柱效。

（三）传质阻力项

试样被载气带入色谱柱后,试样组分在两相间溶解、扩散、平衡的过程称为传质过程,影响这个过程进行速度的阻力,称为传质阻力。由于传质阻力的存在,当达到分配平衡时,有些组分分子来不及进入固定液中就被载气推向前进,发生超前现象;而另一些分子在固定液中不能及时逸出而推迟回到载气中,而发生滞后现象,从而导致了色谱峰的扩张,降低了柱效。

传质阻力的大小用传质系数(C)来表示,它包括气相传质阻力系数 C_g 和液相传质阻力系数 C_l,因 C_g 较小,所以 $C \approx C_l$。

$$C_l = \frac{2k}{3(1+k)^2} \times \frac{d_r^2}{D_1} \tag{14-16}$$

式 14-16 中 d_f 为固定液的液膜厚度,k 为容量因子,D_l 为组分在固定液中的扩散系数。可采用降低固定液液膜厚度和增加组分在固定液中的扩散系数的方法,减小液相传质阻力系数,增加柱效。

由以上讨论可以看出,范第姆特方程式对于分离条件的选择具有指导意义。它可以说明填充均匀程度、载气粒度、载气种类和流速、柱温、固定液液膜厚度等对柱效的影响。

请根据范第姆特方程式的含义,解释如何控制色谱条件,提高柱效。

第五节　分离条件的选择

气相色谱分离条件的选择主要是固定相、柱温及载气的选择。分离度是衡量分离效果的指标。

一、色谱柱及柱温的选择

（一）色谱柱的选择

主要是固定相、柱长和柱径的选择。选择固定液一般是利用"相似相溶"原则,即按被分离组分的极性或官能团与固定液相似的原则来选择。分析高沸点化合物,可选择高温固定相。

气-液色谱法还要注意载气和固定液配比的选择。高沸点样品(300～400℃)用比表面积小的载气,低固定液配比(1%～3%),以防保留时间过长,峰扩张严重,且低配比时可使用低柱温。低沸点样品(沸点<300℃)宜用高固定液配比(5%～25%),可增大 R 值。以获得良好分离。难分离样品可采用毛细管柱。

在塔板高度不变的条件下,分离度随塔板数增加而增加,增加柱长对分离有利。但柱长过长,峰变宽,柱阻增加,分析时间延长。因此在达到一定分离度的条件下应尽可能使用短柱,一般填充柱柱长为 1~5m。色谱柱的内径增加会使柱效下降,一般柱内径常用 2~4mm。

(二)柱温的选择

色谱法中柱温是最重要的色谱分析条件,它直接影响分离效能及分析速度。提高柱温,可加快分析速度,但会使柱选择性降低,柱温过高,会使固定液挥发或流失;而柱温过低,液相传质阻力增强,使色谱峰扩张甚至发生拖尾现象。因此,柱温的选择原则是:在使最难分离的组分有较好分离度的前提下,尽量采取较低的柱温,但应以保留时间适宜,色谱峰不拖尾为度。

二、载气及流速的选择

根据范第姆特方程,载气及其流速对柱效能和分析时间有明显的影响。根据范第姆特方程:

$H = A + \dfrac{B}{u} + Cu$,用在不同流速下测得的塔板高度($H$)对流速($u$)作图,得 $H-u$ 曲线,如图 14-8 所示。

在曲线的最低点,塔板高度(H)最小,柱效最高,该点对应的流速为最佳载气流速(u 最佳)。在实际工作中,为了缩短分析时间,常选择载气流速稍高于最佳流速。

从图 14-8 可看出,当载气流速较小时,纵向扩散项(B/u)是色谱峰扩张的主要因素,为减小纵向扩散,应采用分子量较大的载气,如氮气、氩气;当载气流速较大时,传质阻力项(Cu)为控制因素,此时则宜采用分子量较小的载气,如氢气或氦气。另外,选择载气时还要考虑不同检测器的适应性。

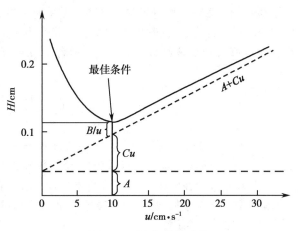

图 14-8 板高-流速曲线

三、其他条件的选择

(一)气化室温度

气化室温度的选择取决于试样的沸点、稳定性和进样量。气化室温度一般可等于或稍高于试样的沸点,以保证瞬间气化,但一般不应超过沸点 50℃ 以上,以防止试样分解。气化室温度应高于柱温 30~50℃。

(二)检测室温度

为防止色谱柱流出物在检测器中冷凝而造成污染,检测室温度应等于或稍高于柱温,一般可高于柱温 30~50℃。

(三)进样量

对于高灵敏检测器,样品量小有利于减小谱带的初始宽度,得到良好分离,进样量应控制在峰面积或峰高与进样量呈线性关系的范围内。对于填充柱,液体试样的进样量一般应小于 4μl(TCD)或小于 1μl(TCD),气体试样为 0.1~10ml。毛细管柱需要用分流器分流进样,同时进样速度必须很快,否则会引起色谱峰扩张,甚至使峰变形。

第六节 气相色谱法的定性与定量方法

一、定性分析方法

气相色谱定性分析就是确定各个色谱峰代表的是什么组分。气相色谱分析的优点是能对混合物中的多种组分进行分离分析,其缺点就是难于对未知物定性,需要已知的纯物质或有关色谱定性参考数据,结合其他方法才能进行定性鉴别。

（一）保留值定性法

1. **已知物对照定性**　在完全相同的色谱分析条件下,同一物质具有相同的保留值。因此,可将样品与纯组分在相同的色谱条件下进行分析,根据各自的保留值进行比较定性。

2. **相对保留值定性**　在无已知物的情况下,对于一些组分比较简单的已知范围的混合物可用此法定性。相对保留值表示任一组分(i)与标准物(s)的调整保留值的比值,用 r_{is} 表示:

$$r_{is} = \frac{t'_{Ri}}{t'_{Rs}} = \frac{V'_{Ri}}{V'_{Rs}} = \frac{k_i}{k_s} \tag{14-17}$$

可根据气相色谱手册及各种文献收载的各种物质的相对保留值,在与色谱手册规定的实验条件及标准物质进行实验,然后对色谱进行比较定性。

3. **保留指数定性**　保留指数是气相色谱中特有的保留值,是把组分的保留行为换算成相当于正构烷烃的保留行为,也就是以正构烷烃系列作为标准,用两个保留值相邻待测组分的正构烷烃的相对保留值来标定该组分,这个相对值称为保留指数,又称其值 Kovats 指数,用 I 表示,其定义为:

$$I_X = 100 \left[z + n \frac{\lg t'_{R(x)} - \lg t'_{R(z)}}{\lg t'_{R(z+n)} - \lg t'_{R(z)}} \right] \tag{14-18}$$

式 14-18 中 I_X 表示待测组分的保留指数,z 和 $z+n$ 分别表示两个邻近正构烷烃对的碳原子数目。一般 $n = 1, 2 \cdots\cdots$,通常 n 为 1。正构烷的保留指数规定等于其碳原子数乘以 100。将待测组分与相邻的两个正构烷烃混合在一起,在给定条件下进行色谱实验,测定其相对保留值,按式(14-18)计算待测组分保留指数 I,再与手册或文献发表的保留指数进行对照,即可定性。

（二）官能团分类定性

样品各组分经色谱柱分离后,依次分别通入官能团分类试剂,观察是否反应,如显色或产生沉淀,据此判断该组分具有什么官能团、属于哪类化合物。

联 用 技 术

气相色谱法的分离效能高、分析速度快,特别适合于有机物的定量分析,但定性比较困难。质谱(MS)、红外光谱(IR)、磁共振波谱(NMR)对未知化合物进行定性分析和结构分析比较有效,但对组分的纯度要求很高。因此,将气相色谱仪作为试样分离纯化的工具,将质谱、红外光谱、磁共振波谱等仪器作为检测工具,充分发挥各自的优势,形成一个能够对复杂有机化合物进行高效定性、定量分析的仪器。像这种将两种或两种以上方法结合起来的技术称为联用技术。如气相色谱-质谱(GC-MS)联用、气相色谱-红外光谱(GC-IR)联用、气相色谱-磁共振波谱(GC-NMR)联用等。

二、定量分析方法

定量分析的依据是在实验条件恒定时,组分的量与峰面积成正比,为此,必须准确测量峰面积。但现代的气相色谱仪通常都有"工作站",直接给出保留时间、峰高、峰面积。故峰面积计算公式略。

（一）定量校正因子

气相色谱定量分析是基于被测物质的量与其峰面积的正比关系。由于同一检测器对不同的物质具有不同的响应值,即使是相同质量的不同组分得到的峰面积也是不相同,所以不能用峰面积直接计算物质的含量。为了使检测器产生的响应信号能真实地反映出物质的含量,所以要对响应值进行校正,而引入定量校正因子。

定量校正因子分为绝对校正因子和相对校正因子。绝对校正因子是指单位峰面积所代表的组分的量。即:

$$f_i' = \frac{m_i}{A_i}$$ (14-19)

因绝对校正因子不易准确测量,并随实验条件而变化,故在实际工作中一般采用相对校正因子f_i,f_i是指被测物质i与标准物质s的绝对校正因子之比,通常称为校正因子。按被测物质使用的计量单位的不同,可分为质量校正因子f_m、摩尔校正因子f_M、体积校正因子f_V。质量校正因子f_m是一种最常用的定量校正因子,即:

$$f_g = \frac{f_i'}{f_s'} = \frac{m_i/A_i}{m_s/A_s} = \frac{A_s m_i}{A_i m_s}$$ (14-20)

组分的校正因子可从手册或文献查找,也可自己测定。测定时准确称取一定量的纯被测组分和标准物质,配成混合溶液,在样品实测条件下,取一定量混合液进行气相色谱分析,测得纯被测组分和标准物质的峰面积,按上式计算校正因子。

(二)定量计算方法

1. 归一化法 归一化是气相色谱法中常用的方法,各组分含量计算公式为:

$$c_i\% = \frac{f_i A_i}{\sum f_i A_i} \times 100\%$$ (14-21)

式 14-21 中 $c_i\%$、f_i、A_i 分别代表试样中被测组分的百分含量、相对质量校正因子和色谱峰面积。归一化法简单、定量结果与进样量无关、操作条件变化对结果影响较小,但要求所有组分都能从色谱柱中流出,能被检测器检出,并在色谱图上都显示出色谱峰。

2. 外标法 外标法是用待测组分的纯品作对照物,配制一系列不同浓度的标准液,进行色谱分析,以峰面积对浓度工作曲线。在相同操作条件下,对试样进行色谱分析,算出样品中待测组分的峰面积,根据工作曲线即可查出组分的含量。

若工作曲线线性好并通过原点,可用外标一点法定量。它是用一种浓度的 i 组分的标准溶液,多次进样,测算出峰面积的平均值。在相同条件下,取试样进行色谱分析,测算出峰面积,按下式计算含量:

$$m_i = \frac{A_i}{A_s} m_s$$ (14-22)

式 14-22 中 m_i、A_i 分别代表样品溶液中被测组分的浓度及峰面积。m_s、A_s 分别代表标准溶液的浓度和峰面积。

外标法操作简单、不需要校正因子,计算方便,其他组分是否出峰都无影响,但要求分析组分与其他组分完全分离,实验条件稳定,标准品的纯度高。

3. 内标法 将一种纯物质作为内标物质加入待测样品中,进行色谱定量的方法称为内标法。组分含量计算公式为:

$$c_i\% = \frac{f_i A_i}{f_s A_s} \times \frac{m_s}{m} \times 100\%$$ (14-23)

式 14-23 中 m 代表试样的含量,m_s 代表加入内标物的质量;f_i、A_i 分别代表被测组分的相对质量校正因子和峰面积;f_s、A_s 分别代表加入内标物的相对质量校正因子和峰面积。

对内标物的要求:①内标物是试样中不存在的纯物质;②内标物能溶于试样品中,并能与试样中各组分的色谱峰完全分开;③内标物色谱峰的位置应与待测组分色谱峰的位置相近或在几个待测组分中间。

内标法只须内标物和被测组分在选定色谱条件下出峰,且在线性范围内即可。但操作复杂,色谱分离要求高,内标物不易寻找。

4. 内标对比法 又称内标一点法,它是先将被测组分的纯物质配制成标准溶液,定量加入内标物;再将同量的内标物加至同体积的样品溶液中,将两种溶液分别进样测定,按下式计算组分含量:

$$(c_i\%)_{样品} = \frac{(A_i/A_s)_{样品}}{(A_i/A_s)_{标准}} \times (c_i\%)_{标准} \tag{14-24}$$

此法不需测定校正因子,也不需要严格准确体积进样,还可以消除由于某些操作条件改变而引入的误差,是一种简化的内标法。

您能比较内标法与内标对比法在定量分析应用中的不同点吗?

第七节 气相色谱法的应用

气相色谱法既可以分析气体试样,也可分析易挥发或可转化为易挥发的液体和固体,不仅可分析有机物,也可以分析部分无机物。在药物分析方面,气相色谱法已经成为药物鉴别、杂质检查、原料药与制剂含量测定的主要方法之一。

例 14-1 气相色谱法测定无水乙醇中的微量水分(内标法)。

样品配制:准确量取被检无水乙醇 100ml,称重为 79.37g。用减重法加入无水甲醇(作内标)约 0.25g,精密称定为 0.257 2g,混匀待用。

实验条件:色谱柱:401 有机载体(或 GDX-203)固定相,柱长 2m;柱温:120℃;气化室温度:150℃;检测器:热导池;载气:氢气;流速 40～50ml/min。实验所得图谱见图 14-9。

测得数据 水:$A_水 = 0.637cm^2$,$h_水 = 4.60cm$,$f_水 = 0.55$。

甲醇:$A_{甲醇} = 0.856cm^2$,$h_{甲醇} = 4.30cm$,$f_{甲醇} = 0.58$。

根据式 13-23 计算水的质量百分含量:

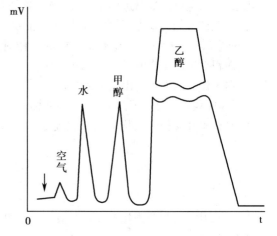

图 14-9 无水乙醇的气相色谱图

$$H_2O\% = \frac{f_i A_i}{f_s A_s} \times \frac{m_s}{m} \times 100\% = \frac{0.55 \times 0.637}{0.58 \times 0.856} \times \frac{0.257\ 2}{79.37} \times 100\% = 0.23\%$$

例 14-2 气相色谱法测定尿中的冰毒或冰毒代谢物。

前一时期,滥用苯丙胺类兴奋剂的现象比较严重,给禁毒工作带来了较大工作任务,急需找到简便、快速的检测方法,有效打击毒品犯罪。科技人员研究发现,用气相色谱法可以同时测定尿中的冰毒或冰毒代谢物,如苯丙胺、甲基苯丙胺、苯丁胺、3,4-亚甲二氧基苯丙胺、3,4-亚甲二氧基甲基苯丙胺、3,4-亚甲二氧基乙基苯丙胺等,对侦破滥用苯丙胺类兴奋剂的案件提供了有效帮助。

色谱条件:气相色谱仪(配备氢火焰离子化检测器),HP-5 毛细管色谱柱(30m×0.32mm×0.25μm)。进样口温度 280℃,载气为氮气,流速为 1ml/min,检测器温度 300℃。

检测方法:收集无吸毒史实验室人员的尿样作为空白,取冰毒滥用嫌疑人的尿样作为试样。

学习小结

　　本章主要介绍了气相色谱法的特点、分类、定性和定量分析方法,气相色谱仪的基本构造和工作流程,检测器的类型及常用的检测器,讨论了塔板理论和速率理论及影响塔板高度的因素,简单介绍了气相色谱法的固定相、流动相及相应的选择原则,指出了分离操作条件的选择原则,列举了气相色谱法的应用实例。

扫一扫,测一测

达标练习

一、多项选择题

1. 下列属于气相色谱法中浓度型检测器的是(　　)
   A. 热导检测器　　　　　　B. 氢焰离子化检测器　　　　C. 光电倍增管
   D. 电子捕获检测器　　　　E. 火焰光度检测器

2. 气相色谱法的定量分析方法包括(　　)
   A. 归一化法　　　　　　　B. 外标法　　　　　　　　　C. 内标法
   D. 内标对比法　　　　　　E. 对照法

3. 气相色谱分离条件的选择主要是(　　)
   A. 固定相　　　　　　　　B. 柱温　　　　　　　　　　C. 载气的选择
   D. 分离度的选择　　　　　E. 检测器的选择

4. 气相色谱法中载气的选择及纯化,主要取决于(　　)
   A. 柱温　　　　　　　　　B. 分析要求　　　　　　　　C. 色谱柱
   D. 选用的检测器　　　　　E. 柱压

5. 测得两色谱峰的保留时间 $t_{R1} = 6.5\text{min}$, $t_{R2} = 8.3\text{min}$,峰宽 $W_1 = 1.0\text{min}$, $W_2 = 1.4\text{min}$,则两峰分离度不正确的为(　　)
   A. 1.2　　　　　B. 1.5　　　　　C. 2.5　　　　　D. 0.75　　　　　E. 0.22

二、辨是非题

1. 气相色谱分析时进样时间应控制在1s以内。(　　)
2. 气相色谱固定液必须不能与载体、组分发生不可逆转的化学反应。(　　)
3. 载气流速对不同类型气相色谱检测器响应值的影响不同。(　　)
4. 气相色谱法测定中随着进样量的增加,理论塔板数上升。(　　)
5. 气相色谱分析时,载气在最佳线速下,柱效高,分离速度较慢。(　　)
6. 测定色相色谱法的校正因子时,其测定结果的准确度,受进样量的影响。(　　)
7. 分离度与塔板数的平方根成正比。(　　)
8. 毛细管气相色谱法的涡流扩散项为零。(　　)
9. 诱导力是非极性分子间存在的相互作用力。(　　)
10. 减小担体的比表面积、提高担体的刚性的方法是对担体进行硅烷化处理。(　　)

三、填空题

1. 在一定操作条件下,组分在固定相和流动相之间的分配达到平衡时的浓度比,称为_____。
2. 为了描述色谱柱效能的指标,人们采用了_____理论。

3. 不被固定相吸附或溶解的气体(如空气、甲烷),从进样开始到柱后出现浓度最大值所需的时间称为_____。

4. 气相色谱分析的基本过程是往气化室进样,气化的试样经_____分离,然后各组分依次流经_____,它将各组分的物理或化学性质的变化转换成电量变化输给记录仪,描绘成色谱图。

5. 气相色谱理论主要有_____和_____。

6. 描述色谱柱效能的指标是_____,柱的总分离效能指标是_____。

7. 气相色谱仪一般由_____、_____、_____、_____和_____组成。

8. 气相色谱定量法有_____、_____、_____、_____。

四、简答题

1. 简要说明气相色谱分析的基本原理。

2. 气相色谱仪的基本组成部分是什么? 各有什么作用?

3. 当下列参数改变时是否会引起分配系数的改变? 为什么?

(1) 柱长缩短

(2) 固定相改变

(3) 流动相流速增加

(4) 相比减少

4. 当下列参数改变时,是否会引起分配比的变化? 为什么?

(1) 柱长增加

(2) 固定相量增加

(3) 流动相流速减小

(4) 相比增大

五、计算题

分析某废水中的有机组分,取水样 500ml 以有机溶剂分次萃取,最后定容至 25.00ml 供色谱分析用。今进样 5μl,测得峰高为 75.0mm,标准液峰高 69.0mm,标准液浓度 20mg/L,试求水样中被测组分的含量(mg/L)。

(廖献就)

学习目标

1. 掌握高效液相色谱法的基本原理和高效液相色谱仪的主要部件。
2. 熟悉高效液相色谱法分析条件选择和常见定性定量方法。
3. 了解高效液相色谱法在医学检验中的应用。
4. 学会高效液相色谱仪的基本操作流程。

高效液相色谱法(high performance liquid chromatography,HPLC),又称高压液相色谱法,是 20 世纪 70 年代初期发展起来的一种高效、快速的分离技术。高效液相色谱法是以经典液相色谱法为基础,引用了气相色谱的理论,在技术上采用高效固定相、高压输液泵及高灵敏度检测器,实现了分析速度快、分离效率高和操作自动化的现代分离分析技术。高效液相色谱法已经成为近代化学、生物学、药物分析和中药研究等领域的不可缺少的分离分析手段。

第一节　高效液相色谱法与其他色谱法的对比

一、高效液相色谱法与经典色谱法的对比

经典液相色谱法采用普通规格的固定相及常压输送的流动相,柱效低、分离周期长,不能在线检测,常作为分离手段。高效液相色谱法使用高效固定相,采用高压输液泵输送的流动相,一般可达到 $200\sim400\times10^5Pa$。流动相在色谱柱内的流速一般可达 $1\sim10ml/min$,可以很快地通过色谱柱,流量可以精确控制,分离测定只需几分钟至几十分钟就可完成,广泛采用高灵敏度检测器,大大提高了灵敏度。因此与经典色谱法的对比,高效液相色谱法分离效能高,分析速度快、精度高。二者之间的比较见表 15-1。

表 15-1　高效液相色谱法与经典液相色谱法性能比较

	经典液相色谱法	高效液相色谱法(分析型)
固定相	普通规格	特殊规格
固定相粒度/μm	75~500(30~200 目)	3~20(500~2 000 目)
柱长/cm	10~100	7.5~30
柱内径/cm	2~5	0.2~0.5

续表

	经典液相色谱法	高效液相色谱法（分析型）
柱入口压强/MPa	0.001~0.1	2~40
柱效/每米理论塔板数	10~100	10^4~10^5
试样用量/g	1~10	10^{-7}~10^{-2}
分析所需时间/h	1~20	0.05~0.5
装置	非仪器化	仪器化

二、高效液相色谱法与气相色谱法的对比

高效液相色谱与气相色谱法都具有快速、分离效能高、灵敏度高、试样用量少等特点，但气相色谱仪能分析在操作温度下气化而不分解的物质，并不适合分子量较大、难气化、不易挥发或对热敏感的物质。而高效液相色谱法分析范围广，它只要求试样能制成溶液，而不需要气化，因此不受试样挥发性的约束，因此，特别适合那些沸点高、极性强、热稳定性差、分子量大的高分子化合物及离子型化合物的分析。如氨基酸、蛋白质、生物碱、核酸、甾体、类脂、维生素和抗生素等。又由于流动相显著影响分离过程并且选择范围大，可通过改变溶剂的极性或配比改善组分分离，选择性好；高效液相色谱法色谱柱后流出组分在检测器内可保持原有的性质而不会被破坏且容易被收集，对纯化和制备试样极为有利。高效液相色谱与气相色谱特点的比较见表15-2。

表15-2 高效液相色谱与气相色谱特点的比较

特点	气相色谱	高效液相色谱
1. 填充柱内径	0.4~0.6cm	0.6~2cm（制备型）
2. 毛细管柱内径	0.1~0.5mm	0.2~0.3cm（分析型）
3. 填充柱长	2~4m	10~30cm（制备型）
4. 毛细管柱长	30~100m	分析型同上
5. 柱温	室温~350℃	室温
6. 柱内压	低压	高压
7. 流动相	选择范围小，只限于几种气体	使用液体溶剂，选择范围广
8. 选择性	只能通过改变固定相和调节柱温来提高选择性	即能通过改变固定相，又能通过改变流动相来提高选择性
9. 馏分的收集	不易收集，只能用于定性定量分析	易收集，即可用于定性定量分析，又可用于分离提纯
10. 应用对象	只适用分析低沸点、分子量小、对热稳定易气化的化合物	应用范围广，用于绝大多数化合物

第二节　高效液相色谱仪

高效液相色谱仪

高效液相色谱仪主要由高压输液系统、进样系统、分离系统、检测系统和数据记录和处理系统五大部分组成。高压输液系统由储液罐、高压输液泵、过滤器和压力脉动阻尼器等组成，现代仪器还配有在线脱气装置、梯度洗脱装置等，其中，高压输液泵是核心部件。进样系统通常为手动六通阀进样器，现代仪器通常配有自动进样器。分离系统由预柱（保护柱）、色谱柱和柱温控制器所组成，其中，色谱柱是核心部件。检测系统主要指检测器，如紫外检测器、荧光检测器等。数据记录和处理系统大多数为数据处理装置，现代高效液相色谱仪通常采用色谱工作站来完成数据记录和处理。高压输液泵、色谱柱和检测器是高效液相色谱仪的三大关键部件。高效液相色谱仪的结构及流程图如图15-1所示。

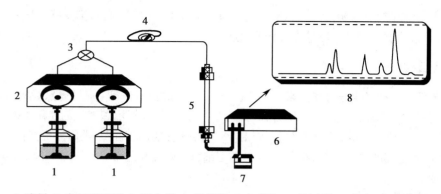

1. 溶剂；2. 高压输液泵；3. 混合器；4. 进样器；5. 色谱柱；6. 检测器；7. 废液；8. 色谱图。

图 15-1 高效液相色谱仪结构及流程图

一、高压输液泵

高效液相色谱的流动相（载液）是用高压输液泵来输送的。高压输液泵推动流动相以高压形式连续不断地输入分离系统，试样各组分被色谱柱分离后，经过检测系统，最后排入废液装置，完成分离测定过程。高压输液泵性能的好坏直接影响整个仪器和分析结果的可靠性，因此对输液泵的要求是：无脉动、流量恒定、流量范围宽且可调节、耐高压、耐腐蚀、适于梯度洗脱等。目前广泛使用的是柱塞式往复泵，其结构如图 15-2 所示。

柱塞式往复泵具有很多优点，如流量不受柱阻等因素影响，易于调节控制，便于清洗和更换流动相，适合于梯度洗脱。由于它的输液脉动较大，常用两个泵头并加脉冲阻尼器以克服脉冲。机械往复泵的泵压可达 30MPa 以上。现代仪器均有压力监测装置，待压力超过设定值时可自动停泵，以防损坏仪器。

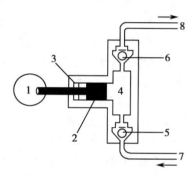

1. 转到凸轮；2. 柱塞；3. 密封垫；4. 液缸；5. 入口单向阀；6. 出口单向阀；7. 流动相入口；8. 流动相出口。

图 15-2 柱塞往复泵示意图

二、进样器

进样器安装在色谱柱的进口处，其作用是将试样引入色谱柱。目前都采用带有定量管的六通进样阀，如图 15-3 所示。在状态（a），用平头微量注射器将试样注入定量管。进样后，转动六通阀手柄至

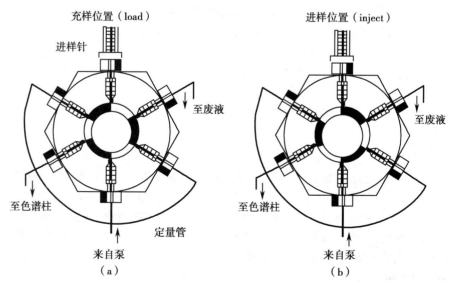

图 15-3 六通阀进样示意图

状态（b），储样管内的试样被流动相带入色谱柱。储样管的体积固定，可按需更换。用六通进样阀进样，具有进样量准确、重复性好，可带压进样等优点。

三、色谱柱

HPLC 色谱柱

色谱柱能够将试样各组分分离开来。它由柱管、固定相、螺母、卡套（密封环）、筛板（滤片）、接头等组成。柱管通常为内壁抛光的不锈钢管，形状通常为直形，管外标示了该柱的使用方向。长为 10~30cm，能承受高压，对流动相呈化学惰性。按用途可分为分析型和制备型，常用分析型柱的内径为 2~5mm，实验室制备型柱的内径为 6~20mm。新型的毛细管高效液相色谱柱，是由内径只有 0.2~0.5mm 的石英管制成。

（一）对固定相的要求

色谱柱中的固定相（填料）尤其重要，是决定分离效果好坏的重要因素。通常要求固定相的颗粒细且均匀；传质速度快；机械强度高，能耐高压；化学稳定性好，不与流动性及试样各组分发生化学反应。

（二）色谱柱的类型

现代高效液相色谱法的固定相（填料）通常采用化学键合相（chemical bond phase），即通过化学反应将有机基团键合在载体表面所形成的固定相（填料），简称键合相。其特点是耐溶剂冲洗，化学性能稳定，热稳定性好，并且可以通过改变键合有机官能团的类型来改变分离的选择性。根据固定相和流动相极性的相对大小，色谱柱可分为正相色谱柱和反相色谱柱。

1. 正相色谱柱　通常在硅胶（作为载体）表面键合某些极性基团，如氨基（—NH_2）、腈基（—CN）等，从而形成极性固定相。由于硅胶表面的硅羟基（Si—OH）或其他极性基团的极性较强，因此，极性较小的组分最先流出色谱柱。流动相采用极性较小的疏水性溶剂，如烷烃类（正己烷、环己烷等），添加乙醇、异丙醇、四氢呋喃、三氯甲烷等以调节组分的保留时间。常用于分离中等极性和极性较强的化合物，如酚类、胺类、羰基类及氨基酸类等。

2. 反相色谱柱　通常在硅胶（作为载体）表面键合某些非极性基团，如 C18、C8 等，从而形成弱极性固定相。其中以十八烷基键合相（ODS）应用最为广泛，流动相采用极性较大的溶剂，如甲醇-水、乙腈-水等，在反相色谱中发挥着极为重要的作用，它可完成高效液相色谱 70%~80% 的分析任务。由于 C18（ODS）是长链烷基键合相，极性较小，且具有较高的碳含量和更好的疏水性，因此，极性较大的组分最先流出色谱柱。流动相采用极性较大的水，添加甲醇、乙腈、异丙醇、丙酮或四氢呋喃等与水互溶的有机溶剂以调节保留时间。常用于分离非极性和极性较弱的化合物。

HPLC 对流动相的要求

HPLC 对流动相有以下要求：①化学稳定性好，与固定相不发生化学反应；②与固定相互不相溶；③对试样有适宜的溶解度；④溶剂应与检测器相匹配，例如用紫外检测器，不能选用在检测波长有紫外吸收的溶剂；⑤溶剂纯度要高，黏度要小。低黏度流动相如甲醇、乙腈等可以降低柱压，提高柱效。

四、检测器

检测器（detector）是把色谱洗脱液中组分的量（或浓度）转变成电信号的装置。按其适用范围，检测器可分为通用型和专属型两大类，专属型检测器只能检测某些组分的某一性质，紫外检测器和荧光检测器属于这一类，它们只对有紫外吸收或荧光发射的组分有响应；通用型检测器检测的是一般物质均具有的性质，示差折光检测器和蒸发光散射检测器属于这一类。高效液相色谱的检测器应具备灵敏度高、噪声低、线性范围宽、重复性好、适用范围广等特点。

（一）紫外检测器

紫外检测器（ultraviolet detector, UVD）是高效液相色谱中应用最广泛的检测器，其测定原理是基于被分析组分对特定波长紫外光的选择性吸收,其吸收度与组分的浓度的关系服从光的吸收定律。紫外检测器的灵敏度、精密度及线性范围都较好,也不易受温度和流速的影响,可用于梯度洗脱,最小检测浓度可达 9~10g/ml。但它只能检测有紫外吸收的组分,对于流动相的选择有一定的限制,检测波长必须大于流动相的波长极限。常用纯溶剂的波长极限见表 15-3。

表 15-3 常用纯溶剂的波长极限

溶剂	波长极限/nm	溶剂	波长极限/nm	溶剂	波长极限/nm
水	190	对-二氧六环	220	四氯化碳	260
甲醇	200	四氢呋喃	225	苯	280
正丁醇	210	甘油	230	甲苯	285
异丙醇	210	氯仿	245	吡啶	305
乙醇	215	乙酸乙酯	260	丙酮	330

(二)荧光检测器

荧光检测器(fluorescence detector,FD)的工作原理是特定的分子被入射的紫外线照射,吸收一定波长的光,使原子中的某些电子从基态中的最低振动能级跃迁到较高电子能态,某些振动能级同时发射出比原来所吸收的频率较低、波长较长的荧光,荧光的强度与入射光强度、量子效率和待测组分的浓度成正比。荧光检测器具有高选择性和高灵敏度,是痕量分析的一种理想的检测器(检出限可达 10~11g/ml),但只适合于能产生荧光的物质的检测。许多化合物及生命活性物质具有天然荧光,如生物胺、维生素和甾体化合物等;某些物质(如氨基酸)虽然本身不产生荧光,但含有适当的官能团可与荧光试剂发生衍生化反应生成荧光衍生物,它们也可用于荧光检测,这就扩大了荧光检测器的应用范围。

荧光检测器结构示意图

(三)示差折光检测器

示差折光检测器(differential refractive index detector,RID)是利用样品池和参比池之间折光率的差别来对组分进行检测的,测得折光率差值与试样组分的浓度成正比。原则上讲,每种物质的折射率不同,都可以用示差折光检测器来检测,因此,是一种通用型检测器。其主要缺点是折光率受温度影响较大,且检测灵敏度较低,也不能用于梯度洗脱。

示差折光检测器原理图

(四)电化学检测器

电化学检测器(electrochemical detector,ECD)是一种选择性检测器,它是利用待测组分在氧化还原过程中产生的电流或电压变化来对待测组分进行检测的。因而,只适于测定具有氧化还原活性的物质,测定的灵敏度较高,检测限可达 9~10g/ml。

(五)蒸发光散射检测器

蒸发光散射检测器(evaporative light scattering detector,ELSD)通过三个简单步骤对任何非挥发性试样成分进行检测。一是雾化,在雾化器中,柱洗脱液通过雾化器针管,在针的末端与氮气混合形成均匀的雾状液滴。二是流动相蒸发,液滴通过加热的漂移管,其中的流动相被蒸发,而待测组分分子会形成雾状颗粒悬浮在溶剂的蒸气之中。三是检测,待测组分颗粒通过流动池时受激光束照射,其散射光被硅晶体光电二极管检测并产生电信号。

蒸发光散射检测器原理图

知识拓展

蒸发光散射检测器的发展简史

蒸发光散射检测器(ELSD)开发生产已经二十余年,但对于许多色谱工作者来说,它仍是一个新产品。第一台 ELSD 是由澳大利亚的 Union Carbide 研究实验室的科学家研制开发的,并在八十年代初转化为商品,八十年代以激光为光源的第二代 ELSD 面世。此后,通过不断完善,提高了 ELSD 的操作性能。ELSD 不同于紫外和荧光检测器,其响应不依赖与待测组分的光学特性,而与待测组分的质量成正比,因而能用于测定试样的纯度或者检测未知物。任何挥发性低于流动相的试样均能被检测,不受其官能团的影响。该检测器已被广泛应用于碳水化合物、类脂、脂肪酸和氨基酸、药物以及聚合物等的检测。

笔记

五、信号处理及显示器

早期的高效液相色谱仪器采用记录仪或积分仪记录、测量、计算。随着计算机技术发展,现代高效液相色谱仪采用色谱工作站来完成数据记录和处理。色谱工作站是由一台微型计算机来实时控制色谱仪并进行数据采集和处理的系统,由硬件和软件组成,硬件是要一台微型计算机,软件则包括色谱仪实时监控程序、峰识别和峰面积积分程序、定量计算程序、报告打印程序等,许多色谱工作站都能给出峰宽、峰高、峰面积、对称因子、容量因子、分离度等色谱参数。

第三节 高效液相色谱法的速率理论

高效液相色谱法的有关概念和基础理论,如保留值、分配系数、分配比、分离度、塔板理论、速率理论等,与气相色谱法是一致的,不同的是流动相为液体,其扩散系数仅有气体扩散系数的万分之一至十万分之一,液体黏度却比气体黏度大一百倍,这些差别对色谱过程产生的影响可分为柱内因素和柱外因素。

一、柱内因素

柱内因素是由色谱柱内各种因素所引起的色谱峰扩展,依据速率理论,色谱峰的柱内展宽因素主要有涡流扩散、纵向扩散和传质阻抗。可依据范第姆特方程式$\left(H=A+\dfrac{B}{u}+Cu\right)$来讨论。

(一)涡流扩散

涡流扩散(eddy diffusion)是相同组分分子经过不同长度的流经途径先后流出色谱柱形成涡流状态而使谱带扩张。高效液相色谱法涡流扩散项与气相色谱法相同,涡流扩散项 A 表达式如式15-1:

$$A=2\lambda d_p \tag{15-1}$$

其大小与填充不规则因子 λ 和固定相粒径成正比,由于高效液相色谱法的固定相是高效填料,粒径一般为 3~10μm,远比气相色谱法的小,且高效液相色谱法多采用匀浆法装柱,填充很均匀,使填充不规则因子 λ 变得更小,因此涡流扩散项比气相色谱法要低。

(二)纵向扩散

纵向扩散项(longitudinal diffusion)B 是指组分分子在色谱柱内,由浓度大的谱带中心向低浓度周边扩散所引起的峰展宽,高效液相色谱法纵向扩散项与气相色谱法相同,其大小与组分分子在流动相中的扩散系数成正比,与流动相的平均线速度成反比,由于液体的黏度要比气体大很多(约为100倍),且液相色谱的柱温比气相色谱低很多,其组分在液相中的扩散系数要比在气相中小4~5个数量级,因此高效液相色谱法的纵向扩散项对色谱峰的展宽影响实际上可以忽略不计。

(三)传质阻抗

传质阻抗(mass transfer impedance)是当试样分子被流动相携带经过固定相时,组分分子不断地从流动相进入固定相,同时又不断地从固定相进入到流动相,由于组分分子在液体中的扩散系数较小,其传质速率受到限制,而流动相的流速又较快,故组分难以在两相间达到瞬间的平衡,从而引起色谱峰展宽。高效液相色谱法传质阻抗项 Cu 包括固定相传质阻抗、流动相传质阻抗和静态流动相传质阻抗三种。

固定相传质阻抗(stationary phase mass transfer impedance)是溶质分子从液体流动相转移进入固定相和从固定相移出重新进入流动相的过程中由于传质速度影响增加了部分分子在固定相中保留而产生滞后从而引起峰展宽,固定相传质阻抗在分配色谱中与固定液厚度平方成反比,在吸附色谱中与吸附和解吸附速度成反比,在厚涂层固定液、深孔离子交换树脂或解吸速度慢的吸附色谱中,固定相传质阻抗有明显影响,在化学键合相色谱中,由于键合相多为单分子层即厚度可忽略,固定相传质阻抗 Cs 可以忽略。

流动相传质阻抗(mobile phase mass transfer impedance)是由于在一个流路中流路中心和边缘流速不等所致,在流路中心的流动相中的组分分子还未来得及扩散进入流动相和固定相界面就被流动相带走,流路中心组分分子总是比靠近填料颗粒与固定相达到平衡的分子移行得快些,结果使峰展宽,流动相传质阻抗 Cm 与固定相颗粒粒度 dp 的平方成正比,与组分分子在流动相中的扩散系数成反比。

静态流动相传质阻抗(static phase mass transfer impedance)是由于组分的部分分子进入滞留在固定相微孔内的静态流动相中,再与固定相进行分配,因而相对晚回到流路中,引起峰展宽,如果固定相的微孔多,且又深又小,传质阻抗就大,峰展宽就严重,静态流动相传质阻抗 Csm 也与固定相粒度 dp 的平方成正比,与分子在流动相中的扩散系数成反比。

则高效液相色谱法中的速率方程为:

$$H = A + Cmu + Csmu \qquad (15\text{-}2)$$

总之,在液相色谱中要想提高柱效,必须采用小而均匀的固定相颗粒,并填充均匀,以减小涡流扩散。选用低黏度流动相如甲醇、乙腈等,并适当提高柱温,有利于减少传质阻力。

二、柱外因素

速率理论研究的是色谱柱内各种因素引起的色谱峰展宽,而柱外因素是研究色谱柱外各种因素引起的色谱峰扩展。柱外因素主要包括柱前和柱后两种因素。由于液相色谱法进样方式基本都是将试样注入色谱柱顶端滤塞上或注入进样器的液流中,柱前峰展宽主要由进样器的死体积和进样时液流扰动引起的扩散所引起。所以,应尽量减小柱外死体积,如采用进样阀进样等。

第四节　高效液相色谱法的定性和定量方法

一、定性方法

高效液相色谱法对分离组分的定性与气相色谱法相似,但没有类似于气相色谱法的保留指数可利用,通常可利用已知标准品、多检测器、三维图谱比较对照等方法定性。

(一)利用已知标准品定性

当未知峰的保留值(调整保留时间或调整保留体积)与某一已知标准品完全相同时则初步认定未知物与已知标准品是同一物质;进一步证实则可根据改变色谱柱或流动相组成后,未知峰的保留值与已知标准物是否仍然完全相同。或者将已知标准品加到试样中,若使某一色谱峰增高,则可初步认定未知物与已知标准品是同一物质;改变色谱柱或流动相组成后,仍然使同一色谱峰增高,则可基本认定该色谱峰所代表的组分与已知标准品为同一物质。利用已知标准品对未知化合物定性是高效液相色谱法最常用的定性方法。

(二)多检测器定性

多检测器定性就是用多种检测器测定某待测组分进行定性的方法。同一种检测器对不同化合物的响应值是不同的,而不同的检测器对同一种化合物的响应也是不同的,当某一被测化合物同时被两种或两种以上检测器检测时,两检测器或几个检测器对被测化合物检测灵敏度比值与被测化合物性质密切相关,这个性质可用来对被测化合物进行定性分析。

(三)三维图谱比较对照定性

三维谱图比较对照定性基本原理是进行未知组分与已知标准物质对比时,既比较保留时间也比较两个峰的紫外线谱图,如保留时间一样,两个峰的紫外线谱图也完全重合则可基本上认定是同一物质;若保留时间相同,但两者紫外线谱图有较大的差别则两者不是同一物质。三维图谱比较对照定性实际上是利用已知标准品定性方法的延伸。目前高效液相色谱仪中使用的二极管阵列检测器具有全波长扫描功能,可以根据被测化合物的紫外线谱图提供一些定性信息。利用三维图谱比较对照的方法提高了保留值定性方法准确性。

二、定量方法

高效液相色谱法定量方法与气相色谱法类似,主要有面积归一化法、外标法、内标法和内标对比法,定量分析参数是色谱峰高和峰面积,定量依据是试样中组分的量(和浓度)与峰高和峰面积成正比。

（一）面积归一化法

高效液相色谱法面积归一化法具有简便、快速等优点，但是要求所有组分都能分离并有响应。由于高效液相色谱经常使用的检测器如紫外检测器，不仅对不同组分的响应值差别较大，不能忽略校正因子的影响，而且某些组分可能在分离条件下不出峰，这就限制了面积归一化法的应用范围。

（二）外标法

外标法即标准曲线法，利用标准品配制成不同浓度的标准系列，在与待测组分相同的色谱条件下等体积准确进样，测量各峰的峰面积或峰高，以峰面积或峰高为纵坐标，以浓度为横坐标，绘制峰面积（峰高）-浓度工作曲线，若不存在系统误差，此工作曲线应是通过原点的直线，标准曲线的斜率即为绝对校正因子；在相同色谱条件下进行试样测定，根据所得峰面积（或峰高）从标准系列峰面积（峰高）-浓度曲线上直接查得被测组分的含量。色谱条件和操作的一致性、进样的重现性、标准系列和试样浓度的恒定等保证外标法定量结果准确度的主要因素。外标法操作和计算比较简单，制作标准曲线后计算时不需要校正因子，很适合工业控制分析；同时因进样量大且用六通阀定量，进样误差相对较小，所以外标法是高效液相色谱常用定量分析方法之一。

实际应用中，常采用一点外标法，也称为单点校正法，先配制一个和待测组分含量相近的已知浓度的标准溶液，在相同的色谱条件下，分别将待测试样溶液和标准品溶液等体积进样做出色谱图，测量待测组分和标准品的峰高或峰面积，然后按照公式直接计算试样溶液中待测组分含量。待测组分含量变化不大并已知该组分大体含量适用于一点外标法。

（三）内标法

选用适宜的物质作为内标物，定量加入试样中去，依据待测组分和内标物在检测器上的响应值（峰面积或峰高）之比和内标物加入的量进行定量分析的方法称为内标法。内标法适应于试样中各组分不能完全从色谱柱中流出或某些组分在检测器上无信号或只需对试样中某几个出现色谱峰的组分进行定量。内标法定量的关键是要选择合适的内标物，内标物应是试样中不存在的纯物质，与待测组分的性质尽可能相似（同系物或异构体），但不能与试样中任何组分发生化学反应，浓度（响应值）与待测组分相当具有与被测物相近的保留值，内标物色谱峰与其他色谱峰分离好。内标法的缺点是每次都要用分析天平准确称出内标物和试样的重量这对常规分析来说比较麻烦；在试样中加入一个内标物对分离度的要求比原来试样要高；操作和计算均较复杂。内标法的优点是操作条件稍有变化对结果没有什么影响，准确度较外标法高。

第五节　高效液相色谱法的应用

高效液相色谱法在医学检验中的应用日趋广泛，如检测病人的血药浓度、鉴别中毒病人的毒物等。药物是临床治疗疾病的最重要手段，由于药物在不同个体中代谢转化过程及速度的差异，使相同药物在不同个体中显示出不同的效果及毒副作用，监测病人治疗血药浓度可决定用药剂量，从而极大提高治疗效果、降低毒副作用。高效液相色谱法是治疗药物血药浓度监测的重要方法，并常作为评估其他方法的参考方法。如控制癫痫大发作的苯妥英钠，难以以临床疗效判断是否得当，常应用高效液相色谱法监测病人血中苯妥英钠的浓度。之外，高效液相色谱法也应用于儿茶酚胺类如肾上腺素等激素及代谢物检测和糖化血红蛋白分离测定。

学习小结

本章介绍了高效液相色谱法与气相色谱法和经典液相色谱法的异同点，高效液相色谱仪，高效液相色谱法的速率理论，高效液相色谱法的定性和定量方法等方面的知识。在学习经典液相色谱法和气相色谱法理论的基础上，理解高效液相色谱法的原理、仪器部件的作用、定性和定量方法，以完成学习目标。

扫一扫,测一测

达标练习

一、多项选择题

1. 高效液相色谱法的定量方法是( )
   A. 归一化法   B. 内标法   C. 外标法
   D. 直接电位法   E. 标准对照法

2. 下列液相色谱检测器中属于选择性检测器的是( )
   A. 紫外吸收检测器   B. 示差折光检测器   C. 荧光检测器
   D. 电化学检测器   E. 蒸发光散射检测器

3. 高效液相色谱法特别适合分离具有下述特点的化合物( )
   A. 分子量大   B. 热稳定性差   C. 沸点高
   D. 极性强   E. 离子型

4. 符合反相液相色谱特点的是( )
   A. 固定相的极性大于流动相的极性
   B. 十八烷基键合硅胶类为固定相,甲醇、乙腈、水为流动相
   C. 流动相极性大于固定相极性
   D. 非极性的固定相与极性的流动相
   E. 氨基键合固定相与非极性的流动相

5. 高效液相色谱仪中高压输液系统包括( )
   A. 贮液器   B. 高压输液泵   C. 过滤器
   D. 进样器   E. 数据记录和处理系统

二、辨是非题

1. 高效液相色谱流动相过滤效果不好,可引起色谱柱堵塞。( )
2. 高效液相色谱分析的应用范围比气相色谱分析的大。( )
3. 高效液相色谱分析中,使用示差折光检测器时,可以进行梯度洗脱。( )
4. 在液相色谱法中,提高柱效最有效的途径是减小填料粒度。( )
5. 在液相色谱中,范第姆特方程中的涡流扩散项对柱效的影响可以忽略。( )
6. 由于高效液相色谱流动相系统的压力非常高,因此只能采取阀进样。( )
7. 液相色谱中,化学键合固定相的分离机制是典型的液-液分配过程。( )
8. 高效液相色谱分析中,固定相极性大于流动相极性称为正相色谱法。( )
9. 高效液相色谱分析不能分析沸点高,热稳定性差,相对分子量大于400的有机物。( )
10. 在高效液相色谱仪使用过程中,所有溶剂在使用前必须脱气。( )

三、填空题

1. 高效液相色谱仪通常包括 _____、_____、_____、_____ 和 _____ 等。

2. 正相键合相色谱主要用于分离溶于有机溶剂的_____的分子型化合物,反相键合相色谱法主要用于分离_____的组分。

3. 液相色谱传质阻抗通常可分为_____、_____、_____三种,其中可忽略的是_____。

4. 反相键合相液相色谱,固定相极性_____流动相极性;正相键合相液相色谱,流动相极性_____固定相极性。

笔记

5. 高效液相色谱常用定量方法包括_____、_____和_____等。

四、简答题

1. 什么叫正相色谱？什么叫反相色谱？各适用于分离哪些化合物？

2. 高效液相色谱仪常见的检测仪器有哪些？

3. 在正、反相 HPLC 中流动相的强度是否相同？

4. 何谓化学键合相？它有哪些特点？

五、计算题

测定生物碱试样中黄连碱和小檗碱的含量，称取内标物、黄连碱和小檗碱对照品各 0.200 0g 配成混合溶液。测得峰面积分别为 3.60、3.43 和 4.04cm²。称取 0.240 0g 内标物和试样 0.856 0g 同法配制成溶液后，在相同色谱条件下测得峰面积为 4.16、3.71 和 4.54cm²。计算试样中黄连碱和小檗碱的含量。

（何文涛）

学习目标

1. 掌握磁共振波谱法、质谱分析法、红外分光光度法和电泳法的基本原理、特点及分析方法。
2. 熟悉上述仪器分析法的仪器组成及各部件的特殊功能。
3. 了解上述仪器分析方法在医学检验及药物分析中的地位和作用。

第一节　磁共振波谱法

原子核在外磁场的诱导下,吸收一定频率的无线电波后发生核自旋能级跃迁的现象,称为磁共振(nuclear magnetic resonance,NMR)。磁共振信号的强度随照射波(即照射电磁波,又称射频)频率或外磁场磁感强度变化而变化的曲线称为磁共振波谱(NMR spectrum)。利用该波谱进行结构测定、定性及定量分析的方法称为磁共振波谱法(NMR spectroscopy)。

磁共振波谱法是结构分析的重要工具之一,在化学、生物、医学、临床等研究工作中得到了广泛的应用。分析测定时,试样不会受到破坏,属于无破坏分析方法。

知识链接

磁　共　振

1924 年 Pauli 预言了磁共振的基本理论,1946 年哈佛大学的 Purcell 和斯坦福大学的 Bloch 各自发现并证实了磁共振现象,并因此获得 1952 年的诺贝尔化学奖。英国科学家彼得·曼斯菲尔德和美国科学家保罗·劳特布尔因在磁共振成像技术领域的突破性成就而一同分享 2003 年诺贝尔生理学或医学奖。迄今,已经有六位科学家因在磁共振研究领域的突出贡献而分别获得诺贝尔物理学、化学、生理学或医学奖。

一、磁共振波谱的基本原理

(一)核的自旋运动

有自旋现象的原子核,应具有自旋角动量(P)。由于原子核是带正电粒子,故在自旋时产生磁矩 μ。磁矩的方向可用右手定则确定。磁矩 μ 和角动量 P 都是矢量,方向相互平行,且磁矩随角动量的增加成正比地增加:

$$\mu = \gamma \cdot P \tag{16-1}$$

式 16-1 中 γ 为磁旋比。不同的核具有不同的磁旋比。

核的自旋角动量是量子化的,可用自旋量子数 I 表示。P 的数值与 I 的关系如下:

$$P = \sqrt{I(I+1)} \cdot \frac{h}{2\pi} \tag{16-2}$$

I 可以为 $0, \frac{1}{2}, 1, 1\frac{1}{2}, \cdots\cdots$ 等值。很明显,当 $I=0$ 时,$P=0$,即原子核没有自旋现象。只有当 $I>0$ 时,原子核才有自旋角动量和自旋现象。

实验证明,自旋量子数 I 与原子的质量数(A)及原子序数(Z)有关,如表 16-1 所示。从表中可以看出,质量数和原子序数均为偶数的核,自旋量子数 $I=0$,即没有自旋现象。当自旋量子数 $I=\frac{1}{2}$ 时,核电荷呈球形分布于核表面,它们的磁共振现象较为简单,是目前研究的主要对象。属于这一类的主要原子核有 ${}_{1}^{1}H$、${}_{6}^{13}C$、${}_{7}^{15}N$、${}_{9}^{19}F$、${}_{15}^{31}P$。其中研究最多、应用最广的是 ${}^{1}H$ 和 ${}^{13}C$ 磁共振谱。本章将主要介绍 ${}^{1}H$ 磁共振谱。

表 16-1 自旋量子数与原子的质量数及原子序数的关系

质量数 A	原子序数 Z	自旋量子数 I	自旋核电荷分布	NMR 信号	原子核
偶数	偶数	0	—	无	${}_{6}^{12}C, {}_{8}^{16}O, {}_{16}^{32}S$
奇数	奇或偶数	$\frac{1}{2}$	呈球形	有	${}_{1}^{1}H, {}_{6}^{13}C, {}_{9}^{19}F, {}_{7}^{15}N, {}_{15}^{31}P$
奇数	奇或偶数	$\frac{3}{2}, \frac{5}{2}, \cdots$	扁平椭圆形	有	${}_{8}^{17}O, {}_{16}^{32}S$
偶数	奇数	1,2,3	伸长椭圆形	有	${}_{1}^{1}H, {}_{7}^{14}N$

(二)原子核的进动与磁共振

如图 16-1 所示,氢原子核在自旋的同时,也会绕着外磁场方向进动(回旋),就像陀螺在自转的同时,绕着重力轴进动一样。其进动频率为:

$$\nu = \frac{\gamma}{2\pi} B_0 \tag{16-3}$$

式 16-3 中 γ 为磁旋比,是原子核的特性常数;B_0 为外磁场磁感强度。当原子核进动频率等于所吸收的照射波频率时,处于低能态的核将吸收射频能量而跃迁至高能态,这种现象称为磁共振现象。

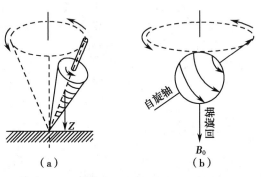

图 16-1 磁场中的原子核的自旋和进动示意图
(a)陀螺的进动;(b)原子核的进动。

(三)化学位移和磁共振谱

1. **化学位移的产生** 任何原子核都被电子所包围,在外磁场作用下,核外电子会产生环电流,并感应产生一个与外磁场方向相反的次级磁场,这种对抗外磁场的作用称为电子的屏蔽效应。由于电子的屏蔽效应,使某一个质子实际上受到的磁场强度,不完全与外磁场强度相同。此外,分子中处于不同化学环境中的质子,核外电子云的分布情况也各异,因此,不同化学环境中的质子,受到不同程度的屏蔽作用,可以用屏蔽常数 σ 来表达。σ 与原子核外的电子云密度及所处的化学环境有关。电子云密度越大,屏蔽程度越大。σ 值也大。反之,则小。

有机分子中各种质子受到不同程度的屏蔽效应,其共振峰将分别出现在磁共振谱的不同频率或不同磁场强度区域。若固定照射频率,σ 大的质子出现在高磁场处,而 σ 小的质子出现在低磁场处。某一物质吸收峰的位置与标准质子吸收峰位置之间的差异称为该物质的化学位移(chemical shift),据此我们可以进行氢核结构类型的鉴定。

2. 化学位移的表示　在有机化合物中,化学环境不同的氢核化学位移的变化,只有百万分之十左右。如选用 60MHz 的仪器,氢核发生共振的磁场变化范围为 1.409 2T±0.000 014 0T;如选用 1.409 2T 的磁共振仪扫频,则频率的变化范围相应为 60MHz±0.000 6MHz。在确定结构时,常常要求测定共振频率绝对值的准确度达到正负几个赫兹。要达到这样的精确度,显然是非常困难的。但是,测定位移的相对值比较容易。另外,电子屏蔽作用的大小与外磁场磁感强度有关,用不同磁感强度或不同频率的仪器测定同一种核的化学位移,测得的结果不相同,无法互相比较。因此,一般都以适当的化合物(如四甲基硅烷,TMS)为标准试样,测定相对的频率变化值来表示化学位移。习惯上用磁共振频率的相对值来表示化学位移,符号为 δ,单位为 ppm。

3. 磁共振谱　CH_3OCH_2COOH 的 ^1H 磁共振谱如图 16-2 所示,以四甲基硅烷 TMS 作为标准物,测得几种不同 ^1H 的吸收峰。谱图中横坐标为化学位移,虚线表示积分高度,与 ^1H 的个数有关。出峰位置与 ^1H 所处的化学环境有关。^1H 所处的化学环境不同,吸收峰的位置不同,其 δ 值就不同。

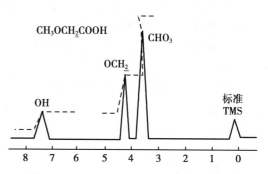

图 16-2　CH_3OCH_2COOH 的 ^1H 磁共振谱

从质子共振谱图上,可以得到如下信息:

(1)吸收峰的组数,说明分子中化学环境不同的质子有几组。

(2)质子吸收峰出现的频率,即化学位移,说明分子中的基团情况。

(3)峰的分裂个数及偶合常数,说明基团间的连接关系。

(4)阶梯式积分曲线高度,说明各基团的质子比。

4. 影响化学位移的因素　化学位移是由于核外电子云产生的对抗磁场所引起的,因此,凡是使核外电子云密度改变的因素,都能影响化学位移。影响因素有内部的,如诱导效应、共轭效应和磁的各向异性效应等;外部的,如溶剂效应、氢键的形成等。

化学位移在确定化合物的结构方面起很大作用。应该指出,化学位移范围只是大致的,因为它还与其他许多因素有关。

偶合常数与分子结构的关系

二、核磁波谱仪及工作原理

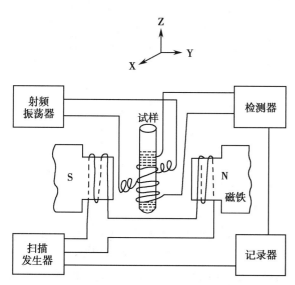

图 16-3　磁共振波谱仪结构示意图

磁共振波谱仪主要由磁铁、射频发生器、扫描发生器、信号接收器、试样管和记录系统组成,如图 16-3 所示。

（一）磁铁

磁铁是磁共振仪最基本的组成部件。它要求磁铁能提供强而稳定、均匀的磁场。磁共振仪使用的磁铁有三种:永久磁铁、电磁铁和超导磁铁。由永久磁铁和电磁铁获得的磁场一般不能超过 2.5T。而超导磁体可使磁场高达 10T 以上,并且磁场稳定、均匀。目前超导磁共振仪一般在 200～400MHz,最高可达 600MHz。但超导磁共振仪价格高昂,目前使用还不十分普遍。

（二）探头

探头装在磁极间隙内,用来检测磁共振信号,是仪器的心脏部分。探头除包括试样管外,还有发射线圈接受线圈以及预放大器等元件。待测试样放在试样管内,再置于绕有接受线圈和发射线圈的套管内。磁场和频率源通过探头作用于试样。

为了使磁场的不均匀性产生的影响平均化,试样探头还装有一个气动涡轮机,以使试样管能沿其纵轴以每分钟几百转的速度旋转。

1. 射频源和音频调制 高分辨波谱仪要求有稳定的射频频率和功能。为此,仪器通常采用恒温下的石英晶体振荡器得到基频,再经过倍频、调频和功能放大得到所需要的射频信号源。

为了提高基线的稳定性和磁场锁定能力,必须用音频调制磁场。为此,从石英晶体振荡器中的得到音频调制信号,经功率放大后输入到探头调制线圈。

2. 扫描单元 磁共振仪的扫描方式有两种:一种是保持频率恒定,线形地改变磁场,称为扫场;另一种是保持磁场恒定,线形地改变频率,称为扫频。许多仪器同时具有这两种扫描方式。扫描速度的大小会影响信号峰的显示。速度太慢,不仅增加了实验时间,而且信号容易饱和;相反,扫描速度太快,会造成峰形变宽,分辨率降低。

3. 接受单元 从探头预放大器得到的载有磁共振信号的射频输出,经一系列检波、放大后,显示在示波器和记录仪上,得到磁共振谱。

4. 信号累加 若将试样重复扫描数次,并使各点信号在计算机中进行累加,则可提高连续波磁共振仪的灵敏度。当扫描次数为 N 时,则信号强度正比于 N,而噪声强度正比于 $\sqrt{N}$,因此,信噪比扩大了 $\sqrt{N}$ 倍。考虑仪器难以在过长的扫描时间内稳定,一般 $N=100$ 左右为宜。

三、试样的制备

(一)试样管

根据仪器和实验的要求,可选择不同外径($\Phi=5,8,10mm$)的试样管。微量操作还可使用微量试样管。为保持旋转均匀及良好的分辨率,管壁应均匀而平直。

(二)溶液的配制

试样质量浓度一般为 $500\sim100g/L$,需纯样 $15\sim30mg$。对傅里叶磁共振仪,试样量可大大减少,^1H 谱一般只需 1mg 左右,甚至可少至几微克,^{13}C 谱需要几到几十毫克试样。

(三)标准试样

进行实验时,需要用标准试样作参考,从而求得待测试样信号的相对化学位移,简称化学位移。常用的标准试样是四甲基硅烷(TMS),向待测试样中加入约 $10g/L$ 的标准试样即可,它的所有氢只有一个峰,与绝大多数有机化合物相比,四甲基硅烷(TMS)的共振峰出现在高磁场区,其化学位移 $\delta=0$。文献上的化学位移数据大多以四甲基硅烷作为标准试样。此外,四甲基硅烷的沸点较低(26.5℃),易于回收。值得注意的是,在高温操作时,需用六甲基二硅醚(HMDS)为标准试样,它的 $\delta=0.04$。在水溶液中,一般采用3-甲基硅丙烷磺酸钠($(CH_3)_3SiCH_2CH_2CH_2SO_3^-Na^+$)(DSS)作标准试样,它的三个等价甲基单峰的 $\delta=0.0$,其余三个亚甲基淹没在噪声背景中。

(四)溶剂

^1H 谱的理想溶剂是四氯化碳和二硫化碳。此外,还常用氯仿、丙酮、二甲亚砜、苯等含氢溶剂。为避免溶剂质子信号的干扰,可采用它们的氘代衍生物。值得注意的是,在氘代溶剂中常常因残留 ^1H,在 NMR 谱图上出现相应的共振峰。

第二节 质 谱 法

质谱法(mass spectrometry, MS)是在高真空系统中测定试样的分子离子及碎片离子质量,以确定试样相对分子质量及分子结构的方法。化合物分子受到电子流冲击后,形成的带正电荷分子离子及碎片离子,按照其质量 m 和电荷 Z 的比值 m/Z(质荷比)大小依次排列而被记录下来的图谱,称为质谱,也称质谱图或棒图,如图16-4所示。横坐标为离子的质荷比(m/Z),纵坐标为离子的相对丰度(又称相对强度)。其中,以最强离子峰的高度定位100%,称为基峰。以其他各离子峰的高度除以最强离子峰的高度所得的百分比即为对应离子的相对丰度。不同化合物所产生的离子丰度是一定的,因此,质谱反映了化合物的结构特征。

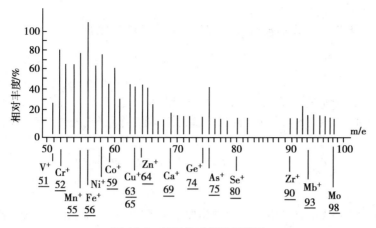

图 16-4 某固体试样的质谱图

一、质谱法的有关概念

（一）分子离子

试样分子失去一个电子而形成的离子称为分子离子。所产生的峰称为分子离子峰或称母峰，一般用符号$M^{+\cdot}$表示。其中"+"代表正离子，"·"代表不成对电子。如：

$$M + e^- = M^{+\cdot} + 2e$$

分子离子峰的 m/Z 就是该分子的分子量。

（二）基峰

质谱图中的最高峰，由相对最稳定的离子产生，注意：基峰不一定为分子离子峰。质谱图中常以基峰高度作相对基准，即以最稳定离子的相对强度作 100%，其他离子峰的高度占基峰高度的百分数就是该种离子的相对丰度。

（三）碎片离子

碎片离子是由于分子离子进一步裂解产生的。生成的碎片离子可能再次裂解，生成质量更小的碎片离子，另外在裂解的同时也可能发生重排，所以在化合物的质谱中，常看到许多碎片离子峰。碎片离子的形成与分子结构有着密切的关系，一般可根据反应中形成的几种主要碎片离子，推测原来化合物的结构。

（四）亚稳离子

质谱中的离子峰，不论强弱，绝大多数都是尖锐的，但也存在少量较宽（一般要跨 2~5 个质量单位），强度较低，且 m/Z 不是整数值的离子峰，这类峰称为亚稳离子(metastable ion)峰。

（五）同位素离子

在一般有机化合物分子鉴定时，可以通过同位素的统计分布来确定其元素组成，分子离子的同位素离子峰相对强度比总是符合统计规律的。如在 CH_3Cl、C_2H_5Cl 等分子中 $Cl_{m+2}/Cl_m = 32.5\%$，而在含有一个溴原子的化合物中$(M+2)^+$峰的相对强度几乎与 m^+峰的相等。同位素离子峰可用来确定分子离子峰。

（六）重排离子

重排离子是由原子迁移产生重排反应而形成的离子。重排反应中，发生变化的化学键至少有两个或更多。重排反应可导致原化合物碳架的改变，并产生原化合物中并不存在的结构单元离子。

二、质谱法的基本原理

根据经典电磁理论，不同大小的带电微粒在磁场中运动时受力的大小不同，且受力方向与前进方向垂直，其运动轨迹会发生不同程度的偏移。

质谱法正是利用这一点，它先将电离室中试样分子碎裂成带正电的离子，再用电场将碎裂的分子离子（碎片离子）加速进入强磁场，再通过磁场将运动着的离子（分子离子、碎片离子或无机离子等），按它们的质荷比(m/Z)分离后予以检测。

离子在电场中受电场力作用而被加速,加速后动能等于其势能,即:

$$\frac{1}{2}mv^2 = ZU \tag{16-4}$$

式 16-4 中,m 为离子质量;Z 为离子电荷;v 为加速后离子速度;U 为电场电压。

离子经加速后进入磁场,运动方向与磁场垂直,受磁场力作用(向心力)产生偏转,同时受离心力作用。

向心力(洛伦兹力)$= ZvH$,离心力 $= mv^2/R$,离心力和向心力相等,即:

$$ZvH = mv^2/R \tag{16-5}$$

式 16-5 中,H 为磁场强度;R 为离子运动轨道曲率半径(单位为 cm);v 为加速后离子速度。

整理式 16-4 和式 16-5 得:

$$\frac{m}{Z} = \frac{H^2R^2}{2U} \tag{16-6}$$

即:

$$R = \sqrt{\frac{2Um}{ZH^2}} \tag{16-7}$$

由此可见,R 取决于 U、H 和 m/Z,若 U、H 一定,则 R 正比于 $(m/Z)^{1/2}$,实际测量时控制 R、U 一定,通过调节 H(磁场扫描,简称扫场),或将 H、R 固定调节(电压扫描,简称扫压),就可使各种离子将按 m/Z 大小顺序达到出口狭缝,进入收集器,这些信号经放大器放大后输给记录仪,记录仪就会绘出质谱图。对质谱图进行综合分析后,就得到试样分子的相对分子质量、分子式、基团及特殊结构的信息。

三、质谱仪

质谱仪型号很多,主要有单聚焦质谱仪和双聚焦质谱仪两种。但一般均由真空系统、进样系统、离子源、质量分离器和检测器等五个部分构成。如图 16-5 所示为一种单聚焦质谱仪结构图。

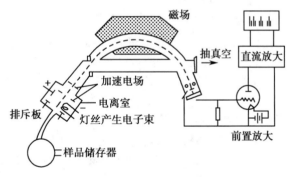

图 16-5　单聚焦质谱仪结构图

（一）真空系统

质谱仪的离子源、质谱分析器及检测器必须处于高真空状态(离子源的真空度应达 $10^{-5} \sim 10^{-3}$ Pa,质量分析器应达 10^{-6} Pa),若真空度低,则:

1. 大量氧会烧坏离子源的灯丝。

2. 会使本底增高,干扰质谱图。

3. 引起额外的离子-分子反应,改变裂解模型,使质谱解释复杂化。

4. 干扰离子源中电子束的正常调节。

5. 用作加速离子的几千伏高压会引起放电,等等。

（二）进样系统

对于气体及沸点不高、易于挥发的试样,可以用图中贮样器进样。贮样器为玻璃或上釉不锈钢制成,抽低真空(1Pa),并加热至150℃,试样以微量注射器注入,在贮样器内立即化为蒸气分子,然后由于压力梯度,通过漏孔以分子流形式渗透入高真空的离子源中。

对于高沸点的液体、固体,可以用探针杆(probe)直接进样。调节加热温度,使试样气化为蒸气。此方法可将微克量级甚至更少试样送入电离室。探针杆中试样的温度可冷却至约-100℃,或在数秒钟内加热到较高温度(如 300℃ 左右)。

（三）离子源

离子源（ion source）是试样分子（气体或蒸气）转化为离子的装置,也称电离室。使分子电离的手段很多,最常用的是电子轰击（electron impact,EI）离子源。

在电离室内,气态的试样分子受到高速电子的轰击后,该分子就失去电子成为正离子（分子离子）：$M+e^-=M^{\ddot{+}}+2e$

分子离子继续受到电子的轰击,使一些化学键断裂,或引起重排以瞬间速度裂解成多种碎片离子（正离子）。在排斥极上施加正电压,带正电荷的阳离子被排挤出离子化室,而形成离子束,离子束经过加速极加速,而进入质量分析器。多余热电子被钨丝对面的电子收集极（电子接收屏）捕集。分子离子继续受到电子的轰击,使一些化学键断裂,或引起重排以瞬间速度裂解成多种碎片离子（正离子）。在排斥极上施加正电压,带正电荷的阳离子被排挤出离子化室,而形成离子束,离子束经过加速极加速,而进入质量分析器。多余热电子被钨丝对面的电子收集极（电子接收屏）捕集。

（四）质量分析器

质量分析器（mass analyzer）是对不同质量的离子进行分离的装置。它由非磁性材料制成,单聚焦质量分析器所使用的磁场是扇性磁场,扇性开度角可以是 180°,也可以是 90°,当被加速的离子流进入质量分析器后,在磁场作用下,各种阳离子被偏转。质量小的偏转大,质量大的偏转小,因此互相分开。当连续改变磁场强度或加速电压,各种阳离子将按 m/Z 大小顺序依次到达离子检测器（收集极）,产生的电流经放大,由记录装置记录成质谱图。

（五）离子检测器

离子检测器常以电子倍增器（electron multiplier）检测离子流。电子倍增器种类很多,一定能量的离子轰击阴极导致电子发射,电子在电场的作用下,依次轰击下一级电极而被放大,电子倍增器一般能放大 $10^5\sim10^8$ 倍。电子倍增器中电子通过的时间很短,利用电子倍增器可以实现高灵敏、快速测定。但电子倍增器存在质量歧视效应,且随使用时间增加,增益会逐步减小。

四、质谱法的特点

（一）应用范围广

测定试样可以是无机物,也可以是有机物。可用于化合物的结构分析、测定原子量与相对分子量、同位素分析、生产过程监测、环境监测、热力学与反应动力学、空间探测等。被分析的试样可以是气体和液体,也可以是固体。

（二）灵敏度高,试样用量少

目前有机质谱仪的绝对灵敏度可达 50pg（pg 为 10^{-12}g）,无机质谱仪绝对灵敏度可达 10^{-14}。用微克级试样即可得到满意的分析结果。

（三）测定快速

分析速度快,并可实现多组分同时测定,故常用作色谱仪的检测器。

（四）需要专业人员操作

与其他仪器相比,仪器结构复杂,价格昂贵,日常维护的成本比较高。

（五）测定时对试样有破坏性

五、质谱法的重要用途

（一）确定分子量

质谱中分子离子峰的质核比数值即为分子量。

（二）鉴定化合物

在相同条件下,测定试样和标准品的质谱图,将二者进行比较,可以鉴别化合物。

（三）推测未知物的结构

根据获得的碎片离子信息可以推测未知物的分子结构。

（四）测定试样分子中卤素原子的个数

可以通过同位素峰强比及其分布特征推测同位素含量高的原子（Cl、Br）个数。

第三节 红外分光光度法

一、概述

红外分光光度法(infrared spectrophotometry,IR)是利用物质对红外线的特征吸收而建立起来的分析方法,又称红外吸收光谱法。当用一定频率的红外线照射于试样时,因其辐射能量不足以引起分子中电子能级的跃迁,只能被试样分子吸收,实现分子振动能级和转动能级的跃迁,这种由分子的振动及转动能级的跃迁而产生的吸收光谱称为红外吸收光谱,又称为分子的振动-转动光谱。根据红外吸收光谱中的吸收峰位、强度和形状可对有机化合物进行结构分析、定性鉴定和定量分析。

(一)红外光区的划分及主要应用

波长在 $0.76 \sim 1\,000\mu m$($12\,800 \sim 10\,cm^{-1}$)的电磁辐射称为红外线,红外线所在区域称为红外光谱区或红外区。习惯上又将红外光谱区划分为近红外区、中红外区和远红外区。

1. 近红外区($\lambda = 0.76 \sim 2.5\mu m$) 主要是低能电子跃迁、含氢原子团(如 O-H、N-H、C-H、S-H)伸缩振动的倍频及组合频吸收,用于研究稀土及其他过渡金属化合物,含氢(O-H、N-H、C-H)原子团的吸收。

2. 中红外区($\lambda = 2.5 \sim 50\mu m$) 大多有机化合物及无机离子的基频吸收带出现在该光区,主要由分子的振动和转动跃迁引起的,最适用于定性定量分析,且仪器及分析测试技术最成熟。其中应用最广的是 $2.5 \sim 25\mu m$ 波长区域。

3. 远红外区($\lambda = 50 \sim 1\,000\mu m$) 主要是分子的纯转动能级跃迁以及晶体振动能级跃迁。

(二)红外光谱的表示方法

红外光谱的表示常采用 $T\text{-}\sigma$ 曲线或 $T\text{-}\lambda$ 曲线,即以波数 $\sigma(cm^{-1})$ 或波长 $\lambda(\mu m)$ 为横坐标,表示吸收峰的位置,以百分透光率 $T\%$ 为纵坐标,表示吸收峰的强度。目前红外光谱图最常用的是波数等距绘制的 $T\text{-}\sigma$ 曲线,其吸收峰是向下的"谷",吸收峰多而尖锐,图谱复杂。如图 16-6 乙酸乙酯的红外光谱所示。

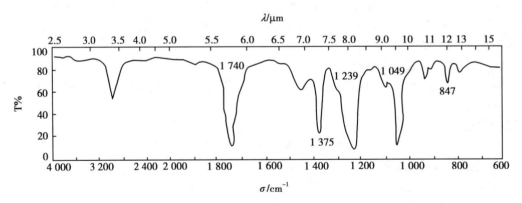

图 16-6 乙酸乙酯的红外光谱图

波数 σ 是波长 λ 的倒数,单位为 cm^{-1}。波长与波数的换算关系为:

$$\sigma(cm^{-1}) = \frac{1}{\lambda(cm)} = \frac{10^4}{\lambda(\mu m)} \tag{16-8}$$

由于 $\nu = c\sigma$,光速 c 为常数,因此在红外光谱中一般用波数 σ 描述频率 ν。

(三)红外光谱的特点

1. 特征性强。红外光谱法主要研究在振动中伴随有偶极矩变化的化合物,凡是结构不同的两个化合物,一定会有不相同的红外光谱。

2. 测定快速、不破坏试样。

3. 试样用量少,操作简便,能分析各种状态的试样。

4. 分析灵敏度较高、定量分析误差较大。

（四）红外光谱与紫外可见光谱的区别

1. **成因不同** 红外光谱和紫外可见光谱都是分子吸收光谱，红外光谱是由分子的振转能级的跃迁而形成，即称分子振转光谱。紫外可见光谱是分子外层电子能级的跃迁而形成，故称为电子光谱。

2. **特征性不同** 红外吸收光谱的特征性比紫外可见光谱强。每个化合物都有其特征的红外光谱图，紫外可见吸收光谱的吸收峰一般较少，峰形比较简单，仅反映的是少数官能团的特征，而不是整个分子的特征。

3. **应用范围不同** 红外光谱提供的信息量很多，凡是能够产生红外吸收的物质，都有其特征红外光谱。紫外可见光谱只适用于研究不饱和化合物，特别是分子中具有共轭体系的化合物，在有机物定性鉴定和结构分析上仅是红外光谱的一种辅助工具。因此在分析中紫外可见光谱常用于定量分析，而红外光谱常用于定性鉴别和结构分析。

二、红外分光光度法的基本原理

（一）分子的振动能级与振动光谱

原子与原子之间通过化学键连接组成分子。分子是有柔性的，因而可以发生振动。当一定频率的红外线照射分子时，如果分子中某个基团的振动频率与照射的红外线频率相同时，两者就会产生共振，分子吸收红外光能量后，由原来的基态能级跃迁到较高的振动能级，同时也伴随着转动能级的跃迁（因振动能级大于转动能级）。只有简单的气体或气态分子才能产生纯转动光谱，因为大多数复杂的气、液、固体分子间的自由旋转受到阻碍，所以由转动能级跃迁所引起的红外吸收是几乎观察不到的，而观察到的主要是由分子振动能级跃迁产生的红外吸收光谱。

（二）分子的振动形式

假设多原子分子（或基团）的每个化学键可以近似地看成一个谐振子，则其振动形式可以分为伸缩振动和弯曲振动两大类。

1. **伸缩振动（stretching vibration）** 沿键轴方向发生周期性的变化的振动称为伸缩振动。伸缩振动可分为对称伸缩振动（ν_s 或 ν^s）和不对称伸缩振动（ν_{as} 或 ν^{as}），如图 16-7（a）所示。

2. **弯曲振动（bending vibration）** 使键角发生周期性变化的振动称为弯曲振动。弯曲振动可分为：

（1）面内弯曲振动（β）：在几个原子所构成的平面内进行振动称为面内弯曲振动。面内弯曲振动可分为：剪式振动（δ）和面内摇摆振动（ρ），如图 16-7（b）所示。

（2）面外弯曲振动（γ）：在垂直于几个原子所构成的平面外进行振动称为面外弯曲振动。面外弯曲振动可分为：面外摇摆振动（ω）和卷曲振动（τ），如图 16-7（c）所示。

以次甲基（$=CH_2$）为例来说明各种振动形式。

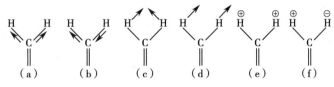

图 16-7 分子的振动形式
（a）对称伸缩振动；（b）不对称伸缩振动；（c）面内剪式振动；
（d）面内摇摆振动；（e）面外摇摆振动；（f）卷曲振动。

每种振动形式吸收一定频率的红外光之后，就会发生振动能级跃迁，可能会在红外光谱图上出现相应的吸收峰。一般而言，吸收峰的数目会少于振动形式。原因是：①某些振动方式不产生偶极矩的变化，是非红外活性的；②由于分子的对称性，某些振动方式是简并的；③某些振动频率十分接近，不能被仪器分辨；④某些振动吸收能量太小，信号很弱，不能被仪器检出。

（三）红外光谱的产生条件

红外光谱是由分子振动能级的跃迁而产生的。分子不是任意吸收某一频率电磁辐射即可产生振

动-转动能级的跃迁,所以分子吸收红外光而形成红外吸收光谱时,必须满足以下两个条件:

1. 红外辐射的能量与分子的振转能级所需要的能量刚好相等时,分子才会吸收红外辐射。

2. 红外辐射与分子之间有耦合作用。只有发生偶极矩变化的振动(称为红外活性振动)才能与红外辐射发生共振吸收,产生红外吸收谱带。

(四)红外光谱的吸收峰类型及影响因素

1. 红外光谱中的吸收峰类型

(1)基频峰与泛频峰:分子振动能级是量子化的,振动能级差的大小与分子的结构密切相关。分子振动只能吸收能量等于其振动能级差的频率的光。当分子吸收一定频率的红外线后,从振动能级基态跃迁至第一激发态时,产生的吸收峰叫做基频峰,它所对应的振动频率等于它所吸收的红外线的频率。

从振动能级基态跃迁至第二激发态、第三激发态等所产生的吸收峰,分别称为二倍频峰、三倍频峰等,也可将它们统称为倍频峰。倍频峰的跃迁概率比基频的低得多,故基频峰的强度比倍频峰的大得多。在倍频峰中,三倍频以上的峰都很弱,因而难以测出。此外,红外光谱中还会产生合频峰或差频峰,它们分别对应两个或多个基频之和或之差。合频峰、差频峰都叫组频峰,其强度也很弱,一般不易辨认。倍频峰、合频峰和差频峰统称为泛频峰。

(2)特征峰与相关峰:能够用于鉴别官能团存在并具有较高强度的吸收峰称为特征吸收峰,简称特征峰,其频率称为特征频率。如羰基的伸缩振动吸收峰是红外光谱中的最强峰,其吸收频率在 $1\,850\sim1\,650cm^{-1}$ 之间,最易识别。

由一个官能团所产生的一组具有依存关系的特征峰称为相关吸收峰,简称相关峰。如亚甲基基团具有下列相关峰:$\nu_{as}=2\,930cm^{-1}$,$\nu_s=2\,850cm^{-1}$,$\delta=1\,465cm^{-1}$,$\rho=720\sim790cm^{-1}$。用一组相关峰确定一个官能团的存在,是红外光谱解析应该遵循的一条重要原则。

2. 影响吸收峰强度的因素

(1)原子电负性的影响:化学键两端所连接的原子电负性相差越大,即极性越大,偶极矩变化越大,伸缩振动的吸收峰越强。

(2)原子电负性的影响:分子越对称,吸收峰越弱,完全对称时,偶极矩无变化,不产生红外吸收。

(3)振动方式的影响:振动方式不同,吸收峰强度也不同。基团的振动方式与其吸收峰强度的大小关系为:$\nu_{as}>\nu_s>\delta$。

(4)溶剂的影响:主要是由于形成氢键的影响,以及氢键强弱的不同,使原子间距离增大,相应的偶极矩变化增大,导致吸收强度增大。

(五)吸收峰峰位及其影响因素

1. 吸收峰的峰位 吸收峰的位置或称峰位,一般以振动能级跃迁时所吸收的红外光的波长 λ_{max} 或波数 σ_{max} 或频率 ν_{max} 来表示。某基团的峰位,取决于形成化学键的原子的质量及化学键力常数。同一基团处在不同的化学环境时,即使同一振动形式,其振动频率也有所不同,所产生吸收峰的峰位也不同。但是其大体位置会相对稳定地出现在某一段区间内。因此,在某波数附近有无吸收带可用来鉴定某些化学键或基团的存在与否。

2. 影响峰位移动的因素 分子振动的实质是化学键的振动,但是也受到分子中其他部分,特别是邻近基团的影响,有时还要受到外部环境如溶剂、测定条件的影响。因此分析中不但要知道的红外特征频率的位置和强度,而且还要了解影响它们变化的因素,这样就可以根据吸收峰位的移动及强度的改变,来推测产生这种变化的结构因素,从而进行结构分析。影响峰位移动的因素主要有诱导效应、共轭效应、氢键、杂化轨道和振动耦合等。

(六)红外吸收光谱的重要区段

利用红外吸收光谱鉴定有机化合物结构,首先要熟悉重要的红外区域与结构的关系,熟记各区域包含哪些基团的哪些振动,对判断化合物的结构是非常有帮助的。虽然红外光谱比较复杂,但可根据基团和频率的关系,以及影响的因素,总结出一定的规律,为实际应用提供方便。因此可将整个红外吸收光谱分为四个区域。

1. X-H 伸缩振动区(4 000~2 500cm⁻¹) X 代表 O、N、C 等原子。

（1）O-H 伸缩振动:游离羟基在 3 700~3 500cm^{-1} 处有尖峰,基本无干扰,易识别。氢键效应使 ν_{OH} 降低在 3 400~3 200cm^{-1},并且谱峰变宽。有机酸形成二聚体,ν_{OH} 移向更低的波数 3 000~2 500cm^{-1}。

（2）N-H 伸缩振动:ν_{NH} 位于 3 500~3 300cm^{-1},与羟基吸收谱带重叠,但峰形尖锐,可区别。伯胺呈双峰,仲、亚胺显单峰,叔胺不出峰。

（3）C-H 伸缩振动:饱和烃的伸缩振动在 $\nu_{CH}<3 000$cm^{-1} 的附近,不饱和烃的伸缩振动在 $\nu_{CH}>3 000$cm^{-1}。因此,可以 3 000cm^{-1} 为界区分饱和烃与不饱和烃。

2. 三键和累积双键伸缩振动区（2 500~2 000cm^{-1}） 这个区域内的吸收峰较少,很容易判断,主要是三键伸缩振动与累积双键的反对称伸缩振动。

3. 双键伸缩振动区（2 000~1 500cm^{-1}） 有机化合物中一些典型官能团的吸收峰在此区域内,这是红外光谱中一个重要区域。

（1）羰基伸缩振动:位于 1 900~1 650cm^{-1},是红外光谱上最强的吸收峰,是判断羰基化合物存在与否的主要依据。

（2）碳碳双键的伸缩振动:位于 1 670~1 450cm^{-1},在光谱图中有时观测不到,但在邻近基团差别较大时,$\nu_{C=C}$ 吸收带增强。

（3）芳环骨架振动:在 1 600~1 500cm^{-1} 之间有两个到三个中等强度的吸收峰,是判断有无芳环存在的重要标志之一。

在上述 3 个区域 4 000~1 500cm^{-1} 范围内,大多是一些特定官能团所产生的吸收峰,因此统称为官能团区,又称为基团频率区或特征区,其吸收光谱主要反映分子中特征基团的振动,所以官能团的鉴定主要在这一区域内进行。

4. 指纹区（1 500~400cm^{-1}） 主要谱带有 C-X（X=C,O,N,H）单键伸缩和各种弯曲振动,有机化合物基本骨架 C-C 单键的振动即在该区,因此,出现的振动形式很多,峰很密集,吸收光谱十分复杂,反映了分子内部的细微结构。每一种化合物在该区的吸收峰位、强度和形状都不相同,迄今还未发现两种不同结构的化合物有完全相同的红外吸收光谱图,犹如人的指纹,对有机化合物的鉴定有极大的价值。

三、红外分光光度计及工作原理

红外分光光度计可分为色散型红外分光光度计（光栅红外分光光度计）和干涉型傅里叶变换红外分光光度计两大类。本节主要介绍目前应用较多的色散型红外分光光度计,仪器的结构如图 16-8 所示。

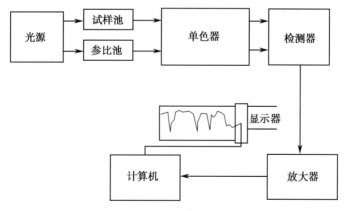

图 16-8 色散型红外分光光度计的结构图

色散型红外分光光度的主要部件包括:

（一）光源

红外光源应是能够发射高强度的连续红外光的部件。常用的光源有能斯特灯和硅碳棒两种。

能斯特灯是一直径为 1~3mm,长为 20~50mm 的中空棒或实心棒。它由稀有金属锆、钇、铈或钍等氧化物的混合物烧结而成,在两端绕有铂丝作为导线。工作前须预热,工作温度为 1 750℃,使用波数范围为 5 000~400cm^{-1}。该灯的优点是发光强度大,工作时不需要用冷水夹套来冷却。缺点是机械强度差,易损坏且价格较贵。

硅碳棒为一中间细两端粗的实心棒,直径约 5mm,长约 50mm,由碳化硅烧结而成,中间为发光部位,工作前不预热,工作温度为 1 200℃,波数范围也是 5 000~400cm^{-1}。该光源坚固,寿命长,发光面积大,使用安全。其缺点是工作时需要水冷却装置,以免影响仪器其他部件性能。

(二)吸收池

有气体池和液体池两种。气体池主要用于测量气体及沸点较低的液体。液体池用于分析常温下不易挥发的液体试样及固体试样,有可拆式液体池、固定式液体池及可变层厚液体池等,可根据待测试样的性质及需要来选择。

(三)单色器

单色器由狭缝、准直镜和色散元件通过一定的排列方式组合而成,目前生产的色散型红外光谱仪主要采用反射光栅作为色散元件。

(四)检测器

有热电偶、测辐射热计、高莱池等,常用的检测器为真空热电偶。热电偶是利用不同导体构成回路时的温差转变成电位差的装置,为了保证热电偶的高灵敏度和减少热传导的损失,热电偶安装在一个高真空的玻璃管中。

(五)显示器

红外光谱必须有绘图记录系统来绘制记录吸收光谱。现在的仪器大多都配有计算机,仪器的操作控制、谱图中各种参数的计算,以及谱图检索等均可由计算机完成。

第四节　电　泳　法

电泳(electrophoresis)是指带电荷的溶质或粒子在电场中向着与其本身所带电荷相反的电极移动的现象。利用电泳现象将多组分物质分离、分析的技术称为电泳法(electrophoresis technique)。电泳适用于蛋白质、核酸、糖等生物大分子的分离分析,也适用于氨基酸、手性药物、维生素、有机酸的分离分析。

一、电泳法的基本原理

物质分子在正常情况下一般不带电,即所带正负电荷量相等,故不显示带电性。但是在一定的物理作用或化学反应条件下,某些物质分子会成为带电离子(或粒子)。由于不同物质所带电的性质、颗粒形状和大小不同,因而在一定的电场中它们的移动方向和移动速度也不同,从而可使它们彼此分离。

在两个平行电极上加一定的电压(V),两个电极中间就会产生电场。电场对带电分子的作用力(F),等于所带净电荷与电场强度(E)的乘积:

$$F = q \cdot E \tag{16-9}$$

这个作用力使带电离子(或粒子)向其电荷相反的电极方向移动。在移动过程中,分子会受到介质黏滞力的阻碍。黏滞力(F')的大小与带电离子(或粒子)的大小、形状、移动速度、电泳介质孔径大小以及缓冲液黏度等有关。对于球状带电离子(或粒子),F' 的大小服从 Stokes 定律,即:

$$F' = 6\pi r \eta v \tag{16-10}$$

式 16-10 中,r 是球状分子的半径,η 是缓冲液黏度,v 是电泳速度($v = d/t$,单位时间粒子运动的距离,cm/s)。当带电分子匀速移动时,$F = F'$,即:

$$q \cdot E = 6\pi r \eta v \tag{16-11}$$

所以,

$$v = \frac{q \cdot E}{6\pi r \eta} \tag{16-12}$$

二、电泳法的分类

电泳法一般可分为两大类：一类为移动界面电泳或自由溶液电泳；另一类为区带电泳。

（一）移动界面电泳

移动界面电泳是指不含支持物的电泳。溶质在自由溶液中泳动，故也称自由溶液电泳，主要用于蛋白质等生物大分子的检测。

（二）区带电泳

区带电泳是指含有支持介质的电泳。带电荷的试样（如蛋白质、核苷酸等大分子或其他粒子）在惰性支持介质（如纸、醋酸纤维素、琼脂糖凝胶、聚丙烯酰胺凝胶等）中，在电场的作用下，向其极性相反的电极方向按各自的速度进行泳动，使组分分离成狭窄的区带。区带电泳法可选用不同的支持介质，并用适宜的检测方法记录试样各组分电泳区带图谱，以计算其含量（%）。

三、毛细管电泳法

近年来，迅速发展起来一种新的电泳技术，称为毛细管电泳法（capillary electrophoresis，CE），是以高压直流电场为驱动力，以毛细管为分离通道，依据试样中各组分之间淌度和分配行为上的差异而实现分离分析的方法。毛细管电泳的分离机制和液相色谱之间有互补性，是经典电泳技术与现代微柱分离相结合的产物，是分析科学的又一重大发展，已经出现了替代高效液相色谱法检测有关物质的现象。

（一）毛细管电泳仪

毛细管电泳仪的基本结构一般包括高压电源、毛细管、背景电解质储液槽、检测器及工作站等部分组成。其中，毛细管一般是一根长为 50~100cm（有效长度为 30~70cm），内径 25~100μm 的熔融石英毛细管柱，它一端用于导入试样溶液，另一端通过检测器后插入储液槽，在试样溶液和储液槽之间，外加 10~30kV 稳定的高电压，如图 16-9 所示。

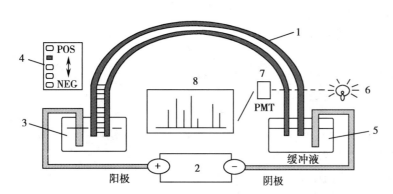

1. 毛细管；2. 高压电源；3. 阳极缓冲液槽及样品入口；4. 试样离子溶液；
5. 阴极缓冲溶液槽；6. 光源；7. 光电倍增管；8. 电泳图。

图 16-9　毛细管电泳仪示意图

（二）毛细管电泳法的特点

仪器体积小，散热快，可加高电场，对微量试样可以快速分离。毛细管电泳法的制备能力差，检测时需要用高灵敏的方法才能测出试样峰。

四、电泳法与色谱法的比较

（一）电泳与色谱的相似点

1. **分离过程相似**　电泳和色谱分离都是差速过程，都可用物质传输等理论来描述。
2. **仪器构成相似**　电泳和色谱系统通常都包括有进样、分离、检测和数据处理等部分。
3. **分离通道的形状相似**　有薄层、柱子、毛细管等。

（二）电泳与色谱的不同点

试样各组分产生差速迁移原理具有本质区别,电泳法是有电场力驱动的差速迁移分离法,色谱是由浓度差驱动的差速迁移分离法。

学习小结

本章对磁共振波谱法、质谱分析法、红外分光光度法和电泳法的基本原理、特点及仪器装置作了简单介绍,为适应临床检验和药物分析工作实践中出现的现代分离分析新技术做一些知识储备。

扫一扫,测一测

达标练习

一、多项选择题

1. 下列原子核中具有磁共振现象的有(　　)
   A. $^{15}_{7}N$　　　　B. $^{19}_{9}F$　　　　C. $^{31}_{15}P$　　　　D. $^{16}_{8}O$　　　　E. $^{32}_{16}S$

2. 质谱分析法的特点(　　)
   A. 应用范围广　　　　　　　　B. 灵敏度高,试样用量少
   C. 应用于常量试样的检测　　　D. 仪器结构简单,价格便宜
   E. 分析速度快

3. 影响分子振动频率的因素有(　　)
   A. 原子质量　　　　　　　B. 仪器分辨率　　　　　　C. 化学键力常数
   D. 振动方式　　　　　　　E. 溶剂

4. 毛细管电泳仪的主要结构有(　　)
   A. 高压源　　　　　　　　B. 毛细管柱　　　　　　　C. 检测器
   D. 储液槽　　　　　　　　E. 工作站

5. 毛细管电泳的特点(　　)
   A. 散热快,可加高电场　　　B. 分析速度快　　　　　　C. 试样量少
   D. 仪器体积大、操作复杂　　E. 制备能力差

二、辨是非题

1. 磁共振波谱仪测定的信号是化学位移。(　　)
2. 在质谱图中,纵坐标代表的是离子的质量。(　　)
3. 红外分光光度计常用的光源是能斯特灯和硅碳棒。(　　)
4. 羰基伸缩振动的波数位于 $1\,900\sim1\,650cm^{-1}$。(　　)
5. 电泳是带电粒子在电场中自由移动的现象。(　　)

三、填空题

1. 在分子的红外光谱实验中,并非每一种振动都能产生一种红外吸收带,常常是实际吸收带比预期的要少得多。其原因是_____;_____;_____。
2. 磁共振法中,测定某一质子的化学位移时,常用的标准试样是_____。
3. NMR 法中,影响质子的化学位移值 δ 的内部因素有_____、_____和磁的各向异性效应等;外部因素有_____、_____等。

笔记

4. 红外光区位于可见光区和微波光区之间,习惯上又可将其细分为＿＿＿＿＿＿＿、
＿＿＿＿＿＿＿和＿＿＿＿＿＿＿三个光区。

5. 质 谱 仪 一 般 由 ＿＿＿＿＿＿＿、＿＿＿＿＿＿＿、＿＿＿＿＿＿＿、＿＿＿＿＿＿＿、
＿＿＿＿＿＿＿等五个部分构成。

四、简答题

1. 下列哪一组原子核不产生磁共振信号,为什么?

(1) $_{1}^{2}H$、$_{7}^{14}N$ (2) $_{9}^{19}F$、$_{6}^{12}C$ (3) $_{6}^{12}C$、$_{8}^{16}O$

2. 何谓红外特征区?它有什么特点和用途?

3. 简述质谱仪的主要组成部分。

4. 简述电泳法的基本原理。

(周建庆)

实验一 电子天平的基本操作及称量练习

【实验目的】

1. 掌握电子天平的基本操作。

2. 熟悉电子天平递减称量试样的方法。

【实验原理】

应用现代电子技术进行称量的天平称为电子天平。其称量原理是电磁力平衡原理。当把通电导线放在磁场中时,导线将产生磁力,当磁场强度不变时,力的大小与流过线圈的电流强度呈正比。如物体的重力方向向下,电磁力方向向上,二者相平衡,则通过导线的电流与被称物体的质量呈正比,从而测得样品质量。

【仪器与试剂】

1. 仪器 电子天平、称量瓶、小烧杯、毛刷。

2. 试剂 Na_2SO_4 粉末。

【实验步骤】

1. 天平检查 查看水平仪,如不水平,调整水平调节螺丝,使水泡位于水平仪中心。

2. 预热 接通电源,预热30min,待天平显示屏出现稳定的0.000 0g,即可进行称量。

3. 称量 取一洁净、干燥的称量瓶,装入 Na_2SO_4 粉末,至称量瓶容积的2/3左右。将装有试样的称量瓶放在天平盘中央,准确称出称量瓶加试样的质量 $m_1(g)$;取下称量瓶,敲出适量(在要求的质量范围内)试样于接收容器中,再次称出称量瓶加试样的质量 $m_2(g)$,则敲出的试样质量为 $m_1-m_2(g)$。若敲出的试样质量少于要求的质量范围,则需再敲出一些,直至满足质量要求时,再称 m_2,重复以上操作,可连续称取多份试样。

精密称取约 0.5g(0.45~0.55g)、0.3g(0.27~0.33g)和 0.12g(0.10~0.13g)的试样各三份。

【数据记录与处理结果】

序号 称量范围	第一份	第二份	第三份
0.5g(0.45~0.55g)			
0.3g(0.27~0.33g)			
0.12g(0.10~0.13g)			

【注意事项】

1. 天平应放在稳定的工作台上,天平使用过程中应避免震动、气流、阳光直射和较剧烈的温度波动。

2. 使用前应按规定通电预热。

3. 保持天平内外清洁,及时用毛刷小心去除称量废弃物。

【思考题】

1. 递减称量法中,零点可以不参加计算,为什么?

2. 用递减称量法称取试样的过程中,若称量瓶内的试样发生了吸湿现象,对称量会造成什么误差? 若试样倾入烧杯后发生了吸湿现象,对称量是否有影响,为什么?

(朱自仙)

实验二　滴定分析仪器的洗涤及使用练习

【实验目的】

1. 掌握滴定分析常用仪器的洗涤方法。

2. 熟练滴定管、移液管、容量瓶的基本操作。

3. 学习滴定终点的观察与判定。

【实验原理】

正确使用各种滴定分析器皿，不仅是获取准确测量数据以保证良好分析结果的前提，而且是培养规范滴定操作技能及动手能力的重要手段，必须按照"滴定分析常用器皿及操作规程"练习容量瓶、移液管、滴定管的操作。

用氢氧化钠溶液滴定盐酸溶液的反应方程式为：

$$NaOH+HCl=NaCl+H_2O$$

以酚酞作指示剂，溶液颜色由无色变为浅红色为滴定终点。

用盐酸溶液滴定氢氧化钠溶液的反应方程式与前者相同，以甲基橙作指示剂，溶液颜色由黄色变为橙色为滴定终点。

反复练习滴定操作及滴定终点的判断。

【仪器与试剂】

1. **仪器**　50ml 酸式滴定管、50ml 碱式滴定管、250ml 容量瓶、250ml 锥形瓶、25ml 移液管、10ml 刻度吸量管、洗耳球、烧杯、洗瓶、滴管、玻璃棒、电子天平、称量瓶。

2. **试剂**　Na_2CO_3 粉末、HCl 溶液（0.1mol/L）、NaOH 溶液（0.1mol/L）、酚酞指示剂、甲基橙指示剂、洗液、凡士林。

【实验步骤】

1. **常用器皿的洗涤**　按"滴定分析常用器皿及操作规程"，检查仪器是否完好，检验滴定管、容量瓶是否漏水，发现问题，及时报告带教老师予以调换。洗涤容量瓶、移液管、滴定管等，洗净的标准是器皿内壁不挂水珠，然后用少量蒸馏水洗涤 3 次，备用。

2. **容量瓶的使用练习**　精密称取 Na_2CO_3 粉末 0.1g 置于洁净的小烧杯中，加水约 20ml，搅拌溶解后，转移至 250ml 容量瓶中，稀释至刻度，摇匀。

3. **移液管的使用练习**　用移液管精密量取上述 Na_2CO_3 溶液 25.00ml 置于锥形瓶中，重复操作 3~6 次，直至熟练。也可以用蒸馏水代替 Na_2CO_3 溶液。

4. **滴定操作及终点判定练习**

（1）用 NaOH 溶液滴定 HCl 溶液：用适量 NaOH（0.1mol/L）溶液洗涤洗净的碱式滴定管（50ml）3 次，加满 NaOH 溶液，排气，调零点，置于滴定夹上。取洗净的移液管（250ml）一支，移取 25.00ml HCl 溶液（0.1mol/L）置于洁净的锥形瓶（250ml）中，加入蒸馏水 25ml，酚酞指示剂 2 滴，用 NaOH 溶液（0.1mol/L）滴定至溶液出现微红色，30s 不褪色，即为终点，记下消耗 NaOH 溶液的体积，重复 3 次，每次消耗的 NaOH 溶液体积相差不得超过 0.04ml。注意练习半滴加入的操作技术。

（2）用 HCl 溶液滴定 NaOH 溶液：用适量 HCl 溶液（0.1mol/L）洗涤洗净的酸式滴定管 3 次，加满 HCl 溶液，排气，调零点，置于滴定夹上。取洗净的移液管（250ml）一支，移取 25.00ml NaOH 溶液（0.1mol/L）置于洁净的锥形瓶（250ml）中，加入蒸馏水 25ml，甲基橙指示剂 2 滴，用 HCl 溶液（0.1mol/L）滴定至溶液由黄色变为橙色为滴定终点，记下消耗 HCl 溶液的体积，重复 3 次，每次消耗的 HCl 溶液体积相差不得超过 0.04ml。注意练习半滴加入的操作技术。

【数据记录与处理结果】

1. 用 NaOH 溶液滴定 HCl 溶液，计算 HCl 溶液的浓度。

已知 $c_{NaOH}=0.1mol/L$，$V_{HCl}=25.00ml$。

序号 实验数据	第一份	第二份	第三份
NaOH 溶液的初始读数 V_1/ml			
NaOH 溶液的终点读数 V_2/ml			
$V_{NaOH} = V_2 - V_1$/ml			
HCl 溶液的浓度 c_{HCl}/(mol·L^{-1})			
HCl 溶液浓度的平均值 c/(mol·L^{-1})			

2. 用 0.1mol/L HCl 标准溶液滴定 NaOH 溶液,计算 NaOH 溶液的浓度。

已知 c_{HCl} = 0.1mol/L, V_{NaOH} = 25.00ml。

序号 实验数据	第一份	第二份	第三份
HCl 溶液的初始读数 V_1/ml			
HCl 溶液的终点读数 V_2/ml			
$V_{HCl} = V_2 - V_1$/ml			
NaOH 溶液的浓度 c_{NaOH}/(mol·L^{-1})			
NaOH 溶液浓度的平均值 c/(mol·L^{-1})			

【注意事项】

1. 实验用到的烧杯、玻璃棒和锥形瓶用自来水洗净后,需用少量蒸馏水润洗 2~3 次,不能用待盛放的溶液润洗。

2. 本实验所配制的 0.1mol/L NaOH 溶液和 0.1mol/L HCl 溶液并非标准溶液,仅限在滴定练习中使用。

3. 滴定管、移液管和容量瓶是带有刻度的精密玻璃量器,不能用直火加热或放入干燥箱烘干,也不能装热溶液,以免影响测量的准确度。

4. 滴定仪器使用完毕,应立即清洗干净,并放在规定位置。

【思考题】

1. 玻璃仪器洗净的标志是什么?

2. 使用移液管、刻度吸量管应注意什么? 留在管内的最后一点溶液是否吹出?

3. 锥形瓶及容量瓶使用前是否需要烘干,是否需要用待测溶液润洗?

4. 在滴定过程中如何防止滴定管漏液? 若有漏液现象应如何处理?

5. 精密量取(移取)是指液体体积(ml)应记录至小数点后几位? 要达到精密量取的要求,除了用移液管、刻度吸管外,还可选用什么容量器皿?

(朱自仙)

实验三　盐酸标准溶液的配制

【实验目的】

1. 掌握间接法配制盐酸标准溶液。

2. 了解强酸弱碱盐滴定过程中溶液 pH 的变化。

3. 学会使用混合指示剂溴甲酚绿-甲基红控制终点的方法。

【实验原理】

由于浓盐酸易挥发出 HCl 气体,若直接配制准确度差,因此,采用间接法配制 HCl 标准溶液。市售浓盐酸为无色透明的水溶液,质量分数为0.37,相对密度约为1.19g/ml。

标定盐酸的基准物质常用无水碳酸钠或硼砂。无水碳酸钠作为基准物质的优点是容易提纯,价格便宜。缺点是无水碳酸钠摩尔质量较小,具有吸湿性。综合考虑,本实验采用无水碳酸钠作为基准物质,以甲基红-溴甲酚绿混合指示剂指示终点。在270~300℃高温炉中灼烧无水Na_2CO_3固体至恒重,然后将其置于干燥器中冷却后备用。

计量点时溶液的pH为3.89,用待标定的HCl溶液滴定至溶液由绿色变为暗红色后煮沸2min,冷却后继续滴定至溶液再呈暗红色即为终点。根据Na_2CO_3的质量和所消耗的HCl体积,可以计算出HCl的准确浓度,计算公式如下:

$$c_{HCl} = \frac{2m_{Na_2CO_3}}{105.99V_{HCl}} \times 10^3$$

反应本身产生H_2CO_3溶液易形成饱和溶液,所以,化学计量点附近酸度改变较小,会使滴定突跃不明显,致使指示剂颜色变化不够敏锐。因此,接近滴定终点之前,最好把溶液加热煮沸,并摇动以赶走CO_2,冷却后再滴定。

【仪器与试剂】

1. **仪器** 电子分析天平、托盘天平、量筒、称量瓶、酸式滴定管、250ml锥形瓶、电炉。

2. **试剂** 浓盐酸、基准Na_2CO_3、溴甲酚绿-甲基红混合指示剂。

【实验步骤】

1. **制备浓度约为0.1mol/L的HCl溶液** 用小量筒取浓HCl 4.5ml,加纯化水稀释溶液至500ml,混匀即得。

2. **标定0.1mol/L HCl溶液的准确浓度** 取在270~300℃干燥至恒重的基准无水Na_2CO_3约0.2g,精密称定3份,分别置于250ml锥形瓶中,加50ml蒸馏水溶解后,加溴甲酚绿-甲基红混合指示剂10滴,用待标定的HCl标准溶液(0.1mol/L)滴定至溶液由绿色变为紫红色,停止滴定,煮沸约2min,使溶液由紫红色变为绿色,冷却至室温(或旋摇2min),继续滴定至溶液呈现暗紫色,记下所消耗的HCl标准溶液的体积,平行测定三次。根据消耗HCl的体积与基准Na_2CO_3的质量计算HCl标准溶液的浓度。

【数据记录与处理结果】

实验数据与处理　　　　编号	第一份	第二份	第三份
称取基准Na_2CO_3的质量m/g			
消耗HCl标准溶液的体积V_{HCl}/ml			
HCl标准溶液的浓度C_{HCl}/(mol·L^{-1})			
HCl标准溶液浓度的平均值/(mol·L^{-1})			

【注意事项】

1. 无水Na_2CO_3经过高温烘烤后,极易吸水,故称量瓶一定要盖严;称量时,动作要快些,以免无水Na_2CO_3吸水。

2. 无水Na_2CO_3在270~300℃加热干燥,目的是除去其中的水分及少量$NaHCO_3$。但若温度超过300℃,则部分Na_2CO_3分解为Na_2O和CO_2。加热过程中(可在沙浴中进行),要翻动几次,使受热均匀。

3. 近终点时,若煮沸约2min后,溶液仍旧是紫红色,说明滴入的HCl标准溶液已过量,应重做。

4. 实验过程中应防止HCl溶液的腐蚀。

【思考题】

1. 配制HCl标准溶液时,为什么用量筒量取浓HCl,而不用吸量管?

2. 用Na_2CO_3标定HCl溶液时能否用酚酞作指示剂?

3. 试分析实验中产生误差的原因?

（牛　颖）

实验四　氢氧化钠标准溶液的配制

【实验目的】

1. 掌握配制和标定氢氧化钠标准溶液的方法、碱式滴定管的操作方法。

2. 熟悉计算氢氧化钠标准溶液的浓度。

3. 学会使用酚酞作指示剂确定滴定终点。

【实验原理】

NaOH 易吸潮，也易吸收空气中的 CO_2，使得溶液中含有 Na_2CO_3，反应式如下：

$$2NaOH+CO_2 =\!=\!= Na_2CO_3+H_2O$$

因此，只能采用间接法配制氢氧化钠标准溶液。

将 NaOH 饱和水溶液静置一段时间，杂质 Na_2CO_3 在 NaOH 饱和溶液中的溶解度小，会发生沉淀，待 Na_2CO_3 沉淀完全后，量取一定量的上层清液，再稀释至所需浓度，即得到不含 Na_2CO_3 的 NaOH 溶液。饱和 NaOH 溶液的物质的量浓度约为 20mol/L。配制 NaOH 溶液（0.1mol/L）1 000ml，应取 NaOH 饱和溶液 5ml，为保证其浓度略大于 0.1mol/L，故规定取 5.6ml。

标定碱溶液的基准物质很多，如草酸、邻苯二甲酸氢钾等。由于邻苯二甲酸氢钾容易制得纯品，不含结晶水，在空气中不吸水，容易保存，摩尔质量大，比较稳定，是较好的基准物质，所以较为常用。

反应产物邻苯二甲酸钾钠是二元弱碱，化学计量点时，溶液呈弱碱性，pH≈9，选用酚酞作指示剂，滴定终点由无色变为浅红色。

【仪器与试剂】

1. 仪器　托盘天平、电子分析天平、量筒、称量瓶、50ml 碱式滴定管、250ml 锥形瓶、聚乙烯试剂瓶、烧杯、电热恒温干燥箱。

2. 试剂　固体 NaOH、基准试剂邻苯二甲酸氢钾、酚酞指示剂。

【实验步骤】

1. 制备浓度约为 0.1mol/L 的 NaOH 溶液　用托盘天平称取 120g 氢氧化钠，溶于 100ml 煮沸并冷却的纯化水中，振摇使其溶解成饱和溶液，冷却后，置聚乙烯塑料瓶中，密闭放置数日至溶液澄清。取澄清的氢氧化钠饱和溶液 5.6ml，用新煮沸并冷却的纯化水稀释至 1 000ml，摇匀。

2. 标定 0.1mol/L NaOH 溶液的准确浓度　采用减重称量法精密称取于 105～110℃ 电烘箱中干燥至恒重的基准邻苯二甲酸氢钾 3 份，每份约 0.5g（称准至 0.1mg），分别置于锥形瓶，各加入无 CO_2 的纯化水 50ml 溶解，各加入 2 滴酚酞指示液，用待标定的氢氧化钠标准溶液滴定至溶液呈粉红色，并保持 30s 内不褪色。

3. 计算　根据基准物质邻苯二甲酸氢钾的质量和氢氧化钠标准溶液的体积，计算氢氧化钠标准溶液的浓度，计算公式如下：

$$c_{NaOH}=\frac{m_{KHC_8H_4O_4}}{V_{NaOH}M_{KHC_8H_4O_4}}\times10^3$$

【数据记录及处理】

编号 实验数据与处理	第一份	第二份	第三份
基准邻苯二甲酸氢钾的质量 m/g			
消耗 NaOH 标准溶液的体积 V_{NaOH}/ml			
NaOH 标准溶液的浓度 c_{NaOH}/（mol·L^{-1}）			
NaOH 标准溶液浓度的平均值/（mol·L^{-1}）			

【注意事项】

1. 配制的氢氧化钠溶液置聚乙烯塑料瓶中，密封保存。

2. $KHC_8H_4O_4$ 溶解较慢，要溶解完全后，才能滴定。

3. 近终点要慢滴多摇,要求加半滴到微红色并保持半分钟不褪色。

4. 体积读数要读至小数点后两位。

5. 邻苯二甲酸氢钾干燥温度不宜过高,否则会引起脱水,形成邻苯二甲酸酐。

6. 由于氢氧化钠具有较强的吸湿性和腐蚀性,所以固体氢氧化钠不宜直接放置在天平上称量,应置于表面皿或干燥小烧杯中称量。

7. 碱式滴定管滴定前要赶走气泡,滴定中要防止产生气泡。

8. 用热蒸馏水溶解的邻苯二甲酸氢钾,要冷却至室温后,才能转移到容量瓶中。

【思考题】

1. NaOH 标准溶液能否用直接配制法配制?为什么?

2. 溶解基准物质邻苯二甲酸氢钾时加入 50ml 水,应选用量筒还是移液管量取水的体积?为什么?

3. 称取 NaOH 及邻苯二甲酸氢钾各用什么天平?为什么?

4. 利用基准物质 Na_2CO_3 标定 HCl 标准溶液时,近终点加热煮沸溶液的目的是什么?若溶液变回绿色后能否立即进行滴定,为什么?

(牛　颖)

实验五　氯化钠含量的测定

【实验目的】

1. 掌握吸附指示剂法滴定条件的控制和测定氯化钠试样含量的方法。

2. 熟悉吸附指示剂法的实验原理。

3. 学会使用荧光黄指示剂确定滴定终点。

【实验原理】

本实验采用吸附指示剂法测定氯化钠含量。吸附指示剂法是利用吸附作用在终点时生成带正电荷的卤化银胶粒而吸附指示剂阴离子,使指示剂的结构发生改变,从而引起颜色发生改变来指示终点的银量法。其原理可表示为:

终点前:$HFIn \rightleftharpoons H^+ + FIn^-$(黄绿色)
$$Ag^+ + Cl^- = AgCl \cdot Cl^-$$
终点时:$(AgCl) \cdot Ag^+ + FIn^-$(黄绿色)$\rightleftharpoons (AgCl) \cdot Ag^+ \cdot FIn^-$(浅红色)

【仪器与试剂】

1. **仪器**　电子分析天平、称量瓶、100ml 烧杯、10ml 小量筒、50ml 棕色酸式滴定管、250ml 锥形瓶、250ml 容量瓶、25ml 移液管。

2. **试剂**　NaCl 样品、0.1mol/L $AgNO_3$ 标准溶液、0.1%荧光黄指示剂、2%糊精溶液。

【实验步骤】

1. **配制氯化钠试样溶液**　精密称取氯化钠试样约 0.000 1g)置于 100ml 烧杯中,用少量蒸馏水溶解后,定量转移至 250ml 容量瓶中,用蒸馏水稀释至标线,摇匀即可。

2. **滴定氯化钠试样溶液**　用移液管精密移取上述氯化钠溶液 25.00ml 置于 250ml 锥形瓶中,加 20ml 蒸馏水稀释,加 2%糊精溶液 5ml,再加荧光黄指示剂 5~8 滴,在不断振摇下,用 0.100 0mol/L $AgNO_3$ 标准溶液滴定溶液由黄绿色变至粉红色沉淀,即为滴定终点,记录消耗的 $AgNO_3$ 标准溶液的体积,平行测定 3 次。

3. **计算 NaCl 的百分含量**　根据如下公式计算试样中 NaCl 百分含量。

$$NaCl\% = \frac{c_{AgNO_3} V_{AgNO_3} \times \dfrac{M_{NaCl}}{1\,000}}{m_S \times \dfrac{25.00}{250.00}}$$

【数据记录与处理结果】

$AgNO_3$ 标准溶液的浓度 c_{AgNO_3} = _____ mol/L

编号 实验数据与处理	第一份	第二份	第三份
氯化钠试样质量 m_s/g			
消耗 $AgNO_3$ 标准溶液体积 V_{AgNO_3}/ml			
NaCl 的百分含量/%			
NaCl 的百分含量平均值/%			

【注意事项】

1. 吸附指示剂指示终点的颜色变化,是发生在胶态沉淀的表面。因此,在滴定前加入糊精等亲水性高分子物质,保护胶体,使 AgCl 沉淀具有较大的表面积,以防止胶体的凝聚。

2. 溶液的 pH 应适当,吸附指示剂多是有机酸,而起指示作用的主要是阴离子。为了使指示剂主要以阴离子形式存在,必须控制溶液的 pH,荧光黄指示剂应在 pH 7.0~10 的中性或弱碱性条件下使用。

3. 滴定应避免在强光照射下进行,这是因为吸附指示剂的 AgCl 胶体对光极为敏感,遇光易分解析出金属银,使沉淀变为灰色或黑灰色。因此,在实验过程中,应避免强光的照射,否则影响终点观察,造成测量误差。

4. 实验结束后,将未用完的 $AgNO_3$ 标准溶液和 AgCl 沉淀应分别倒入回收瓶中贮存,不得随意倒入水槽。实验中盛装过 $AgNO_3$ 的滴定管、移液管和锥形瓶应先用蒸馏水淌洗 2~3 次后,再依次用自来水和蒸馏水冲洗干净备用,以免产生 AgCl 沉淀,难以洗净。

【思考题】

1. 滴定前加入糊精的作用是什么?

2. 滴定过程应控制溶液的 pH 在 7~10,酸度过高或过低可以吗? 为什么?

3. 测氯化钠含量时,能否选用曙红作指示剂? 为什么?

4. 实验完毕应如何洗涤滴定管和锥形瓶?

(范红艳)

实验六　水的总硬度的测定

【目的要求】

1. 掌握测定水的总硬度的原理和方法。

2. 熟悉配位滴定的条件。

3. 了解水的硬度的计算和表示方法。

4. 学会用铬黑 T 指示剂指示滴定终点。

【实验原理】

水的总硬度是指水中 Ca^{2+}、Mg^{2+} 的总量。通常将测得的水中 Ca^{2+}、Mg^{2+} 的量折算为 $CaCO_3$ 的质量,以每升水中所含 $CaCO_3$ 的毫克数来表示水的总硬度。

EDTA 和金属指示剂铬黑 T(H_3In)能够分别与 Ca^{2+}、Mg^{2+} 形成配合物,其稳定性为 $C_aY^{2-} > MgY^{2-} > MgIn^-$ > $CaIn^-$,当水样中加入少量铬黑 T 指示剂时,它首先和 Mg^{2+} 生成酒红色络合物 $MgIn^-$,然后与 Ca^{2+} 生成酒红色络合物 $CaIn^-$。当用 EDTA 标准溶液滴定至近终点时,EDTA 可以把铬黑 T 从其金属离子配合物中置换出来,使溶液显蓝色,即为滴定终点。

$$CaIn^- + H_2Y^{2-} = CaY^{2-} + HIn^{2-} + H^+$$
$$MgIn^- + H_2Y^{2-} = MgY^{2-} + HIn^{2-} + H^+$$
$$\text{酒红色} \qquad\qquad \text{蓝色}$$

【仪器与试剂】

1. 仪器　酸式滴定管、250ml 容量瓶、50ml 移液管、10ml 量筒、250ml 锥形瓶等。

2. 试剂　铬黑 T 指示剂、EDTA 标准溶液(0.050 0mol/L)、NH_3-NH_4Cl 缓冲溶液(pH≈10)。

【实验步骤】

1. 制备 0.010 00mol/L EDTA 标准溶液　用移液管吸取浓度为 0.050 00mol/ 的 EDTA 标准溶液 50.00ml,置于 250ml 容量瓶中,加蒸馏水稀释至刻线,摇匀。

2. 测定水样的总硬度　用移液管吸取水样 100.0ml 置于 250ml 锥形瓶中,加入 5~6ml 氨-氯化铵缓冲液,控制溶液的 pH 约为 10,再加铬黑 T 指示剂少许,用稀释后的 EDTA 标准溶液滴定到溶液由酒红色变为蓝色,记录消耗 EDTA 标准溶液的体积(V_{EDTA})根据要求计算结果,平行测定 3 次。

$$水的总硬度的计算公式:CaCO_3 mg/L = \frac{c_{EDTA}V_{EDTA} \times M_{CaCO_3}}{V_{水}} \times 1\ 000\ (mg/L)$$

$CaCO_3$ 式量 $M_{CaCO_3} = 100.1$

【数据记录与处理结果】

EDTA 标准溶液稀释后的浓度 c_{EDTA} = _____。

编号　　　　实验数据与处理	第一份	第二份	第三份
V_{EDTA}/ml			
水的总硬度($CaCO_3$,mg/L)			
水的总硬度平均值			

【注意事项】

1. 水样中的钙、镁含量不高,滴定时反应速度较慢,故滴定速度要慢。

2. 铬黑 T 指示剂的用量以火柴头大小为宜。

【思考题】

1. 为什么滴定 Ca^{2+}、Mg^{2+} 总量时要控制 pH≈10?

2. 如果只用铬黑 T 指示剂,能否测定 Ca^{2+} 的含量? 如何测定?

(杜庆波)

实验七　碘标准溶液的配制

【实验目的】

1. 掌握碘标准溶液的配制方法和注意事项。

2. 熟悉 As_2O_3 为基准物标定碘标准溶液的原理和方法。

3. 学会正确使用淀粉指示剂。

【实验原理】

碘易升华,在水中的溶解度很小且易挥发,所以,必须用间接法配制碘标准溶液。

当溶液中有大量 KI 存在时,I_2 与 I^- 形成可溶性的 I_3^- 配离子,既增大了 I_2 的溶解度,又降低了 I_2 的挥发性,所以,制备碘溶液时应加入大量 KI。

标定 I_2 溶液浓度最常用的基准物质是 As_2O_3(俗名砒霜),As_2O_3 难溶于水,可先用 NaOH 溶液使之溶解。

$$As_2O_3 + 6OH^- = 2AsO_3^{3-} + 3H_2O$$

过量的 NaOH 用 H_2SO_4 中和,再加入 $NaHCO_3$,使溶液的 pH 保持在 8 左右。实际滴定反应式如下。

$$I_2 + AsO_3^{3-} + H_2O = AsO_4^{3-} + 2I^- + 2H^+$$

【仪器与试剂】

1. 仪器　50ml 酸式滴定管,250ml 锥形瓶,玻璃研钵,垂熔玻璃滤器。

2. 试剂　I_2(A.R),KI(A.R),As_2O_3(基准物质),$NaHCO_3$(A.R),NaOH 溶液(1mol/L),浓 HCl(A.R),

H_2SO_4 溶液(1mol/L),酚酞指示剂,淀粉指示剂。

【实验步骤】

1. **制备浓度约为 0.05mol/L 的 I_2 溶液** 称取 I_2 6.5g 和 KI 8g 置于玻璃研钵中,加水少许,研磨至 I_2 全部溶解,加 2 滴浓 HCl,用蒸馏水稀释至 500ml,搅匀,用垂熔玻璃滤器过滤,滤液置于棕色瓶中,阴凉处保存,待标定。

2. **标定 I_2 溶液的准确浓度** 精密称取在 105℃ 干燥至恒重的基准物质 As_2O_3(式量为 197.84)约 0.12g,加入 NaOH 溶液(1mol/L)4ml 使溶解,加蒸馏水 20ml,酚酞指示剂 1 滴,滴加 H_2SO_4 溶液(1mol/L)至粉红色褪色,再加 $NaHCO_3$ 2g、蒸馏水 30ml 及淀粉指示剂 2ml,用 I_2 标准溶液滴定至溶液显浅蓝色,即为终点。按下列公式计算 I_2 标准溶液的浓度。

$$c_{I_2} = \frac{m_{As_2O_3} \times 1\,000 \times 2}{M_{As_2O_3} \times V_{I_2}}$$

平行测定 3 次,取平均值作为 I_2 标准溶液的准确浓度。

【数据记录与处理结果】

实验数据与处理 \ 编号	第一份	第二份	第三份
基准物质 As_2O_3 质量 $m_{As_2O_3}/g$			
消耗碘标准溶液的体积的 V_{I_2}/ml			
碘标准溶液的浓度 $c_{I_2}/(mol \cdot L^{-1})$			
碘标准溶液的浓度平均值			

【注意事项】

1. 碘在稀的碘化钾溶液中溶解很慢,所以在配制碘溶液时,必须溶解在浓碘化钾溶液中,然后再稀释。
2. 碘溶液腐蚀橡胶,因此应使用酸式滴定管盛碘液。同时,应避免碘和橡胶等有机物接触。
3. As_2O_3 剧毒,使用时应特别小心。

【思考题】

1. 为什么必须使用过量的碘化钾来制备碘液?
2. I_2 标准溶液为深棕色,装入滴定管后弯月面看不清楚,应如何读数?
3. 配制 I_2 标准溶液时,为什么要加入 2 滴浓盐酸?

(朱爱军)

实验八　直接碘量法测定维生素 C 的含量

【实验目的】

1. 掌握直接碘量法的基本原理及滴定条件。
2. 熟悉直接碘量法测定维生素 C 含量的基本原理和操作技术。

【实验原理】

维生素 C 是人体重要的维生素之一,缺乏时会产生维生素 C 缺乏症(坏血病),故维生素 C 又称抗坏血酸,属水溶性维生素。

维生素 C(式量为 176.13)分子中的烯二醇基具有还原性,能被 I_2 定量氧化成二酮基,因此,以淀粉为指示剂,可用直接碘量法进行测定。

由于维生素 C 的还原性强,极易被空气中的 O_2 氧化,在碱性介质中这种氧化作用更强,因此滴定宜在酸性介质中进行,以减少副反应的发生。考虑到 I_2 在强酸性中也易被氧化,故一般在 pH 为 3~4 的弱酸性溶液(HAc溶液)中进行。

【仪器与试剂】

1. **仪器** 电子分析天平、50ml 酸式滴定管、250ml 锥形瓶、10ml 量筒、玻璃棒。

2. **试剂** 0.05mol/L 碘标准溶液、维生素 C 样品、稀醋酸(2mol/L)、淀粉指示剂(0.5%水溶液,临用前配制)。

【实验步骤】

精密称取维生素 C 样品约 0.2g(精确至 0.1mg),加入新煮沸过的冷蒸馏水 10ml、稀醋酸 10ml 使溶解,加入淀粉指示剂 1ml,立即用 I_2 标准溶液滴定,至溶液显蓝色并在 30s 内不褪色,即为终点。记录滴定消耗的 I_2 标准溶液的体积。

维生素 C 的质量分数计算公式:

$$\text{维生素 C}\% = \frac{c_{I_2} \times V_{I_2} \times M_{VC} \times 10^{-3}}{m_S} \times 100\%$$

平行称取 3 次,取平均值作为试样中维生素 C 的含量。

【数据记录与数据处理】

碘标准溶液的浓度 c_{I_2} = _____ mol/L(可用上次实验配制的标准溶液)

实验数据与处理 ＼ 编号	第一份	第二份	第三份
维生素 C 试样的质量 m_s/g			
消耗碘标准溶液的体积的 V_{I_2}/ml			
维生素 C 的含量/%			
维生素 C 的含量平均值/%			

【注意事项】

1. 溶解维生素 C 时,应加入新煮沸的冷的蒸馏水。

2. 维生素 C 易被光、热破坏,操作过程中应注意避光防热。

3. 维生素 C 在碱性溶液中还原性更强,故滴定时须加入 HAc,使溶液保持一定的酸度,以减少维生素 C 与 I_2 以外的其他氧化剂作用。

4. I_2 具有挥发性,量取 I_2 标准溶液后立即盖好瓶塞。

5. 滴定至近终点时应充分振摇,并放慢滴定速度。

6. 维生素 C 在酸性溶液中较稳定,但溶解后仍须立刻滴定。

【思考题】

1. 碘标准溶液应装在何种滴定管中? 为什么?

2. 为什么在实验中要加入稀醋酸?

3. 为什么要用新煮沸过的冷蒸馏水溶解维生素 C?

(朱爱军)

实验九　直接电位法测定溶液的 pH

【实验目的】

1. 熟悉直接电位法测定溶液 pH 的基本原理。

2. 学会用酸度计测定溶液的 pH。

【实验原理】

用直接电位法测定溶液的 pH 时,以玻璃电极作为指示电极,饱和甘汞电极作参比电极,将两个电极(或用复合电极）插入被测溶液中组成原电池，在25℃条件下，电池电动势 E 与被测溶液 pH 的关系为：

$$E=K+0.0592\text{pH}$$

为消除公式中的常数 K，在具体测定时常用两次测定法。

首先校准仪器，测定由标准缓冲溶液（pH_s）组成的原电池的电动势 E_s，则：

$$E_\text{s}=K+0.0592\text{pH}_\text{s}$$

然后测定由待测溶液（pH_x）组成的原电池的电动势 E_x，则：

$$E_\text{x}=K+0.0592\text{pH}_\text{x}$$

将两式相减并整理，得到：

$$\text{pHx}=\text{pHs}+\frac{E_\text{x}-E_\text{s}}{0.0592}$$

如果温度稍微偏离25℃，可调节仪器的"温度补偿"钮至测量时的温度进行校正。为了减小误差，在校准仪器时常用两次校准法，即第一次校准时，利用酸度计上的定位调节器调节仪器的读数等于 pH_s，第二次校准时，利用酸度计上的斜率旋钮调节器调节仪器的读数等于第二个标准缓冲溶液的 pH_s，然后将电极插入待测溶液，酸度计显示的读数即为待测溶液的 pH_x。

【仪器与试剂】

1. **仪器**　pHS-3C 型 pH 计、玻璃电极、饱和甘汞电极（或复合 pH 电极）、50ml 小烧杯、温度计、塑料洗瓶、滤纸。

2. **试剂**　0.025mol/L KH_2PO_4 和 Na_2HPO_4 标准缓冲溶液（25℃时 pH＝6.86）、邻苯二甲酸氢钾标准缓冲溶液（pH＝4.00）、50g/L 葡萄糖溶液、生理盐水、12.5g/L 碳酸氢钠溶液。

【实验步骤】

1. **酸度计的准备与校准**

（1）提前将玻璃电极浸入蒸馏水 24h 进行活化。

（2）接通电源，打开仪器电源开关，预热 30min 以上。

（3）取下短路电极插头，安装电极。

（4）将仪器功能选择按钮置"pH"位置。

（5）调节"温度"补偿器，使仪器显示的温度与标准缓冲溶液的温度一致。

（6）将浸泡好的电极用滤纸吸干水分，插入 pH＝6.86 的标准缓冲溶液中，轻摇装有标准缓冲溶液的烧杯，待电极反应达到平衡后，调节"定位"调节器，使酸度计显示屏的读数为 6.86。

（7）取出电极，用蒸馏水清洗，再用滤纸吸干水分，将其插入 pH＝4.00 的邻苯二甲酸氢钾标准缓冲溶液中，轻摇装有标准缓冲溶液的烧杯，待电极反应达到平衡后，调节"斜率"调节器，使酸度计读数为 4.00。

重复（6）、（7）步操作，直至酸度计显示屏的读数重复显示标准缓冲溶液的 pH（允许变化范围为±0.01pH）。

2. **待测溶液 pH 的测定**

（1）50g/L 葡萄糖溶液 pH 的测定：用蒸馏水将电极清洗干净，再用待测葡萄糖溶液清洗，再将电极插入待测葡萄糖溶液中，轻轻晃动烧杯，待显示屏上显示的数据稳定后（读数在 1min 内改变不超过±0.05pH），读取葡萄糖溶液的 pH。重复测量 3 次，记录数值。

（2）生理盐水 pH 的测定：用蒸馏水将电极清洗干净，再用待测生理盐水清洗，再将电极插入待测生理盐水中，轻轻晃动烧杯，待显示屏上显示的数据稳定后（读数在 1min 内改变不超过±0.05pH），读取生理盐水的 pH。重复测量三次，记录数值。

（3）12.5g/L 碳酸氢钠溶液 pH 的测定：用 pH＝9.18 的硼砂盐标准缓冲溶液代替 pH＝4.00 的邻苯二甲酸氢钾标准缓冲溶液进行"斜率"校正，然后，用同样的方法测量碳酸氢钠溶液的 pH，重复测量三次，记录数值。

测量完毕，关上"电源"开关，拔去电源。取下电极，用蒸馏水将电极清洗干净，浸入蒸馏水中备用。

【数据记录与处理结果】

测定项目与数据	第一次	第二次	第三次	平均值（pH）
50g/L 葡萄糖溶液的 pH				
生理盐水的 pH				
12.5g/L 碳酸氢钠溶液的 pH				

【注意事项】

1. 玻璃电极的敏感膜非常薄，易于破碎损坏，因此，使用时应注意勿与硬物碰撞，电极上所沾附的水分，只能用滤纸轻轻吸干，不得擦拭。

2. 使用饱和甘汞电极时，电极内应充满 KCl 溶液，不得有气泡，防止断路。使用时应将电极下端的橡皮帽取下，并拔去电极上部的小橡皮塞，让极少量的 KCl 溶液从毛细管中渗出，保证电极下端毛细管畅通，使测定结果更可靠。

3. 不能用于测定含有氟离子的溶液，也不能用浓硫酸洗液、浓乙醇来洗涤电极，否则会使电极表面脱水，而失去功能。

【思考题】

1. 测定溶液 pH 时为什么要先用标准缓冲溶液进行定位？

2. 玻璃电极或复合电极使用前应如何处理？

（闫冬良）

实验十　永停滴定法测定对氨基苯磺酸钠的含量

【实验目的】

1. 掌握永停滴定法的基本原理。

2. 熟悉重氮化反应的条件控制。

3. 学会使用永停滴定仪。

【实验原理】

对氨基苯磺酸钠含有芳香伯胺基团，在酸性条件下可与 $NaNO_2$ 标准溶液定量地生成重氮盐。在溶液中插入两个铂电极组成电解池，外加数十毫伏的电压。化学计量点之前，由于没有可逆电对，所以电流计指针处于零点附近。化学计量点后，稍微过量的 $NaNO_2$，便会生成 HNO_2 及其分解产物 NO，形成可逆电对 HNO_2/NO，在铂电极上发生电解反应，电路中有电流通过，电流计指针将发生偏转，从而指示滴定终点。

【仪器与试剂】

1. **仪器**　电子天平、全自动永停滴定仪、铂电极。

2. **试剂**　0.1mol/L $NaNO_2$ 标准溶液、12mol/L HCl、KBr（AR）、对氨基苯磺酸钠试样。

【实验步骤】

1. **称取试样**　精密称取对氨基苯磺酸钠试样约 0.5g，加 50ml 蒸馏水使其溶解，再加 12mol/L 的盐酸 5ml 及 1g KBr，搅拌均匀，冷却至 10~15℃。

2. **安装仪器**　依据仪器说明书连接双铂电极和管路，打开电源开关，预热 15min。

3. **充满标准溶液**　先将进液管插入 $NaNO_2$ 标准溶液试剂瓶，出液管置于废液杯上方，按"清洗"键，洗涤管路 3 次。然后，使管路中充满标准溶液。

4. **滴定**　将两个铂电极和出液管尖端插入待测试样溶液的液面下约 2/3 处，在电磁搅拌器的搅拌下进行滴定。当终点指示灯亮，蜂鸣器响起时，说明滴定结束，此时数字显示器显示的数字就是实际消耗的 $NaNO_2$ 标准液毫升数。平行测定 3 次。

5. **用下式计算对氨基苯磺酸钠的含量**

$$C_6H_6NSO_3Na\% = \frac{c_{NaNO_2}V_{NaNO_2}M_{C_6H_6NSO_3Na}\times10^{-3}}{m_s}\times100\%$$

【数据记录与处理结果】

测定项目与数据	第一次	第二次	第三次
对氨基苯磺酸钠的质量 m_s/g			
NaNO$_2$ 标准溶液体积 V_{NaNO_2}/ml			
对氨基苯磺酸钠的含量 C$_6$H$_6$NSO$_3$/%			
对氨基苯磺酸钠的含量平均值			

【注意事项】

1. 严格控制外加电压,以 80~90mV 为宜。

2. 酸度一般控制在 1~2mol/L。

3. 温度不宜过高,滴定管插入液面 2/3 处使滴定速度略快,使重氮化反应完全。

【思考题】

1. 试谈谈永停滴定法与亚硝酸钠法的异同点。

2. 试谈谈永停滴定法与电位滴定法的异同点。

3. 滴定中若使用过高的外加电压会出现什么现象?

(闫冬良)

实验十一　维生素 B$_{12}$ 吸收曲线的测绘及含量测定

【实验目的】

1. 掌握测绘吸收曲线、寻找最大吸收波长的一般方法。

2. 熟悉吸光系数法和标准对照法测定含量的方法。

3. 学会使用紫外-可见分光光度计。

【实验原理】

制备适当浓度的维生素 B$_{12}$ 溶液,用蒸馏水做空白溶液,在不同波长下测定其吸收度,以吸收度 A 对波长 λ 作图,即得吸收曲线。

维生素 B$_{12}$ 水溶液在 278nm±1nm、361nm±1nm 与 550nm±1nm 三波长处有最大吸收。361nm 的吸收峰干扰因素最少,药典规定以 361nm±1nm 处的百分吸光系数值(207)为测定维生素 B$_{12}$ 含量的依据。

$$c_x = A \times \frac{1}{207} (g/100ml) = A \times 48.31 (\mu g/ml)$$

标准对照法是先配制标准溶液和待测溶液,相同条件下,分别测得标准溶液和待测溶液的吸光度 A_s 和 A_x,用下式计算待测溶液的浓度:

$$c_x = \frac{A_x}{A_s} \times c_s$$

【仪器与试剂】

1. **仪器**　紫外-可见分光光度计(SP-752 型)、石英比色皿。

2. **试剂**　维生素 B$_{12}$ 标准溶液(50μg/ml)、维生素 B$_{12}$ 供试液、滤纸、坐标纸。

【实验步骤】

1. **绘制吸收曲线**　取两只 1cm 比色皿,分别装入维生素 B$_{12}$ 标准溶液的稀释液和空白溶液(蒸馏水),置于仪器中比色皿架上。仪器波长从(220nm)或(700nm)开始,每隔 20nm 测量一次被测溶液的吸光度。在有吸收峰或吸收谷的波段,再以 5nm(或更小)的间隔测定一些点。必要时重复一次。记录不同波长处的吸光度值,以波长为横坐标,吸光度为纵坐标,将测得值逐点描绘在坐标纸上并连接起来,即得吸收曲线,找出最大吸收波长。

2. **吸光系数法** 取维生素 B_{12} 供试品溶液,置 1cm 石英池中,以蒸馏水做空白,用紫外-可见分光光度计,在最大吸收波长 361nm 处,测定其吸光度,计算维生素 B_{12} 供试品溶液浓度。

3. **标准对照法** 用蒸馏水做空白,分别取维生素 B_{12} 标准溶液和供试品溶液,置于 1cm 比色皿中,用紫外-可见分光光度计,在最大吸收波长 361nm 处,分别测定维生素 B_{12} 标准溶液吸光度(A_s)与供试品溶液的吸光度(A_x),计算维生素 B_{12} 供试品溶液浓度。

【数据记录与处理结果】

1. **绘制吸收曲线**

波长 λ/nm	
吸光度 A	

2. **吸光系数法** 查阅手册的维生素 B_{12} 在 361nm 波长处的吸光系数,根据测得的维生素 B_{12} 供试品溶液的吸光度,计算其含量。

3. **标准对照法**

维生素 B_{12} 标准溶液吸光度 A_s	
维生素 B_{12} 供试品溶液吸光度 A_x	
维生素 B_{12} 供试品溶液的含量	

【注意事项】

1. 仪器预热或暂停测试时,应打开试样室盖,避免光电管受光过强或时间过长而疲劳或损坏。

2. 不能用手捏比色皿的透光面。比色皿盛放溶液前,应用待装溶液洗 3 次。试液应装至比色皿高度的 3/4 处,装液时要尽量避免溢出,如果池壁上有液滴,应用滤纸吸干。

3. 推拉吸收池拉杆时,一定要轻、稳,确保滑板在定位槽中。

4. 根据所用的入射光波长,选择适当的光源及适当材质的比色皿。

【思考题】

1. 改变入射光的波长时,要用空白溶液调节透光率为 100%,再测定溶液的吸光度,为什么?

2. 测定吸光度时为什么要用石英吸收池?若用玻璃吸收池,有何影响?

3. 用吸光系数法进行定量分析的优缺点是什么?

(陈建平)

实验十二 水中微量铁的含量测定

【实验目的】

1. 掌握标准曲线法的一般步骤。

2. 熟悉邻二氮菲测定 Fe(Ⅱ)的原理和方法。

3. 学会绘制标准曲线。

【实验原理】

Fe^{2+} 与邻二氮菲生成极稳定的橙红色配位离子 $[(C_{12}H_8N_2)_3Fe]^{2+}$,反应灵敏度高,是定量测量铁离子较好的方法。生成的配合物在 508nm 处的摩尔吸收系数为 11 000;在 pH 2~9 范围内,颜色深度与酸度无关。该配位离子稳定,颜色深度长时间内不发生变化。

【仪器与试剂】

1. **仪器** 紫外-可见分光光度计(SP-752 型)、吸量管、容量瓶、量筒、玻璃比色皿。

2. **试剂** 标准铁溶液(约 50μg/ml)、0.15% 邻二氮菲溶液(新配制)、2% 盐酸羟胺溶液(新配制)、醋酸盐缓冲液。

【实验步骤】

1. **绘制标准曲线** 分别精密吸取标准铁溶液 0.0、0.5、1.0、1.5、2.0、2.5ml 置于 6 个 25ml 容量瓶中,依次加入醋酸盐缓冲液 3ml,盐酸羟胺溶液 3ml,邻二氮菲溶液 3ml,用蒸馏水稀释至刻度,摇匀,放置 10min,制成标准系列。

以不加标准液的一份做空白,用中等浓度的一份在 490～510nm 间测定 5 至 10 个点,选择最大吸收波长作为工作波长。

以不加标准液的一份做空白,用工作波长分别测定标准系列的吸光度。以标准铁浓度(或含铁量)为横坐标,各溶液的吸光度为纵坐标,绘制标准曲线。

2. **水样测定** 在相同的条件下,精密吸取自来水样 3ml(或适量)置于 25ml 容量瓶中,按上述制备标准系列的方法配制待测溶液并测定吸光度,然后在标准曲线上查找出待测水样铁的含量。

【数据记录与处理结果】

最大吸收波长 λ_{max} _____

容量瓶编号	标准溶液						未知液
	1	2	3	4	5	6	7
溶液体积/ml	0	0.5	1.0	1.5	2.0	2.5	3
吸光度 A							
总含铁量/($\mu g \cdot ml^{-1}$)							

【注意事项】

1. 配制标准溶液和待测溶液的容量瓶应及时贴上标签,以防混淆。显色时,加入各种试剂的顺序不能颠倒。

2. 测定标准系列的吸光度时,应按浓度由稀到浓的顺序依次测定。比色皿装溶液时,要先用待测溶液洗涤 2～3 次。

3. 应及时记录测定溶液的吸光度,根据实验数据在坐标纸上绘制出标准曲线。

【思考题】

1. 用邻二氮菲法测定铁时,为什么在加显色剂前需加入盐酸羟胺?

2. 本实验量取液体时,哪些可用量筒?哪些必须用吸量管?

3. 标准曲线法和标准对比法的优缺点各是什么?

(陈建平)

实验十三　安痛定注射液中安替比林的含量测定

【实验目的】

1. 掌握等吸收双波长消去法测定多组分含量的原理和方法。

2. 熟悉用单波长分光光度计(单光束或双光束)进行双波长测定的方法。

【实验原理】

本实验采用双波长消去法测安替比林的含量。安痛定注射液是每毫升含氨基比林 50mg、安替比林 20mg 及巴比妥 9mg 的水溶液。在 HCl(0.1mol/L)溶液中,绘制这三种组分的吸收光谱,可以看到,安替比林在 233nm 处有较强的吸收,氨基比林在 233nm 和 268nm 处的吸收相同,巴比妥在此二波长处则基本无吸收,干扰可忽略不计。选择安替比林的吸收波长 233nm 为测定波长 λ_1,氨基比林的等吸收波长 268nm 为参比波长 λ_2,则安痛定注射液在这两个波长处的吸光度之差 $\Delta A = A_{233nm} - A_{268nm} = \Delta EL\rho$,只与安替比林的浓度有关。因此,可通过实验用氨基比林溶液选定 λ_1 和 λ_2 两个波长。再通过测定已知浓度安替比林溶液求得 ΔE,即可测定出安痛定中安替比林的含量。

实验可用一般单波长紫外分光光度计测定,也可用双波长仪器测定。

【仪器与试剂】

1. **仪器** SP-752 型紫外-可见分光光度计(或双波长紫外分光光度计)、石英比色皿、容量瓶。

2. **试剂** 氨基比林、安替比林及巴比妥纯品、安痛定注射液。

【实验步骤】

1. **λ₁ 和 λ₂ 的选定**　取氨基比林纯品,用 HCl(0.1mol/L)为溶剂,配制成浓度约为 0.015mg/ml 的溶液(不必准确)。以 HCl 溶液(0.1mol/L)为空白测定吸光度,在 $\lambda_1 = 233nm$ 波长处测定吸光度,再在 265nm 附近寻找出吸光度与 λ_1 处相等时的波长 $\lambda_2 = 268nm$。若用双波长仪器,则只需将试样溶液置于光路中,固定一个单色器的波长于 λ_1 处,用另一单色器作波长扫描即可找到 λ_2。

2. **安替比林 ΔE 的测定**　取安替比林纯品,精密称量,用 HCl 溶液(0.1mol/L)准确配制成 100ml 含安替比林为 1.2~1.3mg 的溶液,计算百分浓度 $\rho_纯$(准确至相对误差小于 0.1%)。以 HCl 溶液(0.1mol/L)为空白分别在所选定的 λ_1 和 λ_2 处测定吸光度 A_1 与 A_2。用所测得的吸光度之差与溶液的浓度 $\rho_纯$ 计算 $ΔE$。若用双波长仪器,则将两单色器的波长分别固定于 λ_1 和 λ_2 处,即可测得 $ΔA_纯$。

3. **安痛定注射液中安替比林的测定**　精密吸取试样溶液,用 HCl(0.1mol/L)溶液准确稀释至 2 000 倍(含安替比林约 0.001%)。在 λ_1 和 λ_2 处测定吸光度,以其差值 $ΔA_样$ 计算被测液中的安替比林含量。再换算样品中含量与标示量的比值。

【数据记录与处理结果】

1. λ₁ 和 λ₂ 的选定

$\lambda_1 = \underline{\hspace{2cm}}$ nm,$\lambda_2 = \underline{\hspace{2cm}}$ nm。

2. 安替比林 ΔE 的测定

$\rho_纯 = \underline{\hspace{2cm}}$ g/100ml,$ΔA_纯 = \underline{\hspace{2cm}}$,$ΔE = \underline{\hspace{2cm}}$。

$ΔA_样 = \underline{\hspace{2cm}}$,$\rho_样 = \underline{\hspace{2cm}}$ g/100ml。

$\rho_{原样} = 2\,000×\rho_样\underline{\hspace{2cm}}$ g/100ml。

【注意事项】

1. 取样时,移液管应用样品溶液润洗三次以保持浓度一致。

2. 配制好的溶液应做好标签记号。

3. 吸收池用毕应充分洗净保存。关闭仪器,检查干燥剂及防尘措施。

【思考题】

1. 氨基比林的溶液为何不需精确配制?

2. 怎样根据吸收光谱曲线选择适当的波长?

(陈建平)

实验十四　荧光分析法测定硫酸奎尼丁的含量

【实验目的】

1. 掌握荧光分析法测定硫酸奎尼丁的原理及方法。

2. 熟悉荧光分析法的基本原理和荧光分光光度计的结构。

3. 学会荧光分光光度计的使用方法。

【实验原理】

在经过紫外光或波长较短的可见光照射后,一些物质会发射出比入射光波长更长的荧光。在稀溶液中,当实验条件一定时,荧光强度 F 与荧光物质的浓度 c 呈线性关系:

$$F = Kc$$

通过测定物质发射出荧光强度便可以求出荧光物质的浓度。

物质能否产生荧光与其化学结构有关。硫酸奎尼丁(quinidine sulfate)分子具有喹啉环结构(不饱和稠环),在紫外光或波长较短的可见光的照射下可产生较强的荧光。本实验采用荧光光度计测定待测溶液的荧光强度,用标准曲线法计算硫酸奎尼丁的含量。

【仪器与试剂】

1. **仪器**　荧光分光光度计、1cm 石英样品池、5ml 和 10ml 吸量管、50ml 和 1 000ml 容量瓶。

2. **试剂** 硫酸奎尼丁对照品、硫酸奎尼丁试样、硫酸溶液(0.05mol/L)。

【实验步骤】

1. **制备标准系列溶液**

(1) 10μg/ml 硫酸奎尼丁标准溶液的配制 称取 10.0g 硫酸奎尼丁于小烧杯中,加入少量 0.05mol/L 的 H_2SO_4 溶液溶解后,转移至 1 000ml 的容量瓶中,用 0.05mol/L 的 H_2SO_4 溶液定容至标线,摇匀。

(2) 标准系列溶液的配制 精密移取 10μg/ml 硫酸奎尼丁标准溶液 1.00ml、3.00ml、5.00ml、7.00ml、9.00ml,分别加入 5 个干净的 50ml 容量瓶中,用 0.05mol/L H_2SO_4 溶液稀释至标线,摇匀,得到 0.20μg/ml、0.60μg/ml、1.00μg/ml、1.40μg/ml、1.80μg/ml 硫酸奎尼丁系列标准溶液。

2. **仪器启动** 打开灯电源,依次开启主机电源、计算机电源。待仪器初始化后,设置参数。

3. **荧光光谱和激发光谱的绘制**

(1) 选择适当的测量条件(如灵敏度、狭缝宽度、扫描速度及纵坐标和横坐标等)。将 1.80μg/ml 的标准溶液倒入样品池,放在仪器的池架上,关好样品室盖。

(2) 首先固定激发波长为 360nm,在 370~700nm 区间范围内扫描荧光光谱,从绘制的荧光光谱中确定最大发射波长 $\lambda_{em,max}$;再固定发射波长为最大发射波长 $\lambda_{em,max}$,在 300~400nm 区间范围内扫描激发光谱,从绘制的激发光谱中,确定最大激发波长 $\lambda_{ex,max}$。

4. **试样含量的测定**

(1) 绘制标准曲线:将激发波长固定在 $\lambda_{ex,max}$,发射波长固定在 $\lambda_{em,max}$,以 H_2SO_4 溶液(0.05mol/L)作空白溶液,按照从稀到浓的顺序分别测量系列标准溶液的荧光强度,以荧光强度为纵坐标、以硫酸奎尼丁的质量浓度为横坐标绘制标准曲线。

(2) 硫酸奎尼丁试样溶液的配制:精密称取硫酸奎尼丁试样约 50mg 置于小烧杯中,加入少量 0.05mol/L 的 H_2SO_4 溶液溶解后,定量转移至 50ml 的容量瓶中,用 0.05mol/L 的 H_2SO_4 溶液定容。精密移取此溶液 0.50ml,加入 100ml 容量瓶中,用 0.05mol/L H_2SO_4 溶液稀释至标线,摇匀,待测。

(3) 待测试样溶液含量测定:按测定硫酸奎尼丁标准溶液的方法测定试样溶液的荧光强度,用标准曲线法定量。

5. 测量结束,把数据打印保存,按照与开机顺序相反的次序关机。

【数据记录与处理结果】

1. **数据记录**

硫酸奎尼丁标准溶液和待测试样溶液的荧光强度

	1	2	3	4	5	空白液	试样液
10μg/ml 标准溶液体积/ml	1.00	3.00	5.00	7.00	9.00	0.00	
稀释后溶液总体积/ml	50.0	50.0	50.0	50.0	50.0	50.0	
标准溶液质量浓度/(μg·ml⁻¹)	2.0	6.0	10.0	14.0	18.0	0.00	
测定荧光强度(F)							

2. **计算公式**

$$硫酸奎尼丁的含量(\%) = \frac{C_x \times 100.00 \times 50.00}{0.50 \times m_s} \times 100\%$$

【注意事项】

1. **注意荧光光度计的开关机顺序** 开机时必须先开启氙灯电源,再打开仪器主机电源开关。关机顺序与开机顺序相反。

2. 按照从稀到浓的顺序测定标准溶液的荧光强度,换液时注意用待装溶液润洗样品池。

3. 影响荧光强度的因素很多,操作过程中应严格控制实验条件。注意不要用手触摸及擦试样品池的四个透光面。

【思考题】

1. 什么是荧光分析法? 荧光分析法有何特点?

2. 测定待测试样溶液和标准溶液时，为什么要同时测定0.05mol/L硫酸空白溶液？

3. 荧光光度计与紫外-可见分光光度计在结构上有什么异同？

（张学东）

实验十五　原子吸收法测定血清铜的含量

【实验目的】

1. 掌握原子吸收分光光度计法进行定量测定的方法。

2. 熟悉原子吸收分光光度计的结构及正确使用方法。

3. 学会标准加入法测定血清铜。

【实验原理】

原子吸收分光光度法也称原子吸收光谱法，是基于气态的基态原子外层电子对紫外-可见光范围的相对应原子特征谱线的吸收程度来进行定量分析的方法。火焰原子吸收分光光度法是测定铜的首选方法，具有简便、快速、灵敏度高等特点。根据朗伯比尔定律，火焰原子化器中待测元素铜基态原子吸收铜元素空心阴极灯发射出的共振线324.8nm，共振线处光强变化（吸光度大小）与待测样品中铜基态原子浓度成正比，应用标准曲线法可测得铜元素的含量。

铜是人体的必需微量元素之一，对骨骼及结缔组织、造血系统、中枢神经系统的形成和发育具有重要作用，因此，测定儿童血清铜的含量，对于评价儿童的铜营养状况十分必要。

【仪器与试剂】

1. 仪器　火焰原子吸收分光光度计、铜元素空心阴极灯、空气压缩机、乙炔钢瓶、加热套、锥形瓶、容量瓶等。

2. 试剂　铜标准储备液（1 000μg/ml）、硝酸（分析纯）、盐酸（分析纯）；蒸馏水、乙炔（纯度大于99.6%）、10%甘油等。

【实验步骤】

1. 制备铜标准溶液（10.0μg/ml）　用1∶100硝酸溶液稀释铜标准贮备液至10.0μg/ml，摇匀备用。

2. 制备铜标准溶液系列　准确吸取0.500ml、1.00ml、2.00ml、4.00ml、8.00ml、10.0ml的铜标准溶液（铜含量为10.0μg/ml），分别置于50ml容量瓶中，然后用10%甘油水溶液稀释定容，摇匀备用。

3. 制备试样溶液　取血清和等量蒸馏水混匀备用（稀释2倍）。

4. 启动仪器　按照原子吸收分光光度计说明书操作，试验条件根据具体仪器而定。参考条件如下：分析线波长：324.8nm，铜元素空心阴极灯电流：10mA，狭缝宽度：0.2mm，燃烧器高度：5.0mm，乙炔流量：0.8L/min，空气流量：4.5L/min。

5. 测定吸光度　仪器稳定之后，用去离子水作空白喷雾调零，分别按照浓度由低到高的顺序，测定铜标准溶液系列的吸光度，然后测定试样溶液的吸光度。

【数据记录与处理结果】

加入铜标准溶液体积/ml	0.10	0.20	0.40	0.80	1.60	2.00
铜标准溶液系列/($\mu g \cdot ml^{-1}$)						
测定的吸光度 A						
试样溶液的吸光度						

根据铜标准溶液系列的浓度和对应的吸光度 A，绘制 A-c 曲线，然后在 A-c 曲线上试样溶液的吸光度所对应的浓度 $c_样$，再乘以稀释倍数2即得血清试样的含铜量。

$$血清的含铜量 = 2c_样 = \underline{\hspace{2cm}} \mu g/ml。$$

【注意事项】

1. 每次测定完一个溶液的吸光度，都要用蒸馏水喷雾调零，然后再测定下一个溶液。

2. 宜采用与血清基体效应一致的质控血清作为对照。

3. 火焰原子吸收实际测定条件应根据所用仪器进行优化。

【思考题】

1. 试述火焰原子吸收分光光度法测定中可能的干扰因素。

2. 请回答铜标准系列溶液制备以 10% 甘油作为稀释剂的理由?

3. 请回答铜标准系列浓度设置的依据?

(杜兵兵)

实验十六　几种阳离子的柱色谱

【实验目的】

1. 掌握柱色谱法的操作步骤。

2. 熟悉吸附色谱法的分离机制。

3. 学会柱色谱法分离几种阳离子的操作技术。

【实验原理】

液-固吸附柱色谱是以固体吸附剂为固定相,以液体为流动相,利用吸附剂对不同组分的吸附能力的差异而实现分离的方法。

离子不同,在两相之间的吸附系数 K 不同,被吸附、解吸的能力也不同。组分的 K 值越大,组分被吸附的能力越大,在色谱柱中移动的速度越慢,则该组分后流出柱子;K 值越小,组分被解吸的能力越大,在色谱柱中移动的速度越快,则该组分先流出柱子。

【仪器与试剂】

1. 仪器　25ml 酸式滴定管、滴定台、脱脂棉、玻璃棒。

2. 试剂　氧化铝(100~120 目)、去离子水、Fe^{3+}、Cu^{2+}、Co^{2+} 混合试液。

【实验步骤】

1. 制备色谱柱　取一支酸式滴定管,从广口一端塞入一小团脱脂棉,用玻璃棒轻轻压平。然后装入活性氧化铝,边装边轻轻敲打玻璃管,使填装均匀,使注入的高度约 15cm。在氧化铝上面再塞入一小团棉花,用玻璃棒压平,即为简易色谱柱,固定在滴定台上。

2. 加样　用去离子水将色谱柱中的氧化铝全部润湿后,将含 Fe^{3+}、Cu^{2+}、Co^{2+} 三种离子的混合试液(10 滴)滴加到色谱柱顶端。

3. 洗脱　待混合试液全部渗入氧化铝后,逐滴向色谱柱滴加蒸馏水进行洗脱,同时打开色谱柱下端的活塞,保持每分钟 15 滴的流速连续洗脱半小时。

根据吸附剂对不同离子吸附能力的强弱,将三种离子分成不同颜色的色带,观察并记录结果。

【数据记录与处理结果】

用一定体积的去离子水淋洗柱子之后,形成了三个不同颜色的色带。根据 Fe^{3+}、Cu^{2+}、Co^{2+} 三种离子分离情况说明分离效果。

	Fe^{3+}	Cu^{2+}	Co^{2+}
色带的颜色	棕黄色	蓝色	红色
色带的位置			

【注意事项】

1. 装柱时要注意吸附剂填装均匀,松紧适宜,不能有断层和气泡。

2. 加样或加洗脱剂时,应慢慢滴加,洗脱剂应保持一定的高度。

3. 混合试液不宜加过量,洗脱速度不宜过快,否则色层分离不明显。

【思考题】

1. 装柱时为什么要轻轻拍打玻璃管?

2. 吸附柱上面为什么要塞入一小团棉花并压平?

3. 本实验的流动相或洗脱剂是什么?

(袁　勇)

实验十七　几种氨基酸的纸色谱

【实验目的】

1. 掌握纸色谱的操作步骤。

2. 熟悉纸色谱法的分离机制。

3. 学会纸色谱分离氨基酸混合物的操作技术。

【实验原理】

纸色谱法是在滤纸上对试样进行分离分析的色谱法。纸纤维上吸附的水作固定相,纸纤维对固定相起支撑作用。用不与"吸附水"混溶有机溶剂作流动相。由于纸色谱法的固定相和流动相均为液体,所以,其分离机制与液-液分配柱色谱相同,即利用试样各组分在两相之间的分配系数不同而实现分离,通过测算试样各组分的比移值 R_f 或相对比移值 R_s 进行定性分析。

【仪器与试剂】

1. **仪器**　色谱缸、分液漏斗、色谱滤纸、平头注射器、喷雾器、电吹风、直尺。

2. **试剂**　醋酸、正丁醇、0.1%茚三酮的乙醇溶液、0.1%甘氨酸水溶液、0.1%酪氨酸水溶液、0.1%苯丙氨酸水溶液。

【实验步骤】

1. **制备展开剂**　将正丁醇、醋酸、蒸馏水按照4∶1∶1(体积比)的比例混合制备展开剂。根据实验的用量,先将正丁醇与水在分液漏斗中一起振摇10~15min,然后加醋酸再振摇。静置分层,下层弃去,上层作为展开剂。

将展开剂倒入色谱缸内加盖密闭,放置半小时,使缸内形成饱和蒸气。

2. **制备氨基酸混合溶液**　根据实验的用量,将0.1%甘氨酸水溶液、0.1%酪氨酸水溶液、0.1%苯丙氨酸水溶液按照1∶1∶1(体积比)的比例混合即可。

3. **选择色谱滤纸**　选择一块10cm×20cm边缘整齐、平整无折痕、均匀洁净的色谱滤纸,在距离滤纸一端2cm处用铅笔轻轻画一条直线作为点样线或起始线,在该直线上每隔2cm画一记号作为原点。

4. **点样**　用平头注射器分别吸取三种氨基酸溶液各1μl、氨基酸混合液3μl分别点在滤纸的四个原点上,点样直径在1.5~3mm之间。

5. **展开**　将滤纸固定在层析缸盖的玻璃勾上,使滤纸的点样端浸入展开剂液面约1cm为宜,展开剂沿滤纸上升,经过原点时,试样中的各组分也随之而展开。待展开剂升至距离滤纸上端2cm处(大约1h),小心取出,迅速用铅笔画出展开剂上升的位置(溶剂前沿线)。将滤纸晾干或用电吹风吹干。

6. **显色**　用喷雾器将1%茚三酮的乙醇溶液均匀地喷在滤纸上,再用电吹风吹干(或80℃烘干)后,即在滤纸上显出氨基酸的色斑,用铅笔标记各斑点中心的位置。

7. **定性分析**　用直尺测量各斑点中心和溶剂前沿线至起始线的距离,分别计算各斑点的比移值 R_f,确定氨基酸混合溶液展开后各斑点是何种氨基酸。

【数据记录与处理结果】

	原点到溶剂前沿的距离/cm	原点到斑点中心的距离/cm	各斑点的 R_f
氨基酸混合液斑点 a			
氨基酸混合液斑点 b			
氨基酸混合液斑点 c			
甘氨酸的斑点			
酪氨酸的斑点			
苯丙氨酸的斑点			

原点到斑点中心的距离与起始线到溶剂前沿线的距离之比,称为比移值R_f,计算公式如下。

$$R_f = \frac{\text{原点到斑点中心的距离}}{\text{原点到溶剂前沿的距离}}$$

氨基酸混合液三个斑点的R_f分别与甘氨酸、酪氨酸、苯丙氨酸斑点的R_f接近,则氨基酸混合液斑点成分即为对应的氨基酸。

【注意事项】

1. 要保证色谱缸的气密性良好。展开前,色谱缸内用展开剂蒸气饱和。

2. 展开剂要临用前配制,以免发生酯化反应,影响色谱结果。

3. 展开时,起始线必须距离展开剂液面1cm左右。

【思考题】

1. 纸色谱为什么要在密闭的容器中进行?

2. 滤纸上的样点浸入展开剂的液面将会产生什么后果?

3. 实际测的样品的R_f值与资料上的R_f值不完全相同,为什么?

（袁　勇）

实验十八　几种磺胺类药物的薄层色谱

【实验目的】

1. 掌握薄层色谱法操作步骤。

2. 熟悉吸附薄层色谱法的分离机制。

3. 学会硅胶CMC-Na硬板的制备方法以及薄层色谱法分离、鉴定混合药物的操作技术。

【实验原理】

将吸附剂均匀地涂铺在平整光洁的载体上形成一定厚度薄层,在此薄层上进行分离分析的色谱法称为吸附薄层色谱法。在色谱过程中,试样各组分在固定相和流动相之间反复进行吸附、解吸、再吸附、再解吸……,由于各组分存在结构和性质差异,被两相吸附、解吸的能力有所不同,从而产生差速迁移,实现分离,将斑点定位后,通过测算试样各组分的比移值R_f或相对比移值R_s进行定性分析。

【仪器与试剂】

1. **仪器**　玻璃板、研钵、烘箱、色谱缸。

2. **试剂**　硅胶(140目)、1% CMC-Na溶液、1%磺胺二甲嘧啶丙酮溶液、1%乙酰磺胺丙酮溶液、1%磺胺咪丙酮溶液、1%的4-二甲氨基苯甲醛溶液、氯仿:甲醇(80:15)混合液。

【实验步骤】

1. **制备硅胶硬板**　在本实验课前几天,由学生制板或老师代做。

选一块10cm×20cm的光洁玻璃板洗净备用。取5g硅胶置于研钵中,加15ml 1% CMC-Na溶液,在研钵中调和均匀,将调制好的吸附剂糊状物倾倒在准备好的玻璃板上,用洁净玻璃棒摊平后涂约0.5mm,轻轻晃动玻璃板,使薄层均匀、平坦、光滑,置于水平台上24h,晾干,再置于110℃烘箱内加热活化1h,取出置于干燥器冷却备用。

2. **制备磺胺类药物混合溶液**　分别取1%磺胺二甲嘧啶丙酮溶液、1%乙酰磺胺丙酮溶液、1%磺胺咪丙酮溶液数滴,按照1:1:1(体积比)的比例混合即可。

3. **点样**　在距离薄板一端2cm处用铅笔轻轻画一条直线作为点样线或起始线,在该直线上每隔2cm画一记号作为原点。用平头注射器分别吸取三种磺胺类药物溶液各1μl、磺胺类药物混合液3μl分别点在薄板的四个原点上,点样直径控制在1.5~3mm之间。

4. **展开**　将硬板放入盛有氯仿:甲醇(80:15)展开剂的密闭色谱缸内饱和10min。将薄板的点样一端浸入展开剂液面下约1cm,展开剂沿薄板上升,经过原点时,试样中的各组分随之而展开。待展开剂升至距离薄板上端2cm处(大约40min),小心取出,迅速用铅笔画出展开剂上升的位置(溶剂前沿线)将薄板晾干或用电吹风吹干。

5. **显色**　用喷雾器将1%的4-二甲氨基苯甲醛均匀地喷到薄层板上,使每个药物斑点显色。

6. **定性分析**　测算各斑点的R_f值,确定磺胺类药物混合溶液展开后各斑点是何种药物。

【数据记录与处理结果】

	原点到溶剂前沿的距离/cm	原点到斑点中心的距离/cm	各斑点的 R_f
药物混合液斑点 a			
药物混合液斑点 b			
药物混合液斑点 c			
磺胺二甲嘧啶的斑点			
乙酰磺胺的斑点			
磺胺咪的斑点			

测算各个斑点 Rf 与纸色谱法相同,此不赘述。

【注意事项】

1. 取薄板时,不能用手触摸涂铺吸附剂薄板面。

2. 薄层板活化后,应贮存于干燥器中,以免吸收空气中的水分而降低活性。

3. 在薄板上画线或作记号时,不能划破薄层。

4. 要保证色谱缸的气密性良好。展开前,色谱缸用展开剂蒸气饱和。

【思考题】

1. 薄层板为什么要活化? 活度级别与含水量有什么关系?

2. 在与手册资料相同的条件下,实测的试样 R_f 值与资料记载是否完全相同?

3. 试样展开后,能否对待测组分进行定量分析?

(袁　勇)

实验十九　气相色谱法测定藿香正气水中乙醇的含量

【实验目的】

1. 掌握用气相色谱法测定中药制剂中乙醇含量的方法。

2. 熟悉气相色谱法的定量分析方法。

【实验原理】

藿香正气水为酊剂,由苍术、陈皮、广藿香等十味药组成,制备过程中所用溶剂为乙醇。由于制剂中含乙醇量的高低对于制剂有效成分的含量、所含杂质的类型和数量以及制剂的稳定性等都有影响,所以《中国药典》(2020 版)规定对该类制剂需做乙醇量检查。

乙醇具有挥发性,《中国药典》(2020 版)采用气相色谱法测定各种制剂在 20℃时乙醇(C_2H_5OH)含量(%,ml/ml)。因中药制剂中所有组分并非能全部出峰,故采用内标法定量。色谱条件为:填充柱或 DB-624 毛细管柱,以直径为 0.25~0.18mm 的二乙烯苯-乙基乙烯苯型高分子多孔小球作为载体,柱温为 120~150℃,氮气为流动相,检测器为氢火焰离子化检测器。

【仪器与试剂】

1. **仪器**　气相色谱仪(配备氢火焰离子化检测器)、微量注射器。

2. **试剂**　无水乙醇、正丙醇(AR)、藿香正气水(市售)。

【实验步骤】

1. **标准溶液的制备**　精密量取恒温至 20 的无水乙醇和正丙醇各 5ml,加水稀释成 100ml,混匀,即得。

2. **供试品溶液的制备**　精密量取恒温至 20℃的藿香正气水 10ml 和正丙醇 5ml,加水稀释成 100ml,混匀,即得。

3. **测定方法**

(1) 校正因子的测定:取标准溶液 2μl,连续注样 3 次,记录对照品无水乙醇和内标物质正丙醇的峰面积,按下式计算校正因子:

$$f(校正因子) = \frac{A_s / c_s}{A_R / c_R}$$

A_s 为内标物质正丙醇的峰面积;A_R 为对照物无水乙醇的峰面积。

c_s 为内标物质正丙醇的浓度;c_R 为对照物无水乙醇的浓度。

取 3 次计算的平均值作为结果。

(2) 供试品溶液的测定:取供试品溶液 2μl,连续注样 3 次,记录供试品中待测组分乙醇和内标物质正丙醇的峰面积,按下式计算含量:

$$c_x(含量) = f \times \frac{A_x}{A_R / c_R}$$

A_x 为供试品溶液的峰面积;c_x 为供试品的浓度。

取 3 次计算的平均值作为结果。

藿香正气水乙醇含量应为 40%~50%。

【数据记录与处理结果】

1. 校正因子的测定

	正丙醇			无水乙醇		
浓度						
峰面积						
校正因子						

2. 供试品溶液的测定

	正丙醇			无水乙醇		
浓度						
峰面积						
乙醇含量						

【注意事项】

1. 在不含内标物的供试品溶液的色谱图中,与内标物色谱峰相应的位置处不得出现杂质峰。

2. 标准溶液和供试品溶液各连续 3 次注样所得各次校正因子和乙醇含量与其相应的平均值的相对偏差,均不得大于 1.5%,否则应该重新测定。

3. 各种固定相均有最高使用温度的限制,为延长色谱柱的使用寿命,在分离度达到要求的情况下尽可能选择低的柱温。开机时,要先通载气,再升高气化室、检测室温度和分析柱温度,为使检测室温度始终高于分析柱温度,可先加热检测室,待检测室温度升至近设定温度时再升高分析柱温度;关机前须先降温,待柱温降至 50℃以下时,才可停止通载气、关机。

4. 为获得较好的精密度和色谱峰形状,进样时速度要快而果断,并且每次进样速度、留针时间应保持一致。

【思考题】

1. 内标物的选择应符合哪些条件?

2. 实验过程中可能引入误差的机会有哪些?

3. 内标法中,进样量的多少对结果有无影响?

(廖献就)

实验二十　高效液相色谱法测定血清阿司匹林的含量

【实验目的】

1. 掌握高效液相色谱法测定血清阿司匹林的原理及方法。

2. 熟悉高效液相色谱仪结构及操作流程。

3. 了解高效液相色谱仪的工作原理。

4. 学会用外标法进行定量分析。

【实验原理】

血清中阿司匹林经前处理提取溶解后的甲醇溶液经反相键合相高效液相色谱法分离,在240nm波长处有最大吸收,其吸收值的大小与阿司匹林含量成正比,故用紫外检测器进行检测,用已知标准对照品的保留时间定性,用峰面积外标一点法定量。

【仪器与试剂】

1. 仪器 二元高压梯度高效液相色谱仪、紫外-可见光检测器、100μl 微量平头注射器、ODS C_{18} 柱(150mm×4.6mm,5μm)、超声波清洗器、溶剂过滤器、氮吹仪、漩涡混合器、高速离心机、分析天平、0.45μm 微孔尼龙滤膜等。

2. 试剂 甲醇(色谱纯)、二氯甲烷、三乙胺、冰醋酸、超纯水、阿司匹林对照品等。

【实验步骤】

1. 制备对照品溶液 精密称取阿司匹林对照品适量以甲醇为溶剂制备含阿司匹林 100mg/L 贮备液,逐级稀释成 0.5mg/ml 阿司匹林对照使用液即为对照品溶液。

2. 制备试样溶液 以真空采血装置采取静脉血,分离血清,准确移取血清 200μl,加入二氯甲烷 3ml,涡旋混匀,3 000r/min 离心 15min,取上清液用氮气吹干,试管壁残渣用 0.5ml 流动相溶解,3 000r/min 离心 5min,制备得到试样溶液。

3. 高效液相色谱参考条件 ODS C_{18} 柱(150mm×4.6mm,5μm);流动相:1% 醋酸-甲醇(75:25,三乙胺调节 pH 至 3.5);流速 1.0ml/min;检测波长 240nm。

4. 测定 先以纯甲醇平衡色谱柱 30min 以上,之后以"3"所述流动相冲柱直到基线平直,分别手动进样对照品溶液、试样溶液各 20μl,保存色谱图,记录两次色谱图中阿司匹林的出峰保留时间、峰面积、峰高。必要时做空白血清(健康志愿者混合血清)对照。

5. 关机 试验结束后,分别以水-甲醇(75:25),水-甲醇(50:50),水-甲醇(30:70),水-甲醇(10:90),甲醇(100%)各冲柱 30min 后停泵关机。

【数据记录与处理结果】

测定项目	浓度/(mg·ml)	保留时间/min	峰高/cm	峰面积/mm^2
阿司匹林对照品溶液				
血清中阿司匹林含量				

根据外标一点法,血清中阿司匹林含量计算公式为:

$$c = \frac{S_{试样溶液}}{S_{对照溶液}} c_{对照溶液} \times \frac{10}{1\,000} (\mu g/ml)$$

式中:c 为待测血清中阿司匹林含量,μg/ml;

$S_{试样溶液}$ 为测得试样溶液中阿司匹林峰面积;

$S_{对照溶液}$ 为测得对照溶液中阿司匹林峰面积;

$c_{对照溶液}$ 为对照溶液中阿司匹林浓度;

10 为浓缩倍数,即由 200μl 原始血清处理浓缩成试样溶液 20μl 的浓缩倍数;1 000 为 mg/ml 换算为 μg/ml 的系数。

【注意事项】

1. 色谱条件仅为参考,宜根据所用色谱系统实际情况适当调整。

2. 血药浓度监测事关用药指导,实际临床应用时应对血药浓度测定高效液相色谱方法学进行全面考察。

3. 临床血标本可能含有蛋白类成分而影响柱效,应选用硅胶孔径较大的色谱柱。

4. 高效液相色谱法所用的溶剂纯度需符合要求,否则要进行纯化。

5. 流动相需经过滤、脱气后方能使用。

【思考题】

1. 试述高效液相色谱法外标一点法的优缺点。
2. 试述高效液相色谱法的分析过程。
3. 如何选定对照品溶液浓度？

（何文涛）

第一章　绪　　论

一、多项选择题

1. BD　　2. ABD　　3. ABCDE　　4. AC　　5. BDE

二、辨是非题

1. √　　2. √　　3. ×　　4. ×　　5. √

三、填空题

1. 分析方法　实验技术
2. 定性分析　定量分析　结构分析
3. 酸碱滴定法　沉淀滴定法　配位滴定法　氧化还原滴定法
4. 常量组分分析　微量组分分析　痕量组分分析

四、简答题

1. 答:分析化学是研究物质组成、含量、结构和形态等化学信息的分析方法、有关理论及实验技术的一门自然科学。它的主要任务是利用各种方法和手段,获取必要的分析数据,鉴定物质的化学组成、测定有关组分的相对含量、确定物质的化学结构和存在形态。

2. 答:完成定量分析工作任务的一般程序是:第一步采集试样(临床检验工作中称为标本),第二步制备试样,第三步采用适当的分析方法,获取定量数据,测定待测组分的相对含量,第四步处理分析数据、表示分析结果。

第二章　滴定分析法概论

一、多项选择题

1. ADE　　2. CDE　　3. ABC　　4. ABDE　　5. DE　　6. ABD

二、辨是非题

1. ×　　2. √　　3. ×　　4. ×　　5. √　　6. √　　7. ×　　8. √

三、填空题

1. 酸碱滴定法　沉淀滴定法　配位滴定法　氧化还原滴定法
2. 反应必须定量完成　反应必须迅速　副反应发生　有合适的指示剂
3. 直接法　间接法
4. 物质的量浓度　滴定度
5. 0.100 1mol/L

6. 指示剂　滴定误差

四、简答题

1. 答:化学计量点是按照滴定反应计算出来的理论值;滴定终点是滴定过程中指示剂变色时所测定的实际值。二者之差称为滴定误差。

2. 答:$K_2Cr_2O_7$ 经过适当处理之后,完全符合基准物质的条件,可以用直接法配制标准溶液。H_2SO_4 和 $Na_2S_2O_3 \cdot 5H_2O$ 不易得到纯品,KOH 易潮解,$KMnO_4$ 溶于水后需要放置数日才能达到稳定,故这些物质只能用间接法配制标准溶液。

3. 答:基准试剂 $H_2C_2O_4 \cdot 2H_2O$ 部分风化之后,其式量变小,若仍按原式量低。

4. 答:基准试剂 Na_2CO_3 吸潮带有少量水分,相当于纯度降低了,标定 HCl 溶液的浓度时,若按照称量值进行计算,则测定结果会偏高。

5. 答:(1) 这种情况,体积读数大于真实值,计算所得 HCl 的浓度偏低。

(2) 这种情况,等于凭空增大了基准物质的质量,计算所得 HCl 的浓度偏高。

(3) 这种情况,标准溶液被稀释,浓度变小,计算所得 HCl 的浓度偏低。

(4) HCl 与 Na_2CO_3 反应的计量关系为 2:1,与 $NaHCO_3$ 反应的计量关系为 1:1。如果两个反应均选 HCl 为基本单元,则对应的基本单元分别为 $1/2\ Na_2CO_3$ 和 $NaHCO_3$。很显然,前者的式量比后者小,滴定时实际消耗标准溶液的体积变小,因此,基准物质 Na_2CO_3 中含有少量 $NaHCO_3$ 时,计算所得 HCl 的浓度偏高。

五、计算题

1. 解:已知 $m_{NaCl} = 5.849\ 0g, M_{NaCl} = 58.49g, V = 250.00ml, c_2 = 0.150\ 0mol/L, V_2 = 800.00ml$

　　求 $c_{NaCl} = ?, V_1 = ?$

由公式 $c_B = \dfrac{m_B}{M_B V} \times 1\ 000$ 得:

$$c_{NaCl} = \frac{m_{NaCl}}{M_{NaCl}V} \times 1\ 000 = \frac{5.849\ 0}{58.49 \times 250.00} \times 1\ 000 = 0.400\ 0\ (mol/L)$$

由公式 $c_B V_B = c_A V_A$ 得:$V_1 = \dfrac{c_2 V_2}{c_1} = \dfrac{0.150\ 0 \times 800.00}{0.400\ 0} = 300.00\ (ml)$

答:NaCl 标准溶液的浓度为 0.400 0mol/L。应取此标准溶液 300.00ml。

2. 解:已知 $T_{AgNO_3/NaCl} = 8.78mg/ml = 8.78 \times 10^{-3}g/ml, M_{NaCl} = 58.49g$

　　求 $c_{AgNO_3} = ?$

由公式 $T_{B/A} = \dfrac{c_B M_A}{1\ 000}$ 得:

$$c_{AgNO_3} = \frac{T_{AgNO_3/NaCl}}{M_{NaCl}} \times 1\ 000 = \frac{8.78 \times 10^{-3}}{58.49} \times 1\ 000 = 0.150\ 1\ (mol/L)$$

答:该标准溶液的物质的量浓度应为 0.150 1mol/L。

3. 解:已知 $c_1 = 0.215\ 0mol/L, c_2 = 0.125\ 0 \times 2mol/L, V_2 = 22.53ml, c_3 = 0.204\ 0mol/L, V_3 = 20.52ml$

　　求 $V_1 = ?$

(1) NaOH 与 H_2SO_4 反应的计量关系为 2:1,因此,选 NaOH 和 $1/2\ H_2SO_4$ 为基本单元。

由公式 $c_B V_B = c_A V_A$ 得:

$$V_1 = \frac{c_2 V_2}{c_1} = \frac{0.125\ 0 \times 2 \times 22.53}{0.215\ 0} = 26.20\ (ml)$$

(2) NaOH 与 HCl 反应的计量关系为 1:1,同理:

$$V_1 = \frac{c_3 V_3}{c_1} = \frac{0.204\ 0 \times 20.52}{0.215\ 0} = 19.47\ (ml)$$

答:需要 NaOH 标准溶液的体积(1)26.20ml,(2)19.47ml。

4. 解:已知 $m_{KHC_8H_4O_4} = 0.4644g$,$M_{KHC_8H_4O_4} = 204.2g/mol$,$V_{NaOH} = 22.65ml$

求 $c_{NaOH} = ?$

NaOH 与 $KHC_8H_4O_4$ 反应的计量关系为 1:1,由公式 $c_BV_B = \dfrac{m_A}{M_A} \times 1000$ 得:

$$c_{NaOH} = \frac{m_{KHC_8H_4O_4}}{M_{KHC_8H_4O_4} \times V_{NaOH}} \times 1000 = \frac{0.4644}{204.2 \times 22.65} \times 1000 = 0.1004(mol/L)$$

5. 解:已知 $m_S = 0.1600g$,$c_{NaOH} = 0.1100mol/L$,$V_{NaOH} = 22.90ml$

求 $\omega_{H_2C_2O_4} = ?$

依题意知,NaOH 与 $H_2C_2O_4$ 反应的计量关系为 2:1,故选择 NaOH 与 $\dfrac{1}{2}H_2C_2O_4$ 作基本单元,$M_{1/2H_2C_2O_4} = 45.02g/mol$。

由公式 $\omega_A = \dfrac{c_BV_B \times \dfrac{M_A}{1000}}{m_S}$ 得:

$$\omega_{H_2C_2O_4} = \frac{c_{NaOH}V_{NaOH} \times \dfrac{M_{1/2H_2C_2O_4}}{1000}}{m_S} = \frac{0.1100 \times 22.90 \times \dfrac{45.02}{1000}}{0.1600} = 0.7088$$

答:草酸试样中 $H_2C_2O_4$ 的质量分数为 0.7088。

6. 解:已知 $c_{HCl} = 0.01135mol/L$

求 $T_{HCl} = ?$

由公式 $T_B = \dfrac{c_BM_B}{1000}$ 得:

$$T_{HCl} = \frac{c_{HCl} \times M_{HCl}}{1000} = \frac{0.01135 \times 35.50}{1000} = 4.029 \times 10^{-4}(g/ml)$$

答:该 HCl 标准溶液的滴定度为 4.029×10^{-4}g/ml。

第三章 滴定分析仪器

一、多项选择题

1. ABCDE　　2. ABCDE　　3. ABC　　4. AE　　5. ABC

二、辨是非题

1. √　　2. ×　　3. √　　4. ×　　5. ×　　6. √　　7. ×

三、填空题

1. 精密仪器　辅助仪器
2. 直接称量法　递减称量法　固定质量称量法　累计称量法
3. 酸式滴定管　碱式滴定管

四、简答题

1. 答:需要进行校正;不校正会造成系统误差中的仪器误差。
2. 答:常用的精密仪器有万分之一电子天平、滴定管、容量瓶和移液管等。

第四章　误差与定量分析数据处理

一、多项选择题

1. ABC　　2. ABCDE　　3. ABCDE　　4. BE　　5. ABCD

二、辨是非题

1. ×　　2. ×　　3. √　　4. ×　　5. √　　6. ×　　7. √　　8. √　　9. √　　10. ×

三、填空题

1. 准确度　准确度　准确度
2. 偏差　偏差
3. 负
4. 2
5. 四舍六入五留双
6. 系统误差　偶然误差
7. 系统误差
8. 对照试验　空白试验　校准仪器　回收试验
9. ≤0.1%
10. 四倍法　Q 检验法。

四、简答题

1. 答:依据产生的原因和性质,误差分为系统误差和偶然误差。系统误差又分为方法误差、仪器误差、试剂误差和操作误差。

2. 答:有效数字的修约规则:

(1) 四舍六入五留双。

(2) 进行数字修约,要一次性修约到所需要的位数,禁止分次修约。

(3) 准确度或精密度的数值一般只保留一位有效数字,最多取两位有效数字,且修约时一律进位。

3. 答:提高定量分析结果准确度的方法如下:

(1) 选择适当的分析方法。

(2) 减小测量中的系统误差:可进行对照试验、空白试验、校准仪器和回收试验。

(3) 减小测量中的偶然误差。

五、计算题

1. 解:(1) 四位;2.09　(2) 四位;0.026 5　(3) 四位;0.013 2　(4) 五位;30.4　(5) 五位;3.79×10^{-5}

2. 解:(1) 35.61+0.2+0.159=35.6+0.2+0.2=36.0

(2) 1.400×18.056×0.003=1×2×10×0.003=0.06

3. 解:
$$\bar{x}=\frac{0.721\,1+0.721\,3+0.721\,6+0.721\,2}{4}=0.721\,3(\text{mol/L})$$

$$d_1=0.721\,1-0.721\,3=-0.000\,2(\text{mol/L})$$

$$d_2=0.721\,3-0.721\,3=0(\text{mol/L})$$

$$d_3=0.721\,6-0.721\,3=0.000\,3(\text{mol/L})$$

$$d_4=0.721\,2-0.721\,3=-0.000\,1(\text{mol/L})$$

$$\bar{d}=\frac{|-0.000\,2|+|0|+|0.000\,3|+|-0.000\,1|}{4}=0.000\,15(\text{mol/L})$$

$$\overline{Rd} = \frac{\overline{d}}{\overline{x}} \times 100\% = \frac{0.000\,15}{0.721\,3} \times 100\% = 0.02\%$$

$$S = \sqrt{\frac{(-0.000\,2)^2 + 0^2 + 0.000\,3^2 + (-0.000\,1)^2}{4-1}} = 0.000\,22$$

$$RSD = \frac{S}{\overline{x}} \times 100\% = \frac{0.000\,22}{0.721\,3} \times 100\% = 0.03\%$$

4. 解:(1) 四倍法:

$$\overline{x} = \frac{0.250\,8 + 0.251\,0 + 0.251\,1}{3} = 0.251\,0$$

$$\overline{d} = \frac{|0.250\,8 - 0.251\,0| + |0.251\,0 - 0.251\,0| + |0.251\,1 - 0.251\,0|}{3} = 0.000\,1$$

$$\frac{|可疑值 - \overline{x}|}{\overline{d}} = \frac{|0.252\,1 - 0.251\,0|}{0.000\,1} = 11$$

11>4,所以 0.252 1 应舍弃。

(2) Q 检验法:

将测定结果由小到大排列 0.250 8、0.251 0、0.251 1、0.252 1

$$Q_{计算} = \frac{|可疑值 - 邻近值|}{最大值 - 最小值} = \frac{|0.252\,1 - 0.251\,1|}{0.252\,1 \quad 0.250\,8} = 0.77$$

查表可知,n=4 时,$Q_表 = 0.76$,故 $Q_{计算} > Q_表$,可疑值应舍弃。

第五章　酸碱滴定法

一、多项选择题

1. ABCD　　2. ACDE　　3. AC　　4. ABE　　5. BC

二、辨是非题

1. ×　　2. √　　3. ×　　4. ×　　5. ×　　6. ×　　7. ×

三、填空题

1. 间接法　HCl 易挥发　无水碳酸钠　硼砂
2. 间接法　NaOH 易吸收水和 CO_2
3. 7.1~9.1
4. 酸或碱的浓度　酸或碱的强度
5. 变色范围　滴定突跃范围
6. $cK_{a_i} \geq 10^{-8}$　$K_{a_i} / K_{a_{i+1}} \geq 10^4$
7. 驱赶 CO_2
8. 偏高

四、简答题

1. 酸碱指示剂一般是有机弱酸或有机弱碱;这些弱酸或弱碱与其共轭酸碱由于结构不同而具有不同颜色;溶液 pH 改变,指示剂结构发生改变;从而颜色改变。

2. 一元弱酸准确滴定的条件:$c_a K_a \geq 10^{-8}$
影响滴定突跃范围的因素:K_a 一定,弱酸的浓度越大,滴定突跃范围越大;当弱酸的浓度一定时,弱酸的强度越小,滴定突跃范围越小。

3. 先配制成近似所需浓度的盐酸溶液,再用基准物质无水碳酸钠或硼砂($Na_2B_4O_7 \cdot 10H_2O$)标定其浓度。

五、计算题

1. 解:已知 $c = 0.1mol/L, V_1 = 25ml, V_2 = 30ml$,求 $m_1 = ?, m_2 = ?$

依题意知,滴定反应的计量关系为1:1,

$$NaOH + KHC_8H_8O_4 = NaKC_8H_8O_4 + H_2O$$

$$m_1 = c \times V_1 \times M_{KHC_8H_8O_4} \times 10^{-3} = 0.1 \times 25 \times 204.44 \times 10^{-3} \approx 0.5(g)$$

$$m_2 = c \times V_2 \times M_{KHC_8H_8O_4} \times 10^{-3} = 0.1 \times 30 \times 204.44 \times 10^{-3} \approx 0.6(g)$$

答:应取基准试剂邻苯二甲酸氢钾 $0.5 \sim 0.6g$。

2. 解:已知 $m_S = 0.2000g, c_{HCl} = 0.1000mol/L, V_{HCl} = 25.00ml, c_{NaOH} = 0.1000mol/L, V_{NaOH} = 3.80ml$,求 $CaCO_3\% = ?$

依题意知,可以选择 HCl、$NaOH$ 和与 $\frac{1}{2}CaCO_3$ 为反应的基本单元。

$$CaCO_3\% = \frac{(c_{HCl} \times V_{HCl} - c_{NaOH} \times V_{NaOH}) \times \dfrac{M_{CaCO_3}}{2 \times 1000}}{m_S} \times 100\%$$

$$CaCO_3\% = \frac{(0.1000 \times 25.00 - 0.1000 \times 3.80) \times \dfrac{100.09}{2 \times 1000}}{0.200} \times 100\% = 53.05\%$$

答:$CaCO_3$ 试样的百分含量为53.05%。

3. 解:已知,浓硫酸含量为96%,密度为1.84g/ml;稀浓硫酸体积 $V_2 = 10L, c_2 = 0.10mol/L$,求 $V_1 = ?$

首先计算浓硫酸的物质的量浓度

$$c_1 = \frac{1000 \times 1.84 \times 96\%}{98.08} = 18.0(mol/L)$$

然后,根据 $c_1 \times V_1 = c_2 \times V_2$ 计算所需要的浓硫酸的体积

$$V_1 = \frac{c_2 \times V_2}{c_1} = \frac{0.10 \times 10 \times 1000}{18.0} = 56(ml)$$

答:需要量取浓硫酸56ml。

4. 解:已知 $V = 100ml, c = 0.2000mol/L$,求 $m = ?$

题设溶液中所含溶质的质量为:

$$m = c \times V \times M \times 10^{-3} = 0.2000 \times 100 \times 40.00 \times 10^{-3} = 0.8(g)$$

答:含溶质氢氧化钠0.8g。

第六章　沉淀滴定法

一、多项选择题

1. ABC　2. ABC　3. BC　4. ABCD　5. ABCD　6. ABC　7. AB　8. AC　9. AB
10. ABCDE

二、辨是非题

1. √　2. ×　3. ×　4. √　5. ×　6. ×　7. √　8. √　9. ×　10. ×

三、填空题

1. $AgNO_3$　Cl^-　Br^-

2. 胶体　吸附

3. $6.5 \sim 7.2$

4. 卤化银见光易分解

5. 提前　负

6. HNO_3　$0.1 \sim 1mol/L$

7. $AgNO_3$　NH_4SCN

8. 间接法　$AgNO_3$

四、简答题

1. 答:为了使终点的颜色变得更明显,就必须使沉淀有较大表面,这就需要使 $AgCl$ 沉淀保持溶胶状态,可加入糊精,保护胶体,防止沉淀凝聚。

2. 答:用铁铵矾指示剂法测定 Cl^- 时,常用返滴定法。因为溶液中同时存在 $AgCl$ 和 $AgSCN$ 两种沉淀,$AgCl$ 的溶解度大于 $AgSCN$ 的溶解度,若剧烈振摇,会促使 $AgCl$ 沉淀转化成更稳定的 $AgSCN$ 沉淀,从而产生误差。为了避免发生沉淀转化,无论事先分离 $AgCl$ 沉淀,或是加入有机溶剂保护 $AgCl$ 沉淀,操作更加繁琐,增加了产生误差的机会。测定 Br^- 或 I^- 时,不会发生沉淀转化,引入误差的概率相对小一些。

3. 答:铬酸钾指示剂法主要用于测定 Cl^-、Br^- 和 CN^-,不能直接测定 I^- 和 SCN^-,主要原因是 AgI 和 $AgSCN$ 分别对 I^- 和 SCN^- 有强烈的吸附作用,即使剧烈振摇也无法使 I^- 和 SCN^- 释放出来,导致终点提前出现。此外,该方法也不适用于以 $NaCl$ 标准溶液滴定 Ag^+,因为在 Ag^+ 试液中加入指示剂 K_2CrO_4 后,就会立即析出 Ag_2CrO_4 沉淀,用 $NaCl$ 标准溶液滴定时,Ag_2CrO_4 再转化成 $AgCl$ 的速率极慢,使终点推迟。因此,如用铬酸钾法测定 Ag^+,必须采用返滴定法。

4. 答:铁铵矾指示剂法测定 Cl^-,没有加硝基苯,会引入误差,测定结果偏低。

五、计算题

1. 解:已知 $m_s = 1.0005g$,$c_{AgNO_3} = 0.1000mol/L$,$V_{AgNO_3} = 15.00ml$

　　求 $NH_4Cl\% = ?$

依题意,由公式 $\omega_A = \dfrac{c_B V_B \times \dfrac{M_A}{1\,000}}{m_s}$ 得:

$$NH_4Cl\% = \frac{c_{AgNO_3} V_{AgNO_3} \times \dfrac{M_{NH_4Cl}}{1\,000}}{m_s \times \dfrac{25.00}{250.00}} = \frac{0.1000 \times 15.00 \times \dfrac{53.49}{1\,000}}{1.0005 \times \dfrac{25.00}{250.00}} = 80.28\%$$

答:试样中 NH_4Cl 的百分含量为 80.28%。

2. 解:已知 $V_s = 10.00ml$,$c_{AgNO_3} = 0.1000mol/L$,$V_{AgNO_3} = 10.80ml$

　　求 $c_{Cl^-} = ?$

由公式 $c_B V_B = c_A V_A$ 得:

$$c_{Cl^-} = \frac{c_{AgNO_3} \times V_{AgNO_3}}{V_s} = \frac{0.1000 \times 10.80}{10.00} = 0.1080(mol/L)$$

答:血清试样中 Cl^- 的物质的量浓度为 $0.1080mol/L$。

3. 解:已知 $m_s = 0.3000g$,$c_{AgNO_3} = 0.1000mol/L$,$V_{AgNO_3} = 21.05ml$

　　求 $\omega_{NaBr} = ?$　$\omega_{NaI} = ?$

设 NaBr 的质量分数为 ω,则 NaI 的质量分数为 $(1-\omega)$,混合物中 NaBr 和 NaI 的物质的量之和,与消耗的 $AgNO_3$ 的物质的量相等。

由公式 $c_B V_B = \dfrac{m_A}{M_A} \times 1\,000$ 得:

$$c_{AgNO_3} V_{AgNO_3} = \frac{\omega m_S}{M_{NaBr}} \times 1\,000 + \frac{(1-\omega) m_S}{M_{NaI}} \times 1\,000$$

代入数据解之得 $\omega = \omega_{NaBr} = 0.114$,$(1-\omega) = \omega_{NaI} = 0.886$

答:混合物中 NaBr 和 NaI 的质量分数分别为 0.114 和 0.886。

第七章　配位滴定法

一、多项选择题

1. ABC　　2. BCE　　3. ABCDE　　4. ABCE　　5. BCE

二、辨是非题

1. √　　2. √　　3. ×　　4. √　　5. √　　6. ×

三、填空题

1. [Y]　9. 14
2. 乙二胺四乙酸或乙二胺四乙酸二钠　1　N　4　O
3. H_6Y^{2+}　H_5Y^+　H_4Y　H_3Y^-　H_2Y^{2-}　HY^{3-}　Y^{4-} Y^{4-}
4. 调节溶液的 pH　中和滴定过程中产生的氢离子
5. 封闭现象
6. 降低　降低
7. 酸效应　配位效应

四、简答题

1. 答:查表 7-1 可知:$\lg K_{MgY} = 8.64$

根据 $\lg_{\alpha Y(H)} = \lg K_{MY} - 8 = 8.64 - 8 = 0.64$

查表 7-2 可知:当 $\lg_{\alpha Y(H)}$ 为 0.64 时,对应的 pH 为 9.5~10.0,即此时溶液最低的 pH 为 10.0 左右。必须指出,通常实际滴定的时候所采用的 pH 要比最低 pH 大些,因为这样可以使金属离子 M 配位的更完全。

若 pH 太高,酸效应小了,则金属离子会水解生成氢氧化物沉淀,影响滴定的进行。所以,还存在滴定的"最低酸度"。滴定的"最低酸度"可由金属离子生成氢氧化物沉淀的溶度积求得。

2. 答:在配位滴定中,如果不考虑溶液中其他的副反应,被测金属离子的条件稳定常数(K'_{MY})主要取决于溶液的酸度。酸度过高,$\alpha_{Y(H)}$ 较大,K'_{MY} 较小,不能准确滴定。酸度较低时,$\alpha_{Y(H)}$ 较小,K'_{MY} 较大,有利于滴定,但是金属离子易水解,因此,溶液酸度的选择和控制很重要,常见的选择就是最高酸度的选择。

3. 答:金属指示剂必须满足下列条件:
(1) 指示剂 In 的颜色与指示剂配合物 MIn 的颜色有明显差别。
(2) 指示剂配合物 MIn 有适当的稳定性。
(3) 指示剂要有一定的选择性。
(4) 指示剂还要满足与金属离子 M 的显色反应必须灵敏、迅速,并且有良好的可逆性等其他条件。

五、计算题

1. 解:(1) 已知:$M_{Zn} = 65 g/mol$,$V = 250 ml$,$V_1 = 25 ml$,$V_2 = 24.98 ml$,求 $c_{EDTA} = ?$

$$Zn^{2+}+EBT(纯蓝色)\Longleftrightarrow Zn-EBT(酒红色)$$
$$Zn-EBT(酒红色)+Y\Longleftrightarrow ZnY+EBT(纯蓝色)$$

$$c_{EDTA}=\frac{m_{Zn}\times V_1\times 1\,000mL\cdot L^{-1}}{M_{Zn}\times V\times V_2}=0.020\,1mL\cdot L^{-1}$$

（2）已知：$M_{CaO}=56g/mol$，$M_{MgO}=40g/mol$，$M_{Fe_2O_3}=160g/mol$，
EDTA 与 CaO 的滴定反应如下：

$$Y+Ca^{2+}\Longleftrightarrow CaY$$

根据滴定度于物质的量浓度的换算公式：

$$T_{B/T}=\frac{b}{t}\times\frac{c_T\times M_B}{100ml\cdot L^{-1}}$$

$$T_{CaO/EDTA}=\frac{1}{1}\times\frac{c_{EDTA}\times M_{CaO}}{1\,000ml\cdot L^{-1}}=\frac{0.020\,1mol\cdot L^{-1}\times 56g\cdot mol^{-1}}{1\,000ml\cdot L^{-1}}=0.001\,126g\cdot ml^{-1}$$

同理：该 EDTA 溶液对 MgO 及 Fe_2O_3 的滴定度分别为：0.000 804g/ml，0.003 216g/ml。

2. 解：（1）已知：$V_{水样}=50.00ml$，$C_{EDTA}=0.010\,28mol/L$，$V_{EDTA}=5.90ml$，$M_{CaCO_3}=100g/mol$
将数据代入下述公式

$$总硬度=\frac{(c_{EDTA}V_{EDTA})M_{CaCO_3}\times 1\,000mg\cdot L^{-1}}{V_{水样}}$$

水的总硬度 = 121.304mg/ml。
（2）采用移液管量取水样。
（3）用于盛装水样的锥形瓶需要用适量蒸馏水洗涤。

第八章　氧化还原滴定法

一、多项选择题

1. ABC　　2. AB　　3. BC　　4. AD　　5. ABD

二、辨是非题

1. √　　2. ×　　3. ×　　4. √　　5. ×

三、填空题

1. 新煮沸并冷却了的蒸馏水　为除 CO_2、O_2 和杀死细菌
2. I_2　氧化性　酸性　中性　弱碱性　还原
3. I^-　还原　氧化　$Na_2S_2O_3$　氧化
4. 直链淀粉　蓝色出现　蓝色褪去
5. H_2SO_4　65~85　淡红色

四、简答题

1. 答：（1）用硫酸调节酸度，氢离子浓度控制为 0.5~1mol/L。
（2）温度控制为 65~85℃。
（3）当加入的第一滴 $KMnO_4$ 溶液褪色后，再加第二滴。
（4）近终点时，$C_2O_4^{2-}$ 的浓度已很低，溶液褪色较慢，应小心滴定，至溶液显微红色并保持 30s 不褪色为终点。
2. 答：I_2 在水中很难溶解，应加入 KI，使生成 I_3^-，不但能助溶，还能降低 I_2 的挥发。

3. 答:水中溶解的 CO_2、O_2、嗜硫细菌等微生物都能使 $Na_2S_2O_3$ 分解,因此,配制 $Na_2S_2O_3$ 溶液,要用新煮沸且冷至室温的蒸馏水。

五、计算题

1. 解:已知 $V_{KMnO_4} = 1\,000ml$,$M_{KMnO_4} = 158.03$,$c_{KMnO_4} = 0.02mol/L$

求 $m_{KMnO_4} = ?$

由公式 $c_B = \dfrac{m_A}{M_A V_B} \times 1\,000$ 得:

$$m_{KMnO_4} = c_{KMnO_4} V_{KMnO_4} M_{KMnO_4} \times 10^{-3} = 0.02 \times 1\,000 \times 158.03 = 3.2\,(g)$$

新配制的高锰酸钾溶液不稳定,故应多取一些高锰酸钾试剂,如取 3.30g。

答:应称取 $KMnO_4$ 固体 3.30g。

2. 解:已知 $m_{K_2Cr_2O_7} = 0.153\,6g$,$V_{Na_2S_2O_3} = 18.26ml$,$M_{K_2Cr_2O_7} = 294.18g/mol$

求 $c_{Na_2S_2O_3} = ?$

根据题意可知,$Na_2S_2O_3$ 与 $K_2Cr_2O_7$ 之间的化学计量关系为 $1:6$,

由公式 $c_B = \dfrac{m_A}{M_A V_B} \times 1\,000$ 得:

$$c_{Na_2S_2O_3} = \dfrac{m_{K_2Cr_2O_7}}{\frac{1}{6} M_{K_2Cr_2O_7} V_{Na_2S_2O_3}} \times 1\,000 = \dfrac{0.153\,6}{\frac{1}{6} \times 294.2 \times 18.26} \times 1\,000 = 0.171\,6\,(mol/L)$$

答:$Na_2S_2O_3$ 溶液的物质的量浓度为 0.171 6mol/L。

第九章　电位法和永停滴定法

一、多项选择题

1. ACDE　　2. AC　　3. AB　　4. ABC　　5. ABC　　6. ACDE

二、辨是非题

1. ×　　2. √　　3. √　　4. ×　　5. √　　6. √　　7. √　　8. ×　　9. ×　　10. √

三、填空题

1. 氧化　还原
2. 氧化　还原
3. 玻璃电极　负极　饱和甘汞电极　正极
4. $\varphi_{玻璃} = K_{玻} - 0.059\,2pH$
5. 内参比溶液中 KCl 的浓度　0.241 2
6. 1~9　1~13
7. 转折点　尖峰
8. 铂电极　小电压

四、简答题

1. 答:电极电位是表示电极在一定条件下得失电子能力大小的数值。标准电极电位是指电极在标准状态下的电极电位。二者之间的关系符合能斯特方程式,在 25℃ 条件下,$\varphi = \varphi^\theta + \dfrac{0.059\,2}{n}\lg\dfrac{[Ox]}{[Red]}$。

2. 答:直接电位法测定溶液的 pH,常用饱和甘汞电极作参比电极,pH 玻璃电极作指示电极,将两个电极插入待测溶液中组成原电池,其电池电动势为 $E = 0.241\,2 - (K_{玻} - 0.059\,2\text{pH}) = K + 0.059\,2\text{pH}$。只有用两次测定法,才能消除公式中未知常数 K。

3. 答:电位滴定确定滴定终点通常有 $E\text{-}V$ 曲线法、$\dfrac{\Delta E}{\Delta V}\text{-}\bar{V}$ 曲线法、$\dfrac{\Delta^2 E}{\Delta V^2}\text{-}V$ 曲线法。

4. 答:区别之一是实验装置不同,永停滴定法是将两个相同的铂电极(惰性电极)插入待滴定溶液中,在两个电极间外加一低电压组成电解池,用检流计检测外电路的电流。电位滴定法是将适当的指示电极和参比电极插入待测溶液中,组成原电池,用电位计测量电池的电动势。

区别之二是确定滴定终点的方法不同,永停滴定法是根据滴定过程中双铂电极电流的突变来确定滴定终点。电位滴定法是根据滴定过程中电池电动势的突变来确定终点。

五、计算题

1. 解:已知 $m_s = 0.223\,5\text{g}$,$c_{AgNO_3} = 0.095\,02\text{mol/L}$,$V_{AgNO_3} = 10.01\text{ml}$

求 c_{AgNO_3}

根据题意,由公式 $A\% = \dfrac{c_B V_B \times \dfrac{M_A}{1\,000}}{m_S} \times 100\%$ 得:

$$C_{12}H_{12}N_2O_3\% = \dfrac{c_{AgNO_3} \times V_{AgNO_3} \times M_{C_{12}H_{12}N_2O_3} \times 10^{-3}}{m_S} \times 100\%$$

$$= \dfrac{0.095\,02 \times 10.01 \times 232.2 \times 10^{-3}}{0.223\,5} \times 100\% = 98.82\%$$

答:该试样中苯巴比妥含量符合规定。

2. 解:已知 $\text{pH}_s = 4.00$,$E_s = 0.209\text{V}$,$E_1 = 0.312\text{V}$,$E_2 = 0.088\text{V}$

求 $\text{pH}_1 = ?$,$\text{pH}_2 = ?$

25℃时,原电池的电动势为:$E = 0.241\,2 - (K_{玻} - 0.059\,2\text{pH}) = K + 0.059\,2\text{pH}$

故得:

$0.209 = K + 0.059\,2 \times 4.00$

$0.312 = K + 0.059\,2\text{pH}_1$

$0.088 = K + 0.059\,2\text{pH}_2$

解得 $\text{pH}_1 = 5.74$,$\text{pH}_2 = 1.95$

答:两种未知溶液的 pH 分别为 5.74 和 1.95。

第十章 紫外-可见分光光度法

一、多项选择题

1. AC   2. BC   3. ACE   4. BCE   5. ABCDE   6. BD   7. ABD   8. ABCE   9. AC
10. CDE

二、辨是非题

1. ×   2. √   3. √   4. ×   5. √   6. √   7. √   8. ×   9. ×   10. √

三、填空题

1. 由于化合物结构改变或其他原因,使吸收带强度增大的效应　由于化合物结构改变或其他原因,使吸收带强度减小的效应

2. 最大吸收波长　灵敏度

3. 钨或卤钨　光学玻璃　氢或氘　石英

4. 100%　0

5. 溶液的浓度　液层厚度

6. 朗伯-比尔　稀溶液　单色光　化学因素　光学因素

7. 4.52×10^3

8. 波长　吸光度　浓度　吸光度

四、简答题

1. 答:按物质与辐射能的能级跃迁方向可分为吸收光谱和发射光谱两大类;按作用物是分子或原子,可分为分子光谱法和原子光谱法;按辐射源的波长,可分为 γ 射线光谱法、X 射线光谱法、紫外光谱法、可见光谱法、红外光谱法、微波光谱法、电子自旋共振波谱法与磁共振波谱法等。

2. 答:吸收光谱法:物质吸收相应的辐射能而产生的光谱,其产生的必要条件是所提供的辐射能量恰好满足该物质两能级间跃迁所需的能量。利用物质的吸收光谱进行定性、定量及结构分析的方法称为吸收光谱法。如紫外可见分光光度法、红外分光光度法、原子吸收分光光度法等。

发射光谱法:发射光谱是指构成物质的原子、离子或分子受到辐射能、热能、电能或化学能的激发跃迁到激发态后,由激发态跃迁回基态时释放能量而产生的光谱。利用物质的发射光谱进行定性、定量的方法称为发射光谱法。如荧光法、磷光法等。

3. 答:电子跃迁的主要类型有 $\sigma \to \sigma^*$, $n \to \sigma^*$, $\pi \to \pi^*$ 和 $n \to \pi^*$。各种跃迁所需要的能量大小是 $(\sigma \to \sigma^*) > (n \to \sigma^*) \geqslant (\pi \to \pi^*) > (n \to \pi^*)$。

4. 答:朗伯-比尔定律的具体内容是:当一束平行单色光通过某一均匀非散射的吸光性物质溶液时,其吸光度与吸光性物质的浓度及液厚度的乘积成正比。

5. 答:紫外-可见分光光度计的主要部件是光源、单色器、吸收池、检测器和信号处理与显示器等。

6. 答:第一,在最大波长处,被测物响应值最大,检测灵敏度最高。第二,可以有效排除其他共存杂质干扰,使测定结果准确可靠。第三,在最大吸收波长处,吸光度的值较稳定,波动性不大,测量误差较小。

7. 答:紫外-可见分光光度计主要由光源、单色器、吸收池、检测器、信号处理与显示器五部分组成。光源的作用是发射出连续的具有足够强度和稳定的辐射;单色器的作用是将来自光源的连续光谱按波长顺序色散,并提供测量所需要的单色光;吸收池的作用是盛放待测试样溶液;检测器的作用是将接收到的光信号转变为电信号;信号处理与显示器的作用是将光电管输出的电信号放大,以某种方式将测量结果显示出来。

五、计算题

1. 解:已知 $L = 1\text{cm}, c = 0.200 \times 10^{-6}\text{g/ml}, A = 0.390$

求 $E_{1\text{cm}}^{1\%} = ?, \varepsilon = ?$

由朗伯-比尔定律 $A = E_{1\text{cm}}^{1\%} cL$ 得:

$$E_{1\text{cm}}^{1\%} = \frac{A}{cL} = \frac{0.390}{0.200 \times 10^{-6} \times 100 \times 1.00} = 1.95 \times 10^4$$

$$\varepsilon = \frac{M}{10} \times E_{1\text{cm}}^{1\%} = \frac{106.4}{10} \times 1.95 \times 10^4 = 2.07 \times 10^5$$

答:钯-硫代米蚩酮配合物的 $E_{1\text{cm}}^{1\%}$ 和 ε 值分比为 1.95×10^4

2. 解:已知 $A_x = 0.700, c_s = 1.52 \times 10^{-4}\text{mol/L}, A_s = 0.350$

求 Mn% = ?

由朗伯-比尔定律 $A = E_{1\text{cm}}^{1\%} cL$ 得:

$$A_s = E_{1\text{cm}}^{1\%} c_s L$$
$$A_x = E_{1\text{cm}}^{1\%} c_x L$$

所以
$$c_x = \frac{A_x \times c_s}{A_s} = \frac{0.700 \times 1.52 \times 10^{-4}}{0.350} = 3.03 \times 10^{-4}(\text{mol/L})$$

故
$$Mn\% = \frac{3.04 \times 10^{-4} \times 0.100 \times 54.94}{1.000}$$

答:钢样中 Mn 的百分含量为 0.167%。

3. 解:已知 $m_s = 10.00\text{mg} = 10.00 \times 10^{-3}\text{g}, L = 1\text{cm}, A = 0.463, E_{1cm}^{1\%} = 927.9$

　　求咖啡酸% =?

由朗伯-比尔定律 $A = E_{1cm}^{1\%} cL$ 得:

$$\text{咖啡酸 }\% = \frac{\dfrac{A}{E_{1cm}^{1\%} L} \times \dfrac{50.0}{100} \times \dfrac{200}{5.00}}{m_s} = \frac{\dfrac{0.463}{927.9 \times 1} \times \dfrac{50.0}{100} \times \dfrac{200}{5.00}}{10.00 \times 10^{-3}} = 99.8\%$$

答:试样中咖啡酸的质量分数为 99.8%。

4. 解:已知 $\varepsilon = 1.8 \times 10^4, V = 50\text{ml} = 0.05\text{L}$

若称取该药物 m 克符合题意,则溶液的物质的量浓度为:

$$c = \frac{m \times 0.5\%}{58.85 \times 0.05} = \frac{m}{58.85} \times 0.1$$

因当 $A = 0.4343$ 时相对误差最小,则:

由朗伯-比尔定律 $A = \varepsilon cL$ 得:

$$c = \frac{A}{\varepsilon L} = \frac{0.4343}{1.8 \times 10^4 \times 1} \times 588.5 = 0.0135(\text{g})$$

答:取该药物 0.0135g。

5. 解:已知 $E_{a282} = 720, E_{a283} = 270, A_{282}^{a+b} = 0.442, A_{238}^{a+b} = 0.278, A_{282}^{b} = A_{238}^{b}$

　　求 $c_a =?$

根据朗伯-比尔定律 $A = E_{1cm}^{1\%} cL$ 及吸光度的加和性得:

$$A_{282}^{a+b} = A_{282}^{a} + A_{282}^{b} = E_{a282} c_a L + A_{282}^{b} = 0.442$$
$$A_{238}^{a+b} = A_{238}^{a} + A_{238}^{b} = E_{a238} c_a L + A_{238}^{b} = 0.278$$
$$A_{282}^{b} = A_{238}^{b}$$

整理上述三个式子得:

$$c_a = \frac{A_{282}^{a+b} - A_{238}^{a+b}}{(E_{a282} - E_{a238}) \times L} = \frac{0.442 - 0.278}{(720 - 270) \times 1} \times 1000 = 0.364(\text{mg/100ml})$$

答:混合物中 a 的浓度为 0.364mg/100ml。

第十一章　荧光分析法

一、多项选择题

1. ABDE　　2. ABCD　　3. ADE

二、辨是非题

1. ×　　2. ×　　3. ×　　4. ×　　5. √

三、填空题

1. 激发光谱　发射光谱(或荧光光谱)

2. 大　长　减弱

3. 最大激发波长　最大发射波长

4. 紫外-可见光的吸收　荧光效率

5. 提高　入射光的强度增加使荧光强度增强

6. 温度　溶剂　酸度　荧光猝灭剂　散射光

四、简答题

1. 答：

（1）激发光谱：固定荧光测定波长，连续改变激发光波长，测定不同激发光波长下的荧光强度。以激发光波长（λex）为横坐标，以荧光强度（F）为纵坐标作图，所得到的光谱图称为激发光谱。

（2）发射光谱：固定激发光波长，连续改变荧光检测波长，测定不同荧光波长下的荧光强度。以荧光波长（λem）为横坐标，以荧光强度（F）为纵坐标作图，所得到的光谱称为发射光谱。

（3）荧光猝灭：荧光物质分子与溶剂或其他溶质分子相互作用引起荧光强度下降或荧光强度与浓度不呈线性的现象称为荧光猝灭。

（4）荧光效率：物质发射荧光的光量子数和所吸收的激发光的光量子数的比值称为荧光效率。

2. 答：荧光强度与物质浓度之间的关系式为：$F = Kc$；荧光强度与物质浓度之间的线性关系只有在稀溶液中（abc≤0.05），在一定温度下，当激发光波长、强度和液层厚度都一定时才成立。

3. 答：荧光分析法中与浓度相关的参数是荧光物质发射的荧光强度，测量的方式是在入射光的直角方向，即在黑暗背景下检测所发射光的强度信号，因此可采用增强入射光强度或增大检测信号的放大倍数来提高灵敏度。在分光光度法中与浓度相关的参数是吸光度，如果增大入射光强度，透射光强度也相应增大，所以其比值不会变化，如果增大检测器的放大倍数，检测到的入射光强度和透射光强度也同时增大，同样不能提高其比值，也就不能达到提高灵敏度的目的。所以，荧光分析法的灵敏度比紫外-可见分光光度法高。

五、计算题

1. 解：供试品溶液浓度：

$$c_{x_1} = \frac{31.5 \times 20}{250} \times \frac{5}{10} = 1.26(\mu g/L)$$

$$c_{x_2} = \frac{38.5 \times 20}{250} \times \frac{5}{10} = 1.54(\mu g/L)$$

根据

$$F_x = \frac{c_x}{c_s}F_s$$

$$F_{x_1} = \frac{c_{x_1}}{c_s}F_s = \frac{1.26}{1.4} \times 65 = 58.5$$

$$F_{x_2} = \frac{c_{x_2}}{c_s}F_s = \frac{1.54}{1.4} \times 65 = 71.5$$

答：合格片的荧光强度读数应在 58.5～71.5 之间。

2. 解：标准品溶液 $c_s = \frac{10 \times 10^{-3}}{100 \times 10^{-3}} \times \frac{2}{100} = 0.0020(g/L)$

供试品

稀释后的浓度 $c_x' = \frac{F_x}{F_s}c_s = \frac{350}{200} \times 0.0020 = 0.0034(g/L)$

则稀释前的浓度 $c_x = c_x' \times \frac{50}{20} = 0.0034 \times 2.5 = 0.0085(g/L)$

利血平片中有效药物-利血平分子的含量

$$\omega\% = \frac{m_{利血平}}{m_总} = \frac{0.008\,5 \times 100 \times 10^{-3}}{0.5 \times 10^{-3}} \times 100\% = 17\%$$

答:利血平片中有效药物-利血平分子的含量为 17%。

3. 解:试样溶液浓度 $c_x = \frac{F_x - F_0}{F_s - F_0}c_s = \frac{61.5 - 1.5}{69.5 - 1.5} \times 0.100 = 0.088(\mu g/ml)$

食品中维生素 B_2 的含量

$$\omega = \frac{m_{维生素B_2}}{m_{食品}} = \frac{c_x \times \frac{10}{2} \times 10}{2.00} = \frac{0.088 \times 5 \times 10}{2.00} = 2.2(\mu g/g)$$

答:该食品中维生素 B_2 的含量为 $2.2\mu g/g$。

第十二章　原子吸收分光光度法

一、多项选择题

1. AC　　2. ABCDE　　3. ABCE　　4. ACDE

二、辨是非题

1. ✕　　2. ✓　　3. ✓　　4. ✕　　5. ✓　　6. ✕　　7. ✓

三、填空题

1. 基态　激发态
2. 光源　原子化系统　分光系统　检测系统
3. 雾化器　雾化室　燃烧室
4. 干燥　灰化　原子化　净化
5. 化学计量火焰　富燃火焰　贫燃火焰

四、简答题

1. 答:根据干扰的性质和产生的原因,可分为电离干扰、物理干扰、化学干扰和光谱干扰四类。①电离干扰是指某些易电离的元素在火焰中电离而使原子吸收的基态原子数减少,导致吸光度下降,而且使工作曲线随浓度的增加而向纵轴弯曲。解决办法:加入大量的比待测元素电位低的易电离的其他元素(即消电离剂)。②物理干扰是指试样在转移、蒸发和原子化过程中,由于试样黏度、密度、表面张力等物理性质的变化而引起原子吸收信号强度变化的效应。解决办法:配制与待测试样组成相似的标准溶液或适当稀释试样溶液。③化学干扰是指试样溶液转化为自由基态原子的过程中,待测元素与其他组分之间的化学作用而引起的干扰效应。解决方法:选择合适的原子化条件、加入释放剂、加入保护剂、加入基体改进剂等。④光谱干扰是指被测元素吸收线与其他吸收线或辐射不能完全分离而产生的干扰,主要来源于原子化器和光源,包括谱线干扰和背景干扰。解决办法:减小狭缝宽度、另选分析线、背景校正等。

2. 答:火焰原子吸收分光光度计由光源、原子化系统、分光系统和检测系统组成。光源的作用是发射被测元素基态原子所吸收的特征共振线。原子化系统是原子吸收分光光度计的核心部分,其作用是提供能量,使试样干燥、蒸发并使被测元素转化为气态的基态原子。分光系统的作用是将待测元素的共振线与邻近谱线分开,只允许待测元素共振线通过。检测系统的作用是将经过原子蒸气吸收和单色器分光后的待测元素共振线的光强度信号转换为电信号,并具有不同程度的放大作用。

3. 答:火焰原子吸收中,按照助燃比的不同,可将火焰分为三类:化学计量火焰、富燃火焰和贫燃火焰。当燃助比与化学反应计量关系相近,称其为化学计量火焰(也称中性火焰),此火焰燃烧充分,可达到的温度最高,并且燃烧稳定、干扰小、背景低,可用于大多数元素的测定。当燃助比大于化学计量时,其火焰称为富燃火焰

（也称还原性火焰）。这种火焰燃烧的不完全,火焰呈黄色,层次模糊,温度稍低,火焰的还原性较强,适合于易形成难离解氧化物元素的测定,如 Cr、Ba、Mn 等。当燃助比小于化学计量时,其火焰称为贫燃火焰(也称氧化性火焰)。这种火焰燃烧充分,氧化性较强,火焰呈略带橙黄的浅蓝色,温度较低,适于易离解、易电离元素且不易生成难解离氧化物的元素测定,如碱金属等。

五、计算题

1. 解:已知 $c = 2\mu g/ml$, $T = 50\% = 0.5$

　　求 $S = ?$

依题意得:

$$S = \frac{0.00434c}{A} = \frac{0.00434c}{-\lg T} = \frac{0.00434 \times 2}{-\lg 0.5} = 0.0288(\mu g/ml)$$

答:测定镁的灵敏度为 $0.0288\mu g/ml$。

2. 解:设直接测定的镉浓度为 c_x,加入镉标准溶液后的浓度 c_0 分别为:

$$c_0 = 0, \qquad\qquad A_x = 0.042$$

$$c_1 = \frac{1 \times 10}{50} = 0.2\mu g/ml \qquad A_1 = 0.080$$

$$c_2 = \frac{2 \times 10}{50} = 0.4\mu g/ml \qquad A_2 = 0.116$$

$$c_3 = \frac{4 \times 10}{50} = 0.8\mu g/ml \qquad A_3 = 0.190$$

绘制吸光度(A)-镉标准浓度 $c(\mu g/ml)$的标准曲线,并进行线性回归得:

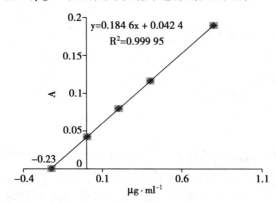

回归曲线为:$A = 0.1846c + 0.0424$($r = 0.99995$)

该线性方程在 X 轴交点处的绝对值即为测得镉的浓度:$c_x = 0.23\mu g/ml$,所以,试样中镉的含量为:$0.23 \times 50/20 = 0.57\mu g/ml$,即 $0.57mg/L$。

答:试样中镉的浓度为 $0.57mg/L$。

第十三章　经典色谱法

一、多项选择题

1. ABC　2. BC　3. ABCD　4. ABCDE　5. ABC　6. CE　7. ABCE

二、辨是非题

1. ×　2. √　3. ×　4. ×　5. √　6. √　7. ×　8. ×　9. √　10. ×

三、填空题

1. 柱色谱　平面色谱法
2. 大　小
3. 结构　性质
4. 弱　大
5. 装柱　加样　洗脱
6. 选择滤纸或制板　点样　展开　定性及定量分析

四、简答题

1. 答:A 的分配系数小,在固定相中的浓度小,故 A 比移值大,B 比移值小。
2. 如果试样极性较大,则应选用吸附能力较弱(活性较低)的吸附剂作固定相,选用极性较大的溶剂作流动相。如果试样极性较小,则应选用吸附能力较强(活性较高)的吸附剂作固定相,用极性较小的溶剂作流动相。

五、计算题

1. 解:根据比移值的定义及题意得:

$$R_f = \frac{8.3}{16.6} = 0.5$$

答:该物质的 R_f 为 0.5。

2. 解:已知 $R_{f(A)} = 0.50, R_{f(B)} = 0.70$
设溶剂前沿移动 x 厘米,A 移动 y 厘米,则 B 移动 $y+2$ 厘米
根据相对比移值的定义及题意得:

$$R_{f(A)} = \frac{y}{x} = 0.5, \; R_{f(B)} = \frac{y+2}{x} = 0.7$$

解得 $x = 10(cm)$
答:溶剂沿线与起始线的距离应为 10cm。

第十四章　气相色谱法

一、多项选择题

1. ABE　　2. ACDE　　3. ABC　　4. BCD　　5. ACDE

二、辨是非题

1. √　2. √　3. √　4. ✕　5. √　6. ✕　7. √　8. √　9. ✕　10. √

三、填空题

1. 分配系数
2. 速率
3. 死时间
4. 色谱柱　检测器
5. 塔板理论　速率理论
6. 有效塔板数和有效塔板高度　分离度
7. 载气系统　进样系统　分离系统　检测系统　记录系统

8. 归一化法　外标法　内标法　内标对比法

四、简答题

1. 答:气-固色谱法中的固定相是一种具有表面活性的吸附剂,当试样随着载气流过色谱柱时,由于吸附剂对各组分吸附能力不同,经过反复多次吸附与解吸附分配过程,最后彼此分离。吸附能力小的先随着载气流出色谱柱,吸附能力大的后流出柱。

气-液色谱法是在色谱中装入一种具有一定粒度惰性的多孔固体物质(称为担体或载体)其表面涂有一层很薄的不易挥发的高沸点有机化合物(固定液)。当载气把试样的气体混合物带入色谱柱后,由于各气体组成在载气和固定液膜的气、液两相中的分配(在一定的压力、温度条件下,物质在两相中溶解度的比值)不同,所以在载气向前流动时,试样各组分从固定液中解析的能力就不同。当解析出来的组分随着载气往前移动的时候,又再次溶解在前面的固定液中,这样反复地溶解——解析——再溶解——再解析多次分配,各组分由于分配系数的差异,移动速度就有快慢之分,在固定液中溶解度越小的组分移动速度越快,先流出色谱柱,反之,移动速度越慢,在色谱柱出口就将各组分分开。

2. 答:气相色谱仪的基本组成部分如下:

(1) 载气系统。作用:由气源输出的载气通过装有催化剂或分子筛的净化器,以除去水,氧等有害杂质,净化后的载气经稳压阀或自动流量控制装置后,使流量按设定值恒定输出。

(2) 进样系统。作用:试样在气化室瞬间气化后,随载气进入色谱柱分离。

(3) 分离系统。作用:将混合物中性质不同的组分进行分离。

(4) 检测系统。作用:对试样中的物质信号进行探测,由检测器执行。

(5) 讯号处理及显示系统　对检测器收集到的信号进行放大,并输出至记录设备,信号的放大由三极管电路完成。

3. 答:固定相改变会引起分配系数的改变,因为分配系数只与组分的性质及固定相与流动相的性质有关。

故:(1)柱长缩短不会引起分配系数改变。

(2) 固定相改变会引起分配系数改变。

(3) 流动相流速增加,不会引起分配系数改变。

(4) 相比减少,不会引起分配系数改变。

4. 答:$K=k/\beta$,而$\beta=V_M/V_S$,分配比与组分、两相的性质、柱温、柱压、相比有关,与流动相流速、柱长无关。故(1)不变化,(2)增加,(3)不改变,(4)减小。

五、计算题

解:已知试样峰高 h_i 为75.0mm,标准液峰 h_s 为69.0mm,标准液浓度 c_s 为20mg/L,水样富集倍数 =500/25 =20,则:

$$c_i = \frac{h_i}{h_s} \times c_s \div 20 = \frac{75.0}{69.0} \times 20 \div 20 = 1.09(\text{mg/L})$$

答:水样中被测组分为1.09mg/L。

第十五章　高效液相色谱法

一、多项选择题

1. ABC　　2. ACD　　3. ABCD　　4. BCD　　5. ABC

二、辨是非题

1. √　　2. √　　3. ×　　4. √　　5. ×　　6. ×　　7. ×　　8. ×　　9. ×　　10. √

三、填空题

1. 输液系统　进样系统　分离系统　检测系统和数据记录　处理系统
2. 极性至中等极性　非极性至中等极性
3. 涡流扩散项　纵向扩散项　传质阻抗项　纵向扩散项
4. 小于　大于
5. 面积归一化法　外标法　内标法

四、简答题

1. 答:正相色谱法:流动相极性小于固定相的极性的色谱法,主要用于分离溶于有机溶剂的极性至中等极性的分子型化合物,用于含有不同官能团物质的分离。

反相色谱法:流动相极性大于固定相的极性的色谱法,主要用于分离非极性至中等极性的组分。

2. 答:高效液相色谱仪常见的检测仪器有:紫外检测器、荧光检测器、示差折光检测器、电化学检测器和蒸发光散射检测器。

3. 答:在正相色谱中,由于固定相是极性的,所以溶剂极性越强,洗脱能力也越强,即极性强的溶剂是强溶剂。

在反相色谱中,由于固定相是非极性的,所以溶剂的强度随溶剂的极性降低而增加,即极性弱的溶剂是强溶剂。

4. 答:通过化学反应将有机基团键合在载体表面所形成的固定相(填料),称为化学键合相。其特点是耐溶剂冲洗,化学性能稳定,热稳定性好,并且可以通过改变键合有机官能团的类型来改变分离的选择性。

五、计算题

解:已知

$$f_s = \frac{0.200\,0}{3.60 \times 10^5} = 5.56 \times 10^{-7}, f_{黄} = \frac{0.200\,0}{3.43 \times 10^5} = 5.83 \times 10^{-7}$$

$$f_{小} = \frac{0.200\,0}{4.04 \times 10^5} = 4.95 \times 10^{-7}, m_s = 0.240\,0\,g, m = 0.856\,0\,g, A_s = 4.16 \times 10^5,$$

$$A_{黄} = 3.71 \times 10^5, A_{小} = 4.54 \times 10^5$$

求 $c_{黄} = ?, c_{小} = ?$

由公式 $c_i\% = \frac{f_i A_i}{f_s A_s} \times \frac{m_s}{m} \times 100\%$ 得:

$$黄连碱\% = \frac{f_i A_i}{f_s A_s} \times \frac{m_s}{m} \times 100\% = \frac{5.83 \times 10^{-7} \times 3.71 \times 10^5}{5.56 \times 10^{-7} \times 4.16 \times 10^5} \times \frac{0.240\,0}{0.865} \times 100\% = 26.2\%$$

$$小檗碱\% = \frac{f_i A_i}{f_s A_s} \times \frac{m_s}{m} \times 100\% = \frac{4.95 \times 10^{-7} \times 4.54 \times 10^5}{5.56 \times 10^{-7} \times 4.16 \times 10^5} \times \frac{0.240\,0}{0.865} \times 100\% = 27.2\%$$

答:试样中黄连碱和小檗碱的含量分别为 26.2% 和 27.2%。

第十六章　其他仪器分析方法

一、多项选择题

1. ABC　　2. ABE　　3. ABCDE　　4. ABCDE　　5. ABCE

二、辨是非题

1. √　　2. ×　　3. √　　4. √　　5. ×

三、填空题

1. 某些振动方式不产生偶极矩的变化,是非红外活性的 由于分子的对称性,某些振动方式是简并的 某些振动频率十分接近,不能被仪器分辨 某些振动吸收能量太小,信号很弱,不能被仪器检出。

2. 四甲基硅烷

3. 诱导效应 共轭效应 溶剂效应 氢键的形成

4. 近红外光区 中红外光区 远红外光区

5. 真空系统 进样系统 离子源 质量分离器 检测器

四、简答题

1. 答:(1) 产生磁共振信号,因为二者的质量数均为偶数,但原子序数均为奇数。

(2) $_9^{19}F$ 产生磁共振信号,因为它的质量数为奇数;$_6^{12}C$ 不产生磁共振信号,因为它的质量数和原子序数均为偶数。

(3) 二者均不产生磁共振信号,因为它们的质量数和原子序数均为偶数。

2. 答:在 $4\,000 \sim 1\,500\,cm^{-1}$ 范围内,大多是一些特定官能团所产生的吸收峰,因此统称为官能团区,又称为基团频率区或特征区,其吸收光谱主要反映分子中特征基团的振动,所以官能团的鉴定主要在这一区域内进行。

3. 答:谱仪型一般由真空系统、进样系统、离子源、质量分离器和检测器等五个部分构成。

4. 答:物质分子在一定的物理作用或化学反应条件下,会成为带电的离子(或粒子)。不同物质所带电的性质、颗粒形状和大小不同,因而在一定的电场中它们的移动方向和移动速度也不同,从而可使它们彼此分离。

附　录

附录一　常用化合物的相对分子质量

（根据 2005 年公布的相对原子质量计算）

分子式	相对分子质量	分子式	相对分子质量
$AgBr$	187.77	H_3PO_4	97.995
$AgCl$	143.32	H_2SO_4	98.080
AgI	234.77	I_2	253.81
$AgNO_3$	169.87	$KAl(SO_4)_2 \cdot 12H_2O$	474.39
Al_2O_3	101.96	KBr	119.00
As_2O_3	197.84	$KBrO_3$	167.00
$BaCl_2 \cdot 2H_2O$	244.26	KCl	74.551
BaO	153.33	$KClO_4$	138.55
$Ba(OH)_2 \cdot 8H_2O$	315.47	K_2CO_3	138.21
$BaSO_4$	233.39	K_2CrO_4	194.19
$CaCO_3$	100.09	$K_2Cr_2O_7$	294.19
CaO	56.077	KH_2PO_4	136.09
$Ca(OH)_2$	74.093	$KHSO_4$	136.17
CO_2	44.010	KI	166.00
CuO	79.545	KIO_3	214.00
Cu_2O	143.09	$KIO_3 \cdot HIO_3$	389.91
$CuSO_4 \cdot 5H_2O$	249.69	$KMnO_4$	158.03
FeO	71.844	KNO_2	85.100
Fe_2O_3	159.69	KOH	56.106
$FeSO_4 \cdot 7H_2O$	278.02	K_2PtCl_6	486.00
$FeSO_4 \cdot (NH_4)_2SO_4 \cdot 6H_2O$	392.14	$KSCN$	97.182
H_3BO_3	61.833	$MgCO_3$	84.314
HCl	36.461	$MgCl_2$	95.211
$HClO_4$	100.46	$MgSO_4 \cdot 7H_2O$	246.48
HNO_3	63.013	$MgNH_4PO_4 \cdot 6H_2O$	245.41
H_2O	18.015	MgO	40.304
H_2O_2	34.015	$Mg(OH)_2$	58.320

分子式	相对分子质量	分子式	相对分子质量
$Mg_2P_2O_7$	222.55	$PbCrO_4$	321.19
$Na_2B_4O_7 \cdot 10H_2O$	381.37	PbO_2	239.20
NaBr	102.89	$PbSO_4$	303.26
NaCl	58.489	P_2O_5	141.94
Na_2CO_3	105.99	SiO_2	60.085
$NaHCO_3$	84.007	SO_2	64.065
$Na_2HPO_4 \cdot 12H_2O$	358.14	SO_3	80.064
$NaNO_2$	69.000	ZnO	81.408
Na_2O	61.979	CH_3COOH(醋酸)	60.052
NaOH	39.997	$H_2C_2O_4 \cdot 2H_2O$	126.07
$Na_2S_2O_3$	158.11	$KHC_4H_4O_6$(酒石酸氢钾)	188.18
$Na_2S_2O_3 \cdot 5H_2O$	248.19	$KHC_8H_4O_4$(邻苯二甲酸氢钾)	204.22
NH_3	17.031	$K(SbO)C_4H_4O_6 \cdot 1/2H_2O$(酒石酸锑钾)	333.93
NH_4Cl	53.491	$Na_2C_2O_4$(草酸钠)	134.00
NH_4OH	35.046	$NaC_7H_5O_2$(苯甲酸钠)	144.11
$(NH_4)_3PO_4 \cdot 12MoO_3$	1876.4	$Na_3C_6H_5O_7 \cdot 2H_2O$(枸橼酸钠)	294.12
$(NH_4)_2SO_4$	132.14	$Na_2H_2C_{10}H_{12}O_8N_2 \cdot 2H_2O$(EDTA 二钠盐)	372.24

附录二　常用弱酸、弱碱的解离常数

(近似浓度 0.003~0.01mol/L,温度 298K)

名称	化学式	解离常数 K	pK
偏铝酸	$HAlO_2$	6.3×10^{-13}	12.20
砷酸	H_3AsO_4	$K_1 = 6.3 \times 10^{-3}$	2.20
		$K_2 = 1.05 \times 10^{-7}$	6.98
		$K_3 = 3.2 \times 10^{-12}$	11.50
亚砷酸	$HAsO_2$	6×10^{-10}	9.22
*硼酸	H_3BO_3	5.8×10^{-10}	9.24
氢氰酸	HCN	4.93×10^{-10}	9.31
碳酸	H_2CO_3	$K_1 = 4.30 \times 10^{-7}$	6.37
		$K_2 = 5.61 \times 10^{-11}$	10.25
铬酸	H_2CrO_4	$K_1 = 1.8 \times 10^{-1}$	0.74
		$K_2 = 3.20 \times 10^{-7}$	6.49
次氯酸	HClO	3.2×10^{-8}	7.50
氢氟酸	HF	3.53×10^{-4}	3.45
碘酸	HIO_3	1.69×10^{-1}	0.77

名称	化学式	解离常数 K	pK
高碘酸	HIO_4	$2.8×10^{-2}$	1.56
亚硝酸	HNO_2	$4.6×10^{-4}(285.5K)$	3.37
磷酸	H_3PO_4	$K_1=7.52×10^{-3}$	2.12
		$K_2=6.31×10^{-8}$	7.20
		$K_3=4.4×10^{-13}$	12.36
氢硫酸	H_2S	$K_1=1.3×10^{-7}$	6.88
		$K_2=1.1×10^{-12}$	11.96
亚硫酸	H_2SO_3	$K_1=1.54×10^{-2}(291K)$	1.81
		$K_2=1.02×10^{-7}$	6.91
硫酸	H_2SO_4	$K_2=1.20×10^{-2}$	1.92
硅酸	H_2SiO_3	$K_1=1.7×10^{-10}$	9.77
		$K_2=1.6×10^{-12}$	11.80
甲酸	$HCOOH$	$1.8×10^{-4}$	3.75
乙酸	HAc	$1.76×10^{-5}$	4.75
草酸	$H_2C_2O_4$	$K_1=5.90×10^{-2}$	1.23
		$K_2=6.40×10^{-5}$	4.19
一氯乙酸	$CH_2ClCOOH$	$1.4×10^{-3}$	2.86
二氯乙酸	$CHCl_2COOH$	$5.0×10^{-2}$	1.30
三氯乙酸	CCl_3COOH	$2.0×10^{-1}$	0.70
氨基乙酸	NH_2CH_2COOH	$1.67×10^{-10}$	9.78
丙酸	CH_3CH_2COOH	$1.35×10^{-5}$	4.87
丙二酸	$HOCOCH_2COOH$	$K_1=1.4×10^{-3}$	2.85
		$K_2=2.2×10^{-6}$	5.66
丙烯酸	$CH_2{=\!=}CHCOOH$	$5.5×10^{-5}$	4.26
苯酚	C_6H_5OH	$1.1×10^{-10}$	9.96
苯甲酸	C_6H_5COOH	$6.3×10^{-5}$	4.20
水杨酸	$C_6H_4(OH)COOH$	$K_1=1.05×10^{-3}$	2.98
		$K_2=4.17×10^{-13}$	12.38
*邻苯二甲酸	$C_6H_4(COOH)_2$	$K_1=1.12×10^{-3}$	2.95
		$K_2=3.91×10^{-6}$	5.41
柠檬酸	$(HOOCCH_2)_2C(OH)COOH$	$K_1=7.1×10^{-4}$	3.14
		$K_2=1.76×10^{-6}$	4.76
		$K_3=4.1×10^{-7}$	6.39
酒石酸	$(CH(OH)COOH)_2$	$K_1=1.04×10^{-3}$	2.98
		$K_2=4.55×10^{-5}$	4.34
*8-羟基喹啉	C_9H_6NOH	$K_1=8×10^{-6}$	5.1
		$K_2=1×10^9$	9.0

名称	化学式	解离常数 K	pK
*对氨基苯磺酸	$H_2NC_6H_4SO_3H$	$K_1 = 2.6 \times 10^{-1}$	0.58
		$K_2 = 7.6 \times 10^{-4}$	3.12
*乙二胺四乙酸(EDTA)	$(CH_2COOH)_2NH^+CH_2CH_2NH^+$ $(CH_2COOH)_2$	$K_5 = 5.4 \times 10^{-7}$	6.27
		$K_6 = 1.12 \times 10^{-11}$	10.95
铵离子	NH_4^+	$K_b = 5.56 \times 10^{-10}$	9.25
氨水	$NH_3 \cdot H_2O$	$K_b = 1.76 \times 10^{-5}$	4.75
联胺	N_2H_4	$K_b = 8.91 \times 10^{-7}$	6.05
羟氨	NH_2OH	$K_b = 9.12 \times 10^{-9}$	8.04
氢氧化铅	$Pb(OH)_2$	$K_b = 9.6 \times 10^{-4}$	3.02
氢氧化锂	$LiOH$	$K_b = 6.31 \times 10^{-1}$	0.2
氢氧化铍	$Be(OH)_2$	$K_b = 1.78 \times 10^{-6}$	5.75
	$BeOH^+$	$K_b = 2.51 \times 10^{-9}$	8.6
氢氧化铝	$Al(OH)_3$	$K_b = 5.01 \times 10^{-9}$	8.3
	$Al(OH)_2^+$	$K_b = 1.99 \times 10^{-10}$	9.7
氢氧化锌	$Zn(OH)_2$	$K_b = 7.94 \times 10^{-7}$	6.1
*乙二胺	$H_2NC_2H_4NH_2$	$K_{b1} = 8.5 \times 10^{-5}$	4.07
		$K_{b2} = 7.1 \times 10^{-8}$	7.15
*六亚甲基四胺	$(CH_2)_6N_4$	1.35×10^{-9}	8.87
*尿素	$CO(NH_2)_2$	1.3×10^{-14}	13.89

摘自 R. C. Weast. Handbook of Chemistry and Physics. 70th ed. London：Wolfe Medicol Publications Ltd,1989.

* 摘自其他参考书。

附录三　难溶化合物的溶度积（K_{sp}）[①]

化合物	K_{sp}	化合物	K_{sp}	化合物	K_{sp}
Ag_3AsO_4	1.0×10^{-22}	AgI	1.5×10^{-16}[③]	$BaHPO_4$	3.2×10^{-7}
$AgBr$	5.0×10^{-13}	Ag_3PO_4	1.4×10^{-16}	$Ba_3(PO_4)_2$	3.4×10^{-23}
$AgCl$	1.56×10^{-10}[③]	Ag_2S	6.3×10^{-50}	$Ba_2P_2O_7$	3.2×10^{-11}
$AgCN$	1.2×10^{-16}	$Al(OH)_3$	1.3×10^{-33}	$BaSiF_6$	1×10^{-6}
$Ag_2C_2O_4$	2.95×10^{-11}	$AlPO_4$	6.3×10^{-19}	$BaSO_4$	1.1×10^{-10}
$AgSCN$	1.0×10^{-12}	As_2S_3	4.0×10^{-29}	$Bi(OH)_3$	4×10^{-31}
Ag_2SO_4	1.4×10^{-5}	$Ar(OH)_3$	6.3×10^{-31}	Bi_2S_3	1×10^{-97}
Ag_2CO_3	8.1×10^{-12}	Ba_3AsO_4	8.0×10^{-51}	$BiPO_4$	1.3×10^{-23}
$Ag_3[CO(NO_2)_6]$	8.5×10^{-21}	$BaCO_3$	8.1×10^{-9}[③]	$CaCO_3$	8.7×10^{-9}[③]
Ag_2CrO_4	1.1×10^{-12}	BaC_2O_4	1.6×10^{-7}	CaC_2O_4	4×10^{-9}
$Ag_2Cr_2O_7$	2.0×10^{-7}	$BaCrO_4$	1.2×10^{-10}	$CsCrO_4$	7.1×10^{-4}
$Ag_4[Fe(CN)_6]$	1.6×10^{-41}	BaF_2	1.0×10^{-9}	CaF_4	2.7×10^{-11}

续表

化合物	K_{sp}	化合物	K_{sp}	化合物	K_{sp}
$CaHPO_4$	1×10^{-7}	$Fe(OH)_3$	1.1×10^{-36}[③]	$PbCl_2$	1.6×10^{-5}
$Ca(OH)_2$	5.5×10^{-6}	$FePO_4$	1.3×10^{-22}	$PbCrO_4$	1.8×10^{-14}[③]
$Ca_3(PO_4)_2$	2.0×10^{-29}	FeS	3.7×10^{-19}	PbF_2	2.7×10^{-8}
$CaSiF_6$	8.1×10^{-4}	Hg_2Cl_2	1.3×10^{-18}	$Pb_2[(CN)_6]$	3.5×10^{-15}
$CaSO_4$	9.1×10^{-6}	$Hg_2(CN)_2$	5×10^{-40}	$PbHPO_4$	1.3×10^{-10}
$Cd[Fe(CN)_6]$	3.2×10^{-17}	Hg_2I_2	4.5×10^{-29}	PbI_2	7.1×10^{-9}
$Cd(OH)_2(新)$	2.5×10^{-14}	Hg_2S	1×10^{-47}	$Pb(OH)_2$	1.2×10^{-15}
$Cd_3(PO_4)_2$	2.5×10^{-33}	$HgS(红)$	4×10^{-53}	$Pb_3(PO_4)_2$	8.0×10^{-48}
CdS	3.6×10^{-29}[③]	$HgS(黑)$	1.6×10^{-52}	PbS	8.0×10^{-28}
$Co_2[Fe(CN)_5]$	1.8×10^{-15}	$Hg_2(SCN)_2$	2.0×10^{-20}	$PbSO_4$	1.6×10^{-8}
$Co[Hg(SCN)_4]$	1.5×10^{-6}	$K[B(C_6H_5)_4]$	2.2×10^{-8}	$Sb(OH)_3$	4×10^{-42}[②]
$CoHPO_4$	2×10^{-7}	$K_2Na[Co(NO_2)_6]H_2O$	2.2×10^{-8}	Sb_2S_3	2.9×10^{-59}[②]
$Co(OH)_2(新)$	1.6×10^{-15}	$K_2[PtCl_6]$	1.1×10^{-5}	SnS	1.0×10^{-25}
$Co(PO_4)_2$	2×10^{-35}	$MgCO_3$	3.5×10^{-8}	$SrCO_3$	1.6×10^{-9}[③]
CoS	3×10^{-26}[③]	MgC_2O_4	8.5×10^{-5}[③]	SrC_2O_4	5.6×10^{-8}[③]
$Cu_3(AsO_4)_2$	7.6×10^{-36}	MgF_2	6.5×10^{-9}	$SrCrO_4$	2.2×10^{-5}
$CuCN$	3.2×10^{-20}	$MgNH_4PO_4$	2.5×10^{-13}	SrF_2	2.5×10^{-9}
$Cu[Hg(CN)_6]$	1.3×10^{-16}	$Mg(OH)_2$	1.9×10^{-13}	$Sr_3(PO_4)_2$	4.0×10^{-28}
$Cu_3(PO_4)_2$	1.3×10^{-37}	$Mg_3(PO_4)_3$	$10^{-28} \sim 10^{-27}$	$SrSO_4$	3.2×10^{-7}
$Cu_2P_2O_7$	8.3×10^{-16}	$Mn(OH)_2$	1.9×10^{-13}	$Zn_2[Fe(CN)_6]$	4.0×10^{-16}
$CuSCN$	4.8×10^{-15}	MnS	1.4×10^{-15}[③]	$Zn[Hg(SCN)_4]$	2.2×10^{-7}
CuS	6.3×10^{-36}	$Ni(OH)_2(新)$	2.0×10^{-15}	$Zn(OH)_2$	1.2×10^{-17}
$FeCO_3$	3.2×10^{-11}	NiS	1.4×10^{-24}[③]	$Zn_3(PO_4)_2$	9.0×10^{-33}
$Fe_4[Fe(CN)_6]$	3.3×10^{-41}	$Pb_3(AsO_4)_2$	4.0×10^{-36}	ZnS	1.2×10^{-23}[③]
$Fe(OH)_2$	8.0×10^{-16}	$PbCO_3$	7.4×10^{-14}		

[①]摘自 J. A. Dean. Lange's Handbook of chemistry. 11th ed. New York：Mc Graw-Hill Book Co. 1973.

[②]摘自余志英. 普通化学常用数据表. 北京：中国工业出版社，1956.

[③]摘自 R. C. Geart. Handbook of chemistry and physics. 55th ed. Boca Raton：CRC Press，1974.

附录四　标准电极电位表（25℃）

电极反应			$\varphi^0(V)$
氧化型	电子数	还原型	
Li^+	$+e \rightleftharpoons$	Li	-3.045
K^+	$+e \rightleftharpoons$	K	-2.925
Ba^{2+}	$+2e \rightleftharpoons$	Ba	-2.912
Sr^{2+}	$+2e \rightleftharpoons$	Sr	-2.89

电极反应			$\varphi^0(V)$
氧化型	电子数	还原型	
Ca^{2+}	$+2e \Longrightarrow$	Ca	-2.87
Na^+	$+e \Longrightarrow$	Na	-2.714
Ce^{3+}	$+3e \Longrightarrow$	Ce	-2.48
Mg^{2+}	$+2e \Longrightarrow$	Mg	-2.37
$1/2H_2$	$+e \Longrightarrow$	H^-	-2.23
AlF_6^{3-}	$+3e \Longrightarrow$	$Al+6F^-$	-2.07
Be^{2+}	$+2e \Longrightarrow$	Be	-1.85
Al^{3+}	$+3e \Longrightarrow$	Al	-1.66
Ti^{2+}	$+2e \Longrightarrow$	Ti	-1.63
SiF_6^{3-}	$+4e \Longrightarrow$	$Si+6F^-$	-1.24
Mn^{2+}	$+2e \Longrightarrow$	Mn	-1.182
V^{2+}	$+2e \Longrightarrow$	V	-1.18
Te	$+2e \Longrightarrow$	Te^{2-}	-1.14
Se	$+2e \Longrightarrow$	Se^{2-}	-0.92
Cr^{2+}	$+2e \Longrightarrow$	Cr	-0.91
$Bi+3H^+$	$+3e \Longrightarrow$	BiH_3	-0.8
Zn^{2+}	$+2e \Longrightarrow$	Zn	-0.763
Cr^{3+}	$+3e \Longrightarrow$	Cr	-0.74
Ag_2S	$+2e \Longrightarrow$	$2Ag+S^{2-}$	-0.69
$As+3H^+$	$+3e \Longrightarrow$	AsH_3	-0.608
$Sb+3H^+$	$+3e \Longrightarrow$	SbH_3	-0.51
$H_3PO_3+2H^+$	$+2e \Longrightarrow$	$H_3PO_2+H_2O$	-0.50
$2CO_2+2H^+$	$+2e \Longrightarrow$	$H_2C_2O_4$	-0.49
S	$+2e \Longrightarrow$	S^{2-}	-0.48
$H_3PO_3+3H^+$	$+2e \Longrightarrow$	$P+3H_2O$	-0.454
Fe^{2+}	$+2e \Longrightarrow$	Fe	-0.440
Cr^{3+}	$+e \Longrightarrow$	Cr^{2+}	-0.41
Cd^{2+}	$+2e \Longrightarrow$	Cd	-0.403
$PbSO_4$	$+2e \Longrightarrow$	$Pb+SO_4^{2-}$	-0.3553
Cd^{2+}	$+2e \Longrightarrow$	$Cd(Hg)$	-0.352
$Ag(CN)_2^-$	$+e \Longrightarrow$	$Ag+2CN^-$	-0.31
Co^{2+}	$+2e \Longrightarrow$	Co	-0.277
$H_3PO_4+2H^+$	$+2e \Longrightarrow$	$H_3PO_3+H_2O$	-0.276
$PbCl_2$	$+2e \Longrightarrow$	$Pb(Hg)+2Cl^-$	-0.262
Ni^{2+}	$+2e \Longrightarrow$	Ni	-0.257
V^{3+}	$+e \Longrightarrow$	V^{2+}	-0.255
$SnCl_4^{2-}$	$+2e \Longrightarrow$	$Sn+4Cl^-(1mol/L\ HCl)$	-0.19
AgI	$+e \Longrightarrow$	$Ag+I^-$	-0.152

续表

电极反应			$\varphi^{\theta}(V)$
氧化型	电子数	还原型	
$CO_2(气)+2H^+$	$+2e \rightleftharpoons$	HCOOH	-0.14
Sn^{2+}	$+2e \rightleftharpoons$	Sn	-0.136
$CH_3COOH+2H^+$	$+2e \rightleftharpoons$	$CH_3CHO+ H_2O$	-0.13
Pb^{2+}	$+2e \rightleftharpoons$	Pb	-0.126
$P+3H^+$	$+3e \rightleftharpoons$	$PH_3(气)$	-0.063
$2H_2SO_3+H^+$	$+2e \rightleftharpoons$	$HS_2O_4^{2-}+ 2H_2O$	-0.056
Ag_2S+2H^+	$+2e \rightleftharpoons$	$2Ag+H_2S$	-0.0366
Fe^{3+}	$+3e \rightleftharpoons$	Fe	-0.036
$2H^+$	$+2e \rightleftharpoons$	H_2	0.0000
AgBr	$+e \rightleftharpoons$	$Ag+Br^-$	0.0713
$S_4O_6^{2-}$	$+2e \rightleftharpoons$	$2S_2O_3^{2-}$	0.08
$SnCl_6^{2-}$	$+2e \rightleftharpoons$	$SnCl_4^{2-}+2Cl^-$（1mol/L HCl）	0.14
$S+2H^+$	$+2e \rightleftharpoons$	$H_2S(气)$	0.141
$Sb_2O_3+6H^+$	$+6e \rightleftharpoons$	$2Sb+3H_2O$	0.152
Sn^{4+}	$+2e \rightleftharpoons$	Sn^{2+}	0.154
Cu^{2+}	$+e \rightleftharpoons$	Cu^+	0.159
$SO_4^{2-}+4H^+$	$+2e \rightleftharpoons$	$SO_2(水溶液)+2H_2O$	0.172
SbO^++2H^+	$+3e \rightleftharpoons$	$Sb+2H_2O$	0.212
AgCl	$+e \rightleftharpoons$	$Ag+Cl^-$	0.2223
$HCHO+2H^+$	$+2e \rightleftharpoons$	CH_3OH	0.24
$HAsO_2+3H^+$	$+3e \rightleftharpoons$	$As+2H_2O$	0.248
$Hg_2Cl_2(固)$	$+2e \rightleftharpoons$	$2Hg+2Cl^-$	0.2676
Cu^{2+}	$+2e \rightleftharpoons$	Cu	0.337
$Fe(CN)_6^{3-}$	$+e \rightleftharpoons$	$Fe(CN)_6^{4-}$	0.36
$1/2(CN)_2+H^+$	$+e \rightleftharpoons$	HCN	0.37
$Ag(NH_3)_2^+$	$+e \rightleftharpoons$	$Ag+2NH_3$	0.373
$2SO_2(水溶液)+2H^+$	$+4e \rightleftharpoons$	$S_2O_3^{2-}+H_2O$	0.40
$H_2N_2O_2+6H^+$	$+4e \rightleftharpoons$	$2NH_3OH^+$	0.44
Ag_2CrO_4	$+2e \rightleftharpoons$	$2Ag+CrO_4^{2-}$	0.447
$H_2SO_3+4H^+$	$+4e \rightleftharpoons$	$S+3H_2O$	0.45
$4SO_2(水溶液)+4H^+$	$+6e \rightleftharpoons$	$S_4O_6^{2-}+2H_2O$	0.51
Cu^{2+}	$+2e \rightleftharpoons$	Cu	0.52
$I_2(固)$	$+2e \rightleftharpoons$	$2I^-$	0.5345
$H_3AsO_4+2H^+$	$+2e \rightleftharpoons$	$HAsO_2+2H_2O$	0.559
$Sb_2O_5(固)+6H^+$	$+4e \rightleftharpoons$	$2SbO^++3H_2O$	0.58
CH_3OH+2H^+	$+2e \rightleftharpoons$	$CH_4(气)+H_2O$	0.58

电极反应			$\varphi^{\theta}(V)$
氧化型	电子数	还原型	
$2NO+2H^+$	$+2e \rightleftharpoons$	$H_2N_2O_2$	0.60
$2HgCl_2$	$+2e \rightleftharpoons$	$Hg_2Cl_2+2Cl^-$	0.63
Ag_2SO_4	$+2e \rightleftharpoons$	$2Ag+SO_4^{2-}$	0.653
$PtCl_6^{2-}$	$+2e \rightleftharpoons$	$PtCl_4^{2-}+2Cl^-$	0.68
O_2+2H^+	$+2e \rightleftharpoons$	H_2O_2	0.695
$Fe(CN)_6^{3-}$	$+e \rightleftharpoons$	$Fe(CN)_6^{4-}(1mol/L\ H_2SO_4)$	0.71
$H_2SeO_3+4H^+$	$+4e \rightleftharpoons$	$Se+3H_2O$	0.740
$PtCl_4^{2-}$	$+2e \rightleftharpoons$	$Pt+4Cl^-$	0.755
$(CNS)_2$	$+2e \rightleftharpoons$	$2CNS^-$	0.77
Fe^{3+}	$+e \rightleftharpoons$	Fe^{2+}	0.771
Hg_2^{2+}	$+2e \rightleftharpoons$	$2Hg$	0.793
Ag^+	$+e \rightleftharpoons$	Ag	0.799 5
$NO_3^-+2H^+$	$+e \rightleftharpoons$	NO_2+H_2O	0.80
OsO_4+8H^+	$+8e \rightleftharpoons$	$Os+4H_2O$	0.85
Hg^{2+}	$+2e \rightleftharpoons$	Hg	0.854
$2HNO_2+4H^+$	$+4e \rightleftharpoons$	$H_2N_2O_2+2H_2O$	0.86
$Cu^{2+}+I^-$	$+e \rightleftharpoons$	CuI	0.86
$2Hg^{2+}$	$+2e \rightleftharpoons$	Hg_2^{2+}	0.920
$NO_3^-+3H^+$	$+2e \rightleftharpoons$	HNO_2+H_2O	0.94
$NO_3^-+4H^+$	$+3e \rightleftharpoons$	$NO+2H_2O$	0.96
HNO_2+H^+	$+e \rightleftharpoons$	$NO+H_2O$	0.983
$HIO+H^+$	$+2e \rightleftharpoons$	I^-+H_2O	0.99
NO_2+2H^+	$+2e \rightleftharpoons$	$NO+H_2O$	1.03
ICl_2^-	$+e \rightleftharpoons$	$1/2I_2+2Cl^-$	1.06
$Br_2(液)$	$+2e \rightleftharpoons$	$2Br^-$	1.065
NO_2+H^+	$+e \rightleftharpoons$	HNO_2	1.07
$IO_3^-+6H^+$	$+6e \rightleftharpoons$	I^-+3H_2O	1.085
$Br_2(水溶液)$	$+2e \rightleftharpoons$	$2Br^-$	1.087
$Cu^{2+}+2CN^-$	$+e \rightleftharpoons$	$Cu(CN)_2^-$	1.12
$IO_3^-+5H^+$	$+4e \rightleftharpoons$	$HIO+2H_2O$	1.14
$SeO_4^{2-}+4H^+$	$+2e \rightleftharpoons$	$H_2SeO_3+H_2O$	1.15
$ClO_3^-+2H^+$	$+e \rightleftharpoons$	ClO_2+H_2O	1.15
$ClO_4^-+2H^+$	$+2e \rightleftharpoons$	$ClO_3^-+H_2O$	1.19
$IO_3^-+6H^+$	$+5e \rightleftharpoons$	$1/2I_2+3H_2O$	1.20
$ClO_3^-+3H^+$	$+2e \rightleftharpoons$	$HClO_2+H_2O$	1.21
O_2+4H^+	$+4e \rightleftharpoons$	$2H_2O$	1.229

电极反应			$\varphi^{\theta}(V)$
氧化型	电子数	还原型	
MnO_2+4H^+	$+2e \rightleftharpoons$	$Mn^{2+}+2H_2O$	1.23
$2HNO_2+4H^+$	$+4e \rightleftharpoons$	N_2O+3H_2O	1.27
$HBrO+H^+$	$+2e \rightleftharpoons$	Br^-+H_2O	1.33
$Cr_2O_7^{2-}+14H^+$	$+6e \rightleftharpoons$	$2Cr^{3+}+7H_2O$	1.33
$Cl_2(气)$	$+2e \rightleftharpoons$	$2Cl^-$	1.3595
$ClO_4^-+8H^+$	$+8e \rightleftharpoons$	Cl^-+4H_2O	1.389
$ClO_4^-+8H^+$	$+7e \rightleftharpoons$	$1/2Cl_2+4H_2O$	1.39
$2NH_3OH^++H^+$	$+2e \rightleftharpoons$	$N_2H_5^++2H_2O$	1.42
$HIO+H^+$	$+e \rightleftharpoons$	$1/2I_2+4H_2O$	1.439
$BrO_3^-+6H^+$	$+6e \rightleftharpoons$	Br^-+3H_2O	1.44
Ce^{4+}	$+e \rightleftharpoons$	$Ce^{3+}(0.5mol/L\ H_2SO_4)$	1.44
PbO_2+4H^+	$+2e \rightleftharpoons$	$Pb^{2+}+2H_2O$	1.455
$ClO_3^-+6H^+$	$+6e \rightleftharpoons$	Cl^-+3H_2O	1.47
$ClO_3^-+6H^+$	$+5e \rightleftharpoons$	$1/2Cl_2+3H_2O$	1.47
Mn^{3+}	$+e \rightleftharpoons$	$Mn^{2+}(7.5mol/L\ H_2SO_4)$	1.488
$HClO+H^+$	$+2e \rightleftharpoons$	Cl^-+H_2O	1.49
$MnO_4^-+8H^+$	$+5e \rightleftharpoons$	$Mn^{2+}+4H_2O$	1.51
$BrO_3^-+6H^+$	$+5e \rightleftharpoons$	$1/2Br_2+3H_2O$	1.52
$HClO_2+3H^+$	$+4e \rightleftharpoons$	Cl^-+2H_2O	1.56
$HBrO+H^+$	$+e \rightleftharpoons$	$1/2Br_2+H_2O$	1.574
$2NO+2H^+$	$+2e \rightleftharpoons$	N_2O+H_2O	1.59
$H_5IO_6+H^+$	$+2e \rightleftharpoons$	$IO_3^-+3H_2O$	1.60
$HClO_2+3H^+$	$+3e \rightleftharpoons$	$1/2Cl_2+2H_2O$	1.611
$HClO_2+2H^+$	$+2e \rightleftharpoons$	$HClO+H_2O$	1.64
$MnO_4^-+4H^+$	$+3e \rightleftharpoons$	MnO_2+2H_2O	1.679
$PbO_2+SO_4^{2-}+4H^+$	$+2e \rightleftharpoons$	$PbSO_4+2H_2O$	1.685
N_2O+2H^+	$+2e \rightleftharpoons$	N_2+H_2O	1.77
$H_2O_2+2H^+$	$+2e \rightleftharpoons$	$2H_2O$	1.77
Co^{3+}	$+e \rightleftharpoons$	$Co^{2+}(3mol/L\ HNO_3)$	1.84
Ag^{2+}	$+e \rightleftharpoons$	$Ag^+(4mol/L\ HClO_4)$	1.927
$S_2O_8^{2-}$	$+2e \rightleftharpoons$	$2SO_4^{2-}$	2.01
O_3+2H^+	$+2e \rightleftharpoons$	O_2+H_2O	2.07
F_2	$+2e \rightleftharpoons$	$2F^-$	2.87
F_2+2H^+	$+2e \rightleftharpoons$	$2HF$	3.06

附录五　氧化还原电对的条件电位表

电极反应	φ'/ V	溶液成分
$Ag+e^- \rightleftharpoons Ag$	+0.792	1mol/L $HClO_4$
	+0.77	1mol/L H_2SO_4
$AgI+e^- \rightleftharpoons Ag+I^-$	-1.37	1mol/L KI
$H_3AsO_4+2H^++2e^- \rightleftharpoons HAsO_2+2H_2O$	+0.577	1mol/L HCl 或 $HClO_4$
$Ce^{4+}+e^- \rightleftharpoons Ce^{3+}$	+0.06	2.5mol/L K_2CO_3
	+1.28	1mol/L HCl
	+1.70	1mol/L $HClO_4$
	+1.6	1mol/L HNO_3
	+1.44	1mol/L H_2SO_4
$Cr^{3+}+e^- \rightleftharpoons Cr^{2+}$	-0.26	饱和 $CaCl_2$
	-0.40	5mol/L HCl
	-0.37	0.1~0.5mol/L H_2SO_4
$CrO_4^{2-}+2H_2O+3e^- \rightleftharpoons CrO_2^-+4OH^-$	-0.12	1mol/L NaOH
$Cr_2O_7^{2-}+14H^++6e^- \rightleftharpoons 2Cr^{3+}+7H_2O$	+0.93	0.1mol/L HCl
	+1.00	1mol/L HCl
	+1.08	3mol/L HCl
	+0.84	0.1mol/L $HClO_4$
	+1.025	1mol/L $HClO_4$
	+0.92	0.1mol/L H_2SO_4
	+1.15	4mol/L H_2SO_4
$Fe(III)+e^- \rightleftharpoons Fe(II)$	+0.71	0.5mol/L HCl
	+0.68	1mol/L HCl
	+0.64	5mol/L HCl
	+0.53	10mol/L HCl
	-0.68	10mol/L NaOH
	+0.735	1mol/L $HClO_4$
	+0.01	1mol/L $K_2C_2O_4$, pH 5.0
	+0.46	2mol/L H_3PO_4
	+0.68	1mol/L H_2SO_4
	+0.07	0.5mol/L 酒石酸钠, pH 5.0~8.0
$Fe(CN)_6^{3-}+e^- \rightleftharpoons Fe(CN)_6^{2-}$	+0.56	0.1mol/L HCl
	+0.71	1mol/L HCl
$I_3^-+e^- \rightleftharpoons 3I^-$	+0.545	0.5mol/L H_2SO_4

电极反应	φ' / V	溶液成分
$MnO_4^- + 8H^+ + 5e^- \rightleftharpoons Mn^{2+} + 4H_2O$	+1.45	1mol/L $HClO_4$
$Pb(II) + 2e^- \rightleftharpoons Pb$	-0.32	1mol/L NaAc
$SO_4^{2-} + 4H^+ + 2e^- \rightleftharpoons SO_2 + 2H_2O$	+0.07	1mol/L H_2SO_4
$Sb(V) + 2e^- \rightleftharpoons Sb(III)$	+0.75	3.5mol/L HCl
	+0.82	6mol/L HCl
$Sn(VI) + 2e^- \rightleftharpoons Sb(II)$	+0.14	1mol/L HCl
	-0.63	1mol/L $HClO_4$

中英文名词对照索引

B

比尔定律　Beer law ·················· 115

比吸光系数　specific absorptivity ·········· 116

标定　calibration ···················· 14

标准电极电位　standard electrode potential ····· 96

标准偏差　standard deviation ············· 33

标准溶液　standard solution ·············· 9

标准状态　standard status ·············· 96

C

参比电极　reference electrode ············ 98

长移　bathochromic shift ·············· 114

超临界流体色谱法　supercritical fluid chromatography,
　　SFC ······················· 166

沉淀滴定法　precipitation titration ········ 10,60

称酸度计　acid meter ················· 102

传质阻抗　mass transfer impedance ········· 202

磁共振　nuclear magnetic resonance, NMR ····· 207

磁共振波谱　NMR spectrum ············· 207

磁共振波谱法　NMR spectroscopy ·········· 207

D

单光束分光光度计　single beam spectrophotometer ····· 122

滴定　titration ···················· 9

滴定度　titer ···················· 12

滴定反应　titration reaction ············· 9

滴定分析法　titrimetric analysis ··········· 9

滴定曲线　titration curve ·············· 46

滴定突跃　titration jump ·············· 48

滴定突跃范围　titration jump range ········· 48

滴定误差　titration end point error ········· 9

滴定终点　titration end point ············ 9

电磁波谱　electromagnetic spectrum ········· 112

电导法　conductometry ··············· 94

电化学分析法　electrochemical analysis ······· 94

电化学检测器　electrochemical detector, ECD ···· 201

电极电位　electrode potential ············ 96

电解池　electrolytic cell ·············· 106

电解法　electrolysis ················· 94

电位滴定法　potentiometric titration ······· 94,104

电位法　potentiometry ··············· 94

电泳　electrophoresis ··············· 218

电泳法　electrophoresis technique ········· 218

电子倍增器　electron multiplier ··········· 213

电子轰击　electron impact, EI ··········· 213

定量分析　quantitative analysis ··········· 1

定性分析　qualitative analysis ··········· 1

短移　hypsochromic shift ·············· 114

多普勒变宽　Doppler broadening ··········· 151

F

发射光谱　emission spectrum ············ 138

发射光谱法　emission spectrum ··········· 113

返滴定法　back titration ·············· 11

非水滴定分析法　nonaqueous titration ········ 10

分配色谱法　partition chromatography ········ 167

分析化学　analytical chemistry ··········· 1

分子光谱　molecular spectrum ············ 112

峰值吸收　peak absorption ············· 153

G

谷　valley ····················· 114

固定相　stationary phase ·············· 165

光谱法　spectrum method ·············· 112

H

红外分光光度法　infrared spectrophotometry, IR ····· 214

红移　red shift ··················· 114

化学分析　chemical analysis ············· 2

化学计量点　stoichiometric point ·········· 9

化学键合相　chemical bond phase ·········· 200

化学位移　chemical shift ·············· 208

J

积分吸收　integrated absorption ··········· 152

基本单元　basic unit of reaction ·············· 16

基准物质　primary standard ················· 13

激发光谱　excitation spectrum ·············· 138

间接滴定法　indirect titration ·············· 11

肩峰　shoulder peak ······················ 114

检测器　detector ························· 200

检测限　determination limit, DL ············· 161

减色效应　hypochromic effect ··············· 114

结构分析　structural analysis ··············· 1

金属基电极　base metal electrode ············ 99

精密度　precision ························· 32

绝对偏差　absolute deviation ··············· 32

绝对误差　absolute error ··················· 31

K

空间排阻色谱法　size exclusion chromatography ········· 167

L

蓝(紫)移　blue shift ······················ 114

朗伯-比尔定律　Lambert-Beer Law ··········· 115

朗伯定律　Lambert law ···················· 115

离子交换色谱法　ion exchange chromatography ··· 167

离子选择性电极　ion selectivity electrode, ISE ··· 100

离子源　ion source ························ 213

磷光发射　phosphorescence emission, PE ······· 138

灵敏度　sensitivity, S ····················· 161

流动相　mobile phase ····················· 165

流式细胞术　flow cytometry, FC ············· 145

M

毛细管电泳法　capillary electrophoresis, CE ····· 219

摩尔吸光系数　molar absorptivity ············ 116

末端吸收　end absorption ·················· 114

N

内部转移　internal conversion, IC ············ 138

浓度型检测器　concentration sensitive detector ··· 184

O

偶然误差　accidental error ················· 35

P

配位滴定法　coordination titration ··········· 10

碰撞变宽　collisional broadening ············· 151

平均偏差　relative deviation ················ 33

平面色谱法　planer chromatography ··········· 166

Q

气相色谱法　gas chromatography, GC ··········· 166, 180

强带和弱带　strong band and weak band ········· 114

亲和色谱法　affinity chromatography ·········· 167

R

溶剂　solvent ·························· 165

S

色谱法　chromatography ··················· 165

伸缩振动　stretching vibration ·············· 215

生色团　chromophore ····················· 114

实时荧光定量 PCR　real-time quantitative polymerase chain reaction, Real-time PCR ··········· 146

示差折光检测器　differential refractive index detector, RID ··········· 201

双波长分光光度计　double wavelength spectrophotometer ··········· 123

双光束分光光度计　double beam spectrophotometer ··· 122

酸碱滴定法　acid-base titration ············· 10, 43

酸碱指示剂　acid-base indicator ············· 43

T

探针杆　probe ·························· 212

体系间跨越　intersystem crossing, ISC ········· 138

透光率　transmittance, T ·················· 114

W

外部转移　external conversion, EC ··········· 138

弯曲振动　bending vibration ················ 215

涡流扩散　eddy diffusion ·················· 202

无机分析　inorganic analysis ··············· 2

物质的量浓度　concentration ················ 12

X

吸附色谱法　adsorption chromatography ········· 166

吸光度　absorbance, A ···················· 114

吸光系数　absorptivity ···················· 115

吸收峰　absorption peak ··················· 114

吸收光谱　absorption spectrum ·············· 114

吸收光谱法　absorb spectrum ··············· 113

系统误差　systematic error ……………… 34
显色反应　color reaction ………………… 117
显色剂　colouring agent ………………… 117
相对标准偏差　relative standard deviation,RSD ……… 33
相对平均偏差　relative average deviation …………… 33
相对误差　relative error ………………… 32

Y

亚稳离子　metastable ion ………………… 211
氧化还原滴定法　redox titration …………… 10,82
液相色谱法　liquid chromatography,LC …… 166
仪器分析　instrumental analysis ………………… 2
荧光　fluorescence ………………………… 138
荧光猝灭　fluorescence quenching …………… 141
荧光发射　fluorescence emission,FE ………… 138
荧光分析法　fluorometry ………………… 136
荧光光谱　fluorescence spectrum …………… 138
荧光检测器　fluorescence detector,FD ……… 201
荧光效率　fluorescence efficiency …………… 139
永停滴定法　dead-stop titration …………… 94,106
有机分析　organic analysis ……………………… 2
有效数字　significant figure ………………… 36
原电池　galvanic cell ……………………… 95
原子光谱　atomic spectrum ………………… 112
原子吸收分光光度法　atomic absorption
　　spectrophotometry,AAS …………………… 148

Z

杂散光　stray light ………………………… 117
增色效应　hyperchromic effect ……………… 114
振动弛豫　vibrational relaxation,VR ………… 137
蒸发光散射检测器　evaporative light scattering
　　detector,ELSD ………………………… 201
直接滴定法　direct titration ………………… 11
直接电位法　direct potentiometry ………… 94,98
指示电极　indicator electrode ……………… 99
指示剂　indicator …………………………… 9
质量分析器　mass analyzer ………………… 213
质量型检测器　mass flow rate sensitive detector ……… 184
质谱法　mass spectrometry,MS …………… 210
置换滴定法　displace titration ……………… 11
助色团　auxochrome ……………………… 114
柱色谱法　column chromatography ………… 166
准确度　accuracy ………………………… 31
紫外-可见分光光度法　ultraviolet-visible
　　spectroscopy,UV-vis ………………… 111,113
紫外-可见分光光度计　ultraviolet-visible
　　spectrophotometer ……………………… 119
紫外检测器　ultraviolet detector;UVD ……… 200
自然宽度　natural width …………………… 151
纵向扩散项　longitudinal diffusion ………… 202

参考文献

[1] 闫冬良,王润霞.分析化学[M].北京:人民卫生出版社,2015.

[2] 李发美.分析化学[M].7版.北京:人民卫生出版社,2015.

[3] 柴逸峰,邸欣.分析化学[M].8版.北京:人民卫生出版社,2016.

[4] 李维斌,陈哲洪.分析化学[M].北京:人民卫生出版社,2018.

[5] 潘国石,陈哲洪.分析化学[M].3版.北京:人民卫生出版社,2015.

[6] 谢美红,闫冬良,李春.分析化学[M].2版.北京:化学工业出版社,2020.

[7] 武汉大学.分析化学[M].6版.北京:高等教育出版社,2018.

[8] 闫冬良.分析化学[M].北京:中国中医药出版社,2018.

[9] 华东理工大学,四川大学.分析化学[M].7版.北京:高等教育出版社,2018.

[10] 胡琴,陈建平.分析化学[M].武汉:华中科技大学出版社,2020.

[11] 任玉红,闫冬良.仪器分析[M].北京:人民卫生出版社,2018.

[12] 胡坪,王氢.仪器分析[M].5版.北京:高等教育出版社,2019.

[13] 闫冬良.药品仪器检验技术[M].北京:中国中医药出版社,2013.

[14] 赵世芬,闫冬良.仪器分析技术[M].北京:化学工业出版社,2016.

[15] 张威.仪器分析[M].2版.北京:化学工业出版社,2020.

[16] 曾照芳,贺志安.临床检验仪器学[M].2版.北京:人民卫生出版社,2012.

[17] 国家药典委员会.中华人民共和国药典[M].北京:中国医药科技出版社,2020.